职业教育应用化工类专业教材系列

精细化工设备

刘红波　郝宏强　主编

科学出版社
北京

内 容 简 介

本书根据高职高专化工技术类人才培养目标和职业性原则编写，按照精细化学品的生产过程与特点，以“模块化的教学方式”将各种精细化工设备进行了分类编排，全书共11章，包括精细化工基础知识、精细化工设备材料与防护、物料输送设备、粉碎和筛分机械设备、混合机械设备、乳化和均质设备、容器和反应设备、分离设备、产品成型设备、装料和包装设备、管道与阀门等，涵盖了精细化工设备的主要类型，对一些新技术、新设备也有所介绍。

本书可作为精细化学品生产技术及相关专业的教材，也可供相关技术人员参考。

图书在版编目（CIP）数据

精细化工设备/刘红波，郝宏强主编. —北京：科学出版社，2009.7
（职业教育应用化工类专业教材系列）
ISBN 978-7-03-024090-3

Ⅰ.精… Ⅱ.①刘…②郝… Ⅲ.精细化工-化工设备-高等学校：技术学校-教材 Ⅳ.TQ052

中国版本图书馆CIP数据核字（2009）第023188号

责任编辑：沈力匀/责任校对：刘彦妮
责任印制：吕春珉/封面设计：东方人华平面设计部

科学出版社 出版
北京东黄城根北街16号
邮政编码:100717
http://www.sciencep.com
三河市骏杰印刷有限公司印刷
科学出版社发行 各地新华书店经销
*
2009年7月第 一 版 开本：787×1092 1/16
2020年3月修 订 版 印张：16 3/4
2022年1月第八次印刷 字数：400 000

定价：38.00元

（如有印装质量问题，我社负责调换〈骏杰〉）
销售部电话：010-62136230 编辑部电话：010-62135235（VP04）

前　言

本书是根据高职高专教育培养学生能力的目标和职业性原则而编写的，教材的编写和内容组织始终贯彻了“了解概念、理论够用、强化应用、突出能力培养”的职业教学理念。

本书的编写根据精细化工生产设备的种类非常多、部分设备精度较高、结构复杂等特点，按照“模块化教学”的含义及特点，详细分析、概括、总结了精细化工设备课程的所有内容，同时吸收了“基于工作过程的教学”理论，对过去的教学内容进行了重新编排和分块，即不局限于单个精细化工产品的生产过程，而是把典型的精细化学品生产过程分成一个个小模块，或指一个个相对独立的工作单元，每个工作单元中都有一类精细化工设备。这样的组织有利于不同院校根据教学重点对教学内容进行选择。

全书分十一章，包括精细化工基础知识、精细化工设备材料与防护、物料输送设备、粉碎和筛分机械设备、混合机械设备、乳化和均质设备、容器和反应设备、分离设备、产品成型设备、装料和包装设备、管道与阀门设备等内容。

本书由深圳职业技术学院刘红波编写第一～五章，河北化工医药职业技术学院郝宏强编写第六章、第九～十一章，石家庄职业技术学院张会欣编写第七～八章。全书统稿工作由刘红波完成。广州轻工职业技术学院龚盛昭教授审阅了全书。

本书在编写过程中，得到了深圳职业技术学院林峰教授和张家年教授的大力支持和帮助，在此一并表示感谢。

由于编者水平所限，编写时间仓促，书中不妥之处在所难免，请广大读者提出宝贵意见，以便今后修订。

目　　录

第一章　精细化工基础知识

精细化工是生产各种精细化学品工业的简称。精细化学品是指经过深度化学反应和物理处理制得的具有特定功能或最终使用性能的化学品（如日用化学品、涂料、胶黏剂、香精香料、食品添加剂、电子化学品等）。精细化学品具有品种多、质量要求高、技术密集度高、附加值和利润较高、更新换代快等特点，广泛应用于国民经济有关领域和人民物质文化生活的各个方面，具有很大的经济和社会效益。随着人民生活水平的不断提高，对精细化学品的需求越来越大，对其质量要求也越来越高，这给精细化学品工业带来了发展机遇，同时也提出了新的挑战。

第一节　精细化工的特点

一、精细化学品的概念和分类

精细化工的形成与发展与人类的生产、生活密切相关。从19世纪以来，以传统的肥皂、香料、医药、染料、颜料的生产开始，到20世纪中叶石油化工的兴起，高分子合成材料的发展，合成洗涤剂、胶黏剂、涂料、表面活性剂以及能赋予合成材料各种特性的稳定剂、增塑剂等添加剂的出现，精细化工逐渐形成并得到较大发展，成为一个重要的化工产业部门。

在我国，凡能增进或赋予一种（类）产品以特定功能，或自身就具有某种特定功能的小批量、高纯度、深加工、附加价值和利润率较高的化学品称为精细化学品。

精细化学品门类繁杂、品种众多，分类方法不尽相同。一般是按产品的功能和用途分类。

1986年，我国原化学工业部暂定的11类精细化学品是：农药；染料；涂料（含油漆和油墨）；颜料；试剂和高纯物；信息用化学品（包括感光材料、磁性材料等能接收电磁波的化学品）；食品和饲料添加剂；胶黏剂；催化剂和各种助剂；化学原药和日用化学品；功能高分子材料（包括功能膜、偏光材料等）。

二、精细化工的发展和在国民经济中的地位

近几十年来，随着世界经济与科技的飞速发展和人类物质文化生活水平的不断提高，各国化学工业精细化率正在迅速增长。1985年日本精细化工产值已占化工总产值的58%，美国为55%，德国为53%，瑞士为80%，2000年均超过60%，我国精细化工虽起步较晚，起点低，但近年来发展也较快，1985年化工精细化率为23.1%，1994年已上升到29.8%，2000年已达到40%。

自20世纪80年代以来，我国非常重视精细化工这一新兴工业的发展，在“七五”、“八五”计划期间，已把精细化工列为化工发展的三大战略重点之一，加大了对精细化

工科技开发的投入。“九五”期间，在饲料添加剂、食品添加剂、表面活性剂及电子化学品等领域投资150亿元，建设项目170个，发挥国家与地方的双重积极性，建立了一批精细化工基地。我国精细化工已初步建立起门类基本齐全的体系，并将以较快的发展步伐迈上新的台阶。

现代社会生活中的各种材料、器具，在其生产制造过程中，都使用和涉及了各种各样的精细化学品。可以说，精细化学品几乎渗透到国民经济各个领域并占据重要地位。大力发展精细化工，提高化工产品的精细化工率是化学工业发展的必然。

三、 精细化工的特点

（一）多品种与小批量

从精细化工的范畴和分类中，可以看到精细化学品必然具有多品种的特点，由于产品应用面窄，针对性强，特别是专用性品种和特制配方的产品，往往是一种类型的产品可以有多种的牌号，因而使新品种和新剂型不断出现，日新月异，所以，多品种这一点实际上是精细化工的一个重要特征。

例如表面活性剂，国外有5000多个品种。仅日本三洋化学工业公司就生产1500多个品种，且以每年增加100个新品种的速度扩大其生产品种。我国表面活性剂按单体种类计约几百种，远不能满足日益增长的需求。

（二）高技术密集度

一个精细化学品的研究开发，要从市场调查、产品合成、应用研究、市场开发、甚至技术服务各方面全面考虑和实施，解决一系列的技术难题渗透着多方面的技术、知识、经验和手段。

从另一方面看，精细化工产品的技术开发的成功率是比较低的，特别是用于人体的医药和生物用的药物，随着对药效和安全性的越来越严格的要求，造成新品种开发的时间长，费用大，其结果必然是造成高度的技术垄断，如美国20世纪60年代初开发出一种有价值的精细化工产品为5年左右，耗资300万～500万美元，现在为9～12年，耗资为6000万～8000万美元。尽管如此，为满足特殊性能的需求和市场竞争的需要。新品种的开发、研制工作仍是当今世界各国、尤其是工业发达国家发展精细化工的主要课题。

（三）综合性生产流程和多功能生产装置

精细化工的多品种、小批量反映在生产中表现为经常更换和更新品种。生产精细化工产品的化学反应多为多相并联反应，生产流程长，工序多，主要采用的是间断式的生产装置。为了适应以上生产特点，必须增强企业随市场需求调整生产能力和品种的灵活性。国外在20世纪50年代末就摈弃了单一产品、单一流程、单用装置的落后生产方式，广泛地采用了各品种综合生产流程和多用途多功能生产装置，取得了很大的经济效益。

例如综合生产流程和多功能生产装置，设有自动清洗及确认清洗效果的装置，可用同一套装置生产同类产品多个品种。英国帝国化学工业公司的一个子公司，1973 年以一套装备、三台计算机生产当时 74 个偶氮染料的 50 个品种，年产量 3.5kt。

（四）大量采用复配技术

为使精细化学品增效、改性或扩大应用范围，以满足各种专门要求，生产中常采用复配技术，即按照一定配方，将多种组分配合，而后加工制成粉剂、粒剂、乳剂、液剂等剂型。例如化妆品、胶黏剂、涂料、农药等，通常是由十几种组分复合配制而成。

（五）投资小，附加价值高，利润大，商品性强

精细化学品一般都是产量较小，装置规模小，很多是采用间歇生产方式，通用性强，与连续化生产的大装置相比，投资少，见效快。另外，配制新品种、新剂型时，技术上难度并不一定很大，但新品种的销售价却比原品种有很大提高，利润比较大。

国外有一个统计，每投入价值 100 美元的石油化工原料，产出初级化学品价值变为 200 美元，再产出有机中间体 480 美元和最终成品 80 美元；如果进一步加工为塑料、合成橡胶和纤维以及洁洗剂和化妆品，则可产生价值 800 美元的中间产品和价值 1000 美元的最终产品，如再深一步加工成用户直接使用的家庭耐用品、纺织品、鞋、汽车材料、书刊印刷物等，则总产值可达 10600 美元，即从原来的 100 美元投入增值到 106 倍。

第二节 精细化工对设备的要求

一、精细化工设备简介

精细化工设备是指精细化学品生产过程中的通用机械与设备，虽然也属于化工设备，但因其用于生产精细化学品，故在性能、结构和材质等方面都具有该行业设备的特点。对于在“化工原理”或“化工单元操作”中介绍过的机械与设备（如传热设备、蒸发设备、干燥设备、萃取、结晶设备、冷冻设备、吸收和精馏塔设备等），本书不再多述，本书主要根据精细化学品的生产过程来介绍常用的精细化工设备，包括输送设备、破碎和筛分设备、混合机械设备、均质和乳化设备、容器和反应设备、分离设备、产品成型设备、装料和包装设备、管道与阀门等。

“工欲善其事，必先利其器”，精细化工设备在精细化学品生产中起到举足轻重的作用，良好的设备，是保证工艺生产顺利进行和保证产品质量的基本条件，随着科学技术的迅猛发展，在精细化学品行业中，技术不断进步，产品不断更新，机械设备也不断推陈出新。

精细化工设备作为生产精细化学品的技术装备，根据各种工艺流程、各反应阶段或后处理的不同工艺要求，有各种不同的相应的机械设备。如输送设备用于各种固体、液体或气体物料在不同设备间的输送；反应设备用于各种物料的化学反应、生成产物；乳化、均质设备用于各种乳化液、膏类产品的乳化、均质过程；混合设备用于固体物料的

混合过程，或液-固物料的调和、液-液物料的搅拌均匀等；粉碎和筛分设备用于原料、半成品和成品的粉碎和筛分；产品罐装与成型设备用于液体产品的罐装、固体产品的成型等。所有这些机械设备的设计、制造等方面都应考虑精细化学品行业的特点，在设备的选型上，应注意结合生产实际与产品特点，并考虑设备的通用性、安全性等，以选取合适的机械设备。

在典型的精细化学品乳胶涂料的生产过程中，需要用到乳化设备和反应设备等制备丙烯酸类乳液，颜料浆的制备需要砂磨机等破碎设备和搅拌机等分散设备，配制涂料则需要分散设备，最后是涂料成品的罐装与包装设备等，各种设备之间起连接作用的是管道与阀门等设备。常见的精细化学品生产过程中所需的化工设备见表 1-1。

表 1-1　典型的精细化学品生产所需的化工设备

精细化学品	所需主要设备
涂料	反应釜、砂磨机、球磨机、搅拌机、罐装机、各种容器等
胶黏剂	反应釜、搅拌机、罐装机、各种容器等
洗衣粉、香皂等	各种泵、胶体磨、容器、干燥设备、成型设备、筛分设备等
洗涤剂	容器、各种输送设备、乳化设备、均质机、过滤设备、罐装机等
化妆品	乳化设备、均质机、过滤设备、筛分设备、无菌包装设备、各种泵等
医药中间体等	各种反应设备、过滤设备、结晶提纯设备、产品成型设备等
食品添加剂等	各种反应设备、萃取设备、结晶提纯设备、过滤设备、输送设备、干燥成型设备等

精细化工设备是为精细化学品生产工艺过程服务的，反过来先进的精细化工设备又可促使新的化学工艺过程的发展，精细化学品的生产离不开化工设备，化工设备是精细化学品生产必不可少的物质技术基础，是生产力的主要因素之一，是产品质量保证体系的重要组成部分。

精细化工设备性能的优劣及使用者对其掌握的程度，将直接关系到精细化工生产的正常进行，并对整个装置的产品质量、生产能力、消耗定额以及“三废”处理和环境保护等各方面都有重大的影响。精细化工设备不仅用于化工和石化炼油生产中，而且在轻工、医药、食品、冶金、能源、交通等工业部门也有着广泛的应用。由此可见，精细化工设备与人民生活有着密切的关系，对国民经济的发展起着十分重要的作用。

二、　精细化工设备的基本要求

精细化工设备和精细化学品工艺过程是紧密相关的，每一台化工设备都必须符合一些基本的要求才能进行正常的生产。精细化学品具有产品种类多、生产工艺条件相差大等特点，因此要求精细化工设备既能满足工艺过程的要求，又能安全可靠地运行，同时还应具有较高的技术经济指标以便于操作和维护的特点。

（一）必须满足精细化学品生产工艺条件的要求

例如设计一个洗衣粉的生产线，就必须根据化学工艺提出的产率、生产效率以及原材料的特性等要求考虑设计方案，如采用何种输送设备、选用何种混合设备与装置、干燥器采用什么型号以及干燥速率是多少、采用何种成型包装设备等，只有满足了这一系列的化学工艺条件，才能使所有设备在生产中发挥其应有的作用，降低生产成本，提高生产效率。

（二）在规定的使用年限内要安全可靠

目前除厚壁容器及特殊情况外，精细化工设备使用年限一般取为10～15年左右。随着科学技术的发展，设备更新的速度将会加快，年限会有所降低，此外，精细化学品的更新换代也比较快，新的精细化学品的生产一般要求使用新的设备，因此精细化工设备过长的使用年限是不必要的。

化工设备的使用年限也就是说在规定的使用年限内，化工设备必须安全可靠，就是必须有足够的强度、刚度以及稳定性。同时还必须具有良好的防腐蚀性能及可靠的密封性能。

设备的强度是指在载荷作用下抵抗变形和破坏的能力，所以化工设备及其零部件要有足够的强度，以保证安全运行，设备是由一定的材料构成的，其安全性与材料的性能密切相关，在相同条件下，提高材料的强度可以减小尺寸、减轻重量、降低成本。

刚度是指设备在载荷作用下抵抗变形和保持自身原有形状的能力。刚度与设备结构及尺寸有关，与金属材料的种类关系不大，强度足够的设备刚度不一定满足要求。刚度不足也是化工设备失效的主要形式之一，如在法兰连接中，若法兰刚度不足而发生过度的变形，将会导致密封失效而泄漏。

一般来说，现有的化工设备在强度、刚度及稳定性等方面出事故的并不多，但由于各种原因，过量的腐蚀及大大小小的跑冒滴漏现象在化工厂却是常见的，一些易燃、易爆、有毒介质泄漏出来，这些问题造成了大量的危害，例如迫使设备提早报废，产量下降，产品质量变坏，维修工作量加大，造成环境污染，威胁操作人员的安全，甚至引起爆炸，造成极其严重的后果等。这些问题的产生，除了管理不善外，往往是设计或制造安装过程中考虑不周所致。故在考虑化工设备的安全可靠性时，必须特别注意耐腐蚀及密封等方面的问题。要选择合适的耐腐蚀材料或采取相应的防腐蚀措施，以提高设备的使用寿命和运行的安全性。

（三）制造、安装、维修及操作要方便

任何一项设计如果考虑不周到，将给制造、安装、维修及操作带来困难。尤其在设计大型的设备时，更要周密考虑，慎重对待。

例如在条件许可的情况下，要尽量多选用标准零部件；控制调节部件应尽量集中，位置要安排适当；需要经常开闭的入孔，应尽量选用快开入孔；设备的结构除了符合精细化学品生产工艺的要求之外，还必须符合检修及制造工艺的要求；要考虑安装起吊及运输时的方便及安全性等等。对于大型精细化工设备，特别要注意便于采用机械化和自动化制造和操作的问题，以减轻工人的劳动强度，确保安全，提高生产效率。

（四）要讲究经济效果

就是设备本身生产成本要低，同时操作和维护的费用也要低。在满足工艺要求和安全可靠运行的前提下，要尽量做到适用和经济合理。要求设备结构合理，制造简单，成本低廉，运输与安装方便，操作、控制及维护简便，基本建设投资和日常维护、操作费用低，以获得较好的综合经济效益。

第三节 精细化工设备的类型

精细化学品化工生产条件复杂、生产连续性强、技术含量高、生产原理多种多样、生产条件苛刻（生产介质腐蚀性大、介质大多易燃易爆有毒性、生产温度压力变化大），所用设备种类也非常多，各种工艺装置的任务不同，所采用的设备也不尽相同。

按精细化工设备在生产中的作用可将其归纳为输送设备、破碎和筛分设备、混合机械设备、均质和乳化设备、容器和反应设备、分离设备、产品成型设备、装料和包装设备、管道与阀门等类型。

一、 输送设备

输送设备是将原料、成品及半成品，包括固体、液体和气体等从一个设备输送到另一个设备，或者使其压力升高以满足化工工艺的要求，包括各种泵、压缩机、鼓风机、带式输送机、斗式输送机等各种固体输送设备以及与其相配套的管线和阀门等。这类设备的一个共同特点是它们都可用于许多场合，不仅限于化工、炼油生产和精细化学品生产，因此也称其为通用设备。图 1-1 为常见的带式输送装置。

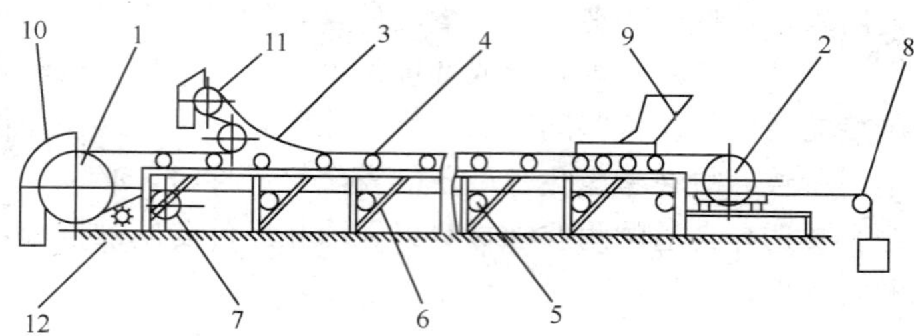

图 1-1 带式输送机结构

1. 驱动滚筒；2. 张紧滚筒；3. 输送带；4. 上托辊；5. 下托辊；6. 机架；7. 导向滚筒；8. 张紧装置；9. 进料斗；10. 卸料装置；11. 卸料小车；12. 清扫装置

在精细化学品生产过程中，需要输送的物料种类繁多，而且各种物料的性质差异也很大，所以输送机械的选用要根据物料来确定，一般按其工作原理，输送机械可分为连续式输送机械和间歇式输送机械两大类；按所输送物料的状态可分为固态物料输送设备、液态物料输送设备、气态物料输送装置；按输送时的运动方式，可分为直线式和回转式；按驱动方式，可分为机械驱动、液压驱动、气压驱动和电磁驱动等。

二、粉碎和筛分设备

粉碎机械的功能是用机械的方法克服固体物料内部凝聚力并将其分裂，这一过程称为破碎或粉磨，根据被处理物料尺寸的大小不同，将大块物料分裂成小块者称为破碎，将小块物料变成细粉者称为粉磨，破碎和粉磨统称为粉碎。图 1-2 为不同的粉碎方式。

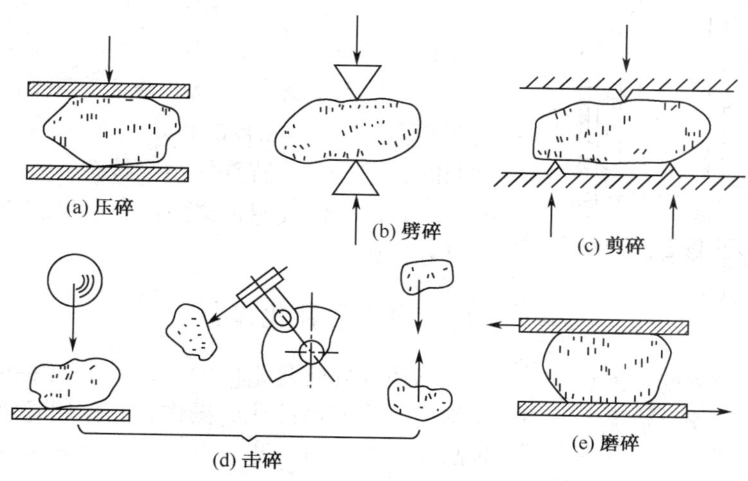

图 1-2　物料粉碎方法

为了更明确起见，亦可按下面的方法加以详细区分：凡经过处理后物料直径为100～200mm 左右者为粗碎；直径为 20～70mm 左右为中碎；直径 3～20mm 者为细碎；直径为 0.1～0.3mm 者为粗磨；直径为 0.06～0.1mm 者为细磨；直径为0.004～0.02mm 或更细者为超细磨。

按被处理物料的干湿状况，又可分为干式粉碎和湿式粉碎。当物料含水率在 4%以下时，称干式粉碎；含水率在 50%以上为湿式粉碎；含水率在 4%～50%之间的物料易黏结，粉碎、碾磨工作都难以进行。

筛分机械的主要作用是固体物料粉碎后经过细分分级，可以保证产品的规格和质量指标，降低后续加工过程中原料的损耗率，提高原料利用率，降低产品的成本，提高劳动生产率，改善工作环境，有利于生产的连续化和自动化。

三、混合机械设备

混合是指使两种或两种以上不同的物料从不均匀状态通过搅拌或其他手段达到相对均匀状态的过程。

混合是精细化学品加工工艺过程中不可缺少的单元操作之一，例如涂料、胶黏剂、洗涤剂、化妆品、医药制剂、功能食品等的配制。混合后的物料可以是精细化学品工业的最终产品，也可以作为实现某种工艺操作的需要组合在工艺过程中，例如可以用来促进溶解、吸附、浸出、结晶、乳化、生物化学反应、防止悬浮物沉淀以及均匀加热和冷却等。图 1-3 为常见的搅拌设备结构图。

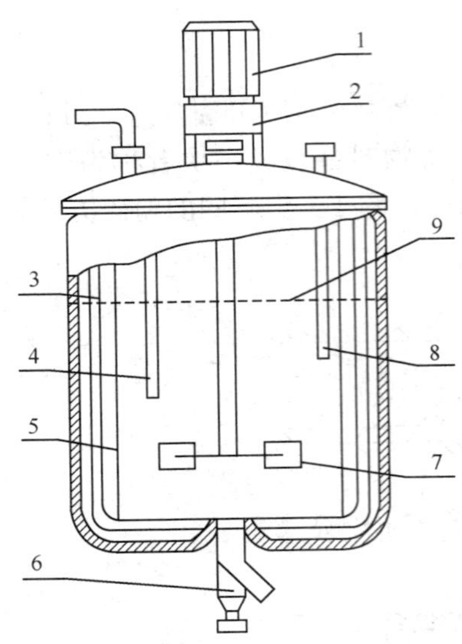

图 1-3　搅拌设备结构

1. 电机；2. 传动装置；3. 罐体；4. 料管；5. 挡板；6. 出料管；7. 搅拌器；8. 温度计插管；9. 液面

被混合的物料常常是多相的，主要有以下几种情况：

(1) 液-液相：可以有互溶或乳化等现象。

(2) 固-固相：纯粹是粉粒体的物理现象。

(3) 固-液相：当液相多固相少时，可以形成溶液或悬浮液；当液相少固相多时，混合的结果仍然是粉粒状或团粒状；当液相和固相比例在某一特定的范围内，可能形成黏稠状物料或无定型团块（如面霜、雪花膏等），这时混合的特定名称可称为“捏合”或“调和”，它是一种特殊的相变状态。

(4) 固-液-气相：这种混合情况在精细化学品生产过程中比较少见。

四、 均质和乳化设备

均质和乳化是指借助于流动中产生的剪切力将物料细化、将液滴碎化的操作，其作用是将洗发液、化妆品等原料进行细化、混合、均质处理，以提高产品的质量和档次。

在日用化学品的生产中，乳化和均质设备是一种重要的生产设备。例如，化妆品、洗涤剂等常常是以膏状或乳液等形态在市场上销售的，这种形态的制品要求质地细腻、混合均匀，为达到这一目的，除了使用适当的化学助剂和乳化剂之外，选用合适的乳化和均质设备是必不可少的。

乳状液是指将两种互不相溶的液体（如油和水）放在一起搅拌时，一种液体成为液珠分散在另一种液体中，形成乳状液。大多数乳状液为水和油的混合物，它是一种多相分散体系。乳状液形成方法基本上可分为分散法和凝聚法，分散法是将一种液体加到另一液体中，同时进行强烈搅拌而生成乳化分散物的方法，在工业中被广泛采用。

在化妆品等生产中，除了乳化设备外，还需要采用均质设备，经过乳化后的液体，其乳液稳定性往往不是很理想，如再经过均质处理，则可使乳液中分散颗粒更细小、更均匀，得到高度稳定的产品。均质机按构造分有高压均质机、离心均质机、超声波均质机等。图 1-4 为高压均质机图。

五、 容器和反应设备

在精细化工生产中，为化学反应提供反应空间和反应条件的装置称为反应设备。反应设备的作用是完成一定的化学和物理反应，其中化学反应是起主导和决定作用的，物理过程是辅助的或伴生的。反应设备是精细化学品工厂的主要设备之一。

精细化学品中的日用化学品，在不少情况下是将物料经过化学反应而制成的，例如，肥皂是油脂和碱等物料经过皂化反应，然后经过干燥、配料、研磨、压条等操作制成的。此外，很多日用化学品的生产往往是从原料的合成开始，进而形成产品，所以，

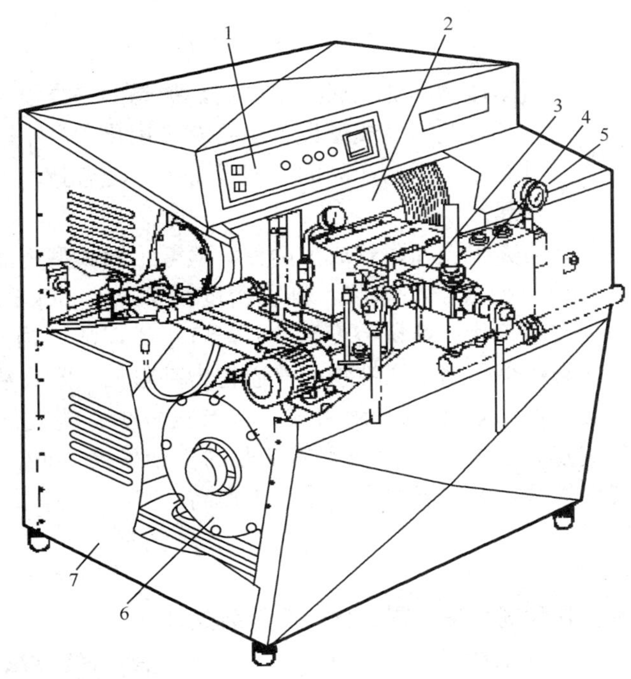

图 1-4　高压均质机基本结构

1. 控制面板；2. 传动机构；3. 均质阀；4. 气缸；5. 压力表；6. 电动机；7. 机壳

常要用诸如酯化、还原、氧化、缩合、硝化等单元反应技术，如合成洗涤剂中广泛应用的烷基苯磺酸盐的制备就包括烷基化、磺化、中和等过程。而所有这些，都需要在反应设备中进行，反应设备是精细化学品生产中的关键设备。

反应设备的种类很多，有的已标准化，如夹套式搅拌反应器，这种反应器在精细化工生产中应用较多，炼油生产等大化工中使用的反应设备大多数都是根据不同装置的具体特点和工艺要求而设计制作的专用工艺设备。

在精细化学品生产中，需要各种形状的器皿来储存或存放原材料，这些称为容器。容器属于结构相对比较简单的设备。

六、 分离设备

精细化学品生产中，并不是把所有的原料全部加工成最终产品，在加工时必须去除不适合加工的部分，在生产工艺过程中，也要根据具体产品的感官、理化指标的不同要求，对其半成品中的某些组分予以分离：例如粉体制备过程中的液-固分离；食品原料中有效成分的分离；植物色素、香精、营养物质的提取等。这些操作一般均需要分离机械来实现。

在精细化学品加工中，由于原料和加工用途不同，分离机械也是多种多样的，再加上一些专用分离设备，类型就更多，本书仅对典型的、具有共性的设备做简单介绍。

七、 产品成型设备

产品成型设备主要是指固体产品加工成一定的商品形态的一类设备，不同的成型设备所加工的产品形态、性能都有差别，成型设备主要有日用化学品中的洗衣粉成型设备和香皂成型设备、一些塑料制品、医药产品的成型设备等。随着技术的发展，一些新型的成型设备和工艺也得到发展。

如洗衣粉成型主要有喷雾干燥和附聚成型两种，喷雾干燥成型产品为普通粉，附聚成型的产品为浓缩粉。普通粉成空心球状，堆积密度为260～380g/L，活性物含量为12%～25%，浓缩粉为实心粒状，堆积密度为600～850g/L，活性物含量15%～35%，浓缩粉生产中亦可把含有较高阴离子活性物的普通粉为基料加入附聚造粒之中，因此配方适应性大，活性物含量可高达40%。附聚成型具有投资少、能耗低、三废少、包装材料和储运设施少等优点，已成为现代洗衣粉工业的一个发展方向，并受到消费者欢迎，尽管其产品溶解性稍差，但市场占有率在逐年提高。

八、 装料和包装设备

将加工后的涂料、胶黏剂、洗涤剂、化妆品等装到玻璃瓶、铁罐、塑料罐等容器进行包装，是精细化学品工业生产过程中的主要工序之一。装料的方法有人工及机械两种，现代化精细化学品工厂大多采用机械化装料，这样可提高劳动生产率，并保证装料量是一定的。按照产品形态分，可分为固体装料机和液体装料机。

选择装料和包装设备的原则是：

（1）能较好地为生产工艺服务，必须根据料液的性质（黏度、起泡性、挥发性等）进行选择。如果是食品或化妆品类，最好采用真空加料类装料机，减少与空气接触，保证产品质量；如果涂料、胶黏剂等低黏度液体，可采用重力式装料和包装设备。

（2）一机多用，由于涂料、胶黏剂、化妆品、洗涤剂等工厂生产品种规格繁杂，车间面积有限，产品经常变换，所以装料和包装机应能适应于多种品种生产。

（3）具有较高生产率及保证装料产品质量。

（4）充分改善劳动条件，降低产品成本。

（5）使用方便，易维护检修。

总之，应密切联系生产实际，尽量选择效率高、功能多、使用维修方便、结构简单、重量轻、体积小的装料和包装设备。

九、 管道和阀门设备

管道是用来输送流体物质的一种设备，按照工艺要求将各种精细化工设备与机器相连接以完成生产过程，是精细化工设备的重要组成部分，各种液体原料及其他辅助原料从不同的管路进入反应设备、乳化均质设备等生产装置，加工成初产品，再经过管路，通过过滤分离设备或成型设备和罐装设备，形成产品，最后外运和销售。可见，管道是精细化工生产的大动脉，它将整个生产联系成一个整体，所以保持管路的畅通是保证精细化工生产正常进行的重要环节。

管道的类型很多，按照管道设计的压强分为真空管道、低压管道、中压管道、高压管道、超高压管道等；按照管道的工作温度分为低温管道、常温管道、高温管道等；按照管道的材质分为金属管道、非金属管道、衬里管道等。

阀门是化工管道中常用的重要附件，在管路中起切断或连通管内流体的流动、调节其流量和压力、改变或控制流体方向等作用。

阀门的种类也很多，按用途可分为通用阀门、专用阀门；按结构特征可分为闸门形、旋塞形、球形、碟形等；按压力可分为真空阀、低压阀、中压阀、高压阀、超高压阀等。

复习思考题

1. 什么是精细化学品？我国把精细化学品分为哪些类？
2. 举例说明精细化学品在人们日常生活中的地位和作用。
3. 精细化工有哪些特点？
4. 举例说明日用化学品生产中常用到的生产设备。
5. 举例说明涂料生产中常用到的生产设备。
6. 精细化工生产对设备有哪些具体要求？
7. 精细化工生产常用的生产设备有哪些？

第二章　精细化工设备材料与防护

精细化工设备常用的金属材料有碳钢、铸铁、不锈钢、铝、铅和铜等合金，其中碳钢、不锈钢和铸铁具有良好的物理、力学性能，且价格便宜、产量大，所以被大量用于制造各种设备。然而精细化工生产过程一般较为复杂，操作条件（如温度、压力等）都不尽相同，使用的介质种类较多，且大多具有腐蚀性，故设备材料应能够满足各种不同的要求。此外随着生产技术的发展，新工艺的实现与过程的强化，对设备材料的要求更加苛刻了。因此需要不断改进现有的金属材料，研制强度高、耐腐蚀性能优良的新钢种、新材料用于生产实践。

常用的另一类材料是非金属材料。非金属材料的耐腐蚀性能在许多环境下优于金属材料，且原料来源广泛、容易生产、价格低廉，故深受欢迎。此外采用非金属材料能节约大量金属材料，尤其是贵重金属。在精细化工厂，已越来越多地采用耐腐蚀性能较好的非金属材料来制造诸如反应设备、输送设备、泵、阀门及管道等器件。

在精细化工企业，大量使用上述金属或非金属材料制造设备，这些材料必须满足一定的化学性能和力学性能等。

第一节　常用的金属材料

在所有设备使用的材料中，由金属或以金属元素为主形成的，具有金属特性的物质称为金属材料，由两种或两种以上不同性质或不同组织的材料组合形成的材料称为复合材料，除金属材料和复合材料外的材料称为非金属材料。金属材料是重要的精细化工设备工程材料。

一、 碳钢

碳钢是含碳量小于2.11%并含有少量的锰、硅、硫、磷等元素的铁碳合金，碳钢在大气和水中易生锈，在很多介质中的耐腐蚀性也不好，但它对诸多环境（如碱性溶液、各类气体、液态金属、有机液体等）的耐腐蚀性良好。在中性溶液中，其耐腐蚀性随含氧量而定，在无氧或低氧的静止液中，腐蚀很轻微；在高氧和搅拌情况下，腐蚀可增大几十倍；但当氧化能力达到使金属钝化的程度时，腐蚀状况又大大下降。在还原性酸中，腐蚀很快；但在强氧化性酸（如浓硫酸）中，由于产生钝化膜，腐蚀又大大减轻。在碱性溶液中，生成了保护膜，腐蚀性很小；在酸和碱中，腐蚀均匀，但在中性溶液中可能产生孔蚀。

碳钢的种类很多，分类方法也多，精细化工设备中常用的普通碳钢的性能与应用见表2-1。表2-2为优质钢（S、P含量均<0.035%）的牌号、分类及其应用。

表 2-1　普通碳钢的牌号与应用

牌号	含碳量/%	性能与应用
Q195	0.06～0.12	强度较低，塑性好，焊接性能好，可用于制作铆钉、铁钉等，可代替部分优质碳素结构钢制作冲压件、焊接件等
Q215	0.09～0.15	
Q235	0.14～0.22	有良好的强度，塑性好，焊接性能好，用于制作一般的金属结构件、螺栓、螺母、非受压容器等
Q255	0.18～0.28	
Q275	0.28～0.38	属于中碳钢，强度、硬度高，塑性、焊接性稍差，用于制作承受中等载荷的零件，如销、转轴等

表 2-2　优质碳钢的牌号与应用

牌号	含碳量/%	性能与应用
08、10、15、20、25	<0.25 低碳优质钢	强度较低，但塑性好，焊接性能好，在化工设备制造中常用做热交换器列管、设备接管、法兰的垫片包皮（08、10）等
30、35、40、45、50、55	0.25～0.60 中碳优质钢	强度较高、韧性较好，但焊接性能较差，不适宜做化工设备的壳体，但可制作换热设备管板、强度要求较高的螺栓、螺母等，45 号钢常用做化工设备中的传动轴（搅拌轴）
60、65、70、80	>0.6 高碳优质钢	强度与硬度均较高，60、65 钢主要用来制造弹簧，70、80 钢用来制造钢丝绳等

二、 铸铁

铸铁是含碳量大于 2.11%的铁碳合金，以铁、碳、硅为主要组成元素并含有锰、磷、硫等杂质的多元合金。普通铸铁的成分大致为：2.5%～4%C，0.6%～3.0%Si，0.2%～1.2%Mn，0.1%～1.2%P，0.08%～0.15%S。有时为了提高铸铁的机械性能或物理、化学性能，还可加入一定量的合金元素或提高硅、锰、磷等元素含量，得到合金铸铁。

铸铁是脆性材料，抗拉强度较低，但具有良好的铸造性、耐磨性、减振性及切削加工性。在一些介质（浓硫酸、醋酸、盐溶液、有机溶剂等）中具有相当好的耐腐蚀性能。铸铁生产成本低廉，因此在工业中得到普遍应用。

常用的铸铁可分以下四类：灰口铸铁、球墨铸铁、可锻铸铁和特殊性能铸铁。

（一）灰口铸铁

目前生产中灰口铸铁的化学成分范围一般为：2.5%～3.6%C，1.1%～2.5%Si，1.6%～1.2%Mn，≤0.5%P，≤0.15%S。各铸铁中石墨呈片状，这类铸铁的机械性能不高，但生产工艺简单、价格低廉，故工业上应用广泛。

灰口铸铁的抗压强度显著大于抗拉强度（约 3～4 倍），冲击韧性低，不适合制造承受弯曲、拉伸和冲击载荷的零件，但它耐磨性、耐蚀性较好，与其他钢材比，有优良的铸造性、减振性和良好的可加工性，因而灰口铸铁广泛用作承受压载荷、耐磨的零件，如机座、轴承、泵体等。

（二）球墨铸铁

铸铁中石墨呈球状，它是在铁水浇注前经球化处理后获得。这类铸铁不仅机械性能比灰口铸铁和可锻铸铁高，生产工艺比可锻铸铁简单，而且还可以通过热处理进一步提高其机械性能，故它在生产中的应用日益广泛。

球墨铸铁的化学成分与灰口铸铁相比，有以下一些特点：碳硅含量高，含锰量低，硫、磷量低，含有稀土及镁。球墨铸铁在强度、塑性和韧性方面大大超过灰铸铁，甚至接近钢材。在酸性介质中球墨铸铁耐蚀性较差，但在其他介质中耐腐蚀性比灰铸铁好。它的价格低于钢，由于它兼有普通铸铁与钢的优点，从而成为一种新型结构材料。过去用碳钢和合金钢制造的重要零件，如曲轴、连杆、主轴、中压阀门等，目前不少改用球墨铸铁。

（三）可锻铸铁

铸铁中石墨呈团絮状，这种铸铁是由一定成分的白口铸铁经高温长时间退火后获得，其机械性能（特别是韧性和塑性）较灰口铸铁高，故习惯上称为可锻铸铁。

可锻铸铁除了具有较高的机械性能外，与球墨铸铁相比还具有质量稳定，铁水处理简易，容易组织流水生产，成本较低等特点，在精细化工设备生产中广泛的用来制作各种管接头、低压阀门、轴、连杆、齿轮、活塞环等。

（四）特殊性能铸铁

随着精细化工工业的发展，精细化工设备对铸铁性能的要求愈来愈高，即不但要求它具有更高的机械性能，有时还要求它具有某些特殊的性能，如耐热、耐蚀及耐磨等。为此可向铸铁（灰口铸铁或球墨铸铁等）中加入一定量的合金元素，获得特殊性能铸铁（或称合金铸铁）。这些铸铁与在相似条件下使用的合金钢相比，熔铸简便，成本低廉，具有良好的使用性能。但它们大多都具有较大的脆性，机械性能较差。

根据不同的应用场合，添加一些特定的合金元素，可以制得耐磨铸铁、耐热铸铁和耐蚀铸铁。表 2-3 为含锰耐磨铸铁的组成及其应用。

表 2-3　含锰耐磨铸铁的组成及应用

类型	化学成分/%							应用
	C	Si	Mn	P	S	Mg	Re	
M1 （韧性为主）	3.3～3.8	4.0～5.0	8.0～9.5	<0.15	<0.02	0.025～0.06	0.025～0.05	粉碎机锤片等
M2 （硬度为主）	3.3～3.8	3.3～4.0	5.0～7.0	<0.15	<0.02	0.025～0.06	0.025～0.05	球磨机磨球、衬板等

三、 合金钢

所谓合金钢，就是在碳钢的基础上，为了提高钢的机械性能、物理和化学性能，改善钢的工艺性能，在冶炼时有目的地加入一些合金元素的钢。

随着精细化工工业和科学技术的迅速发展，不仅要求机械设备的工作效能高、体积小、重量轻，而且必须适应各种恶劣的工作环境，因此对机械零件的强度、硬度、塑性、韧性、耐磨性以及各种物理、化学性能提出了越来越高的要求。显而易见，用碳钢制作的零件已不能完全满足这些要求，必须选用各种合金钢。

在合金钢中，经常加入的合金元素有Mn、Si、Cr、Ni、Al、B、W、Mo、V、Ti、Nb、Zr和稀土元素（Re）等，P、S、N等在某些情况下也可以起合金元素的作用。

合金钢的种类比较多，分类方法也各有不同，按照用途来分主要有：合金结构钢、合金工具钢和特殊性能钢（包括不锈耐酸钢、耐热钢和耐磨钢）。合金结构钢与合金工具钢主要做一些设备的机构件以及各种工具。

由于精细化工生产过程中常使用腐蚀性的介质，以及在高温等条件下生产，故特殊性能钢（包括不锈耐酸钢与耐热钢）在精细化工设备中经常使用。

（一）不锈耐酸钢

用于制作耐腐蚀的机器零件、工具及容器等。属于这类钢的有马氏体不锈钢、铁素体不锈钢、奥氏体不锈钢等。

不锈耐酸钢是不锈钢和耐酸钢的总称。能够抵抗大气腐蚀的钢称为不锈钢，而在某些化学腐蚀性介质中能抵抗腐蚀的钢称为耐酸钢。一般不锈钢不一定耐酸，而耐酸钢一般则都具有良好的耐腐蚀性能。常见的不锈钢钢号及其用途见表2-4。

表2-4　常见的不锈钢钢号及其用途

类别	钢号	化学成分/%			应用举例
		C	Cr	其他	
马氏体钢	1Cr13	0.08～0.15	12～14	—	螺栓、螺母等耐弱腐蚀介质并承受冲击的零件
	2Cr13	0.16～0.24	12～14	—	
	3Cr13	0.25～0.34	12～14	—	做耐磨零件，如阀门、轴承、弹簧等
	4Cr13	0.35～0.45	12～14	—	
铁素体钢	0Cr13	≤0.08	12～14	—	抗水蒸气和含硫石油腐蚀设备
	1Cr17	≤0.12	16～18	—	耐硝酸设备
	1Cr28	≤0.15	27～30	—	制浓硝酸设备
	1Cr17Ti	≤0.12	16～18	Ti 0.8～5	同1Cr17，但抗蚀能力更强
奥氏体钢	0Cr18Ni9	≤0.06	17～19	Ni 8～11	深冲零件，焊NiCr钢的焊心
	1Cr18Ni9	≤0.14	17～19	Ni 8～11	制耐硝酸、有机酸、盐、碱溶液的设备
	1Cr18Ni9Ti	≤0.12	17～19	Ni 8～11 Ti 0.8～5	制耐酸容器、管道等

注：表列奥氏体钢Si含量＜1%，Mn含量＜2%，其余钢Si、Mn含量一般不大于0.8%

（二）耐热钢

高温下具有良好耐热性的钢称为耐热钢，它包括抗氧化钢与热强钢两类。高温下有较好的抗氧化性，而强度要求不高的钢为抗氧化钢；高温下有良好抗氧化能力又有较高强度的钢为热强钢，用于制作炉用零件、热交换器、干燥设备、排气阀等零件。

实际应用的抗氧化钢大多数是在铬钢、铬镍钢、铬锰氮钢基础上添加 Si、Al 制成的，表 2-5 为常用抗氧化钢的钢号及用途。

表 2-5 常用抗氧化钢的钢号及用途

类别	钢号	用途举例
铁素体钢	1Cr13Si3	最高使温度 900℃，制各种承受应力不大的高温构件，如喷嘴、托架、吊挂等
	1Cr13SiAl	
奥氏体钢	3Cr18Ni25Si2	最高使用温度 1100℃，制各种热处理构件
	3Cr18Mn12Si2N	最高使用温度 1000℃，制加热炉传送带、料盘等
	2Cr20Mn9Ni2Si2N	最高使用温度 1050℃，用途同上，还可制盐浴坩埚、加热设备管道等

（三）耐磨钢

耐磨钢主要指的是在高的冲击负荷作用下发生加工硬化而具有高耐磨性能的高锰钢。其牌号为 ZGMn13 或 Mn13。ZGMn13 的主要成分为碳和锰，含碳量为 1.0%～1.3%，含锰量为 11%～14%。碳含量较高可以提高耐磨性。

高锰钢具有高的耐磨性是由于加工硬化，如果高锰钢不是在受冲击或挤压的条件下经受磨损，就不会产生加工硬化现象，高锰钢的高耐磨性就不能发挥出来。因此，高锰钢常用来创造承受冲击及压力并要求耐磨的零件，如破碎机颚板、防弹钢板、保险箱钢板等。

四、 有色金属及其合金

金属材料中通常把铁及其合金叫做黑色金属，而把其他的金属如铝、铜、镁、铅、锌等及其合金叫做有色金属。有色金属的种类很多，虽然它们的产量和使用量不及黑色金属多，但它们具有不同于钢铁的许多特性，如铝、镁、钛及其合金相对密度小；铜、铝及其合金导电、导热性好；镍、钼、铌及其合金能耐高温等；一些有色金属及其合金具有耐腐蚀性好、低温塑性好和韧性高等特点，因此，有色金属及其合金在精细化工设备中得到广泛的应用。

有色金属及其合金种类多，常见的有铝、铜、铅、钛、镍及其合金，不过精细化工设备中使用较多的是铝、铜及其合金。

（一）铝及其合金

1. 纯铝

铝是银白色的轻金属，在自然界中分布极广，几乎占地壳全部金属含量的 1/3，铝很轻，相对密度为 2.72，只有铁的 1/3 左右，铝的导电、导热性好，其导电率仅次于银和铜，电导率为纯铜的 60%，适合作换热设备等，铝的塑性好、强度低，可承受各种压力加工，并可进行焊接和切削，铝抗大气腐蚀的能力很强，这是由于铝和氧的亲和力很大，在铝制品的表面形成致密坚固的 Al_2O_3 保护膜，阻止继续氧化，即使在潮湿的空气中，也能保护内层金属不受侵蚀，另外，铝在氧化性的酸中，如硝酸、醋酸、低温（20℃）中的稀硫酸、发烟硫酸及氨气中也能耐蚀。但在碱、食盐和氢氟酸中，铝的氧化膜容易被破坏，使铝易被腐蚀。

上述这些特点决定了铝的用途，铝常用于制造硝酸、尿素等生产所用设备（贮槽、槽车、管道、泵、阀门、冷凝器、蒸发塔和加热器等），同时也用于精细化工工业做耐蚀性强度要求不高的容器。

2. 铝合金

加入到铝中的合金元素如铜、镁、锌、硅、锰等，与铝构成二元共晶系，铝合金根据的成分和工艺特点，可分为形变铝合金及铸造铝合金两大类。

1）形变铝合金

形变铝合金是通过不同变形加工方式而获得的各种半成品以提供使用，形变铝合金又包括：防锈铝合金（LF），硬铝合金（LY），超硬铝合金（LC），锻造铝合金（LD）。

防锈铝合金是由铝锰系或铝镁组成的铝合金，牌号有 5A02、5A03、5A05、5A06 等，它的特点是抗蚀性、焊接性及塑性好，易于加工成形，具有良好的光制性能和低温性能。硬铝属 Al-Cu-Mg 系合金，其中含有少量的锰，此类合金有强烈的时效强化作用，具有很高的硬度、强度，该合金还有良好的加工性能，可加工成板、棒、型、管、线及锻件等半成品。超硬铝为 Al-Zn-Mg-Cu 系，是目前室温强度最高的铝合金，同时还具有很好的热加工性能，是主要的结构材料之一。

2）铸造铝合金

铸造铝合金分为 Al-Si 系、Al-Cu 系、Al-Mg 系与 Al-Zn 系等四类。

铸造铝合金牌号由铝及主要合金元素的化学符号组成（混合稀土用“R”表示）。主要合金元素后面跟有表示其名义百分含量的数字。在合金元素前面冠以拼音字母“Z”表示属于铸造合金，如 ZAlSi7Mg。

3. 应用

具体来说，铝及铝合金在精细化工设备中的应用有以下这些方面：

纯铝可用来制造对耐腐蚀要求较高的设备，如高压釜、槽车、贮槽、阀门、泵等；还可用于制造含硫石油工业设备、橡胶硫化设备及含硫药剂生产设备中，同时也大量用于日用化学品工业和制药工业中要求耐腐蚀、防污染而不要求强度的设备，例如反应器、热交换器、深冷设备、塔器等。

防锈铝能耐潮湿大气的腐蚀，有足够的塑性，强度比纯铝高得多，常用来制造各式容器、分馏塔、热交换器等。其中 5A02、5A03 用于中等强度的零件或设备，5A05 适用于制造管道、低压容器、铆钉，5A06 用于受力零件及焊制容器等。

铸铝的铸造件流动性好，铸造时收缩率和生成裂纹的倾向性都很小，由于表面生成 Al_2O_3、SiO_2 保护膜，铸铝的耐蚀性好，且密度小，广泛用来铸造形状复杂的耐蚀零件，如管件、泵、阀门、气缸、活塞等。

（二）铜及其合金

1. 纯铜

纯铜有时也叫紫铜。纯铜具有高的导电、导热性和耐蚀性，塑性好，易于冷、热加工变形。纯铜不宜作结构材料，但它用于制造深冷设备和高压设备的垫片等。

铜耐稀硫酸、工业硫酸、稀的和中等浓度的盐酸、醋酸、氢氟酸及其他非氧化性酸等介质的腐蚀。对淡水、大气、碱类溶液的耐蚀能力很好。铜不耐各种浓度的硝酸、氨和铵盐溶液，在氨和铵盐溶液中会形成可溶性的铜氨离子$[Cu(NH_3)_4]^{2+}$，故不耐腐蚀。纯铜主要用来制作真空器件、冷凝器、蒸发器、热交换器、垫片、铆钉等。

2. 铜合金

因纯铜的强度不高，不宜直接使用作结构材料，常加入合金元素来改善其性能。一般可将铜合金分为黄铜、白铜和青铜。铜及其合金在许多介质中有高耐蚀性。

黄铜是以锌为主要合金元素的铜合金。白铜是以镍为主要合金元素的铜合金。青铜则是除锌和镍以外的其他元素作为主要合金元素的铜合金，如锡青铜、铝青铜、铅青铜等。

1）黄铜

锌加入铜中，使铜的强度、塑性发生变化，当锌含量≤32%，锌完全溶入铜中，形成单相固溶体，其强度和塑性随含锌量增加而增加，当含锌量超过32%时，强度继续上升，塑性明显下降。工业中所使用的黄铜其含锌量一般低于50%，有极好冷加工性能，适合于制作形状复杂的冷冲压或深冲件。

黄铜在干燥的大气和一般介质中抗蚀性好，在海水中抗蚀性有所下降。精细化工中常用的黄铜牌号有H80、H68、H62等（数字是表示合金内铜平均含量的百分数）。H80在大气、淡水及海水中有较高的耐腐蚀性，加工性能优良，可做薄壁管和波纹管。H68塑性好，可在常温下冲压成型，做容器的零件，如散热器外壳导管等。H62在室温下塑性较差，但有较高的机械强度，易焊接，价格低廉，可做深冷设备的筒体、管板、法兰及螺母等。

在二元黄铜的基础上加入其他合金元素，如锡、铝、锰、铁等，形成特殊黄铜，使它具有比普通黄铜更好的力学性能、抗蚀性能和其他性能。

2）白铜

白铜为铜镍合金，加入少量的锰、铁、锌和铝等元素，白铜在工业铜合金中耐腐蚀性能最优，抗冲击腐蚀和应力腐蚀也很好。

3）青铜

除黄铜和白铜以外，其余的铜合金称为青铜。具体又可分为锡青铜、铝青铜等。

锡青铜是以锡为主要合金元素的铜合金，锡青铜在大气、海水、碱性溶液和其他无机盐类溶液中有很高的抗蚀性，锡青铜主要用来铸造耐腐蚀和耐磨零件，如泵壳、阀门、轴承、蜗轮、齿轮、旋塞等。

为了改善锡青铜的工艺性能和使用性能，常加入锌、磷、铅、镍等元素，成为多元锡青铜。锌改善合金的强度，提高流动性；磷提高合金的流动性和耐磨性；铅改善了合金的切削性和耐磨性。

以铝为主要合金元素的铜合金，称为铝青铜。在大气、海水、碳酸及大多数有机酸溶液中具有很高的抗蚀性，但在过热蒸汽中耐蚀性差。可用来制造齿轮、轴套、蜗轮等在复杂条件下工作的高强抗磨零件及弹簧等。

铍青铜即以铍为主要合金元素的铜合金。铍青铜不但强度高、硬度高，且有高的疲劳极限和弹性极限，弹性稳定，弹性滞后小；导电、导热性好，受冲击不产生火花；耐磨性，抗蚀性好，无磁性。由于铍青铜具有较多的优点，常用来制造精密仪器、仪表的重要弹性元件、耐磨零件及防爆工具等。但铍青铜价格昂贵，使用受到限制。

（三）钛及钛合金

1. 纯钛

钛是银白色的金属，熔点为1725℃，相对密度为4.5，钛的表面很易和氧结合成一层致密的氧化薄膜，其稳定性远高于铝和不锈钢的氧化膜，而且在机械损伤后能很快修复，故在许多介质中的耐蚀性比奥氏体不锈钢优越，钛在大气、海水、过热蒸汽、各种温度的碱溶液、盐类、硝酸（除红色发烟硝酸外）、铬酸、10%～30%氨水等介质中都稳定。尤其在应力作用下的沸腾10%NaOH溶液和沸腾的$MgCl_2$溶液中，钛具有极高的稳定性。钛对于所有的有机酸也有高的耐蚀性。钛在1200℃高温下仍然比不锈钢的稳定性好。

钛在高温下活泼，当钛在空气中加热到鲜红色时，它迅速地吸气（如氧、硫、碳、氮与氢等元素强烈反应）并被污染，故钛不宜用作高温下的化工设备。

2. 钛合金

为了提高钛的强度与耐热性，常加入铝、锡、锆、钼、钒、锰、铬、铁等元素，它们能溶于钛中，或与钛形成化合物，使合金强化，其中强化作用最好的是铝、锰、铬和铁，其次是钼与钒，锡与铝的强化作用不大，但能提高合金的抗蚀性。

由于各种元素对钛的影响不同，钛合金按常温下的组织，可分为α类钛合金、β类钛合金和α+β类钛合金。常用钛合金的牌号、性能与用途如表2-6所示。

表2-6　常用钛合金的牌号、性能与用途

类型	牌号	性能与应用
α类钛合金	Ti-5Al	用于低于400℃在腐蚀介质中工作的零件，耐蚀性好，可焊接或热成型
	Ti-5Al-2.5Sn	在500℃以下长期工作的结构件，短期工作温度可达900℃，焊接性与耐蚀性好
β类钛合金	Ti-3Al-8Mo-11Cr	制造各种冲压件与焊接部件，长期使用温度不宜过高，淬火后性能更好
α+β类钛合金	Ti-6Cr-4V	用于400℃以下工作的零件，需要焊接的零件或紧固件，可热处理强化，耐蚀性好，抗摩擦性差，可热成型
	Ti-6.5Al-3.5Mo-2.5Sn	用于500℃以下工作的零件，如压气机盘、叶片等，耐蚀性好

第二节 常用的非金属材料

非金属材料具有优良的耐蚀性，原料来源广泛，品种多样，成型工艺相对简单，是一种有着广阔应用前景的化工材料。

非金属材料种类多，按性质可分为无机非金属材料和有机非金属材料两大类。在精细化工设备中，非金属材料既可以单独做结构材料，又可做金属设备的保护衬里，还可做设备的密封材料和保温材料等。

一、 无机非金属材料

无机非金属材料主要有陶器、瓷器、胶凝材料（水泥、石灰、石膏等）、混凝土、耐火材料和天然矿物等传统材料以及氧化物陶瓷、非氮化物陶瓷、复合陶瓷、微晶玻璃、光纤玻璃纤维增强混凝土等新型材料。

无机非金属材料与金属材料和有机非金属材料相比，无机非金属材料有下列特点：硬度高，抗化学腐蚀能力强，绝大多数是绝缘体，高温导电能力比金属低，光学性能优良，制成薄膜时大多是透明的，一般比金属的导热性低。但无机非金属材料尚存在某些缺点，如其大多数抗拉强度低、韧性差，有待于进一步改善。而将其与金属材料、高分子材料合成无机非金属复合材料是一个重要的改善途径。以下就主要几种在化工设备中应用的无机非金属材料分别介绍。

（一）化工陶瓷

陶瓷一般具有很好的耐化学腐蚀性能，因而在化工防腐蚀上占有特殊的地位。陶瓷化工因在配料、成型、烧结、上釉和设计安装等方面，都有一些和日用品及其他工业陶瓷不同的特点，故一般称为化工陶瓷。由于陶瓷的耐酸性能好而耐碱性能差，所以又常称为耐酸陶瓷。化工陶瓷的性能和特点介于陶器与瓷器之间。

制造陶瓷化工设备所用的原料，主要为黏土、长石和石英等，来源方便，价格便宜，制造工艺和设备简单，各地都能生产，便于推广使用。陶瓷可以制造塔类、反应器、过滤器、贮槽、阀门、管道、泵和鼓风机等多种类型的化工设备。但是受陶瓷本身性能和制造工艺条件等的限制，目前还不能制造大型、高压和高温设备。

化工陶瓷设备有一定的使用温度限制，表 2-7 为常见化工陶瓷设备的使用温度。此外，化工陶瓷耐化学介质腐蚀也有限制，除了氢氟酸、硅氟酸以外，化工陶瓷基本能耐所有浓度的无机酸和盐类以及有机类介质的腐蚀。它对磷酸的耐蚀性较差，不能耐碱特别是浓碱液的腐蚀。

表 2-7 化工陶瓷设备容许使用的温度

设备	容许使用的温度/℃
耐酸设备和管道	≤90
耐酸耐温设备和管道	≤150
磁管	≤120

（二）玻璃

玻璃材料具有化学稳定性高、透明、光滑、洁净、耐磨等特点。因此，玻璃管道应用于化工设备中，在使用时有如下优点：

（1）对任何浓度的有机酸、无机酸、有机溶剂均具有良好的耐腐蚀性能（氢氟酸、含氟磷酸、热的浓磷酸除外），对一般碱类及常温（40℃左右）下浓的强碱（如氢氧化钠）也有一定的耐腐蚀性。

（2）能直接观察管道和设备内的反应和输送情况，且壁面光滑洁净，物料不易黏附，能保证产品的纯度和质量。

但是，玻璃系脆性材料，其抗张强度，抗弯强度较低，耐热急变性能差。因此玻璃管道和化工设备在安装、使用、维修时，必须遵守它们的安装操作规程。才能充分发挥其优点而避免其缺点。近年来，玻璃管道和化工设备的品种日益增多，尤其作为盐酸、氯气和某些有机介质的输送管已长期使用并取得了良好的效果。

（三）化工搪瓷

化工搪瓷是将含硅量高的瓷釉通过 900℃左右的高温搪烧，使磁釉密着于金属胎底而制成的。它能耐各种浓度的无机酸（包括氧化性强的酸）、有机酸、弱碱和强有机溶剂，特别在盐酸、硫酸、硝酸等强腐蚀性介质中，从某种意义上说，它还优于不锈钢等贵重金属，从耐有机溶剂及使用温度上考虑，它优于工程塑料。精细化工设备中也广泛的使用化工搪瓷。

精细化工搪瓷设备应用广泛，除少数用于贮存物料外，大多数用于生产过程中，如聚合、缩合、环合、凝聚、合成、水解、抽水、蒸发、浓缩、蒸馏、中和、结晶、提纯、冷冻、冷却、脱羧、配酸、混合等过程。其中聚合、凝聚、精制、氯化、磺化、溴化等设备，从防腐蚀、保证产品质量和简化操作等方面，使用搪瓷化工设备胜于现有的其他防腐蚀材料。

搪瓷化工设备由于质量、使用介质、条件等不同，使用年限也不同，一般能使用 1～5 年，少数也有使用 5 年以上的。

二、 有机非金属材料

（一）工程塑料

塑料的独特性质表现在：质量轻、比强度高，塑料耐化学腐蚀性一般优于金属，对酸、碱、有机溶剂等化学药品均有良好抗腐蚀能力。特别是聚四氟乙烯，它除与熔融碱金属能起作用外，能耐各种酸碱侵蚀，甚至煮沸“王水”也不能侵蚀它。几乎所有塑料都具有优异电绝缘性，极小介质损耗以及优良耐电弧性，可与陶瓷、橡胶等绝缘材料相媲美。大多数塑料摩擦因数都比较小，同时在摩擦、磨损时具有自润滑性，因为有磨粒或杂质存在时可避免对磨金属刮伤现象，具有极好耐磨性，因此常用在腐蚀性介质中和无润滑剂情况下的轴承、齿轮、活塞环、密封圈等摩擦、磨损零件。

塑料主要缺点是不耐热，一般只能在100℃以下长期使用，少数特种塑料可耐到200℃高温；机械性能尤其是强度、刚性和蠕变性能较差；易燃，易老化变质等。近代塑料发展就是针对以上缺点，采用改性和复合方法予以改善和提高。

根据用途情况，将塑料分为通用塑料、工程塑料和特种塑料三大类。精细化工设备中常用的塑料有聚丙烯、聚乙烯、硬质聚氯乙烯、含氟塑料、耐酸酚醛树脂、玻璃钢等。

1. 聚丙烯

聚丙烯是通用塑料，生产和使用量都很大，其具有优良的耐腐蚀性能，对于无机化合物，除氧化性介质外，不论酸、碱或盐溶液，几乎直到100℃对聚丙烯都没有破坏作用。但由于聚丙烯分子结构中的叔碳原子容易氧化，所以对发烟硫酸、浓硝酸和氯磺酸等强氧化性介质，即使在室温下也不能使用。

在室温下，几乎所有有机溶剂均不能溶解聚丙烯。它对大多数羧酸也具有较好的耐蚀性。

由于聚丙烯具有良好的耐腐蚀性与耐热性，所以常用作化工管道、贮槽、衬里等。若用各种无机填料增强，可提高其机械强度及抗蠕变性能，用于制造化工设备。若用石墨改性，可制聚丙烯换热器。

2. 聚乙烯

聚乙烯是由乙烯聚合得到的热塑性树脂，是通用塑料，在日常用品和工业设备中用量很大。聚乙烯的分子链主要是由亚甲基（—CH_2—）构成的，化学稳定性较好。其耐腐蚀性能和硬聚氯乙烯差不多，常温下能耐一般的酸、碱、盐的腐蚀，特别是可耐60℃以下的浓氢氟酸的腐蚀，在室温下，脂肪烃、芳香烃和卤代烃等能使之溶胀。在耐化学介质和溶剂的性能方面，高密度聚乙烯比低密度聚乙烯好一些。

聚乙烯在精细化工设备中可做管道、管件、阀门、泵以及设备衬里。

3. 聚氯乙烯

从分子结构来看，聚氯乙烯不含有活性较大的基团，主链又全是由非极性共价键C—C键联结而成，化学性能比较稳定。硬质聚氯乙烯在室温（或低于50℃）下，除了强氧化剂（如浓度超过50%的硝酸、发烟硫酸等）、芳香胺、氯代碳氢化合物（如苯、甲苯、氯苯等）及酮类外，能耐大部分酸、碱、盐类、碳氢化合物、有机溶剂等介质的腐蚀。聚氯乙烯又可分为硬质聚氯乙烯和软质聚氯乙烯。

由于硬质聚氯乙烯塑料具有一定的机械强度，焊接和成型性能良好，又具有良好的耐腐蚀性能，因此它是化工、石油、制药、染料等工业中普遍使用的一种耐腐蚀材料。目前，硬质聚氯乙烯塑料常用来作为塔器、贮槽、除雾器、排气筒、泵、阀门及管道等。

软聚氯乙烯塑料由于其机械强度低，故常用作设备衬里材料。近年来，人们对聚氯乙烯做了许多改性研究工作。例如，导热聚氯乙烯即是用石墨来改性，以提高聚氯乙烯的导热系数的，它可以用作化工耐腐蚀换热材料；在低于80℃的情况下，还可用于浓度不高于90%的硫酸、稀硝酸、任意浓度的盐酸，磷酸、氯乙酸及氯气等腐蚀性介质中。

4. 含氟塑料

含有氟原子的塑料总称为含氟塑料。含氟塑料分子结构中存在着氟原子，使聚合物具有极为优良的耐腐蚀性、耐热性、电性能和自润滑性等。目前主要的品种有聚四氟乙烯（F-4），聚三氟氯乙烯（F-3）和聚全氟乙丙烯（F-46）等，以聚四氟乙烯使用较多。

聚四氟乙烯具有高度的化学惰性，完全不与王水、氢氟酸、浓盐酸、硝酸、发烟硫酸、沸腾的氢氧化钠溶液、氯气、过氧化氢等作用。除某些卤化胺或芳香烃使聚四氟乙烯塑料有轻微的膨胀现象外，酮类、醚类、醇类等有机溶剂对它均不起作用。对它起作用的仅是熔融态的碱金属、三氟化氯及元素氟等，但只有在高温和一定压力下作用才显著。此外，它也不受氧或紫外光的作用，耐气候性极好，故有“塑料王”之称。

聚四氟乙烯具有优良的耐腐蚀性能，所以，它在化工防腐工程中逐渐得到应用。但由于聚四氟乙烯缺乏刚性，机械强度不太高，故它不作为化工设备的结构材料。目前主要把它用作衬里材料，可以采用涂层或板衬的形式。目前推广使用的是聚四氟乙烯薄板衬里，并发展了两种衬里工艺：

（1）聚四氟乙烯板完全不与金属基体黏合的“松衬里”，这种方法主要用于槽器和塔器的衬里。

（2）聚四氟乙烯与玻璃钢一起制作的整体设备。这种方法可用于热交换器以外的其他各种化工设备，包括带有搅拌的反应器。

聚四氟乙烯除用作衬里材料外，也用作管质、配件、阀、泵以及密封垫片、波纹管、密封用的生料带等。近年来也制成热交换器使用。

5. 玻璃钢

以合成树脂为黏结剂，玻璃纤维及其制品作增强材料而制成的复合材料称为玻璃纤维增强塑料。因其强度高，可以和钢铁相比，故又称玻璃钢（FRP）。

玻璃钢质量轻、强度高，它不导电，在电解质溶液里不会有离子溶解出来，因而对大气、水和一般浓度的酸、碱、盐等介质有着良好的化学稳定性，特别在强的非氧化性酸和相当广泛的 pH 范围内的介质中都有着良好的适应性，过去用不锈钢也对付不了的一些介质，如盐酸、氯气、二氧化碳、稀硫酸、次氯酸钠和二氧化硫等，现在用玻璃钢可以很好地解决。

贮槽是化工生产的主要工艺设备，很多都以玻璃钢为主要结构材料，目前国外已成功地制造了 1000～1500m^3 的贮槽，最大的可达 4000m^3，国内也能独立制造。

管道在化学工业生产中起着重要的脉络作用，玻璃钢管道具有耐蚀性好，不结垢和易运输安装等优点，早在 20 世纪 70 年代，美国就有几十万公里的玻璃钢管道，成为美国第三大能源的输送工具。我国近年来在玻璃钢管道制造上虽有较大发展，但管道的结构设计和连接方面仍存在不少问题，需要改进和提高。

玻璃钢塔器在处理各种腐蚀性气体和液体中也发挥了很大的作用。近年来，玻璃钢整体设备已从单一、简单的设备向结构复杂、大型配套等方向发展，如精细化工设备系统就包括各种规格的玻璃钢设备，如填料洗涤塔、过滤器、消雾器、污水槽、集料和喂料槽、喷射器、排气烟囱以及鼓风机和循环泵等。

（二）橡胶

橡胶具有较好的物理机械性能和防腐蚀性能，可以作为金属设备的衬里或复合衬里中的防渗层。橡胶分为天然橡胶和合成橡胶两大类。

天然橡胶的化学稳定性能较好，可耐一般非氧化性强酸、有机酸、碱溶液和盐溶液腐蚀，但在强氧化性酸和芳香族化合物中不稳定。

天然橡胶是线型聚合物，机械性能较差，而且在主链上有较多的双键，易被氧化剂所氧化，不能满足实用上的某些需要，但这些缺点可以通过硫化作用得到改善。

合成橡胶主要有氯化橡胶、氟橡胶、氯丁橡胶、氯磺化聚乙烯橡胶、丁苯橡胶、丁氰橡胶等。磺化聚乙烯橡胶耐磨性能、耐大气、耐臭氧性能良好，耐热可达 120℃，磺化聚乙烯橡胶的耐氧化剂性能仅次于氟橡胶，在强氧化性介质中（如常温发烟硝酸、浓硫酸）和在碱液、过氧化物，盐溶液及很多有机介质中稳定。但磺化聚乙烯橡胶不耐油类、四氯化碳、芳香族等化合物的腐蚀。

橡胶在精细化工设备中主要用于衬里、密封件等，如丁氰橡胶用于化工衬里，氯丁橡胶用于油罐衬里、管道，氟橡胶用于化工衬里、高级密封件等。

橡胶的主要缺点是老化，即橡胶制品长期存放或使用时，逐渐被氧化而产生硬化和脆性，甚至龟裂的现象。紫外线照射、重复的屈挠、温度升高等都会导致和促使橡胶老化而丧失弹性。

第三节　常用材料的性能要求

一、 常用材料的化学性能要求

化学性能是指材料在所处介质中的化学稳定性，即材料是否会与周围介质发生化学或电化学作用而引起腐蚀。材料的化学性能指标主要有耐腐蚀性和抗氧化性。精细化工设备所使用的材料应该具备下列化学性能。

（一）良好的耐腐蚀性

材料（主要是金属和合金）对周围介质（加大气、水气、各种电解液）侵蚀的抵抗能力叫做耐腐蚀性。常见的钢铁生锈，铜生铜绿等就是腐蚀现象。

腐蚀作用会破坏设备和零件的外观质量、降低零件的使用寿命，甚至使设备突然损坏。因此耐腐蚀性是金属材料的重要性能之一。

精细化工生产中所涉及的物料，常会有比较强的腐蚀性。材料的耐蚀性不强，必将影响设备使用寿命，还会影响产品质量。对于精细化工的机械设备，选材时不仅要考虑材料的机械性能，而且要考虑材料的耐腐蚀性。

（二）良好的抗氧化性

材料在高温下抵抗氧化的能力，叫做抗氧化性。一般来说，金属材料的氧化过程会随其温度的提高而加速。

例如，在高温下，钢铁不仅与自由氧发生氧化腐蚀，使钢铁表面形成结构疏松容易剥落的 $Fe_2O_3 \cdot xH_2O$ 氧化皮；还会与水蒸气、二氧化碳、二氧化硫等气体产生高温氧化与脱碳作用，使钢的力学性能下降，特别是降低了材料的表面硬度和抗疲劳强度。所以，工业锅炉、加热设备、反应设备、成型设备和管路等设备上在高温下工作的零件所用材料，就要求有良好的抗氧化性。

如现在很多常见的精细化工反应设备使用的就是不锈钢或陶瓷等具有良好抗氧化性的材料。

二、 常用材料的力学性能要求

各种机械零件和部件，在使用过程中都要受到不同性质的外力作用。如起重机上的钢丝绳，在吊起物体时受到拉力的作用；输送设备，当物料经过时轴受到的压力等。所有的这些外力，都会使机器零件和构件发生变形或破坏。

材料抵抗外力作用的能力，叫做力学性能，它包括强度、塑性、硬度、韧性及疲劳强度等。精细化工设备所使用的材料应该具备下列力学性能。

（一）足够的强度

强度是指材料在外力作用下抵抗变形和破坏的能力。抵抗能越大，材料的强度越高。根据载荷性质的不同，强度可分为抗拉、抗压、抗剪、抗扭和抗弯强度等。在机械设备制造中常用抗拉强度作为材料机械性能的主要指标。

强度反映材料在外力作用下抵抗变形和破坏的能力。这里的破坏对应两种情况：一是发生较大的塑性变形，在外力去除后不能恢复到原来的形状和尺寸；另一种情况是发生断裂。不论哪一种情况发生，都将导致零部件不能正常工作。

（二）良好的塑性

材料在外力的作用下，产生塑性变形而不破坏的能力称塑性。一般用拉伸试样的伸长率和断面收缩率来衡量。如果材料能发生较大的塑性变形而不破坏，则称材料的塑性好。常用的塑性指标有伸长率 δ 和断面收缩率 ψ，伸长率和断面收缩率的值越大，则材料的塑性越好。

材料塑性的好坏，对零件的加工和使用都具有十分重要的意义，例如，低碳钢的塑性较好，可进行压力加工；普通铸铁的塑性很差，不能进行压力加工，但能进行铸造。同时，由于材料具有一定的塑性，不致因稍有超载而突然破断，这就增加了材料使用的安全可靠性。因此，精细化工设备对于材料的塑性指标是有一定要求的。

（三）较高的硬度

硬度通常指材料抵抗其他更硬物体压入其表面的能力。它是表示材料坚硬程度的机械性能指标。硬度的测定是通过硬度试验来完成的。由于硬度试验操作简单、迅速，不需要专门试样，可以在工件上直接测定且不破坏工件，而且根据测得的硬度值可以近似地确定抗拉强度值，所以在生产中得到广泛的应用。

测定硬度的方法很多，最常用的试验方法有布氏、洛氏和维氏硬度试验法三种。图 2-1为布氏硬度测定原理图，一个钢球在外力作用下压入材料表面，以压痕尺寸大小来计算材料的硬度。

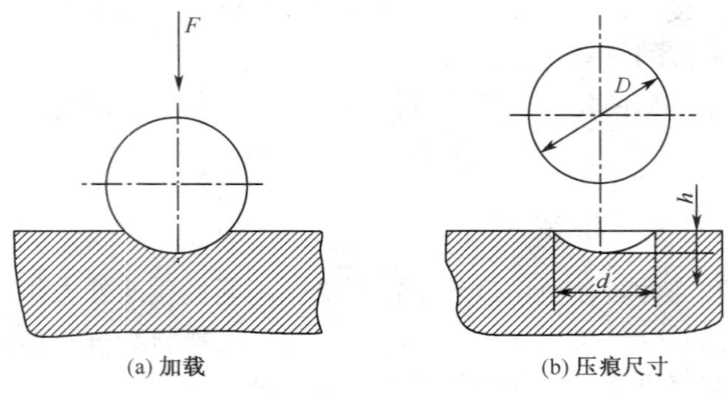

图 2-1　布氏硬度实验示意图

(四) 良好的冲击韧性

以很大速度作用于机件上的载荷称为冲击载荷。许多机器零件和工具在工作过程中，往往受到冲击载荷的作用，如冲床的冲头、锻锤的锤杆、内燃机的活塞销与连杆、风动工具等。由于冲击载荷的加荷速度快，作用时间短，使金属在受冲击时应力分布与变形很不均匀，故对承受冲击载荷零件的性能要求，仅具有足够的静载荷强度指标是不够的，还必须具有足够抵抗冲击载荷的能力。

金属材料在冲击载荷作用下抵抗破坏的能力叫做冲击韧性。为了评定金属材料的冲击韧性，需进行一次冲击试验，它包括冲击弯曲、冲击拉伸、冲击扭转等几种试验方法。

一般来说，材料的冲击韧性随温度的降低而减小，当温度低于某一温度时冲击韧性会发生急剧下降，材料表现出脆性，该温度称为脆性转变温度，对低温工作的设备来说，其选材要注意材料的韧性是否足够。

(五) 可靠的疲劳强度

许多机械零件，如轴、齿轮、弹簧等，都是在交变应力作用下工作的。其工作应力的最大值即使低于材料的屈服强度，经过较长时间的工作也会发生突然断裂，这种现象称为金属的疲劳。

由于金属的疲劳断裂是突然发生的，因此具有很大的危险性，常易造成严重事故，所以在设计零件和选择材料时要考虑材料对疲劳断裂的抗力。

金属材料在无限多次交变载荷作用下，而不致断裂的最大应力称疲劳强度，或称疲劳极限。金属的疲劳强度受到很多因素的影响，经归纳有工作条件、表面状态、材料本质及残余内应力等。改变零件的结构形状、细化表面粗糙度、表面强化及喷丸等工艺方法都是提高疲劳强度的有效措施。

第四节　设备材料的腐蚀与防护

腐蚀是指材料在环境的作用下引起的破坏或变质的现象。

金属的腐蚀主要是由化学或电化学作用所引起的，其破坏有时还伴随着机械、物理或生物的作用，单纯物理的作用所造成的破坏，如合金在液态金属中的物理溶解，仅是少数的例外。

对于非金属材料而言，破坏往往是由于直接的光、热、化学介质的化学作用或物理作用（如氧化、裂解、溶解、溶胀等）引起的。单纯的机械破坏并不属于腐蚀的范畴。

精细化工设备种类繁多，所使用的场合和环境相差很大，有些设备需要在比较恶劣的环境或者化学介质中运行，所以，对设备的维护和保养，主要是对设备材料的保护，是维持设备有效运行的保障。

一、　金属的腐蚀

金属材料的腐蚀环境复杂，影响因素颇多，因此，从不同的角度出发。可以有不同的腐蚀分类方法。

依据腐蚀环境分类，较为直观，可分为干燥气体腐蚀、潮湿环境腐蚀、电解液和非电解液中的腐蚀等；依据腐蚀机理分类，则利于研究腐蚀的微观机制，具体分为化学腐蚀和电化学腐蚀；依据腐蚀形态分类，利于辨别和诊断腐蚀失效，一般分为全面腐蚀、局部腐蚀和应力作用下的腐蚀等。

（一）化学腐蚀

化学腐蚀是干燥气体或非电解质液体与金属间发生化学作用时出现的，例如钢铁的高温氧化、银在碘蒸气中的变化等。它的特点是腐蚀在金属的表面上，腐蚀过程没有电流的产生。

化学腐蚀的范围也很广泛。它包括干燥气体介质的腐蚀，如氧化、硫化、卤化和氢蚀等，液态介质的腐蚀，如非电解质溶液的腐蚀、液态金属（锂、钠、铝等）的腐蚀、低熔点氧化物的腐蚀等。本节将简单介绍金属在几种常见的气体中的腐蚀形式和防止的方法。

1. 高温氧化

金属的高温氧化是指金属和环境中的氧（或氧化性气体，如 H_2O、SO_2 等）化合形成金属氧化物。除少数金属（例如钼、钨等）高温氧化所生成的氧化物具有挥发性外，金属氧化物的结果都在其表面上形成一层氧化物固相膜，金属在常温空气中所生成的自然氧化膜，只有几个分子那样薄，且对金属的光泽性没有影响，因此，肉眼看不见，随着温度升高，氧化膜增厚并呈现出一定的色彩，肉眼便直接可见了。

金属表面上的氧化膜阻隔了金属与介质之间的物质传递，将减慢金属继续氧化的速度。但是，只有所生成的膜是致密、完整的，能把金属表面全部遮盖住，才能具有良好的保护作用。

另外，气相的组成，对钢铁的高温腐蚀有着强烈的影响，特别是水蒸气和硫的化合物的影响最大，表 2-8 表示大气中各种组成对钢铁的气体腐蚀的影响。

表 2-8　工作气体成分对钢铁腐蚀的影响

气体成分	相对腐蚀量	气体成分	相对腐蚀量
单纯空气	100	空气+5%H_2O	135
空气+2%SO_2	118	空气+5%H_2O+5%SO_2	276

为了提高钢铁的高温抗氧化能力，可以加入适量的合金元素铬、硅或铝，这些元素与氧亲和力强，可以生成致密的保护性氧化物。

2. 钢铁的脱碳

钢铁在气体腐蚀过程中，通常总是伴随脱碳现象出现。脱碳是指在腐蚀过程中，除了生成氧化皮以外，与氧化皮层相连的内层发生渗碳体减少的现象，这是由于渗碳体 Fe_3C 与介质中的氧、氢、二氧化碳、水等作用的结果。其反应如下：

$$Fe_3C + O_2 = 3Fe + CO_2$$

$$Fe_3C + CO_2 = 3Fe + 2CO$$

$$Fe_3C + H_2O = 3Fe + CO + H_2$$

脱碳作用生成气体，使表面膜的完整性受到破坏，从而降低了膜的保护作用，加快了腐蚀的进行，同时，由于碳钢表面渗碳体减少，使表面层的硬度和强度都大幅度下降，降低了零件的耐磨性、疲劳极限，从而降低了设备或零件的使用寿命。实践证明，增加气体介质中的一氧化碳和甲烷含量，将使脱碳作用减小，钢中添加铝和钨也可降低钢的脱碳倾向。

3. 氢蚀

在合成氨、合成甲醇、加氢及其他一些精细化工工业中，常常遇到在高温高压氢环境中，钢的脆化问题，氢气在常温常压下对碳钢不会产生明显的作用，温度高于 200～300℃，压力高于 30.4MPa 时，氢对钢材作用显著，使钢剧烈脆化，这就叫氢蚀。

钢材发生氢蚀有两个阶段，可逆氢脆阶段和氢蚀阶段。如果将钢材在 200～300℃温度下加热或常温下长时间静置，其韧性又可以部分或全部恢复，这阶段称为可逆氢脆阶段。

第二阶段是氢蚀阶段，这时由于在高温高压下，侵入并扩散到钢中的氢与不稳定碳化物发生反应：

$$Fe_3C + 2H_2 = 3Fe + CH_4$$

生成了甲烷，产生脱碳，并且反应的气体生成物 CH_4 在钢材内部积聚，产生很大的内应力，使晶体产生裂纹，内部出现龟裂，而在表面则出现许多鼓泡，这就使钢的强度和韧性大大降低、发生永久脆化。

降低钢的含碳量或加入铬、钛、钼、钨、钒等合金元素，形成稳定的碳化物，能提高钢抗氢蚀的能力。

（二）电化学腐蚀

电化学腐蚀，则是腐蚀电池作用的结果。研究发现，金属在自然环境和工业生产中的腐蚀破坏主要是由电化学腐蚀造成的。潮湿大气、天然水、土壤和工业生产中的各种介质等，都有一定的导电性，属于电解质溶液。在这种溶液中，同一金属表面各部分的电位不同或者两种以及两种以上金属接触时都可能构成腐蚀电池，从而造成电化学腐蚀。

电化学腐蚀的特点是在腐蚀过程中有电流产生，金属在各种酸、碱、盐溶液及工业用水中的腐蚀，都属于电化学腐蚀。

1．电化学腐蚀的起因

为了解释金属发生电化学腐蚀的原因，人们提出了腐蚀原电池模型。下面通过举例来加以说明。

我们知道原电池是一个可以将化学能转变为电能的装置。丹尼尔电池是人们熟知的一种原电池［图 2-2（a）］。它可简单地表示为

（一）Zn ｜ $ZnSO_4$（水溶液）‖ $CuSO_4$（水溶液）｜ Cu（＋）

其中，“｜”表示有界面电位存在，“‖”表示盐桥，它可以消除两溶液之间的液体接界电位。当用导线将铜片、锌片和电流表、负载串联起来接通时，即有电流通过。由于锌极电位低于铜极电位，从外电路来看，电流从铜极流向锌极（电子则从锌极流向铜极），并发生如下电化学反应：

锌作为阳极，发生氧化反应：$Zn \longrightarrow Zn^{2+} + 2e$

铜作为阴极，发生还原反应：$Cu^{2+} + 2e \longrightarrow Cu$

锌极上锌原子放出电子变成 Zn^{2+} 进入溶液，锌电极上积累的电子通过导线流到铜电极。

按照电化学定义，电极电位较低的电极称为负极，电极电位较高的电极称为正极；发生氧化反应的电极称为阳极，发生还原反应的电极称为阴极。

在电池工作期间，锌电极不断发生氧化反应，铜电极上不断进行着还原反应。电子从锌极流向铜极，而在水中，电荷的传递是依靠溶液中阴、阳离子的迁移来完成的，这样，整个电池形成一个电流回路，将化学能转变为电能并带动负载工作，对外界做有用功。

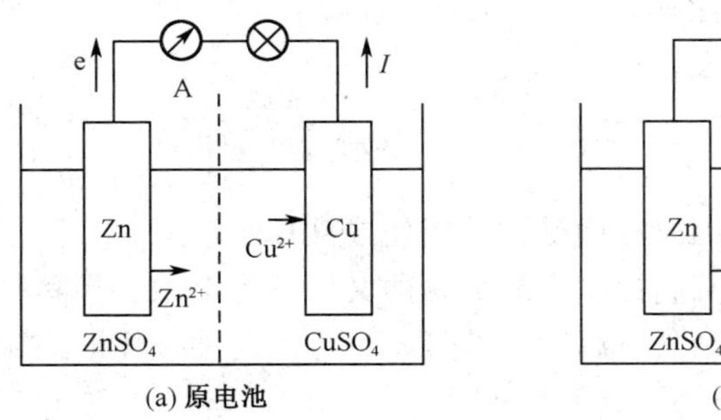

图 2-2 原电池与腐蚀电池的区别

如果将图 2-2（a）中所示原电池的两个电极短路而不经过负载，如图 2-2（b）所示，这时尽管电路中仍有电流通过，但是由于电池体系是短路的，电极反应所释放的化学能虽然转化成了电能，但不能对外做有用功，最终只能以热的形式散发掉。因此，短

路的原电池已经失去了原电池的原有含义，仅仅是一个进行氧化-还原反应的电化学体系，其反应结果是作为阳极的金属材料被氧化而遭受腐蚀。我们把这种只能导致金属材料破坏而不能对外做有用功的短路原电池称为腐蚀原电池或腐蚀电池。

实际上，在电解液中的两种金属不一定非要有导线连接才能组成腐蚀电池，两种金属直接接触也能组成腐蚀电池。

根据组成腐蚀电池电极的大小和促使形成腐蚀电池的主要影响因素及金属腐蚀的表现形式，可以将腐蚀电池分为两大类，即宏观腐蚀电池和微观腐蚀电池。

2. 宏观腐蚀电池

这种腐蚀电池通常是指由肉眼可见的电极构成，它一般可引起金属或金属构件的局部宏观侵蚀破坏。宏观腐蚀电池有如下几种构成方式：

（1）异种金属接触电池：当两种不同金属或合金相互接触（或用导线连接起来）并处于某种电解质溶液中时，电极电位较负的金属将不断遭受腐蚀而溶解，而电极电位较正的金属则得到了保护，这种腐蚀称为接触腐蚀或电偶腐蚀。形成接触腐蚀的主要原因是异类金属的电位差，两种金属的电极电位相差越大，接触腐蚀越严重。

（2）浓差电池：它是指同一金属不同部位与不同浓度介质相接触构成的腐蚀电池。最常见浓差电池有两种：氧浓差电池和溶液浓差电池。

（3）温差电池：它是由于浸入电解质溶液中的金属因处于不同温度的区域而形成的温差腐蚀电池，它常发生在热交换器、浸式加热器、锅炉及其他类似的设备中。

3. 微观腐蚀电池

微观腐蚀电池是用肉眼难以分辨出电极的极性，但确实存在着氧化和还原反应过程的原电池。微观腐蚀电池是因为金属表面电化学不均匀性引起的。所谓电化学不均匀性，是指金属表面存在电位和电流密度分布不均匀而产生的差别。引起金属电化学不均匀性的原因很多，主要有：

（1）金属的化学成分不均匀性。

（2）金属组织结构的不均匀性。

（3）金属物理状态不均匀性。

（4）金属表面膜的不完整性。

（三）腐蚀的形态

金属在各种环境条件下，因腐蚀而受到的损伤或破坏的形态是多种多样的。按照破坏的形态可分为均匀腐蚀和局部腐蚀，而局部腐蚀又可分为点蚀、晶间腐蚀、剥蚀、电偶腐蚀、缝隙腐蚀、应力腐蚀断裂、腐蚀疲劳等，具体的腐蚀破坏形式如图 2-3 所示。

二、 非金属材料的腐蚀

非金属材料（无机非金属材料、有机材料）的腐蚀机理与金属材料有所不同。金属材料的腐蚀有化学腐蚀和电化学腐蚀之分，而非金属材料的腐蚀破坏通常为纯化学作用和物理作用。例如，塑料的氧化和水解腐蚀均为化学变化，紫外线辐照引起的老化，也是一种氧化过程，而辐射导致的高分子材料的分解则为物理作用的结果。硅酸盐材料的

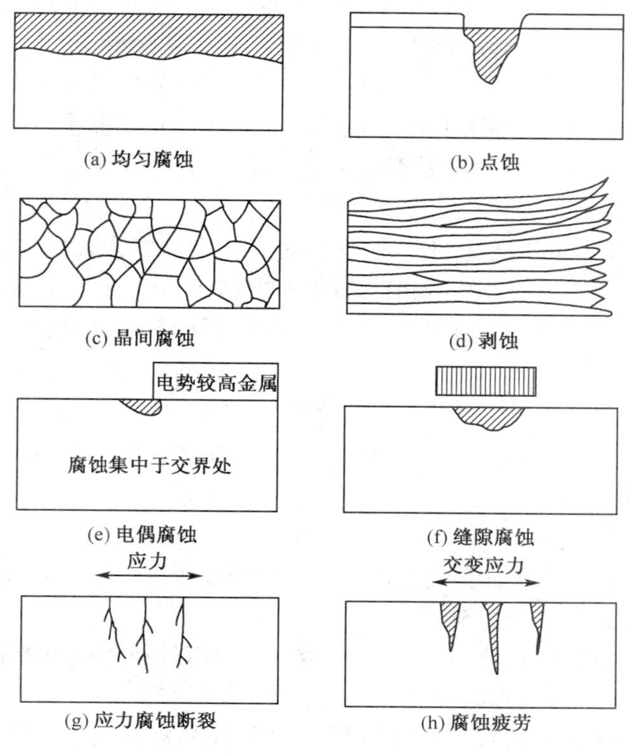

图 2-3　腐蚀形态示意图

腐蚀破坏通常也是由于化学的或物理的因素所致，并非电化学过程引起的。表 2-9 给出了高分子、玻璃与陶瓷等材料的常见腐蚀类型或腐蚀破坏的表现形式。

表 2-9　非金属材料的腐蚀类型

材料类型	高分子材料等	玻璃、陶瓷、搪瓷等
腐蚀类型与表现	化学氧化、水解、应力腐蚀（环境应力开裂）、生物腐蚀、辐照分解、热、光氧化分解、溶胀溶解	水解、酸、碱侵蚀（溶解）、风化（溶解与水解侵蚀）选择性腐蚀、应力腐蚀

三、　精细化工设备的防护

精细化工设备的腐蚀是个普遍的问题，在生产中常常因为腐蚀造成跑、冒、滴、漏等现象，破坏设备或被迫停产，影响正常生产。由于设备的腐蚀，每年要消耗大量金属，甚至引起严重事故，其损失更是无法估计。因此，对精细化工设备的防腐蚀问题必须有足够的重视。

在实际生产过程中，腐蚀破坏的形式是很多的，在不同的条件下引起的金属与非金属材料腐蚀的原因是各不相同的，而且影响因素也非常复杂，因此，根据不同的条件采用的防护技术也是多种多样的。在实践中常用的是以下几类防护技术。

1. 合理选材

根据不同介质和使用条件，选用合适的金属材料。合理选材是一项细致而复杂的技术，它既要考虑工艺条件及其生产中可能发生的变化，又要考虑到材料的结构、性质及其使用中可能发生的变化。

在选材时首先考虑介质的性质、温度、压力，介质的性质是氧化性还是还原性，其浓度如何等。例如，硝酸是氧化性酸，应选用在氧化性介质中易形成良好的氧化膜的材料，如不锈钢、铝、钛等材料。盐酸是还原性的酸，选用非金属材料则具有独特的优点。

选材时要考虑设备的用途、工艺过程及其结构设计特点，例如，泵是流体输送机械，要求材料具有良好的铸造性能和良好的抗磨损性能；高温炉则要求材料具有良好的耐热性能。在选材时还应考虑环境对材料的腐蚀以及产品的特殊要求，材料本身的性质等。

2. 介质处理

包括除去介质中促进腐蚀的有害部分（例如锅炉给水的除氧）、调节介质的 pH、改变介质的湿度等。

3. 阴极保护

利用电化学原理，将被保护的金属设备进行外加阴极极化降低或防止腐蚀。外加的阴极极化可采用两种方法来实现：

（1）将被保护金属与直流电源的负极相连，利用外加阴极电流进行阴极极化如图 2-4 所示，所以，这种方法称为外加电流阴极保护法。

（2）在被保护设备上连接一个电位更负的金属作为阳极（例如钢设备上连接锌），它与被保护金属在电解质溶液中形成大电池，而使设备进行阴极极化，这种方法称为牺牲阳极保护法，如图 2-5 所示。工业中常用的牺牲性阳极有：锌基、铝基及镁基三大类。

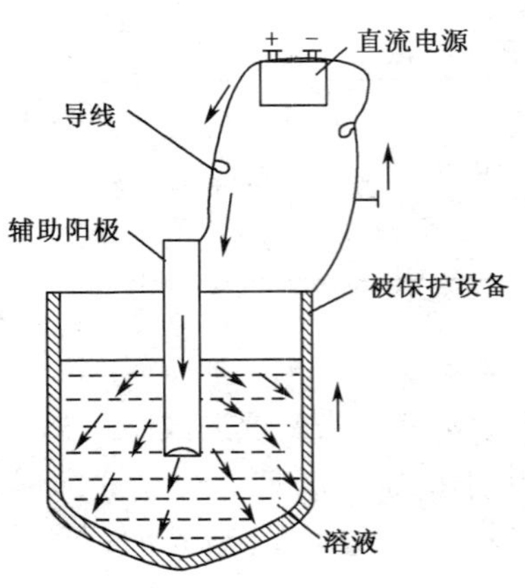

图 2-4　外加电流的阴极保护

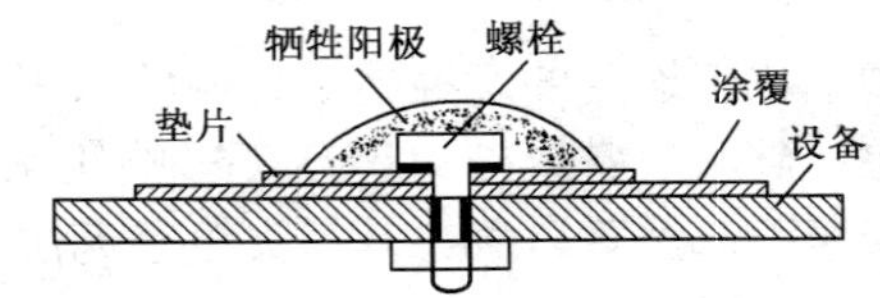

图 2-5　牺牲阳极的阴极保护

4. 阳极保护

对于钝化溶液和易钝化的金属组成的腐蚀体系，可采用外加阳极电流的方法，使被保护金属设备进行阳极钝化以降低金属的腐蚀。但是并非所有的情况下将金属阳极极化都可能得到保护，阳极保护的关键是要使金属表面建立钝态并维持钝态，设备得到保护，反之会加速金属腐蚀。

5. 添加缓蚀剂

向介质中添加少量能阻止或减慢金属腐蚀的物质以保护金属。采用缓蚀剂防止腐蚀，由于设备简单、使用方便、投资少、收效快，因而广泛用于石油、化工、钢铁等部门。

缓蚀剂的保护效果与腐蚀介质的性质、温度、流动状态、被保护材料的种类和性质，以及缓蚀剂本身的种类和剂量等有密切的关系，也就是说，缓蚀剂保护是有严格的选择性的。

缓蚀剂的种类较多，按缓蚀剂的化学成分可分为无机缓蚀剂（如氧化剂 NO_3^-、NO_2^-、CrO_4^{2-}、磷酸盐、多磷酸盐、硅酸盐、钼酸盐、亚硫酸盐等）和有机缓蚀剂（其中包括胺类、醛类、杂环化合物、硫化物等含 N、S、O 的有机物）。

6. 表面覆盖层

在设备表面喷、衬、镀、涂上一层耐蚀性较好的金属或非金属物质以及将金属进行磷化、氧化处理，使被保护金属表面与介质机械隔离而降低金属腐蚀。

其中涂料覆盖方法由于具有施工简单、保护效果好、外观美观等优点，在精细化工设备保护方面应用较多。

涂料对基体金属的保护主要有下面三种方式：

（1）屏蔽作用，金属表面涂覆涂料以后，相对来说就把金属表面和环境隔开，这种保护作用可称为屏蔽作用。

（2）缓蚀作用，借助涂料的内部组分（如红丹、铬锌黄等具有阴蚀性的颜料）与金属反应，使金属表面钝化或生成保护性的物质以提高涂层的防护作用，另外，一些油料在金属皂的催干作用下生成的降解产物，也能起到有机缓蚀剂的作用。

（3）电化学保护作用，介质渗透涂层接触到金属表面下就会形成膜下的电化学腐蚀。在涂料中使用活性比铁高的金属作填料，如锌等，会起到牺牲阳极的保护作用。而且锌的腐蚀产物是盐基性的氯化锌、碳酸锌，它会填满漆膜的空隙，使膜紧密，从而使腐蚀大大降低。

当钢铁设备表面采用涂料覆盖层保护时，往往会由于涂层薄易受到碰损或介质渗透而失去防腐的效果。为此，涂层一般不适宜应用在较苛刻的环境中，用玻璃纤维增强树脂组成的覆盖层——玻璃钢，是一种既易于增厚又可增加机械性能的良好覆盖材料。

目前，常用的玻璃钢衬钢品种有：环氧玻璃钢、聚酯玻璃钢、酚醛玻璃钢、呋喃玻璃钢以及它们的各种改性玻璃钢等。通常用在常压设备内壁的防护，设备、地坪、砖板衬里的隔离层，塑料设备和管道的外壁增强，设备内部件的外层保护等。

7. 合理设计

合理的防腐设计及改进生产工艺流程，以减轻或防止金属与非金属材料的腐蚀。

每种防腐蚀措施，都具有应用范围和条件，使用时要注意，对某一种金属有效的措施，在另一种情况下就可能无效，甚至是有害的，例如阳极保护只适用于金属在介质中易于阳极钝化的体系，如果不造成钝化，则阳极极化不仅不能减缓腐蚀，反而会加速金属的阳极溶解。

因此，对于一个具体的设备腐蚀体系，究竟采用哪种防腐蚀措施，应根据腐蚀原因、环境条件、各种措施的防腐效果、施工难易以及经济效益综合考虑，不能一概而论。

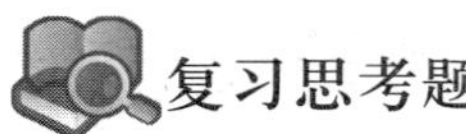

复习思考题

1. 精细化工设备中常用的金属材料有哪些?
2. 碳钢、铸铁和合金钢的组成有什么区别?
3. 举例说明碳钢、铸铁和合金钢在精细化工设备中的应用。
4. 不锈钢有哪些种类? 举例说明其在精细化工设备中的应用。
5. 什么是黑色金属和有色金属?
6. 举例说明铝和铝合金在精细化工设备中的应用。
7. 铜合金有哪几种? 举例说明其在精细化工设备中的应用。
8. 精细化工设备中常用的非金属材料有哪几种?
9. 无机非金属材料在精细化工设备中应用有什么特点和缺点?
10. 精细化工设备中常用的有机非金属材料有哪些?
11. 精细化工设备常用材料有哪些化学和力学性能要求?
12. 金属的腐蚀有哪几种类型?
13. 电化学腐蚀的起因是什么?
14. 腐蚀的形态有几种?
15. 非金属材料的腐蚀类型有哪些?
16. 要实现非金属材料的防护可采取哪些措施?

第三章　物料输送设备

在精细化学品生产工厂中，存在着大量的物料，如化工原料、辅料或废料、成品或半成品的供排送问题。在生产过程中，从原料进厂，到生产单元各工序间，均有大量的物料需要输送，必须采用各种输送设备来完成物料的输送任务。

在精细化学品生产过程中，需要输送的物料种类繁多，而且各种物料的性质差异也很大，所以，输送机械的选用要根据物料来确定，一般按其工作原理，输送机械可分为连续式输送机械和间歇式输送机械两大类；按输送时的运动方式，可分为直线式和回转式；按驱动方式，可分为机械驱动、液压驱动、气压驱动和电磁驱动等；按所输送物料的状态可分为固态物料输送设备、液态物料输送设备、气态物料输送装置。

输送固态物料时，可选用各种形式的带式输送机、斗式输送机、螺旋式输送机、刮板输送机、振动输送机、气力输送机等机械与设备；输送流体（液态和气态）物料时，可以选用各种类型的泵（如离心泵、螺杆泵、往复式泵、齿轮泵、真空泵、滑片泵等）、流送槽、鼓风机、通风机、压缩机和真空吸料装置等机械与设备。

合理的选择和使用物料输送机械与设备，对保证生产的连续性、提高劳动生产率、提高产品质量、改善劳动条件、减少输送过程的污染、缩短生产周期等都有重要意义。

第一节　固体物料输送设备

在精细化工生产中，往往要用到大量的固体物料，如涂料生产中需要用到很多的粉体，此外还有固体成品等（如洗衣粉、肥皂的生产），这些固体原料、半成品和成品在生产中输送的工作量较大，用人工搬运，不但劳动强度大、效率低。采用输送机械设备输送固体物料，不但可以大大提高生产效率，而且还能保证化工生产的连续性，以适应规模化生产。

根据固体物料输送机械的工作特点，可以将它们分为两类：

（1）连续式输送机械，主要应用于输送量稳定和连续性强的物料，这类设备有带式输送机、斗式输送机、螺旋式输送机、刮板输送机、振动输送机、气力输送机等。

（2）间歇式输送机械，主要用来搬运整批物品，主要有无轨行车、有轨行车、索道等。

一、 带式输送机

带式输送机是应用最为广泛的输送机械，是一种利用连续而具有挠性输送带连续输送物料的输送机。

带式输送机的特点是：通用性强、成本低、输送量大、距离长（几米至几千米）、输送速度范围宽（0.02～4m/s）水平或小倾角输送（<25°）、过载敏感小、结构简单

可靠、噪音小、维护使用方便、适用范围广，主要用来输送密度为 $0.5\times10^3\sim2.5\times10^3$kg/m^3 的各种块状、颗粒状、粉状物料，同时可在装配、检验、测试、包装、清洗和预处理等生产线上输送单位质量不太大的成件物品。

主要缺点是输送轻质粉状物料时易飞扬，输送倾斜角度不能太大。若在输送过程中需要换向或转弯，则必须多台机联合使用，其输送线复杂，成本较高。

（一）带式输送机基本结构

一般的带式输送机结构如图 3-1，是具有挠件牵引构件运输机构的一种形式，主要织成部件有：张紧滚筒、张紧装置、装料漏斗、改向滚筒、卸载装置等。

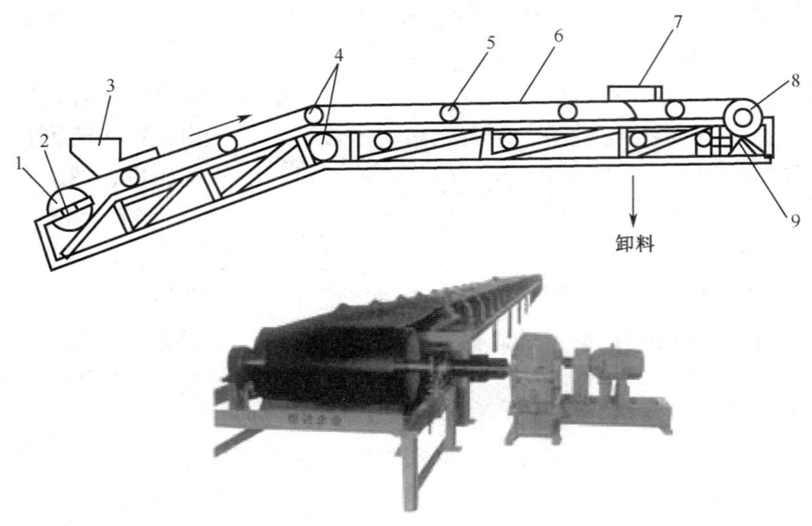

图 3-1 带式输送机结构与外形图

1. 张紧滚筒；2. 张紧装置；3. 装料漏斗；4. 改向滚筒；5. 支撑托辊；6. 环形带；7. 卸载装置；8. 驱动滚筒；9. 驱动装置

（二）带式输送机的主要组成

1. 输送带

在带式输送机中，常用的输送带有：橡胶带；各种纤维编织带；塑料、尼龙、强力锦纶带；板式带；钢带和钢丝网带等，其中用得最多的是橡胶带。在带式输送机中，输送带既是牵引构件，又是承载构件。

1）橡胶带

橡胶带是由 2～10 层棉织品或麻织品、人造纤维的衬布用橡胶加以胶合而成。其外表面附有覆盖胶作为保护层，称为覆盖层。橡胶带中间的衬布可给予输送带以力学强度和用来传递动力。而覆盖层的作用是连接衬布，保护其不受损伤及运输物料的磨损，并防止潮湿及外部物质的侵蚀。工作面（与物料接触面）的覆盖层厚为 3～6mm，而非工作面（不与物料接触面）的为 1.5～3mm。

橡胶带按其用途不同分为强力型、普通型和耐热型三种。相对于普通型橡胶带而言，强力型能承受更大的载重，而耐热型能用于比室温高些的温度环境。

目前国产橡胶带的品种及规格比较多，橡胶输送带的标记含带的种类、带宽、衬布层数、工作面和非工作面覆盖层厚、带长：如宽度 650 mm，衬布层数 3，覆盖胶层厚度工作面 6mm、非工作面 3mm，长度 1000mm 的普通型运输带的标记为

普通型运输胶带　650×3×(6+3)×1000

选择橡胶输送带时，主要应确定：带宽、衬布层数和带长。

橡胶带用于温度不高或不是很低的多种场合，具有价格低廉、挠性好、耐腐蚀等优点。

2）钢带

钢带的特点有：强度大、耐高温、耐冲击、伸缩性小，但刚度大、挠性差，要求辊筒尺寸大、防跑偏装置性能好。钢带采用低碳钢制成，其厚度一般为 0.6～1.5mm，宽度在 650 mm 以下，因常用于高温场合或摩擦大的场合，一般在烘烤设备、炉中用的较多。

3）钢丝网带

钢丝网带抗拉强度高、耐高温、网面强硬耐用、不易变形。由于有网孔，故多用于边输送边进行固液分离的场合。

4）塑料带

目前 90%塑料输送带采用的工程塑料主要是聚丙烯、聚乙烯和乙缩醛。其优点是：挠性好、耐腐蚀、易成型，减摩、耐磨、耐油和适应温度范围大等。

聚丙烯具有良好的综合抗化学特性，在有酸、碱的情况下，仍能保持原有的结构性质，抗拉、抗疲劳强度良好，重量轻，适用于一般的产品输送。使用温度范围为 1～104℃，但低温下显出易碎的特性。

聚乙烯同样具有良好的综合抗化学特性，耐酸、碱，还具有抗冲击和韧性高的特点。材料表面光滑，不易黏住物料，使输送过程顺利；其使用温度范围为－44～66℃，但高温下抗拉强度很低。

乙缩醛是三种工程塑料中抗拉强度最大的材料，具有综合的抗化学特性，表面坚硬，不易刮伤，耐用度高，表面摩擦因数低，使用温度范围为－46～93℃。

另外，适合于极高温度场合的高温尼龙，其工作温度范围为－46～150℃。但易吸水膨胀，不宜用于潮湿的生产环境。

5）纤维编织带

纤维编织带常用的是帆布带。帆布带除抗拉强度大之外，主要特点是柔性好，能经受多次反复折叠而不疲劳。帆布的接缝通常采用棉线和人造纤维线缝合。

2. 机驾和托辊

带式输送机的机架多用槽钢、角钢和钢板焊拉而成。可移式输送机的机架装在滚轮上以便移动。

托辊在输送机中对输送带及其上的物料起承托的作用，使输送带运行平稳。板式带不用托辊，因它靠板下的导板承托滑行。托辊应尽量做到：运动阻力系数小、功率消耗少、结构简单、便于拆装维修、有较高的强度和耐磨性、良好的密封性能等。

托辊分上托辊（即载运段托辊）和下托辊（即空载段托辊）。上托辊有如图 3-2 所示的几种形式。

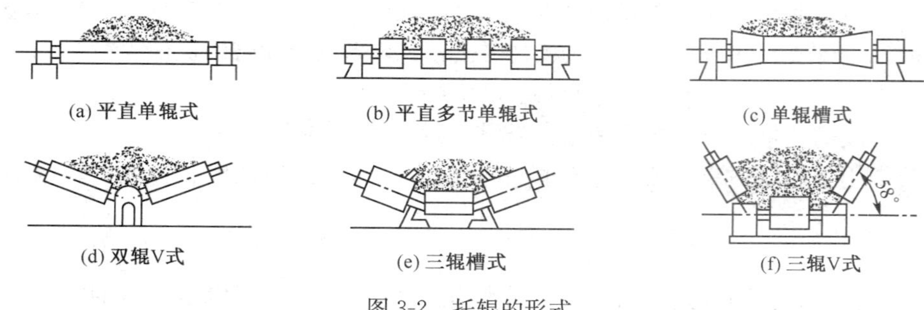

图 3-2 托辊的形式

托辊可用铸铁制造，但较常见的是用两端加上凸缘的无缝钢管制造，托辊轴承有滚珠轴承和含油轴承两种。端部有密封装置及添加润滑剂的沟槽等。

3. 驱动装置

驱动装置主要由电动机、减速装置和驱动辊等组成。在倾斜式输送机上还有制动装置或停止装置。减速装置通常用体积较小的齿轮减速器或蜗轮蜗杆减速器，驱动辊通常为直径较大、表面光滑的空心辊筒。滚筒通常用钢板焊接而成，为了增加滚筒和带的摩擦力，有时在表面包上木材、皮革或橡胶。滚筒的宽度比带宽宽出 100～200mm。驱动滚筒的中间部分直径比两端直径稍大（即呈腰鼓形），这样能自动纠正胶带的跑偏。

4. 其他部件

（1）逆止器（倾斜输送）：它包括滚柱式逆止器、带式逆止器和电磁闸瓦式逆止器三种。

（2）清扫器：用于清扫黏附在输送带上的物料，对具有黏附性的物料，安装可靠的消扫器十分必要，清扫器分为弹簧清扫器与刮板清扫器两种。

（3）张紧装置：在带式输送机中，由于输送带具有一定的延伸率，在拉力作用下，本身长度会增大。这个增加的长度需要得到补偿，否则带与驱动滚筒间不能紧密接触面打滑，使输送带无法正常运转。常用的张紧装置有重锤式、螺旋式和压力弹簧式等。

（4）装料和卸料装置：进料装置又称喂料器，它的作用是保证均匀地供给输送机以定量的物料，使物料在输送带均匀分布，通常使用料斗进行装料。卸料装置也称卸料器，常位于末端滚筒处。

（三）带式输送机的使用与维护

（1）开机前检查各传动部分是否完好，并加足润滑油。

（2）输送带的运转方向应与驱动滚筒和托辊垂直，并使输送带保持适当的松紧度，输送带下垂超过托辊间距的 2.5%时就应随时注意调整张紧装置。

（3）输送带的速度要根据被输送物料的粒度、坚硬度以及进料和卸料的方式来选取，必要时还要通过试验来确定。

（4）在输送轻质粉状物料时，要尽量减少粉尘飞扬，并要注意传动部件的密封，既要防止粉尘浸入转动部位，又要防止润滑油流出而污染物料。

（5）开机工作前，先空载运转，并注意观察机器的工作情况，待正常后方能加料。

（6）注意加料的均匀性，切忌过载，以防出现胶带打滑或机械事故，物料太湿或太黏也不宜采用带式输送机。

（7）工作结束后，应先停止供料，待输送带上的物料卸空后方能停机，并清洁输送带和机件，以备下次再用。

二、 斗式输送机

在化工生产中，有时需要将物料沿垂直方向或接近于垂直方向进行输送。由于采用带式输送机时倾斜输送的角度不能太大，此时应该采用斗式输送机，有时又称为斗式提升机。

斗式输送机的主要优点是占地面积小，可把物料提升到较高的位置（30～50 m），生产率范围较大（3～160m^3/h），耗用动力少，有良好的密封性。缺点是过载敏感，必须连续均匀地供料，料斗容易磨损。

斗式输送机按输送物料的方向可分为倾斜式和垂直式两种；按牵引机构的不同，又可分为皮带斗式和链条斗式（单链式和双链式）两种；按输送速度来分有高速和低速两种。

（一）斗式输送机的基本结构

斗式输送机有倾斜和垂直两种结构类型，见图 3-3。斗式输送机主要由料斗、牵引带（或链条）、驱动装置、机壳、进料装置、卸料装置等组成。

倾斜斗式输送机［图 3-3（a）］为了便于改变物料的运送高度，以适应不同要求，机上安装方便装拆的链节，使输送机可以随意伸长与缩短，支架也相应设计成可伸缩的，并在底部安装滚轮，便于灵活移动。

（二）斗式输送机的主要组成

1. 料斗

料斗是斗式输送机的盛料构件，根据运送物料的性质和斗式输送机的结构特点，料斗可分为三种不同的形式，即圆柱形底的深斗、浅斗及尖角形斗，如图 3-4 所示。

深斗的斗口呈 65°的倾斜，斗的深度较大。用于干燥的、流动性好的、能很好地洒落的粒状物料的输送，如图 3-4（a）所示。

图 3-4（b）所示为浅圆底斗，斗口呈 45°倾斜，深度小。它适用于运送潮湿的和流动性差的粉末、粒状物料。由于倾斜度较大和斗浅，物料容易从斗中倒出。

图 3-4（c）所示为尖角形料斗，它与上述两种斗不同之处是斗的侧壁延伸到底板外，使之成为挡边。卸料时，物料可沿一个斗的挡边和底板所形成的槽卸料。它适用于黏稠性大和沉重的块状物料的运送，斗间一般没有间隔。

深斗和浅斗在牵引件上排列要有一定的间距，斗距通常取为（2.3～3.0）h（h 为斗深）。斗一般是用 2～6mm 厚的不锈钢板或铝板焊接、铆接或冲压而成。

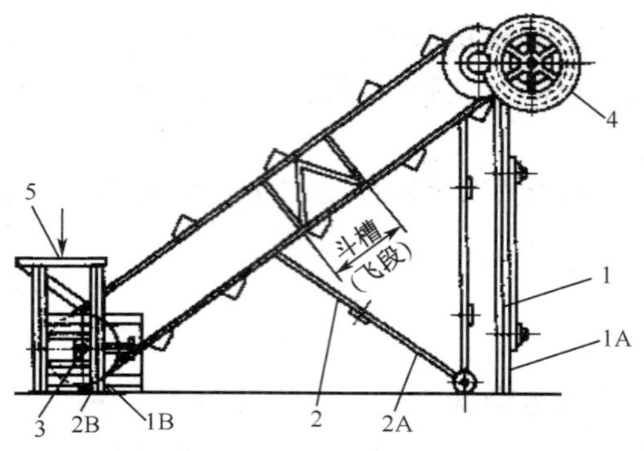

(a) 倾斜斗式输送机

1，2. 支架；3. 张紧装置
4. 传动装置；5. 装料口

(b) 垂直斗式输送机

1. 进料口；2，5，12. 孔口；
3. 料斗；4，7. 输送带；6，8. 外壳
9. 驱动；10. 卸料口；11. 张紧装置

(c) 垂直斗式输送机

图 3-3　斗式输送机结构与外形图

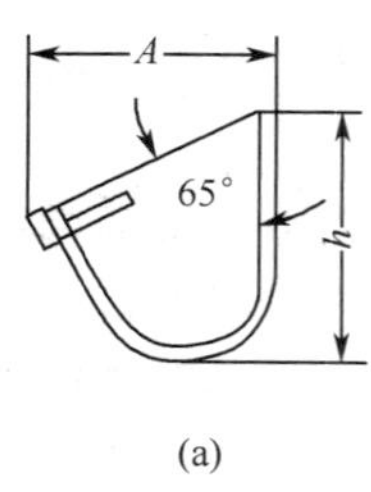

(a)

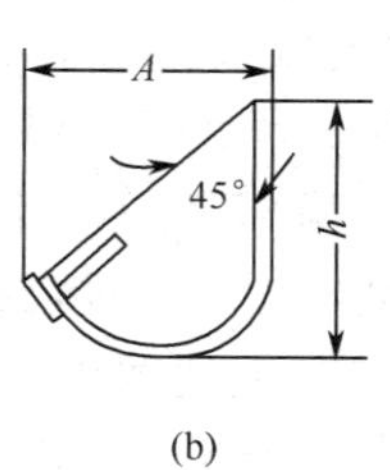

(b)

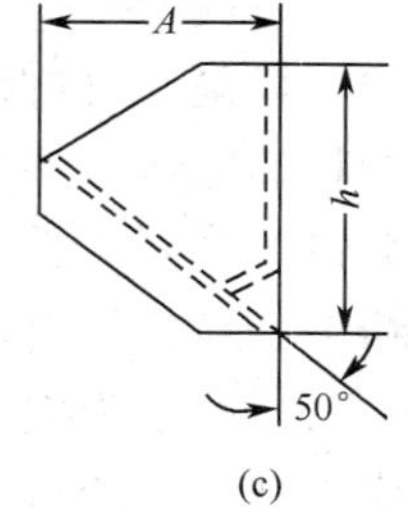

(c)

图 3-4　料斗的形状

斗式输送机的各个料斗，以背部（后壁）固接在牵引带式链条上，图 3-5 为料斗在

牵引带上的布置简图（松散式和密集式）。它是根据被输送物料的特性、使用场合和料斗装料和卸料的方法来决定的。

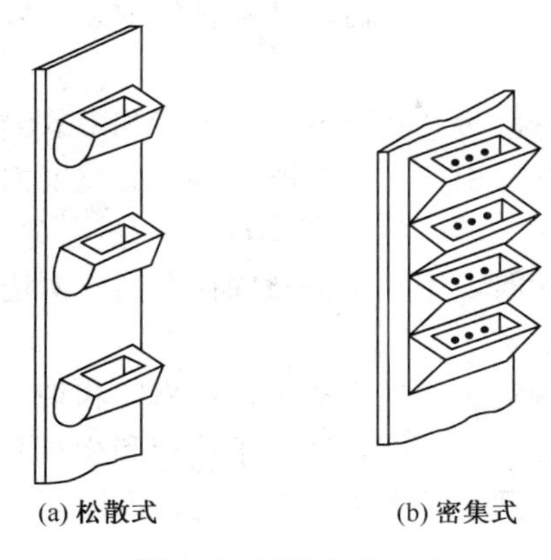

图 3-5　料斗布置方式

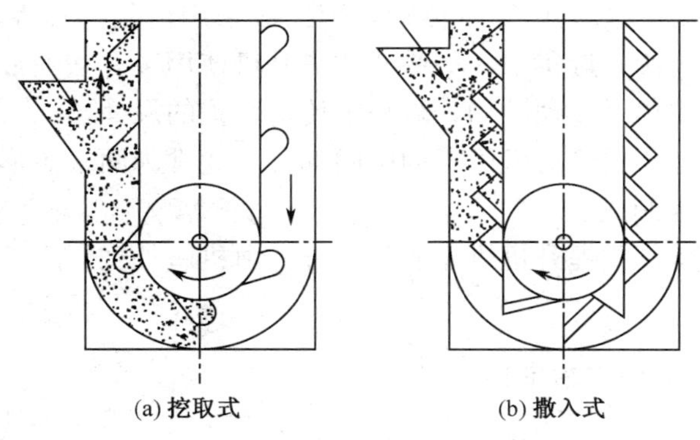

图 3-6　斗式输送机装料简图

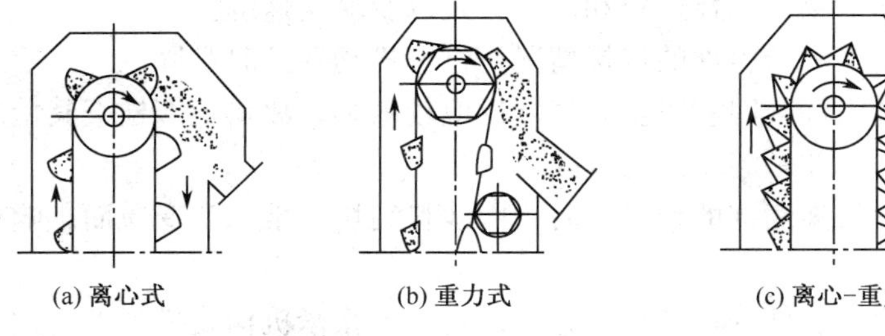

图 3-7　斗式输送机卸料简图

斗式输送机的装料方式分为挖取式和撒入式，如图 3-6 所示。前者适用于粉末状、散粒状物料，输送速度较高，可达 2m/s，料斗间隔排列。后者适用于输送大块和磨损性大的物料，输送速度较低（<1 m/s），料斗呈密接排列。

物料提升到斗式输送机上部进行卸料时，可以采用离心抛出、靠重力下落和离心与重力同时作用等三种形式。靠重力下落称为无定向自流式；靠重力和离心力同时作用的称为定向自流式。

物料提升速度较快时，多用离心式卸料，提升速度较低时，多用重力式卸料。离心—重式卸料适用于提升速度比较低，且流动性不良的散状、纤维状物料或潮湿物料。

2. 牵引件

斗式输送机的牵引件，有胶带和链条两种。胶带和带式输送机的相同，料斗用特种头部的螺钉和弹性垫片固接在牵引带上，带宽比料斗的宽度大 30～40mm。

链条常用套筒链或套筒滚子链。料斗宽度较小（160～250mm）时，用一根链条与料斗后壁固接；斗的宽度较大时，用两根链条固接在料斗两边的侧板上，即借助于角钢把料斗的侧边和链板相连。

牵引件的选择，取决于输送机的生产率、输送高度和物料的特性。用胶带作牵引件主要适用于中小生产率及中等提升高度，适合于体积和相对密度小的粉状、小颗粒等物料的输送。用链条作牵引件则适合于大生产率及运送高度大和较重物料的输送。

3. 其他构件

（1）机头：由头轮、机头外壳、停止器及传动装置等组成。斗式输送机的传动装置多为减速装置，通常第一级采用 V 带传动，第二级采用齿轮减速器，减速器的低速轴通过联轴器与头轮轴连接。近年来，一些斗式提升机使用装有摆线针轮减速器的电动机与头轮轴直接连接，简化了传动结构，减小了传动装置的尺寸。

（2）机筒：机筒是斗式输送机机壳的中间部分，通常为两根矩形截面的筒，多使用厚度为 2～4mm 的钢板制成。

（3）机座：机座是斗式提升机机壳的下部分，由机座外壳、底轮、张紧装置和进料斗组成。

（三）斗式输送机的使用与维护

（1）开机前，要检查驱动机构、牵引件及各转动部位，并加足润滑油。

（2）工作时，先空载运转，当无异常声音和噪音时方能加入物料。

（3）要根据物料的物性选择进料和卸料方式以及输送速度。

（4）随时检查料斗和牵引件的连接情况，发现松动要及时紧固。

（5）对于链式牵引件，因它对安装误差反应较敏感，故要定期检查其情况，以防脱链，甚至发生链条与料斗一起垮落的事故。

（6）要定期清扫机架底部的残料，防止因残料结块、堆积和变质而影响机器的使用和生产。

（7）应随时注意牵引件的松紧程度，并通过调节张紧机构使松紧度合适。

（8）工作完毕后，应清洁机器的各个部位，扫清残存料，并加上润滑油。

三、 螺旋式输送机

螺旋式输送机在精细化工厂中用途较广，主要用于输送粉状、颗粒状和小块状物料，如煤粉、纯碱、再生胶粉、氧化锌、碳酸钙及小块煤等，输送过程中还可以对物料进行搅拌、混合、松散、加热和冷却等操作，但不适宜输送易变质、黏性大的和易结块的物料。

螺旋输送机的结构简单、紧凑、横截面尺寸小，适合在其他输送设备无法安装时或操作困难的地方使用；工作可靠，操作安全方便，成本低，为斗式输送机的一半；机槽可以是全封闭的，能实现密闭输送，以减少物料对环境的污染，对输送粉尘大的物料尤为适宜；输送时，可以中间装料和卸料，工艺安排灵活；物料输送方向是可逆的，一台输送机可以同时向两个方向输送物料。

螺旋输送机的缺点是物料与机壳和螺旋之间都存在较大的摩擦力，动力消耗较大，叶片可能对物料造成严重的粉碎及损伤、相互磨损严重，运输距离不宜太长，一般在30 m以下，过载能力低。

螺旋输送机使用的环境温度为－20～50℃，物料温度<200℃，一般输送倾角<20°。

（一）螺旋式输送机的基本结构

螺旋输送机由一根装有螺旋叶片的转轴和料槽组成，如图3-8所示。转轴通过轴承安装在料槽两端轴承座上，一端的轴头与驱动装置相连，机身如较长再加中间轴承，料槽顶面和槽底分别开进、出料口。螺旋式输送机主要是由料槽9、轴承4、螺旋5以及传动装置与支架等组成。

根据螺旋主轴的布置方式，螺旋输送机可分为水平螺旋输送机、倾斜式螺旋输送机、垂直螺旋输送机等三种，垂直式螺旋输送机用于垂直向上输送物料，水平螺旋输送机用于水平方向角小于20°的倾斜物料输送，倾斜式螺旋输送机用于两者之间的情况，即在20°～90°之间的物料输送；根据螺旋体转速的不同可以分为快速螺旋输送机和慢速

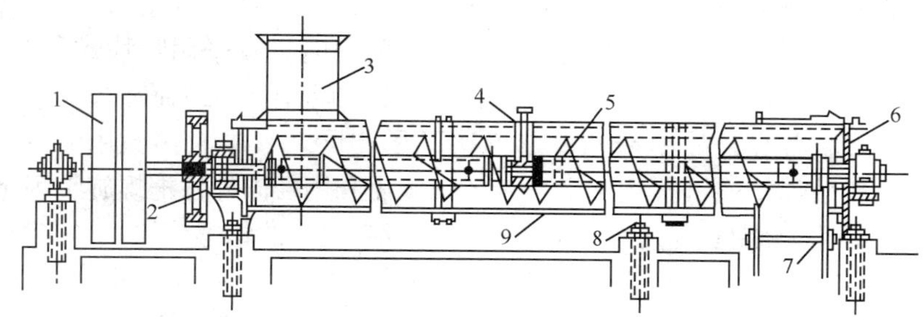

图3-8　螺旋式输送机结构与外形图

1. 传动轮；2，4. 轴承；3. 进料口；5. 螺旋；6，8. 支座；7. 卸料口；9. 料槽

螺旋输送机，慢速螺旋输送机用于水平输送和小倾角的倾斜输送，快速螺旋输送机主要用于倾斜输送或垂直输送，也可用于水平输送；根据安装方式不同，可以分为移动式和固定式螺旋输送机。

螺旋式输送机中物料的输送是依靠旋转的螺旋叶片将物料推移而进行的。使物料不与螺旋叶片一起旋转的力是物料自身重量和料槽及叶片对物料的摩擦阻力。

（二）螺旋式输送机的主要组成

1. 螺旋

输送螺旋是螺旋式输送机的主要工作部件，物料输送任务主要由它来完成。输送螺旋是将螺旋叶片按一定螺距焊在钢管的轴上而成，螺旋叶片有右旋或左旋两种，可以制成单线、双线或三线，常用的是单线螺旋。

螺旋叶片的面型根据输送物料的不同有实体式、带式、叶片式和成型式等四种（图3-9）。转轴在物料运动方向的终端有止推轴承，以承受物料给螺旋的轴向反力。

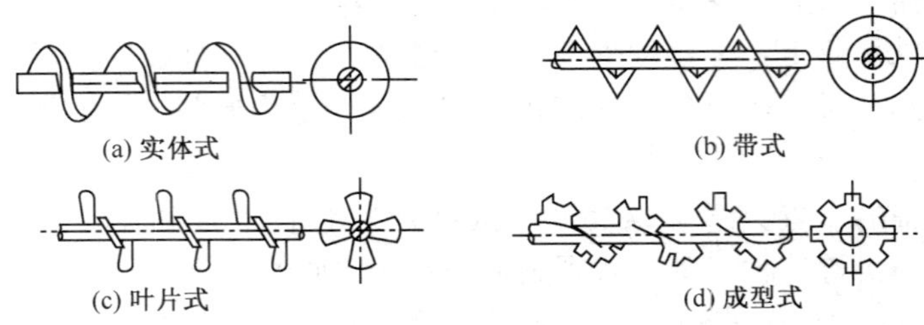

图 3-9　螺旋叶片的面型

当运送干燥的小颗粒或粉状物料时，宜采用实体式，这是最常用的形式；输送块状成黏性物料时，宜采用带式；输送韧性和可压缩性物料时，宜采用叶片式和成型式，这种方式在输送物料时，还可以对物料进行搅拌、糅捏和混合等工艺操作。

螺旋叶片因形状各异，故制造和安装方法不尽相同，其中大多数由 4～8mm 厚的薄钢冲压成型，然后焊接或铆接到轴上，带式螺旋需利用径向杆柱把螺旋带固定在轴上，有些成型螺旋是采用宽钢带经链形轧辊，轧成一个没有接头的整螺旋体，再安装到轴上。

2. 轴

螺旋轴有实心轴和空心轴两种，一般由长 2～4m 的轴段组装而成。比较常用的是钢管制成的空心轴，其便于连接，且重量最轻。各轴段的连接常用轴节插入空心轴的衬套内，再以螺栓固定，如图 3-10 所示。

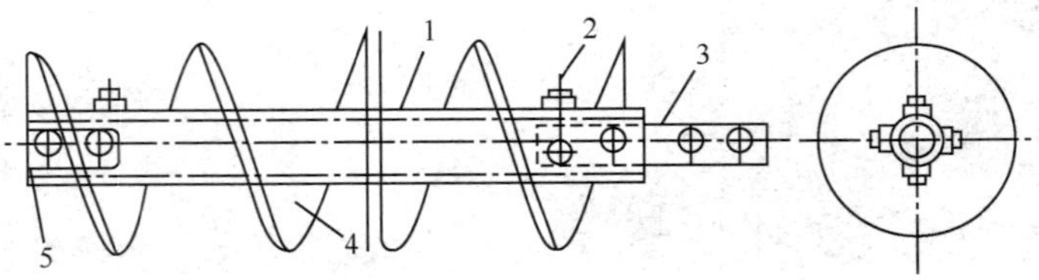

图 3-10　螺旋轴及其连接

1. 轴；2. 螺栓；3. 轴节；4. 叶片；5. 衬套

其中轴节还可以作为中间轴承和头部轴承的轴颈，使结构紧凑，但装拆比较麻烦，大型的螺旋输送机，比较多的是采用法兰连接。

3. 轴承

轴承的作用是支撑轴，减少工作阻力以使螺旋轴灵活旋转，在输送方向的后端应装推力轴承，以承受输送物料时产生的轴向力，保护后端轴承。

螺旋输送机中的轴承分为头部轴承和中间轴承。头部轴承除了径向轴承外，还应装有止推轴承，以承受由于推送物料所产生的轴向力，止推轴承一般放在输送物料的前方，使轴处于受拉状态，轴较长时，应在中部设置悬吊轴承，用于支撑螺旋轴，使整个螺旋轴处于较好的工作状态，悬吊轴承一般采用对开式滑动轴承。

4. 料槽

料槽一般由 3～8mm 厚的不锈钢板或薄钢板制成，截面呈 U 形。为了便于连接和增加刚性，在料槽各段的端口连接处焊有角钢，各段之间以螺栓相连。料槽的上口用便于取下的盖子封盖。

料槽的内径应稍大于螺旋直径，两者之间留有一定的间隙。螺旋和料槽制造和装配愈精密，间隙愈小，愈有利于减少磨损和动力消耗，一般间隙为 6～10mm。

（三）螺旋输送机的使用与维护

（1）安装时要特别注意各节料槽的同轴度和整个料槽的直线度，否则会导致动力消耗大，甚至损坏机件。

（2）开机前，应检查各传动部件，使之转动灵活，并加足润滑油，然后空载运转，如无异常方可添加物料。

（3）物料在加入料槽前要用筛子筛分一下，防止有金属等硬块进入输送机。

（4）加料应当均匀，不能过载，否则会在中间轴承处造成物料的堵塞、使阻力急剧升高而导致完全梗塞，很容易引起驱动装置和轴折断，从而造成停车事故。

（5）对料槽的连接处、料盖的密封处应紧密结合，特别是输送轻质、粉状物料时更应注意防止物料飞扬。禁止在机槽上行走，以免发生事故。

（6）要定期检查螺旋的工作情况，部件磨损过大时应及时修复和更换。

（7）对转动部位的密封，特别是中间轴承的密封要特别注意，严防润滑油外溢而污染物料和物料进入转动部件而导致磨损加剧。

（8）停机时，应先停止进料，待物料排空后再停机。然后清洁机器、加油，以备下次使用。

四、气力输送机

运用风机（或其他气源）使管道内形成一定速度的气流，将散粒物料沿一定的管路从一处输送到另一处，称为气力输送。人们在长期的生产实践中，认识了空气流动的客观规律，根据生产上输送散粒物料的要求，创造和发展了气力输送装置。

气力输送与其他输送方式相比，具有以下优点：系统密闭性好，可以避免粉尘和有害气体对环境的污染，同时输送场合灰尘大大减少，改善劳动环境；在输送过程中，可以同时对被输送物料进行加热、冷却、混合、粉碎、干燥、分级和除尘等操作；占地面积小，可垂直或倾斜安装管路；设备简单，操作方便，容易实现连续化自动化，改善了劳动条件。

气力输送也有不足的地方：一般来讲所需的动力较大；风机噪音大，必须采用消声措施，要求物料的颗粒尺寸限制在 30mm 以下；对管路和物料的磨损较大；不适于输送黏结性和易带静电以及有爆炸性的物料；对于输送量少且属间歇性操作的，或者是易破碎的物料，不宜采用气力输送。

（一）气力输送机的基本结构

气力输送装置主要由供料器、输送管道系统、分离器、除尘器和风机等部分组成。

气力输送机的形式较多，根据物料流动状态，气力输送机可分为悬浮输送和推动输送两大类（目前多采用的是使散粒物料呈悬浮状态的输送形式）。悬浮输送有吸送式、压送式、混合式三种。

1. 吸送式气力输送机

吸送式气力输送又称为真空输送，装置如图 3-11 所示，它是借助压力低于 0.1MPa 的空气流来进行工作的。当风机（真空泵）5 开动后，整个系统内便被抽至一定的真空度。在压力差的影响下，大气中的空气流从物料堆间隙送过，并把物料携带入吸嘴 1，进而沿输料管 2 移动至物料分离器 3 中，空气与物料即被分离。物料由分离器 3 的底部卸出，而含尘空气流继续送到除尘器 4 中，灰尘由底部卸出。最后经过除尘的空气流通过风机 5 和消声器 6 被排入大气中。

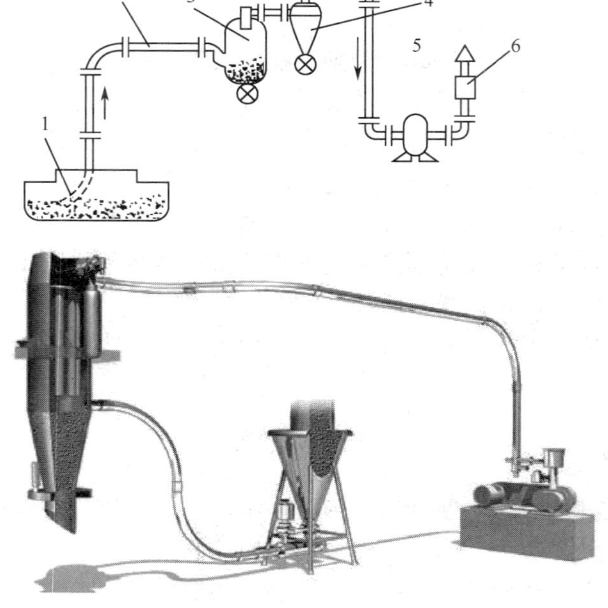

图 3-11 吸送式气力输送与外形示意图

1. 吸嘴；2. 输料管；3. 分离器；4. 除尘器；5. 风机；6. 消声器

此种装置的最大优点是供料简单方便，能够从几堆或一堆物料的数处同时吸取物料。但是，其输送物料的距离和生产率是受到限制的，因为装置系统的压力差不大。其真空度一般不超过 0.05～0.06MPa，如果真空度太低，又将急剧地降低其携带能力，以致引起管道堵塞，而且，这种装置对密封性要求也很高。此外，为了保证风机可靠工作及减少零件磨损，进入风机的空气必须预先除尘。

2. 压送式气力输送机

压送式气力输送流程见图 3-12。该装置是将风机安装在系统前端，风机启动后，空气即压入管内，管道内压力高于大气压力，即处于正压状态；由料斗送入的物料，通过喉管与空气混合后送至分离器，分离出的物料由卸料器卸出，空气则通过除尘器净化后排入大气。

压送式气力输送装置由于可以造成较大压力差，故与吸引式气力输送相比较，其输送距离较远，升送高度较大。此装置特点恰与吸送式相反，由于它便于装设分岔管道，故可同时把物料输送至几处，输送距离较长，生产率较高，对空气的除尘要求不高。它的主要缺点是由于必须从低压往高压输料管中供料，故供料装置较复杂，并且不能或难于由几处同时吸取物料。

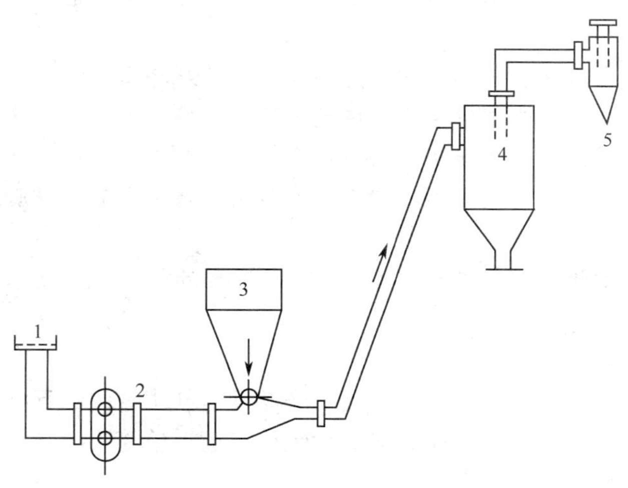

图 3-12　压送式气力输送

1. 空气过滤器；2. 鼓风机；3. 料斗；4. 分离器；5. 除尘器

3. 混合式气力输送机

混合式气力输送装置由吸送式部分和压送式部分组成，如图 3-13 所示，首先通过吸嘴 1 将物料由料堆吸入输料管 2，然后送到分离器 3 中，而分离出来的物料又被送入压送系统的输料管 6 中继续进行输送。

混合式气力输送形式综合了吸送式和压送式的优点，既可以从几处吸取物料，又可以把物料同时输送到几处，且输送的距离较长。其主要缺点是含尘的空气要通过鼓风机，使它的工作条件变差，同时整个装置的结构也较复杂。

在选用气力输送装置时，必须对输送物料的性质、形状、尺寸等参数和输送能力、输送距离等基本要求进行详细的了解，并根据实际情况综合考虑。

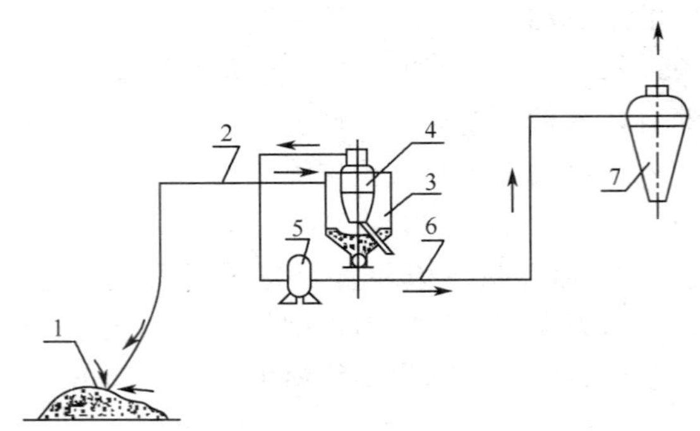

图 3-13　混合式气力输送

1. 吸嘴；2，6. 输料管；3，7. 分离器；4. 除尘器；5. 风机

（二）气力输送机的主要组成

1. 供料装置

供料装置的作用是把物料供入气力输送装置的输送管道，造成合适的物料和空气的混合比。

供料装置是气力输送装置的关键部件，其性能的好坏直接影响生产率和工作的稳定性。它的结构特点和工作原理取决于被输送物料的物理性质与气力输送装置的形式，可分为吸送式气力输送供料器和压送式气力输送供料器两类。吸送式气力输送供料器有吸嘴、固定式受料器等；压送式气力输送供料器有旋转式供料器、螺旋式供料器、喷射式供料器、容积式供料器等。

这里简单的介绍吸送式气力输送供料器-吸嘴和压送式气力输送供料器-旋转式供料器。

1）吸嘴

吸嘴是吸送式气力输送的供料器，其工作原理是利用管内的真空度，将物料连同空气一起吸进输料管。常用的有单筒和双筒喇叭形吸嘴。单筒吸嘴结构简单，常见的单筒吸嘴如图 3-14 所示。

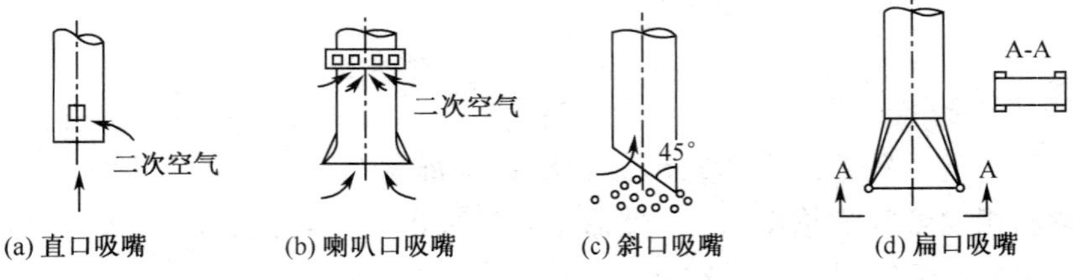

图 3-14　单筒吸嘴形式

2）旋转式供料器

旋转供料器广泛应用于中、低压的压送式气力输送装置，一般适用于流动性较好、摩擦性较小的粉粒状及小块状物料。最普遍使用的为绕水平轴旋转的圆柱形叶轮供料

器，其结构如图 3-15 所示。

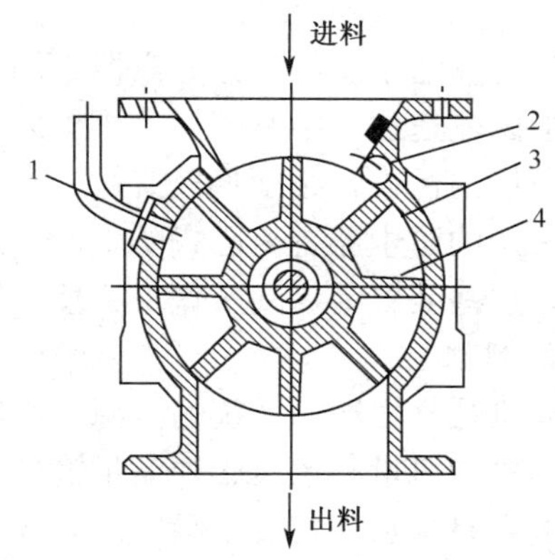

图 3-15　旋转式供料器

1. 均压管；2. 防卡挡板；3. 机壳；4. 叶轮

旋转式供料器结构紧凑，体积小，运输维修方便，能连续定量供料，有一定程度的气密性。但对加工要求较高，叶轮与壳体磨损后易漏气。

2. 输送管

输送管有直管、弯管、软管、伸缩管、回转接头、管道连接部件等。合理地布置、选择输料管及其结构尺寸，可避免管道系统堵塞和减少磨损，降低压力损失，对输送装置的生产率、能量消耗和使用可靠性等都有很大影响。所以，在设计输料管及其元件时，必须满足：接头和焊缝的密封性好；运动阻力小；装卸方便，具有一定的灵活性；尽量缩短管道的总长度。

在气力输送系统中，为了使输料管和吸嘴有一定的灵活性，可在吸嘴与垂直管连接处和垂直管与弯管连接处安装一段挠性管（如套筒式软管、金属软管、耐磨橡胶软管和聚氯乙烯管等），但由于软管阻力较硬管大（一般为硬管的 2 倍或更大），所以尽可能少用。

3. 分离器

物料分离器的作用是把被输送的物料从空气流中分离出来。分离的方法是通过适当地降低气流速度、改变气流运动方向或靠离心分离的作用，将物料颗粒分离出来。常用的分离器有离心式分离器（图 3-16）和容积式分离器（图 3-17）。

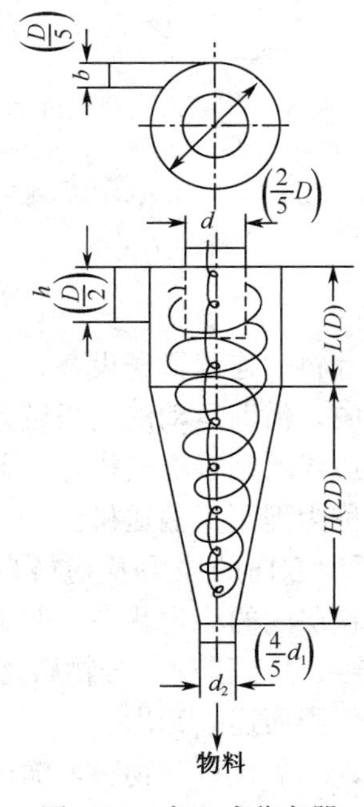

图 3-16　离心式分离器

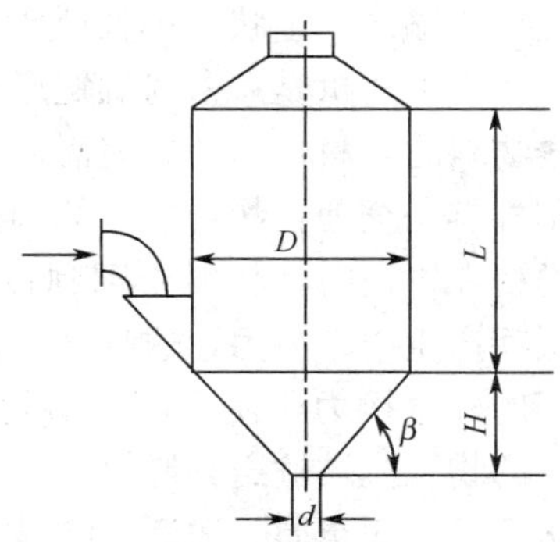

图 3-17　容积式分离器

4. 空气除尘装置

气力输送系统物料经分离器、卸料器之后，对于颗粒状物料，一般可百分之百的卸出，但因输送过程中有磨损，排出的气流中还含有大量的粉尘。为提高回收率和减少对大气环境的污染，必须将气流送进空气防尘装置以达到进一步的分离、净化。

常用的防尘器有离心式防尘器（即旋风分离器）、袋式过滤器（图 3-18）和湿式除尘器。这些装置请参阅“化工原理”等课程中的有关部分。

5. 风机

风机是气力输送系统的能源，供给系统高速运动的空气流，推动物料进行输送。风机所提供的风量和风压必须满足输送系统的要求。气流输送系统常用的供风设备有：往复式真空泵、水环式真空泵、离心式通风机（图 3-19）、罗茨鼓风机等，可根据不同的要求选择。

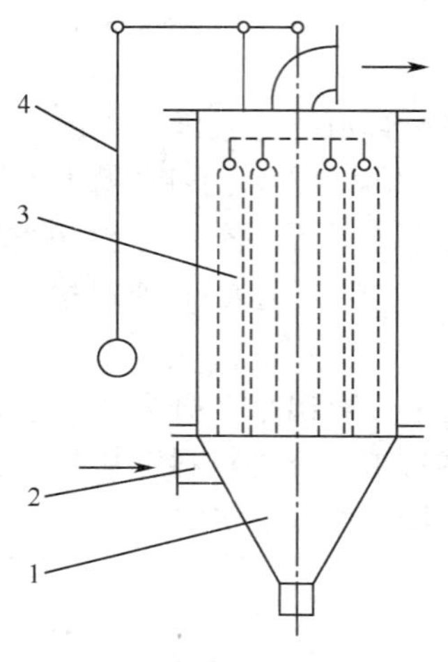

图 3-18　袋式过滤器

1. 锥形体；2. 进气管；3. 袋子；4. 振打机构

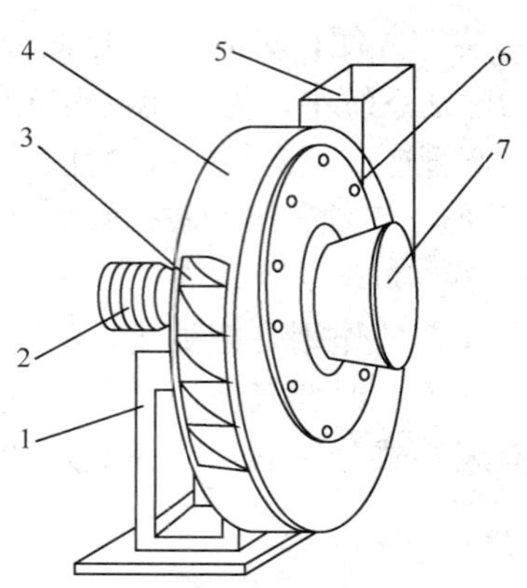

图 3-19　离心式通风机

1. 机座；2. 轴和轴承；3. 叶轮；4. 机壳；5，7. 出风口；6. 风舌

五、 刮板输送机

刮板输送机是输送粉尘状、小颗粒及小块状等散料的连续输送设备，可水平、倾斜和垂直输送。刮板输送机是在密封的矩形断面机槽内，借助运动的刮板链条连续运送散状物料，输送物料时，料槽内料层表面低于刮板上边缘的刮板输送机称为普通刮板输送机；料槽内刮板链条全埋在物料之中的刮板输送机称为埋刮板输送机。

刮板输送机在输送时，物料受到刮板链条在运动方向的压力及物料自身重量的作用，在物料层间产生内摩擦力，这种摩擦力保证了料层间的稳定状态，并大于物料移动时与机槽之间的外摩擦力，使全部物料随着刮板链条一起移动。若物料连续加入机槽中，连续整体的物料流被输送到卸料口，借重力的作用而连续卸出。

刮板输送机可输送炭黑、尿素、纯碱、氧化锌、二氧化钛等物料，输送的环境温度一般低于 40℃，物料温度低于 80℃（普通型刮板输送机），输送热物料可达 450℃（热料型刮板输送机）。

刮板输送机的特点是：设备结构简单、重量轻、体积小、密封性能好、安装维修比较方便；能多点加料、多点卸料，工艺选型及布置较为灵活；在输送飞扬性、有毒、高温、易燃易爆的物料时，可改善工作条件，减少环境污染。

具有下述性能的物料，一般不宜采用刮板输送机：悬浮性大的物料；块度过大的物料；磨损性很大的物料；压缩性过大的物料；黏性大的物料；流动性强的物料；易碎而又不希望在输送过程中被破碎的物料；特别坚硬的物料等。腐蚀性大的物料如不采用防腐型刮板输送机，也不宜输送。

（一）刮板输送机的基本结构

刮板输送机如图 3-20 和 3-21 所示，刮板输送机主要由封闭的壳体（机槽）、刮板链条、驱动装置及张紧装置等部件组成。

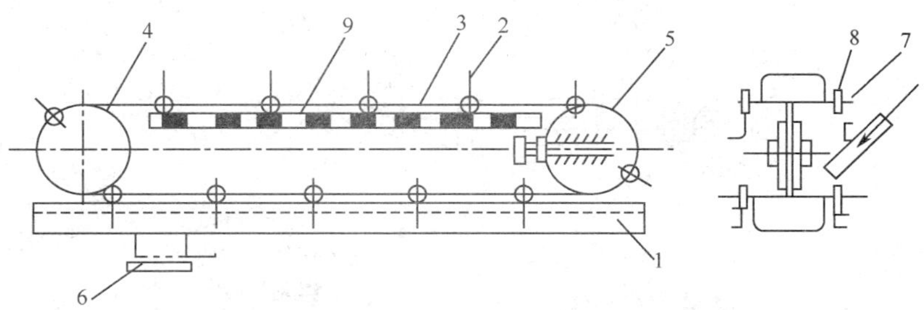

图 3-20　普通刮板输送机

1. 料槽；2. 刮板；3. 链条；4. 驱动链轮；5. 张紧链轮；6. 卸料口；7. 链条销轴；8. 滚轮；9. 导轮

刮板输送机水平输送时，物料受到刮板链条在运动方向的推力。当料层间的内摩擦力大于物料与槽壁间的外摩擦力时，物料就随着刮板链条向前运动。在料层高度与机槽宽度之比值满足一定的条件时，料流是稳定的。

刮板输送机垂直输送时，主要依赖物料所具有的起拱特性，封闭于机槽内的物料受到刮板链条在运动方向的推力，且受到下部不断给料而阻止上部物料下滑的阻力时，产生横向侧压力，从而增加物料的内摩擦力，当物料之间的内摩擦力大于物料和槽壁间的外摩擦力及物料自重时，物料就随刮板链条向上输送，形成连续料流。由于刮板链条在运动中有振动，有些物料的料拱会时而被破坏时而又形成，因此使物料在输送过程中对链条产生一种滞后现象，影响输送能力。

（二）刮板输送机的主要组成

1. 链条

刮板输送机中常用的链条有套筒滚子链-板链、锻造链和双板链。

2. 刮板

刮板一般由圆钢、扁钢、方钢或角钢等型钢制成，并与链条固接在一起，刮板的形状有很多种，以输送不同的物料，常见的刮板结构形式如图 3-22 所示。

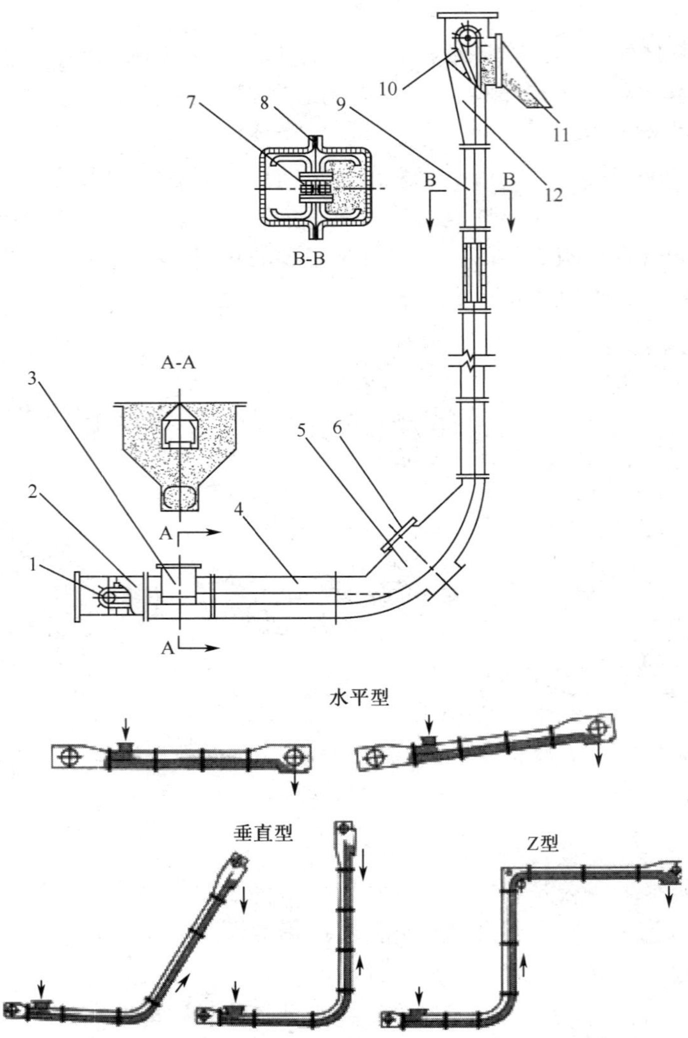

图 3-21 埋刮板输送机及输送方式

1. 张紧轮；2. 机尾；3. 加料段；4. 水平段；5. 弯曲段；6. 盖板；7. 刮板链条；8. 机筒；9. 垂直段；10. 驱动轮；11. 卸料口；12. 机头

准确的选择刮板类型直接关系到输送机的工作性能。对于输送性能较好的物料，在水平输送时可选用结构简单的 T 型刮板，在包含有垂直段的输送时可选用 U 型或 O 型刮板，以保证物料内部产生足够的内摩擦力而形成稳定的料层结构。

3. 头轮和尾轮

头轮和驱动装置连接，是主动轮，头轮的轮齿为 6～12 个，一般大于或等于 8 个齿，其齿型随使用的链条而异。尾轮的结构形式较多，常用的有齿形轮、圆轮和角轮。齿形轮的齿形和头轮完全一样，齿数可少于头轮。圆轮又有两种结构，一种轮边缘是光面的，用于套筒滚子链和滚子链；另一种轮边缘有槽，用于锻造链和双板链。角轮也称

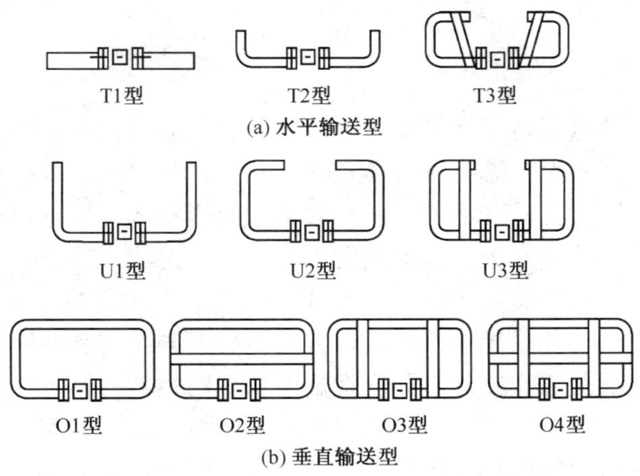

图 3-22　常见的刮板形式

为多边轮；圆轮和角轮的大小应等于或小于头轮节圆直径。

4. 机槽

机槽是物料的通道，刮板链条在机槽中运动，机槽一般由钢板制成的，钢板厚度随机型大小可取 6～10mm。

5. 张紧装置

刮板输送机机尾有张紧装置，用来移动尾轮来调节刮板链条的松紧程度。张紧装置和带式输送机用的螺旋张紧和重锤张紧装置相同。

（三）刮板输送机的使用与维护

（1）使用输送机前，先空车运转，待正常后再加料，加料要均匀，不要突然大量加料。

（2）无特殊情况不得在有载情况下停车，需停车时要先停止加料，并将输送机内物料卸空后方可停车。

（3）满载运输时发生紧急停车，必须先人工排料，再点动几次排空物料。

（4）运送过程中，要严防铁件、大块硬物和杂物混入输送机，以免损伤输送机或造成其他事故。

（5）操作人员应常检查输送机运行情况，如发现刮板变形或脱落等，应及时修复或更换。

（6）要经常调节螺旋式拉紧装置，使刮板链条保持适当的张紧度。

（7）刮板输送机各润滑部位应保持良好润滑，加足润滑油。

喂料机（物料的供送机构）是固体输送设备中不可缺少的组成部分。它装设于料仓卸料口，将料仓内的物料连续均匀地喂入到输送设备中去，其具体种类和形式见第十章第二节。

第二节 液体输送设备

在化工生产中，常常需将流体从低位输送到高位，或从低压处送至高压处，或沿管道送至较远的地方，在自然状态下，流体在流动过程中将损失部分机械能，且只能从高能位向低能位流动，因此为达到输送目的，必须对流体加入外功，以克服流体阻力及补充输送流体时所不足的能量。为流体提供能量的机械称为流体输送机械。

由于不仅输送的流体种类繁多，而且流体的温度、压力等操作条件、流体的性质、流体的速率及所需提供的能量等各不相同，因而需要不同结构和不同特性的流体输送机械。流体输送机械根据其工作原理不同通常分为以下四类：

（1）离心式：依靠叶轮的旋转运动工作，如离心泵、旋涡泵等。

（2）往复式：依靠活塞的往复运动工作，如往复泵、计量泵等。

（3）旋转式：依靠轮子的旋转运动工作，如齿轮泵、螺杆泵等。

（4）流体作用式：依靠另一种流体工作，如喷射泵。

流体输送机械是通用机械，它不仅在化工生产中，而且在国民经济许多领域中都有着广泛应用。这些机械的生产，在我国大多数已形成系列化产品。

输送液体的流体输送机械通称为泵，即液体输送设备。本节只简单的介绍几种常用的液体输送泵，详细的内容可参考化工原理的相关知识。

一、 离心泵

离心泵对输送液体的性质和不同的工艺要求有很好的适应性，型号种类很多，但基本原理相同。

按输送介质与用途，离心泵可分为水泵、耐腐蚀泵、油泵和杂质泵。这些泵在精细化工工业生产中都有不同程度的应用，应根据输送物料的性质选择合适的离心泵。

（一）离心泵的基本结构

离心泵装置如图 3-23 所示。在泵起动之前，需在泵及吸入管内灌满液体，吸入管下部装有单向底阀，防止泵内液体泄漏。起动电机后，泵轴上的叶轮由电机带动做高速旋转，泵内液体受叶轮作用而转动，从而获得离心力，叶轮对液体的作用力和离心力使液体加速运动，增加了液体的动能和静压能。当液体进入流道截面逐渐增大的泵壳时，流速会逐渐减小，使部分动能转换成静压能，流体以一定的速度和压力从泵出口进入压出导管。在叶轮中的液体向泵壳运动的同时，于叶轮中心处形成局部真空，并与浸没在液体内的吸入管下部形成压差，在此压差作用下，液体经吸入管路进入泵内叶轮中心处，由上可知，靠叶轮的离心作用，液体源源不断地流进泵内，在增加了一定的动能和静压能后，被压出泵外，从而达到输送液体的要求。

（二）离心泵的主要组成

离心泵的型号较多，其构造无大差异，今以 B 型离心泵为例，说明离心泵的构造。

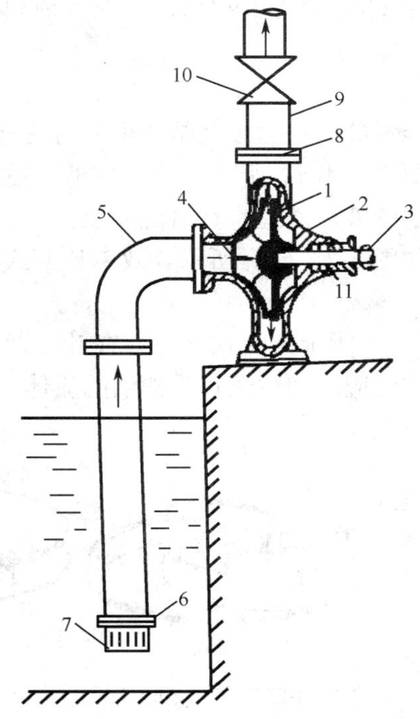

图 3-23　离心泵装置简图

1. 叶轮；2. 泵壳；3. 泵轴；4. 吸入口；5. 吸入管；6. 底阀；7. 滤网；8. 排出口；9. 排出管；10. 调节阀；11. 轴封

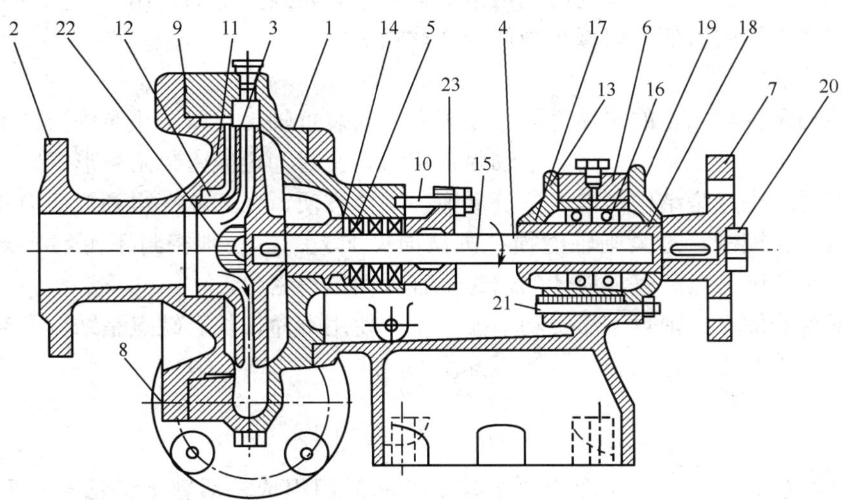

图 3-24　B 型离心泵

1. 泵体；2. 进口法兰；3. 叶轮；4. 轴；5. 填料；6. 托架；7. 联轴器；8. 出口法兰；9. 垫片；10. 螺栓；11. 泵盖；12. 耐磨环；14. 衬托；15. 转轴；16. 滚动轴承；17，18. 轴承固定套；13，19. 轴承箱；20，22. 螺母；21. 螺栓；23. 填料压盖

如图 3-24 所示，泵的工作部分主要由叶轮、泵壳、轴和轴封几个零部件组成，现分述如下。

1. 叶轮

叶轮是直接向液体传递能量的部件。按其结构可分为三种：

（1）开式叶轮：结构如图 3-25（a）所示，效率较低，适宜输送杂质较多的悬浮液物料，因为它不致堵塞叶轮上的液体通道，且清洗方便。

（2）半开式叶轮：结构如图 3-25（b）所示，效率比开式叶轮要高，适于输送有沉淀物产生的液体。

（3）闭式叶轮：图 3-25（c）所示为闭式叶轮，在叶片两侧均有盖板，因此高压液体的返混较少、效率较高，广泛应用在输送较为清洁的流体。

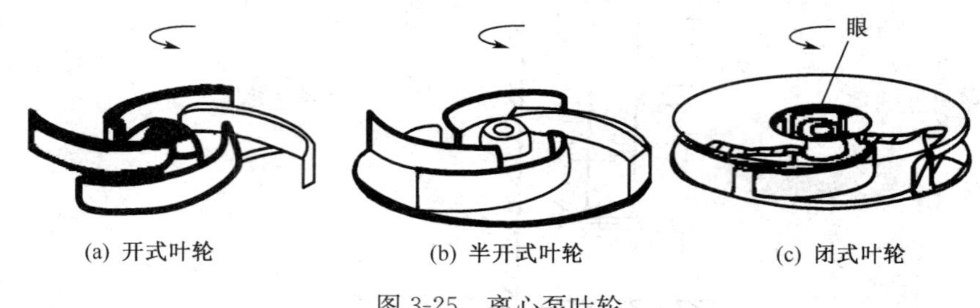

(a) 开式叶轮　　(b) 半开式叶轮　　(c) 闭式叶轮

图 3-25　离心泵叶轮

2. 泵壳

泵壳的外形为一截面逐渐扩大的蜗壳，装配在叶轮的外圈。当液体从叶轮被抛出汇集在蜗壳内时，因流道截面积顺液体流向逐步扩大，液体流速就会逐步减少，其部分动能将转换成静压能。因此，泵壳起到汇集高速液体和转换能量的作用。泵壳内表面要求尽量降低表面粗糙度数值，以减少液体的摩擦损失。

3. 轴封装置

在旋转的泵轴与固定的泵体之间，装配有密封装置轴封，以防止泵内液体流出，同时也防止外界空气进入泵内。离心泵轴封常用填料密封和机械密封两种形式。

填料密封的优点是结构简单，造价低廉，维修方便，在工业上得到广泛应用。缺点是填料松紧不易控制，过紧则轴磨损、机械损失加大；过松则密封不可靠，易产生泄漏。因此，对易燃易爆和有毒液体的输送不宜采用填料密封。

机械密封的优点为密封可靠、功率损失小，使用寿命较长。缺点是结构复杂，加工精度要求高，成本较高，维修、装卸不方便。

二、 往复泵

往复泵示意如图 3-26，主要由泵缸、活塞和活门组成。活塞上的活塞杆利用曲柄连杆机构将电机的回转运动转换成直线往复运动。

当活塞向右移动时，泵缸内体积增大，压力减小，排出阀受压出管路内流体压力的作用而关闭，吸入阀门由输送介质压力作用而开启，液体进入泵内。活塞到最右端后转而向左移，吸入阀关闭，排出阀打开，泵缸内液体被压进压出管，就这样活塞不断往复运动，液体就会不断从吸入阀进入泵内，通过排出阀又不断被压出泵，达到输送液体的目的。

按作用方式，往复泵可分为单动泵和双动泵。活塞往复一次，完成吸液和排液各一次的称单动泵；活塞往复一次，完成吸液和排液各两次的称双动泵。双动泵的结构示意如图 3-27 所示。

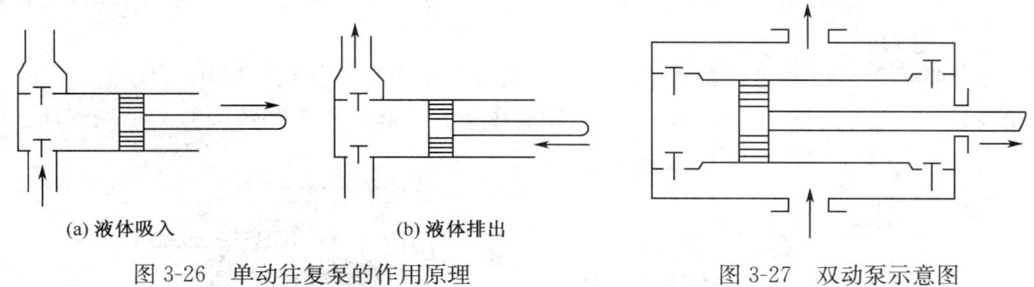

图 3-26　单动往复泵的作用原理

图 3-27　双动泵示意图

三、 计量泵

在精细化学品的生产过程中，经常需要按照工艺流程的要求来精确地输送定量的液体，有时还需要将若干种液体按比例地输送，计量泵就是为了满足这些要求而设计制造的。

计量泵是往复泵的一种，基本结构及操作原理和往复泵相同，结构如图 3-28 所示。它是通过偏心轮把电动机的旋转运动变成柱塞的往复运动。偏心轮的偏心距离可以调整，使柱塞的冲程随之发生变化，以此达到比较严格地控制和调节流量的目的。

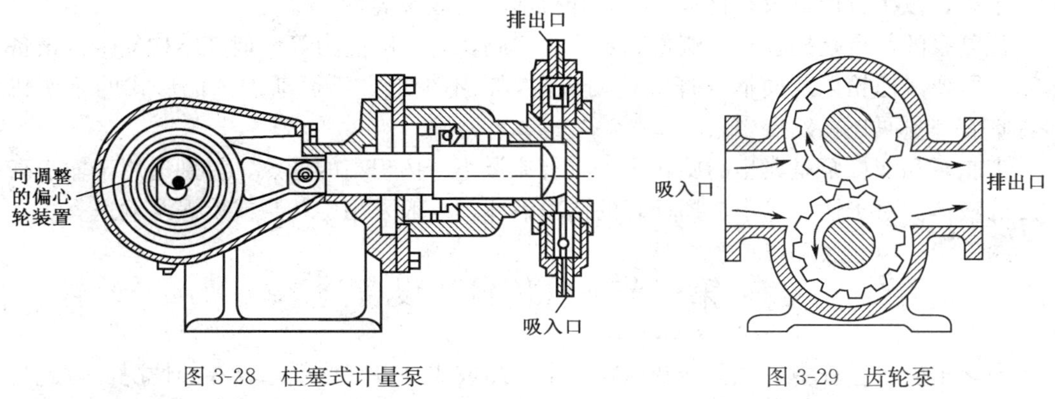

图 3-28　柱塞式计量泵

图 3-29　齿轮泵

四、 齿轮泵

齿轮泵属正位移泵，其结构如图 3-29 所示，由一对立相啮合的齿轮和泵壳组成。

液体自左侧吸入口进入泵体内，被两齿轮拨向上下两侧，在轮齿和泵壳的空隙中被推向前，转至高压排出口，被压出泵外，从而达到输送液体的目的。

齿轮泵的特点是结构简单、工作可靠，扬程高而流量小，适用于清水和油的输送，而不适于输送含有小颗粒物质的液体，因其会加剧齿面的磨损，缩短泵的使用寿命。

五、 螺杆泵

螺杆泵属正位移式泵，是齿轮泵的一种，其结构如图 3-30 所示，由一个或几个螺杆和泵壳组成。图 3-30（a）为一单螺杆泵，只有一个螺旋状转子，泵壳内表面为内螺旋面。液体沿吸入口进入泵内，随螺杆的转动而被轴向挤压至排出口；图 3-30（b）所示为双螺杆泵，转动元件为一对互相啮合的螺杆，液体在间隙内被挤压至排出口，而达到输送液体的目的。

螺杆泵具有运行平稳，振动和噪音小以及运行效率高等优点。应用流量范围 1.5～500m^3/h，压力可高达 175kgf/m^2，适于输送压头要求高的不含固体颗粒的黏稠液体。

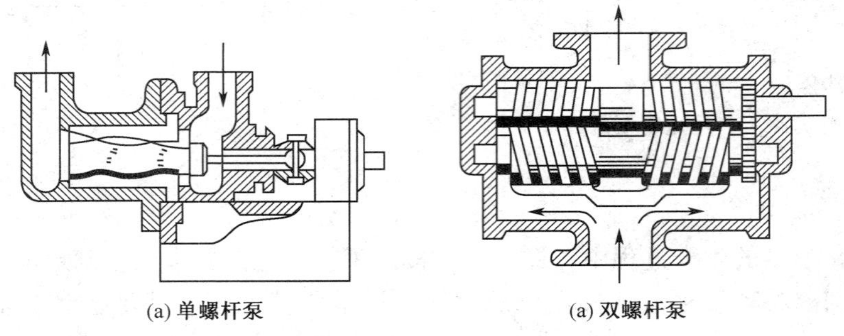

(a) 单螺杆泵　　(a) 双螺杆泵

图 3-30　螺杆泵

在精细化工生产中使用的泵型中，以离心泵应用最为广泛，因它具有结构简单、紧凑，流量均匀，调节方便，可采用各种耐腐蚀材料，适用范围广等优点。缺点是扬程一般不很高，效率较低，没有自吸能力，开机前必先灌泵等。

往复泵的优点是扬程高、流量固定、效率高，有自吸能力等，但其结构复杂，设备笨重，需要减速箱以及曲柄连杆等传动机构，在不少地方已逐渐被其他形式的泵所代替，唯有计量泵还在发展中。

齿轮泵和螺杆泵是典型的旋转泵，具有流量小、扬程高的特点，特别适用于输送高黏度的液体。对于输送量小、扬程高的洁净液体，一般采用旋转泵或旋涡泵输送。

第三节　气体输送设备

在化工生产过程中，常会涉及原料、半成品或成品以气体状态存在的情况。对此类物质的输送过程，也需要通过输送机械赋予一定的外加能量，从而将其从一个地方送到另一个地方。同时，出于化工生产气体是在一定的浓度、温度和压强条件下进行的，这就需要通过特定的机械来创造必要的压强条件。此外，在生产过程中，还采用气源来控制某些自动化仪表，因此，生产中除大量使用液体输送机械之外，还广泛使用气体输送机械。

输送气体的机械通称为风机或压缩机。由于气体和液体具有不同的特性，气体具有压缩性，在输送过程中会产生密度和温度的显著变化，因此，气体输送机械与液体输送机械不同。

由于气体是可压缩流体，故在输送机械的内部不仅气体的压强发生变化，体积和温度也会随之变化。气体压强、体积、温度的变化程度，对气体输送机械的结构和形状都有着较大的影响。气体输送机械通常根据终压（出口压强）或出口压强与进口压强之比（称为压缩比）来进行分类：

（1）通风机：出口压强不大于 15kPa，压缩比不大于 1.15。

（2）鼓风机：出口压强为 15～300kPa，压缩比为 1.15～4。

（3）压缩机：出口压强大于 300kPa，压缩比大于 4。

（4）真空泵：在容器或设备内造成真空，出口压力为大气压或稍高于大气压，压缩比根据所造成的真空度决定。

按照结构和工作原理，气体压缩机械可分为四种形式：离心式、往复式、旋转式和流体作用式。本节只简单介绍几种常用的气体输送设备，详细的内容可参考化工原理的相关知识。

一、 通风机

通风机是一种用于低压下沿导管输送气体的机械。在精细化工生产中，通风机的使用非常普遍，尤其是高温和毒气浓度较大的车间，常用它来输送新鲜空气，排除有害气体和降温等。常用的通风机有轴流式和离心式两种。轴流式通风机体积小、质量轻，常安装在需要送风的墙壁和天花板上（如家用换气扇），也可临时放置在需要送风的地方。本节只简单介绍离心式通风机。

离心式通风机的结构如图 3-31 所示，与离心泵相似，也是由机壳、机轴、工作叶轮和机架组成。

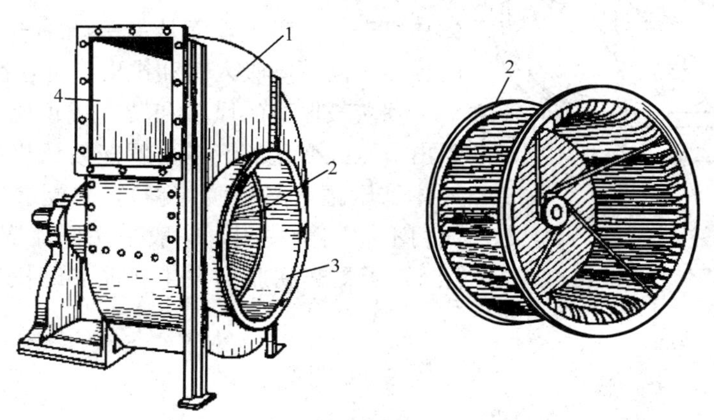

图 3-31　离心式通风机

1. 机壳；2. 叶轮；3. 吸入口；4. 排出口

图 3-32 是离心式通风机不同形式的叶片形状。图 3-32 中（a）、（b）适用于中、低压通风机；（c）、（d）的能量损失和噪音较小；（e）能提供较大的风量和风压，在相同的转速下，它有较小的直径，多用于移动式风机；（f）可提供较大的风量，而风压较低。

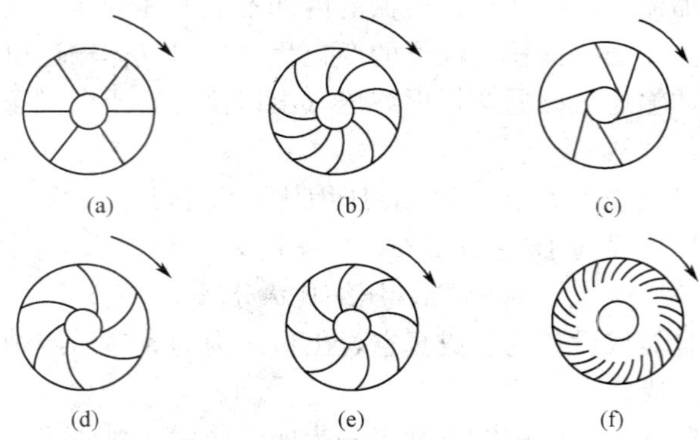

图 3-32　离心式通风机叶轮形式

二、 鼓风机

常见鼓风机的类型有两种：离心式鼓风机和旋转式鼓风机。

离心式鼓风机又称透平鼓风机，常采用多级（级数范围为 2～9 级），故其基本结构和工作原理与多级离心泵较为相似。

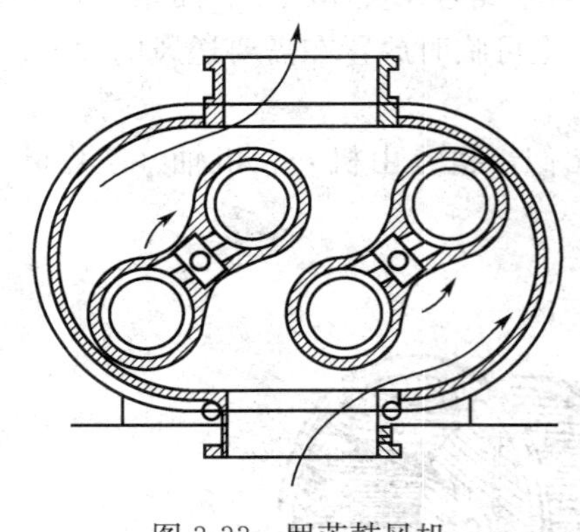
图 3-33　罗茨鼓风机

旋转式鼓风机形式很多，最常见的一种是罗茨鼓风机，其工作原理与齿轮泵相似，如图 3-33 所示，机壳内有两个特殊形状的转子，常为腰形或三角形，两转子与机壳之间的缝隙很小，使转子能自由转动而泄漏少，两转子的旋转方向相反，可使气体从机壳一侧吸入，而从另一侧排出。如改变转了的旋转方向，则吸入口和排出口可互换。

罗茨鼓风机的风量和转速成正比，而且几乎不受出口压强变化的影响。罗茨鼓风机的出口应安装气体稳压罐（又称缓冲罐），并配置安全阀。出口阀门不能完全关闭，一般采用回流支路调节流量。此外，操作温度不宜大于 85℃，以免因转子受热膨胀而发生碰撞和摩擦，降低设备的机械效率。

三、 压缩机

当生产过程中需要将气体压强大幅度提高时，就需要使用压缩机来实现。目前使用的压缩机主要有两种类型：往复式压缩机及离心式压缩机。

离心式压缩机又称为透平压缩机，其主要特点是转速高（可达 10000r/min 以上）、运转平稳、气量大、风压较高，在大型化工生产中应用越来越多。

往复式压缩机的构造、工作原理与往复泵相似。它依靠活塞的往复运动将气体吸入和压出，主要部件有气缸、活塞、吸气阀和排气阀等。

图 3-34 所示的为立式单动、双缸压缩机，在机体内装有两个并联的气缸 1，称为双缸，两个活塞 2 通过连杆相错 180°，连接在同一曲轴 5 上，吸气阀 4 和排气阀 3 都在气缸的上部。曲柄连杆机构推动活塞不断在气缸中做往复运动，使气缸通过吸气阀和排气阀的控制，循环地进行吸气—压缩—排气—膨胀过程，以达到提高气体压强的目的。

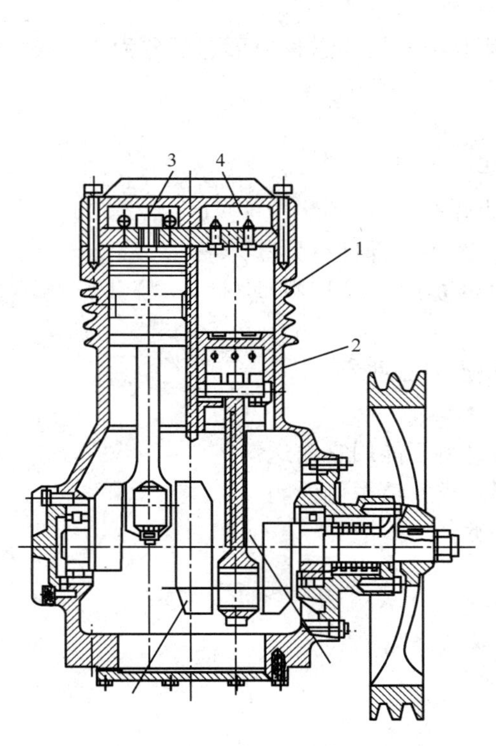

图 3-34　立式单动、双缸压缩机

1. 缸体；2. 活塞；3，4. 排、吸气阀；5. 曲轴；6. 连杆

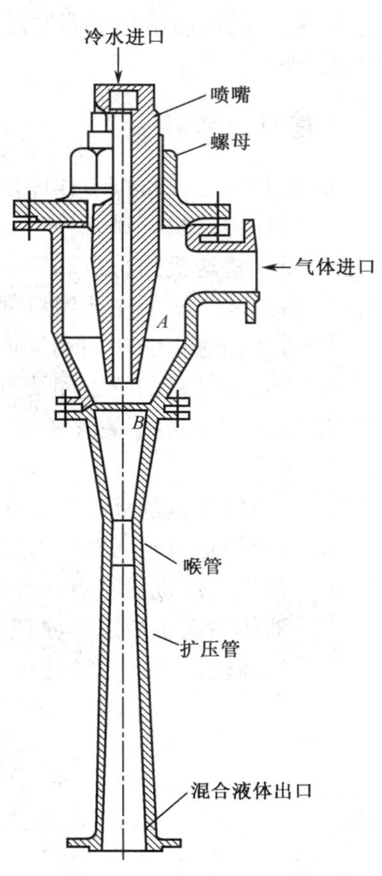

图 3-35　水喷射真空泵

四、 真空泵

在真空条件下液体的沸点下降，可防止热敏性物质的受热分解、降低热量消耗、提高热量的综合利用率。同时，真空状态下有利于体积增大的反应过程及解吸等单元操作过程的进行。所以，很多操作常需要在真空状态下进行，而真空泵就是使系统处于真空状态的一种机械设备。

真空泵按照抽出气体可分干式和湿式两大类。干式真空泵只能从容器中抽出干燥气体，可以达到 96％～99.9％的真空度；湿式真空泵在抽吸气体时允许带有较多的液体，但产生的真空度只能达到 85％～90％。

按照结构和工作原理可以分为：往复式真空泵、水环真空泵、喷射式真空泵（蒸汽喷射泵、水射喷射泵)。

图 3-35 所示为水喷射真空泵。利用它可从设备中抽出水蒸气并加以冷凝，使设备内维持真空。水喷射真空泵的效率通常在 30%以下，但其结构简单，能源普遍。虽比蒸汽喷射泵所产生的真空度低，但由于它具有产生真空和冷凝蒸汽的双重作用，故应用甚广，被广泛适用于真空蒸发设备，既作为冷凝器又作为真空泵，所以也常称其为水喷射冷凝器。

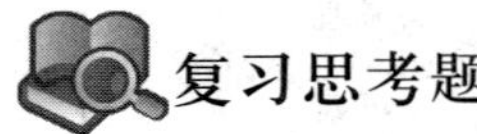

复习思考题

1. 物料输送设备按工作原理可分为哪几类？按输送物料形态可分为哪几类？
2. 固体输送机有哪几种？
3. 带式输送机的特点和缺点是什么？
4. 带式输送机的主要组成部件有哪些？
5. 带式输送机的使用和维护要注意哪些？
6. 斗式输送机的特点和缺点是什么？其主要部件有哪些？
7. 螺旋式输送机在精细化工生产中主要用来输送哪些材料？哪些原料不能用它输送？
8. 气力输送机的优点是什么？它的缺点有哪些？
9. 气力输送机有哪几种？
10. 刮板输送机的特点是什么？哪些物料不能用它输送？
11. 液体输送机按工作原理可分为哪几类？请举例说明。
12. 气体输送机按压缩比可分为哪几类？

第四章 粉碎和筛分机械设备

在精细化工生产中，常要用到固体原料，有时为了更好的进行化学反应或者分散，需要将固体原料适当粉碎，有时对某些产品要求以粉状或颗粒状形态出厂，如洗衣粉可能出现疙瘩粉，这时就需要粉碎。

在精细化工生产中常用研磨设备和破碎设备对固体物料进行粉碎，两者在工作原理上是相同的，只是被处理物料有所不同。一般对膏体或黏稠液体中的固体颗粒，通过研磨设备使之粉碎，更好的得以分散，如涂料生产中的砂磨机和雪花膏生产中的研磨机等，在研磨过程还有使几种物料进行调配、混合均匀的作用。

为了得到尺寸满足生产要求的固体颗粒，固体粉碎后，一般要通过筛分机械设备对其进行筛分，将少量的杂质颗粒除去，使产品中颗粒尺寸满足要求，性能更均一，可以保证产品的规格和质量指标。

粉碎和筛分机械设备是精细化学品（涂料、胶黏剂、化妆品、洗涤用品）等生产过程中不可缺少的设备。

第一节 破碎机械设备

粉碎是把大粒度物料利用破碎机或磨碎机来破碎或磨碎至较细粒度的过程。在精细化工生产中，粉碎的目的有：

（1）增加反应速率：物料粉碎后，其与周围介质接触面积增大，增加反应速率，能缩短产品生产时间。

（2）均化混合：混合物料所用的各种原料的粒度愈小，混合的均匀度愈高。为了使几种物料能均匀地混合，必须将其粉碎，也可增加固体物料在液体介质中的稳定性，如制作各种涂料、化妆品等。

（3）制取所需粒度的产品：有些物料的粒度太大，难以为人们所利用，如成块状的洗衣粉等，通过粉碎操作才能得到大小相同、粒度相近的产品。

（4）某些工艺的需要：由原料得到产品，要经过一系列的工艺过程，有时需要将原料破碎成细小颗粒，才能进行下一步加工。

（5）提高流动性：固体粉粒状原料可以利用空气使其流态化，用以进行气力输送。此种情况下，气力输送优于机械输送，它便于操作的连续化和自动化。因粉碎后的物料粒度变小且大小相近，故流动性大为增加。

（6）便于干燥、易于溶解：物料经粉碎后，其表面积大为增加，使干燥和溶解的速度大大提高。

物料每经过一次破碎机或磨碎机称为一个破碎段，根据处理后粉碎物料尺寸大小可以分为：粗碎段（直径为100～200mm）、中碎段（直径为20～70mm）、细碎段（直径为 3～20mm）和磨碎段。磨碎段有时还分为粗磨段（直径为 0.1～0.3mm）、细磨段（直径为 0.06～0.1mm）和超细磨（直径为 0.004～0.02mm）。

适用粗碎段、中碎段和细碎段的机械设备主要有颚式、旋回、圆锥、辊式、冲击式、锤式等破碎机。适用磨碎段的机械设备主要有各种球磨机、棒磨机、搅拌磨机、砂磨机和振动磨等粉磨设备。胶体磨也是磨碎设备，将在“均质和乳化设备”一章中讲述。

一、 颚式破碎机

颚式破碎机是一种应用最为广泛的破碎机械，由于它的结构简单、牢固，能处理的物料块度范围大，以及操作维护方便，因此从它问世一百多年以来，至今仍然是粗、中碎及细碎作业中主要和有效的破碎设备。

在工作状况下，颚式破碎机的活动颚板呈周期性地往复摆动，在运动中对位于破碎腔内的物料，由破碎机的动颚和定颚的挤压而被破碎，已被破碎的物料，则由于重力作用在这种周期运动的间隙排出。

颚式破碎机通常按其结构和运动特性分类，按颚板运动特性分类的颚式破碎机，主要有以下三种类型，即简摆式、复摆式、综合摆动式。本节只简单介绍常见颚式破碎机的结构和工作原理。

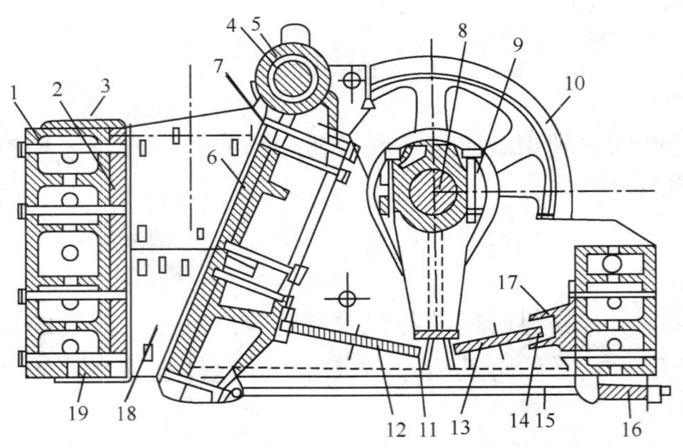

图 4-1 简摆式颚式破碎机

1. 机架；2，6. 衬板；3. 压板；4. 心轴；5. 动颚；7. 契铁；8. 偏心轴；9. 连杆；10. 皮带轮；11. 推力板支座；12. 前推力板；13. 后推力板；14. 后支座；15. 拉杆；16. 弹簧；17. 垫板；18. 侧衬板；19. 钢板

图 4-1 是简单摆动型颚式破碎机。破碎机机架 1 的前壁是固定颚，其上装有衬板 2，衬板上有齿牙，有助于破碎物料，因此也称齿板。衬板的作用是防止固定颚受到磨损，心轴（又称悬挂轴）的两端由轴承支撑，中部悬挂着动颚 5 及其衬板 6，偏心轴 8 由主轴承支撑，其上安有连杆 9，连杆的连杆头与杆身分开制造，用螺钉固定一起，循环冷却水流过连杆头以冷却其轴瓦部分，电动机通过“V”带带动皮带轮 10 及偏心轴 8，在连杆下方的凹槽中，装有推力板支座 11，前推力板 12 及后推力板 13 分别支撑于支座上。

偏心轴除在一端安有皮带轮 10 外，在另一端安有飞轮。在工作时，动颚时而靠近固定颚，时而远离固定颚，前者是工作行程，后者是空行程。在空行程期间飞轮储存能量，在工作行程期间放出能量，从而减少偏心轮转速的波动，且使电动机功率较稳定。

破碎腔的侧壁上有锰钢侧衬板 18，用螺钉或楔条将其固定于侧壁上。在后推力板与后支座 14 之间，有一组垫板 17，用来调整排料口宽度，增加垫板厚度，使推力板和动颚向左方推移，排料口减小；反之，减少垫板 17 的厚度，排料口将增大。

送入固定颚和动颚之间（破碎腔）的物料，当动颚向左运动时受到其压挤而破碎；当动颚向右运动时物料靠自重向下运动，动颚每一个摆动周期，物料受到一次压挤作用并向下排送一段距离，从给入破碎腔开始，通常受到三四次以上的压碎作用后，排出机外。

除简摆型颚式破碎机外，复杂摆动型（复摆型）颚式破碎机（图 4-2）减少了连杆、后推力板及动颚心轴等部件，使机构简化。由于运动轨迹不是以动颚心轴为中心的往复摆动，而是很复杂的轨迹，因此称为复摆型颚式破碎机。

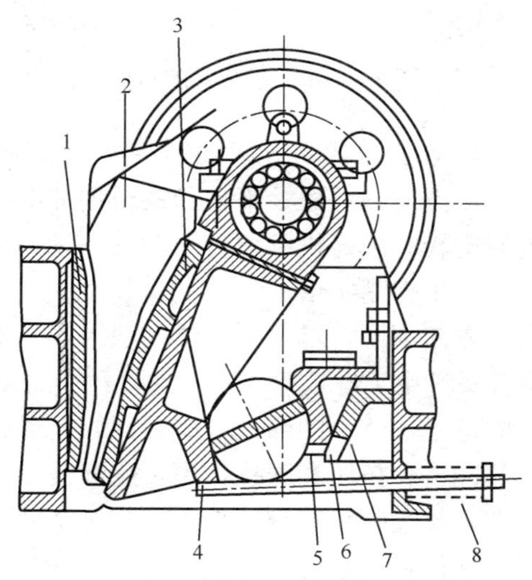

图 4-2　复摆型颚式破碎机

1. 固定颚板；2. 侧衬板；3. 动颚板；4. 推力板支座；5. 推力板；6. 前斜铁；7. 后斜铁；8. 拉杆

二、冲击式破碎机

冲击式破碎机主要有三种类型，即锤式破碎机、齿爪式破碎机和反击式破碎机，它们是以锤片或齿爪在高速回转运动时产生的冲击力来粉碎物料的。

（一）锤式破碎机

锤式破碎机具有结构简单、用途广泛、生产效率高、容易控制产品粒度、无空转损伤等特点，它主要由进料斗、转子、销链、在转子上的锤片、筛片等组成。

锤式破碎机可以按转子数目分为单转子和双转子两种，单转子又可分为不可逆式和可逆式两种（图 4-3）。物料自上部给料口给入机内，立即遭受高速运动的锤子（又称锤头）的打击、冲击、剪切、研磨作用而粉碎。锤子以铰链方式装在各圆盘之间的销轴上，可以在销轴上摆动。电动机带动主轴、圆盘、销轴及各锤子以高速旋转。这个包括主轴、圆盘、销轴和锤子的部件称为转子。在转子下部装有筛板，粉碎物料中小于筛孔尺寸的粒子通过筛板排出，大于筛孔尺寸的粗料阻留在筛板上并继续受到锤子的打击和研磨，最后通过筛板排出。

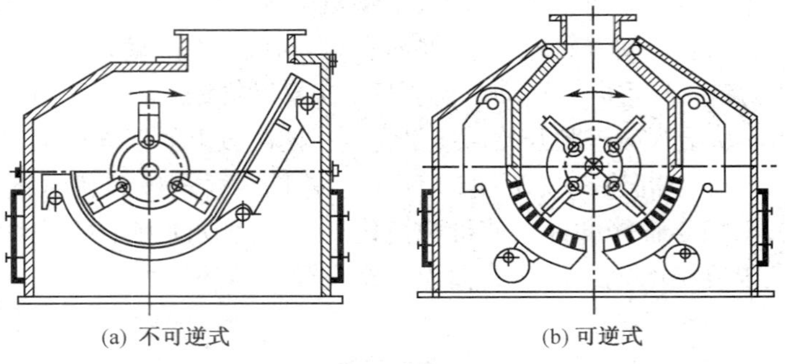

(a) 不可逆式　　(b) 可逆式

图 4-3　单转子锤式破碎机

图 4-3（a）是不可逆式，转子的转动方向如箭头所示。图 4-3（b）为可逆式，转子首先向某一个方向旋转，该方向的衬板、筛板和锤子端部即受到磨损，磨损至一定程度后，使转子改向另一方向旋转，破碎机利用转子的另一端和另一方的衬板和筛板继续工作，从而连续工作的寿命几乎提高 1 倍。

锤式破碎机按物料喂入方向不同，可以分为切向喂入式，轴向喂入式和径向喂入式三种，如图 4-4 所示。物料从料斗 1 进入粉碎室 7 后，便受到随转子 2 一同高速旋转的锤片 3 的打击，进而飞向固定于机体上的筛板（或筛网）5 而发生碰撞，落入筛面与锤片之间的物料则受到强烈的冲击、挤压和摩擦作用，逐渐被粉碎。当粉粒体的粒径小于筛孔直径时使被排出粉碎室，较大颗粒则继续粉碎，直至全部排出机外。粉碎物料的粒度取决于筛网孔径的大小，筛网材料通常为冷轧钢板。筛网对转子的包角为 α，切向喂入式粉碎机的 $\alpha \leqslant 180°$，轴向喂入式的 $\alpha = 360°$，径向喂入式的 $180° < \alpha < 360°$。

各类型锤式破碎机的锤子形状和数目、筛条或筛板的形状、调节方式及破碎腔形状等虽然各不相同，但总的结构大同小异。

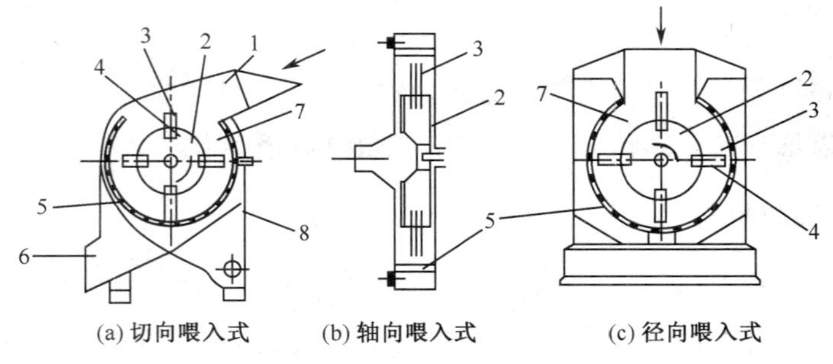

(a) 切向喂入式　　(b) 轴向喂入式　　(c) 径向喂入式

图 4-4　锤式粉碎机类型

1. 料斗；2. 转子；3. 锤片；4. 铰销；5. 筛板；6. 出料口；7. 粉碎室；8. 机壳

锤子是锤式破碎机的重要工作机构，通常用高锰钢或其他合金钢等制造。由于锤子前端的磨损较快、设计时还应考虑锤子磨损后能够上下调头或者前后调头。图 4-5 列举了几种锤子形状。其中前三种锤子的重量约为 3.5～35kg，(a)、(b) 两种磨损后可以上下及前后四次调头使用，(c) 种只能调头两次。d 种锤子的重量可达 30～60kg，可以破碎较大粒度的物料，并两次调头使用。(e)、(f) 两种锤子的重量达 50～120kg，可用于破碎粒度较大、较难碎的物料。安装在转子上的各个锤子的重量必须相等，使转子转动时不产生振动。更换锤子时，应将对面位置的锤子成对地更换。

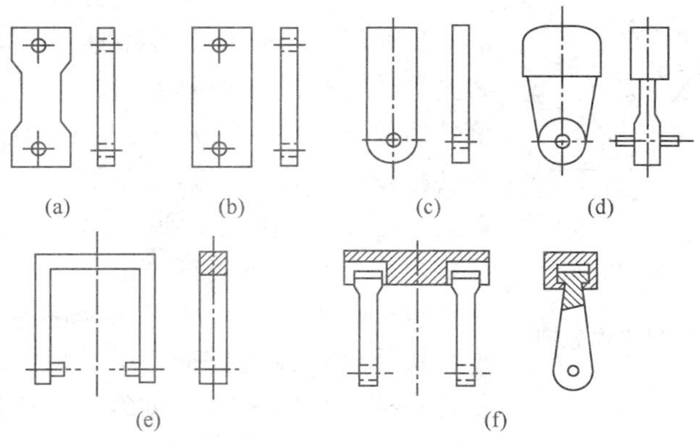

图 4-5　锤子的形状

锤片是主要的易损件，一般寿命为 200～500h。为了延长使用寿命，通常需进行热处理，如用 10 号钢或 20 号钢渗碳后再渗硼复合热处理，还可以在锤片工作角上涂焊、堆焊碳化钨合金等，用以提高锤片的使用寿命。

（二）爪式粉碎机

爪式粉碎机主要由进料斗 1、动齿盘转子 10、定齿盘 5、圆环形筛网 6、主轴 8、出料管 7 等组成，如图 4-6 所示。

爪式粉碎机工作时，动齿盘上的齿在定齿盘齿的圆形轨迹线间运动，当物料由装在机盖中心的入料管 3 喂入时，受到动、定齿和筛片的冲击、碰撞、摩擦及挤压作用而被粉碎。同时受到动齿盘高速旋转形成的风压及扁齿与筛网的挤压作用，使符合成品粒度的粉粒体通过筛网排出机外。该机的特点是结构简单、生产率较高、耗能较低，但通用性小。

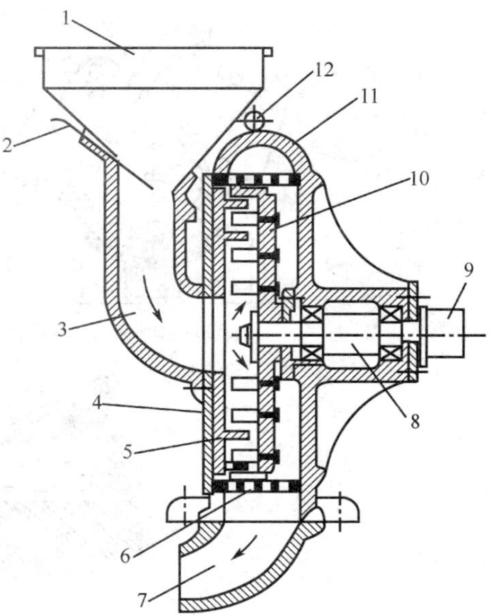

图 4-6　爪式粉碎机

1. 料斗；2. 流量调节板；3. 入料口；4. 机盖；5. 定齿轮；6. 筛网；7. 出料管；8. 主轴；9. 带轮；10. 动齿盘；11. 机壳；12. 起吊环

（三）反击式破碎机

反击式破碎机是冲击式破碎机之一。它利用板锤的高速冲击动能，使物料在自由状态下沿具脆弱面（如自然裂纹、节理面、层理面等分子结合力较弱的结合面）破碎，因此可获得较为随意的破碎效果。而通常采用的破碎机，则利用挤压、剪切或研磨等方法进行破碎，在破碎过程中有相当一部分能量转化为热量而消耗掉，因此往往达不到理想的粉碎效果。

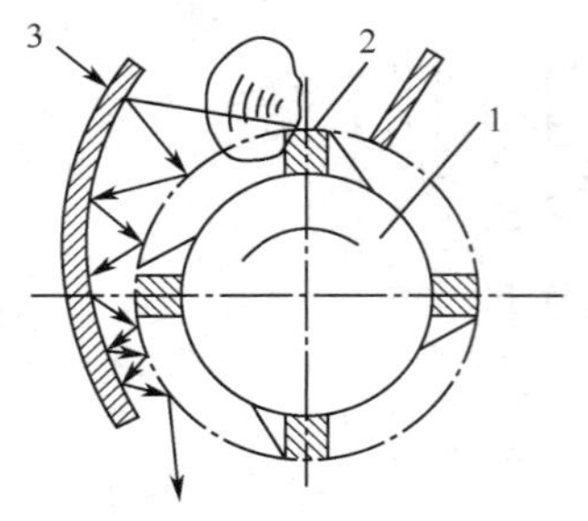

图 4-7　反击式破碎机工作原理

1. 转子；2. 板锤；3. 反击板

反击式破碎机是在锤式破碎机的基础上发展起来的一种机器，尽管它有多种型号，但是其工作原理则是相同的。反击式破碎机的工作部件为带有板锤 2 的高速旋转的转子 1（图 4-7），喂入破碎腔内的料块，在转子回转范围内（即锤击区）受到板锤的冲击，并被高速抛向反击板 3，再次受到冲击，未被破碎的较大料块又从反击板上反弹到板锤，继续重复上述过程，在往返飞行途中，不同粒度的料块间还有相互碰撞作用，由于料块受到板锤的打击、反击板的冲击以及料块间的相互碰撞，物料不断产生裂缝、松散而致粉碎，当物料粒度小于反击板与板锤间的缝隙时，即被排出。

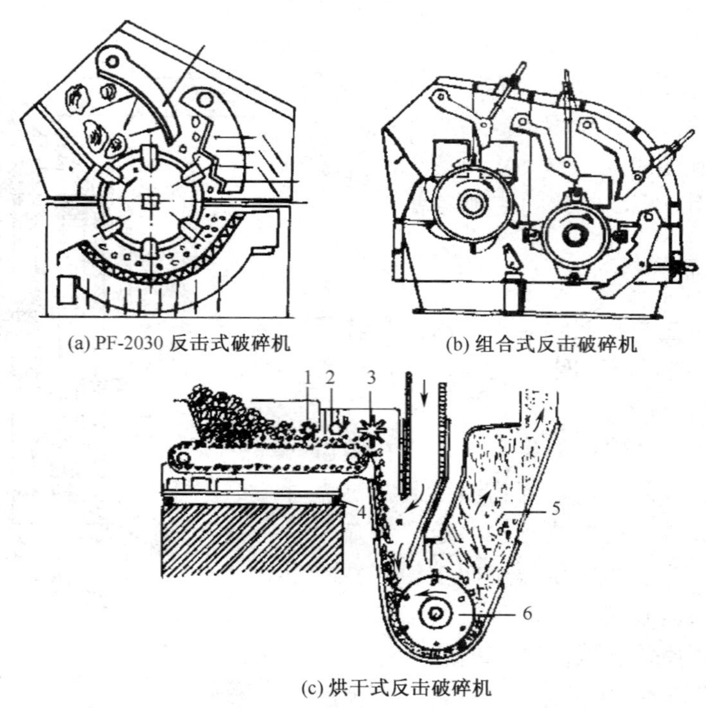

(a) PF-2030 反击式破碎机　　(b) 组合式反击破碎机

(c) 烘干式反击破碎机

图 4-8　反击式破碎机的类型

1. 切削辊；2. 平面辊；3. 旋转耙；4. 动力传感器；5. 反击板；6. 转子

反击式破碎机所具有的特点有：破碎比大，破碎效率高，结构简单，制造容易，操作方便，适应性强，能选择性破碎，设备自身重量轻，可安装在楼板上生产。缺点是打击板和反击板容易磨损，需要经常更换，运转时噪音和粉尘都比较大。

反击式破碎机的种类和型号比较多，但其工作原理相似，图 4-8 列举了一些常见的反击式破碎机。

三、 圆锥破碎机

圆锥破碎机是一种综合型的破碎设备。按其应用范围划分，可分为粗碎和中细碎两种；按其固定锥与活动锥的方位不同来划分，可分为如图 4-9 的两种，前者的固定锥体与活动锥体方位相同，通常称为圆锥式破碎机，后者固定锥体与活动锥体方位相反，称之为旋回式破碎机；按其结构来划外，可分为如图 4-10 的固定轴式圆锥破碎机（a）和悬挂式圆锥破碎机（b）；按其保险装置区别也有弹簧圆锥破碎机和液压圆锥破碎机之分。

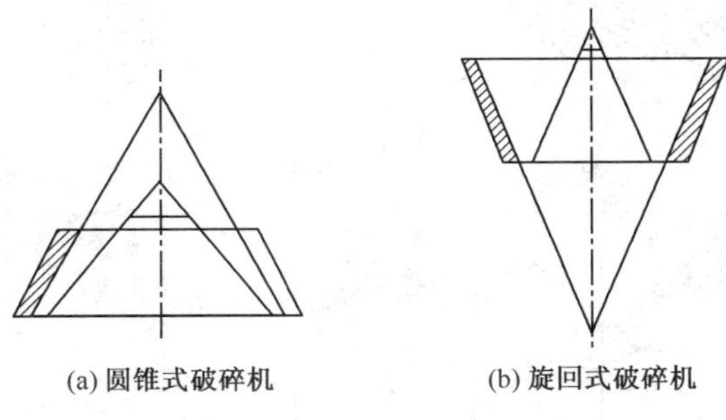

图 4-9　圆锥破碎机的类型

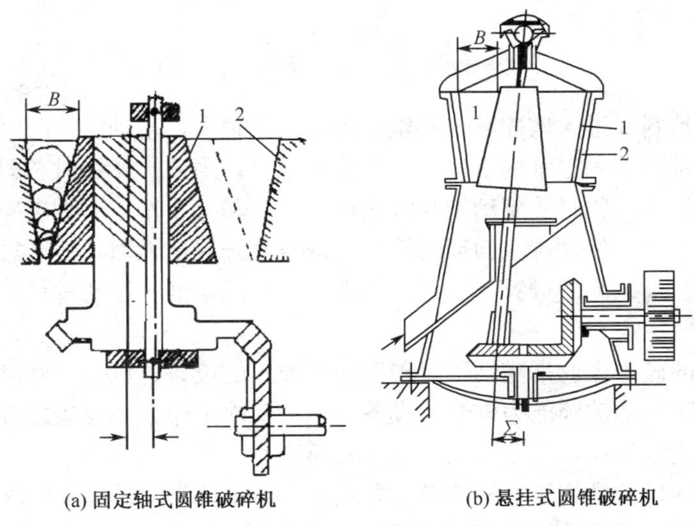

图 4-10　圆锥破碎机的类型

中细碎圆锥破碎机又包括标准型、短头型和介于两种之间的中间型，圆锥破碎机的基本工作原理可结合图 4-11 来分析。

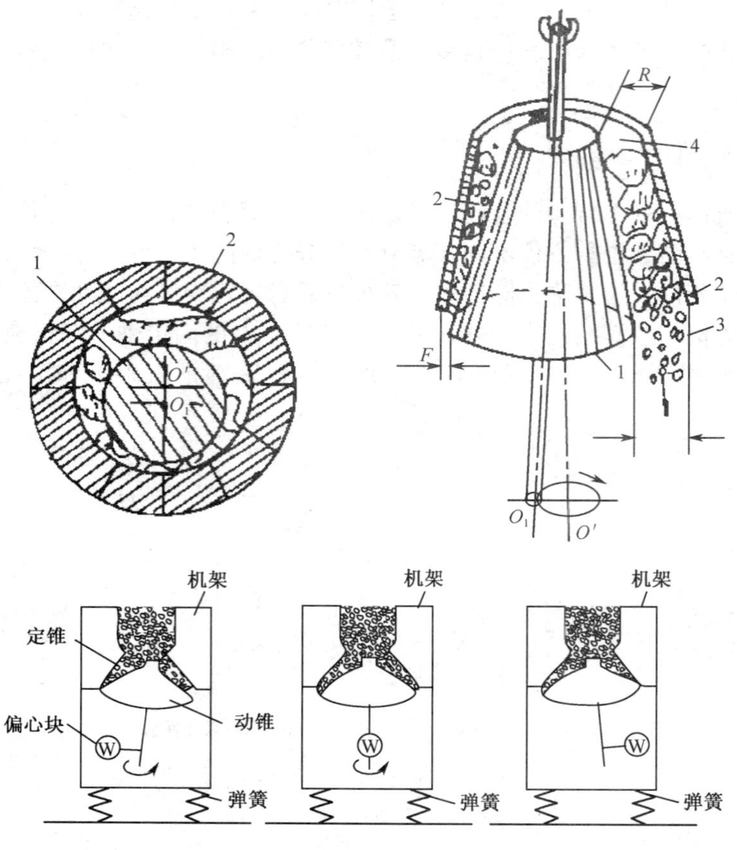

图 4-11　圆锥破碎机工作原理

1. 圆锥体；2. 固定锥；3. 物料；4. 腔体

物料从上部给料口进入破碎腔，动锥 1 固定在主轴上，主轴的中心线以偏心距绕着轴旋转，由于动锥沿着固定锥内表面作偏心旋转运动，当动锥靠拢时，即动锥与固定锥内表面间距逐渐缩小，物料受到动锥与固定锥的挤压和弯曲作用而被破碎，也正是由于这种偏心机构的作用，使动锥锥面周期性的靠拢或离开固定锥面，动锥靠拢固定锥的运动过程，就是物料被破碎的过程。同理，当动锥离开固定锥的运动过程，物料就从破碎腔中排出。

圆锥破碎机的破碎作业是随动锥旋转而连续破碎的设备。也是一种以挤压作用为主并伴以弯曲破碎作用的破碎能力较强的设备。它的基本工作原理与颚式破碎机相似，区别仅在于前者为连续作业，后者为周期性的间断作业。

按照圆锥破碎机的结构与物料的破碎方式分，又可分为惯性圆锥破碎机和振动圆锥破碎机，如图 4-12 所示，其破碎方式和原理与上述原理相似，不再多述。振动圆锥破碎机是利用偏心质量、质量体和弹簧组成的振动破碎系统，实现对物料的破碎作用，它和惯性圆锥破碎机有显著的不同之处，利用振动系统的圆锥破碎机，国内外研制的均比较少，远不如惯性圆锥破碎机那么普及，但是由于振动圆锥破碎机的特殊性及结构比较简单，取消了惯性圆锥破碎的球面轴承及高压稀油润滑装置，使加工制造简化，成本大幅度下降。

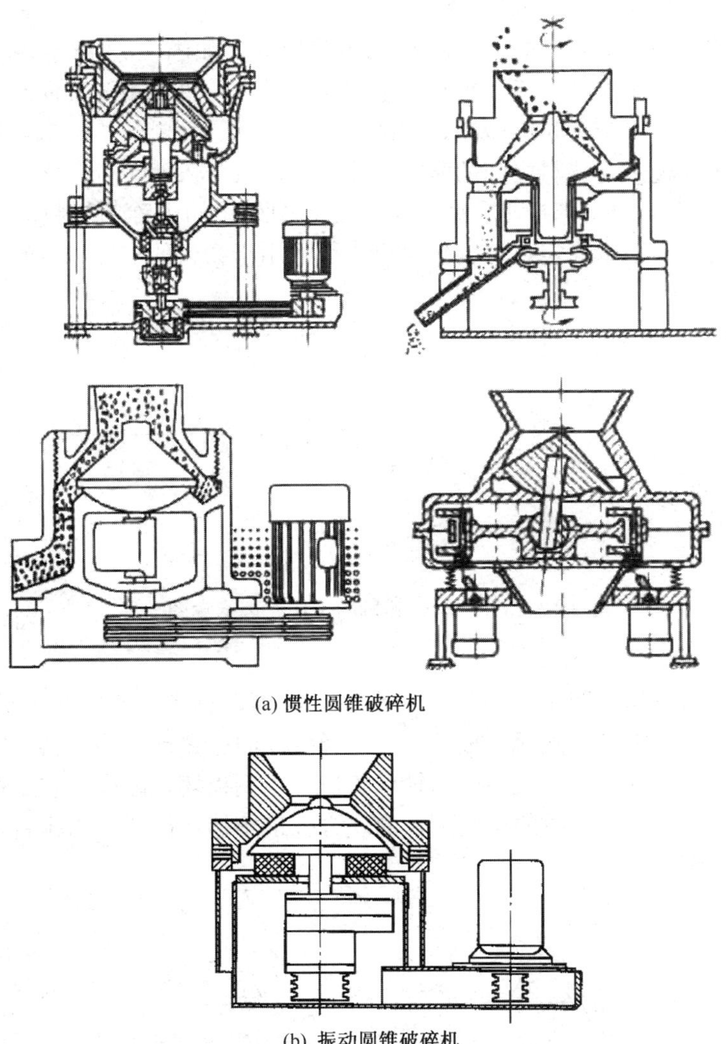

(a) 惯性圆锥破碎机

(b) 振动圆锥破碎机

图 4-12　圆锥破碎机的类型

四、 辊式破碎机

辊式破碎机是一种较古老的粉碎设备，由于它结构简单，又适合于破碎黏性和潮湿的块状物料，所以现在仍广泛地用于建材等其他一些工业部门，主要用于物料的中细碎作业。但是由于它有生产能力低，设备重量大，占地面积多，辊筒磨损不均匀，工作时扬尘大等缺点，所以逐渐有被圆锥破碎机取代的趋势。

按辊子的数目，辊式破碎机可以分为单辊、双辊、三辊和四辊四种；按辊面形状，可以分为光面辊碎机和齿面辊碎机两种。常用的辊式破碎机类型主要有两种：双辊式和单辊式。双辊破碎机由两个平行布置的圆柱形辊筒作为主要的工作部件，操作时两辊相向回转，因此又称为对辊破碎机（简称为对辊机）。单辊式破碎机是由一个回转的辊筒和一块弧形颚板所组成，故又称为颚辊式破碎机。

以双辊破碎机为例来说明辊式破碎机的工作原理，如图 4-13 所示，辊子 2 支撑于固定轴承 4 上，辊子 1 支撑于活动轴承 5 上，活动轴承 5 借弹簧 6 推向左方的挡块位置处，两个辊子由电动机带动相向转动，如图中箭头所示，物料经给料部 3 给入两个辊子之间，物料由于受辊子与物料之间的摩擦力作用，而被带入两个辊子之间的空间（破碎腔），受挤压破碎后，自下部排出。两个辊子之间的最小间隙称为排料口宽度，破碎产品的粒度即由它的大小来决定，双辊破碎机一般只用于物料的中碎和细碎。

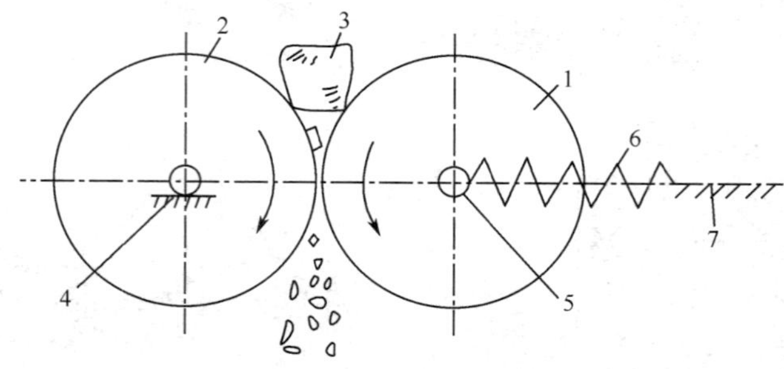

图 4-13 双辊破碎机的工作原理示意图

1，2. 辊子；3. 给料部；4. 固定轴承；5. 活动轴承；6. 弹簧；7. 机架

活动轴承 5 的作用有两个：一是它沿水平方向可以移动，当非破碎物进入破碎腔时，辊子受力突增，辊子 1 同活动轴承 5 压迫弹簧 6 向右移动，使排料口间隙增加，非破碎物被排出机外，从而防止破碎机的轴承等机件受到损坏，因此，它是机器的保险装置；二是活动轴承 5 在弹簧力的作用下，向左方推进至挡块位置，当排料口宽度需要调

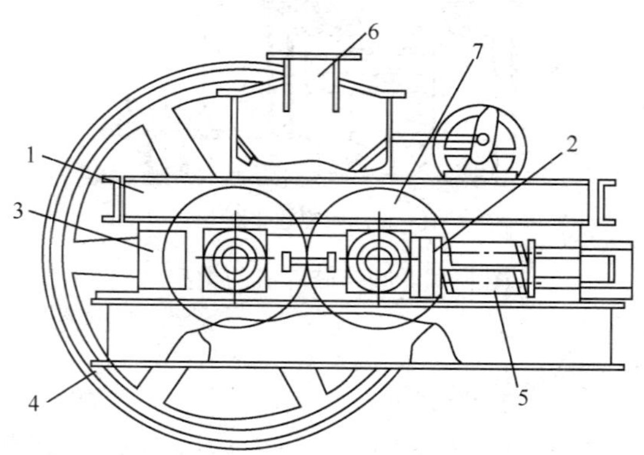

图 4-14 双辊破碎机

1. 机架；2. 活动轴承；3. 固定轴承；4. 皮带轮；
5. 弹簧；6. 给料部；7. 辊子

节时，可以改变挡块位置（挡块通常是装在活动轴承的滑轨上的垫片，改变垫片数目或垫片的厚度，即改变活动轴承的极限位置），因而，它也是机器的调节装置。

单辊破碎机是在辊子与装在辊子对面的铰接衬板之间进行破碎工作的，衬板可以是光面的、带沟槽的或是带齿的，而辊子表面必须是带齿的。由于衬板是铰接的，其角度位置可以调整，从而可改变衬板与辊子之间的距离（排料口宽度），衬板由弹簧支撑，当非破碎物料等异物进入破碎腔时，衬板向后退让，排出非破碎物，因而也起破碎机的保险装置作用。常见的辊式破碎机结构如图 4-14 和图 4-15。

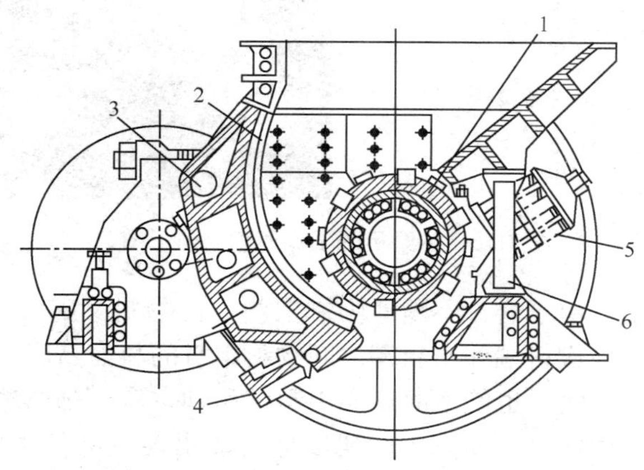

图 4-15　单辊破碎机

1. 破碎辊；2. 齿板；3. 心轴；4. 支撑座；5. 弹簧；6. 机座

第二节　粉磨机械设备

前文讲述的几种破碎机破碎得到的粉体直径都比较大（>3mm），在精细化工生产中只能做一个初级原料来使用，精细化工产品中的粉体直径绝大部分都要小于 3mm，对于这些粉体则需要粉磨设备来进一步进行研磨粉碎，如：涂料工业需要超细铝粉浆、氧化铁红等颜料；钛白粉的生产也需要超细粉碎；涂料工业需要超细研磨，常用设备为介质研磨机，例如，砂磨机、球磨机和搅拌磨机等；催化剂的生产迫切需要超细粉碎技术；还有化妆品中的胭脂和香粉的生产过程也要用球磨机进行研磨。所以，几乎所有的化学工业均需要超细制粉技术及装备，下面就精细化工生产中常用的几种粉磨设备分别介绍。

一、 球磨机

物料经过破碎设备破碎后的粒度大多在 20mm 左右，如要达到生产工艺要求的细度，还必须经过助磨设备的磨细。粉磨是许多工业生产中的一个重要过程，其中使用面广、使用量大的一种粉磨机械是球磨机。

球磨机的主体是由钢板卷制而成的回转筒体，筒体两端装有带空心轴的端盖，筒体内壁装有衬板，磨内装有不同规格的研磨体。

当磨机回转时，研磨体由于离心力的作用贴附在筒体衬板表面，随筒体一起回转，被带到一定高度时，由于其本身的重力作用，像抛射体一样落下，冲击筒体内的物料，在磨机回转过程中，研磨体还以滑动和滚动研磨体与衬板间及相邻研磨体间的物料，如图 4-16 所示。

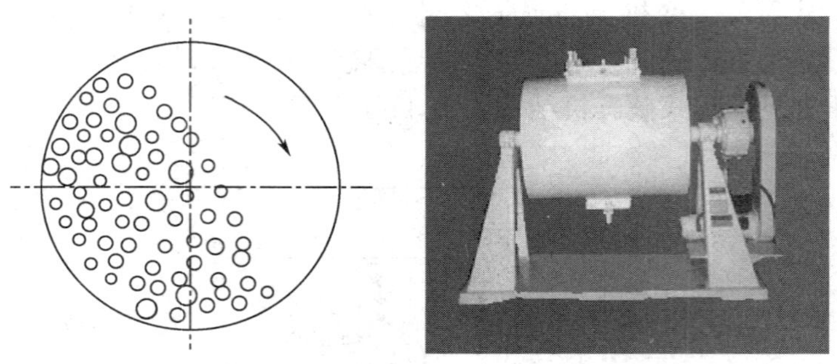

图 4-16　球磨机的工作原理与外形图

在磨机回转过程中，由于磨头不断地强制喂料，而物料又随着筒体一起回转运动，形成物料向前挤压，再借进料端和出料端之间物料本身的料面高度差，加上磨尾不断抽风，尽管磨体水平放置，物料也能不断地向出料端移动，直至排出球磨机外。

当磨机以不同转速回转时，筒体内的研磨体可能出现三种基本情况，如图 4-17 所示。图 4-17（a）表示转速太快，研磨体与物料贴附在筒体上一道回转，称为“周转状态”，研磨体对物料起不到冲击和研磨作用；图 4-17（b）表示转速太慢，不足以将研磨体带到一定高度，研磨体下落的能量不大，称为“倾泻状态”，研磨体对物料的冲击和研磨作用不大；图 4-17（c）表示转速比较适中，研磨体提升到一定高度后抛落下来，称为“抛落状态”，研磨体对物料有较大的冲击和研磨作用，粉磨效果较好。

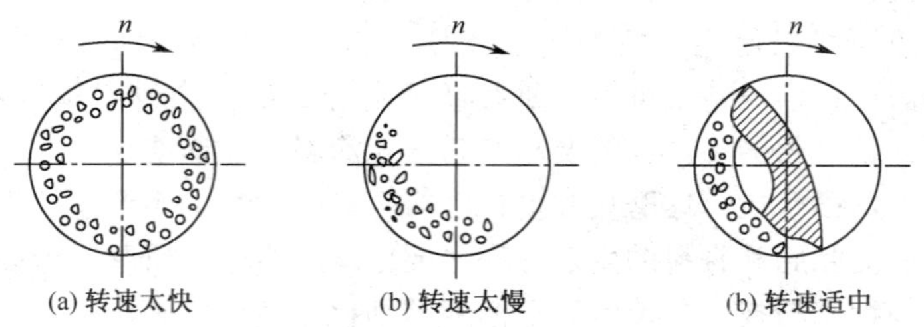

图 4-17　球磨机转速不同时研磨体的运动状态

球磨机的优点有：对物料物理性质波动的适应性较强，能连续生产，且生产能力较大，便于大型化，可满足现代化企业大规模生产的需要；粉碎比大，达 300 甚至可达 1000 以上，产品细度、颗粒级配易于调节，颗粒形貌近似球形；可干法作业，也可湿法作业，还可烘干和粉磨同时进行。粉磨的同时对物料有混合、搅拌、均化作用；结构简单，运转率高，可负压操作，密封性良好，维护管理简单，操作可靠。但球磨机也存在耗电大、效率低、设备笨重等缺点。

工业生产中已应用的球磨机种类很多，按照筒长度和直径之比来分有：短磨、长磨和中长磨；按照研磨介质的形状和性质来分有：球磨机、棒球磨、砾石磨等；按传动方式分有：中心传动磨和边缘传动磨；按生产方法分有：干法磨、湿法磨、烘干磨；按生产过程来分有：连续式和间歇式。

球磨机基本上都由进料装置、支撑装置、回转部分、卸料装置和传动装置五个部分组成，图 4-18 为中卸带烘干的球磨机结构图，磨机的进口端（两端）设有入料漏斗和进风烟道，出口端（中间卸料装置）设有出风管，整个回转部分用两个中空轴支撑在两个主轴承上，两主轴承用专门的润滑系统润滑和冷却，轴承之下用循环水冷却，筒体内沿轴向分成烘干仓、粗磨仓和细磨仓三部分，烘干仓内装扬料板，粗磨仓内装阶梯衬板，细磨内装波形衬板，磨中部的卸料筒体上面有 12 个卸料孔，卸料孔均以密封罩密封。密封罩上部的出风管与收尘器相通，密封罩下部为物料出口，筒体两端与端盖相连，端盖的内侧装有端盖衬板。

球磨机的主要部件有：

1. 筒体

筒体是由钢板卷制焊接而成的空心圆筒，两端与带空心轴的端盖连接，筒体要承受自身和衬板、隔仓板、研磨体及物料等的质量及筒体的转动扭矩，故需有足够的强度和刚度。

2. 衬板

衬板的作用是保护筒体使其免受研磨体和物料的直接冲击和研磨，同时也可调整研磨体的运动状态：一仓装有提升能力强的衬板，以增加冲击能量，细磨仓装有波纹或平衬板，以增强研磨作用。按工作表面形状分类的方法比较直观，有平衬板、压条衬板、阶梯衬板、小波纹衬板等类型。

3. 隔仓板

隔仓板的作用是分隔研磨体，使各仓研磨体的平均尺寸保持由粗磨仓向细磨仓逐步缩小，以适应物料粉磨过程中粗粒级用大球、细粒级用小球的合理原则。

4. 主轴承

主轴承的作用是支撑磨体整个回转部分，它除了承受磨体本身、研磨体和物料的全部质量外，还要承受研磨体和物料抛落而产生的冲击负荷。

5. 进料装置

进料装置的作用主要是将物料顺利地送入磨机内。主要有以下两种：

（1）溜管进料［图 4-19（a）］：物料经溜管进入磨机中空轴颈内的锥形套筒内，再沿旋转着的套筒内壁滑入磨中。

（2）螺旋进料［图 4-19（b）］：物料由进料口进入装料接管，并由隔板带进溜入套筒中，被螺旋叶片推入磨内。

6. 卸料装置

卸料装置的作用是将研磨好的粉体卸出磨机，有边缘和中间卸料两种，具体见图 4-20。

7. 研磨体

正确地选择研磨体、合理地确定填充率及级配，对提高粉磨效率、降低金属消耗和

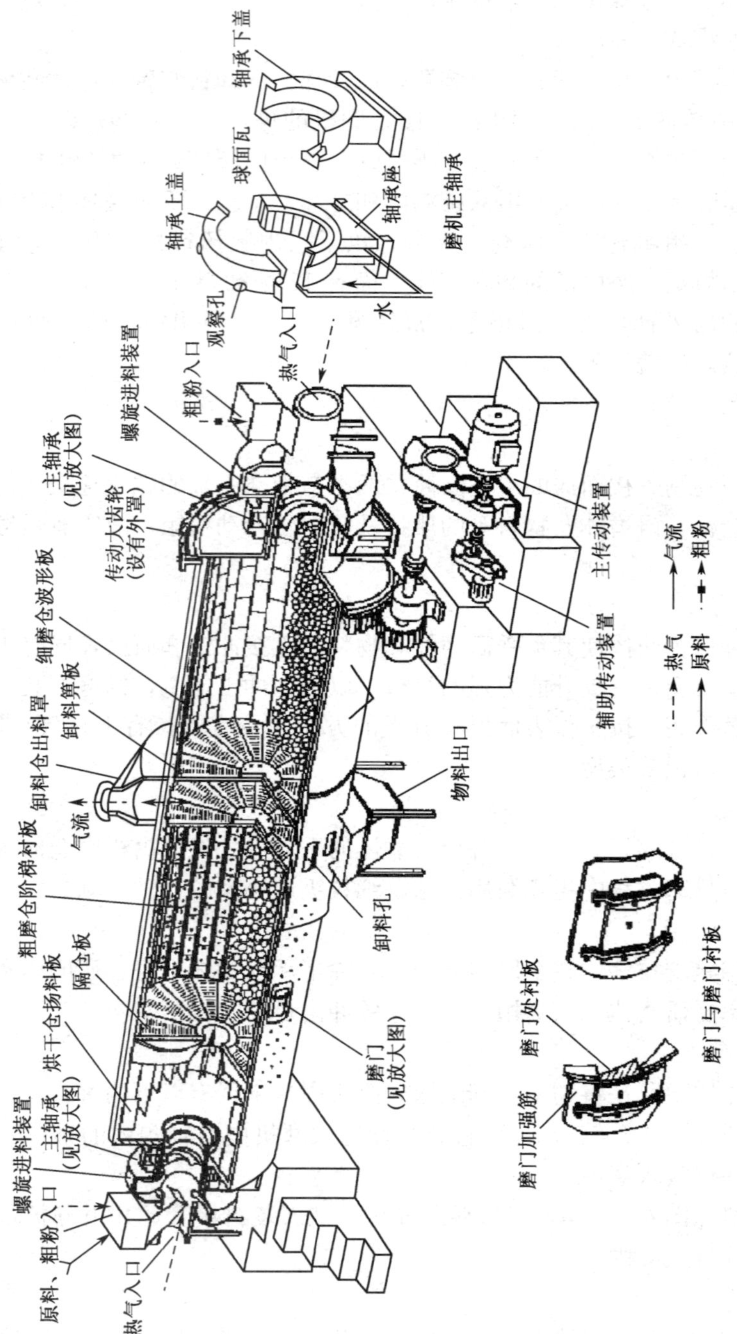

图 4-18　中卸带烘干的球磨机

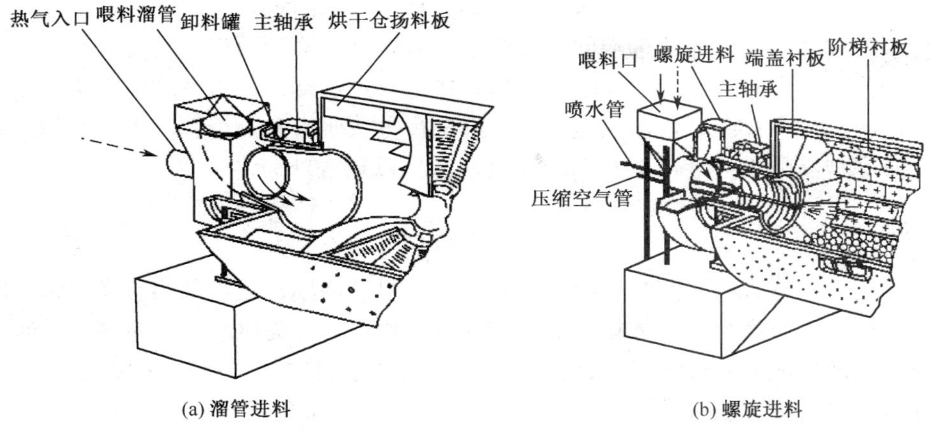

(a) 溜管进料　(b) 螺旋进料

图 4-19　进料装置

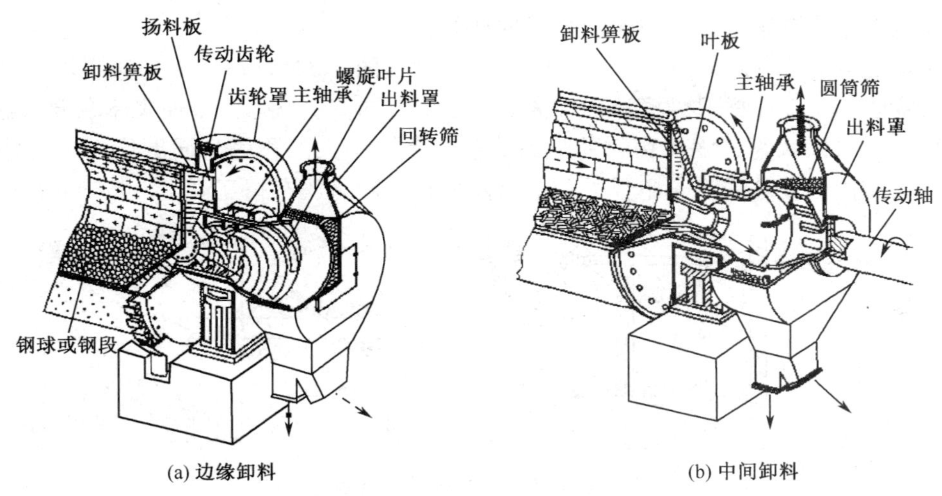

(a) 边缘卸料　(b) 中间卸料

图 4-20　卸料装置

成本，保证整个粉磨系统的正常生产等具有重要的作用。

研磨体应具有较高的耐磨性和耐冲击性，其材质的好坏，影响到粉磨效率及磨机的运转率。要求材质坚硬、耐磨又不易破裂。国外普遍采用合金耐磨球，国内以高铬铸铁磨球比较多，研磨体形状有球状和棒状等。

图 4-21　行星式球磨机

行星式球磨机（图 4-21）是精细化工生产中常用到的一种球磨机，其工作原理与上述球磨机相似。行星式球磨机是混合、细磨、小样制备、纳米材料分散、新产品研制和小批量生产高新技术材料的重要装置。该球磨机体积小、功能全、效率高、噪声低，广泛应用于电子、建材、陶瓷、化工、轻工、医药、美容、环保等部门。

行星式球磨机的工作原理在同一转盘上装有四个球磨罐，当转盘转动时，球磨罐在绕转盘轴公转的同时又围绕自身轴心自转，作行星式运动。罐中磨球在高速运动中相互碰撞，研磨和混合样品。该产品能用干、湿两种方法研磨和混合粒度不同、材料各异的产品，研磨产品最小粒度可至 0.1μm，其研磨体以玛瑙球为多。

二、 砂磨机

砂磨机又称珠磨机，广泛地应用于涂料、染料、油墨、化妆品、感光材料、医药等行业，主要用来研磨含有固体粉料的黏稠的液态物质，此类研磨机在研磨粉末时还有助于将粉末分散在液体介质中，它是一个固定的圆柱形筒体（容器），搅拌装置在筒体内高速旋转，设备中填装（占 50%～60%容积）粒径为 0.6～2mm 研磨体。颜料或固体物料悬浮液连续通过砂磨机，最初系采用沙子作研磨体，所以称之为砂磨机，后来除沙子外，开始用玻璃珠，使之又称为珠磨机。目前采用的研磨体则有很多种类和材质，包括：铁素合金、玻璃、陶瓷、氧化锆、纯锆等。

带盘的轴在高速旋转（500～1500r/min）时（图 4-22），玻璃珠与浆料的混合物由于在转盘表面上产生的黏性摩擦面被离心力沿盘抛向筒壁又返回，使浆流在分散盘间作多次循环。可以认为，固体物料的强烈分散，是在不大的称为“研磨区”的区域内进行，此区域内玻璃珠或沙子不仅沿分散盘面滑动，同时还有相互滚辗。

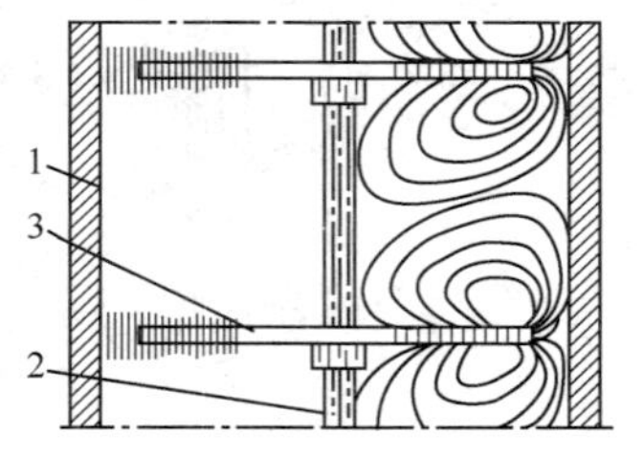

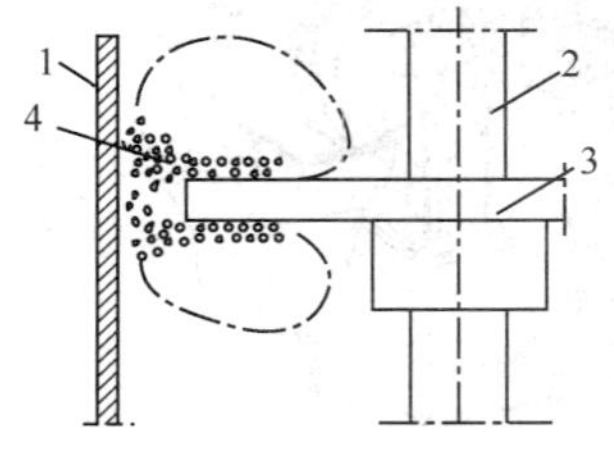

图 4-22 砂磨机工作原理

1. 筒体；2. 轴；3. 分散盘；4. 玻璃珠

砂磨机分为开式和闭式，根据排放方式又可分为立式和卧式。

图 4-23 所示是密闭型卧式和立式砂磨机，主要由研磨筒体，包括冷却夹套和不锈钢制的圆筒式容器，搅拌器由许多圆盘（环）装在搅拌轴上组成，依靠传动装置使搅拌轴高速旋转，介质分离器采用伸入式圆筒形筛网或动态隙缝式分离器把料浆与研磨介质分开。

目前精细化工生产中常用的砂磨机主要有：立式砂磨机、卧式砂磨机、蓝式砂磨机等。

1. *立式砂磨机*

立式砂磨机［图 4-24（a）］适用于油漆涂料、油墨、颜料染料、药品、化妆品、食品、电子原料等中高黏度液体原料研磨制造。

立式砂磨机又叫立式珠磨机，此砂磨机的研磨作业是送料泵将原料由研磨缸下方往上送进研磨缸内，研磨珠相对密度较重会往下掉，使原料在具有压力的研磨缸内产生上

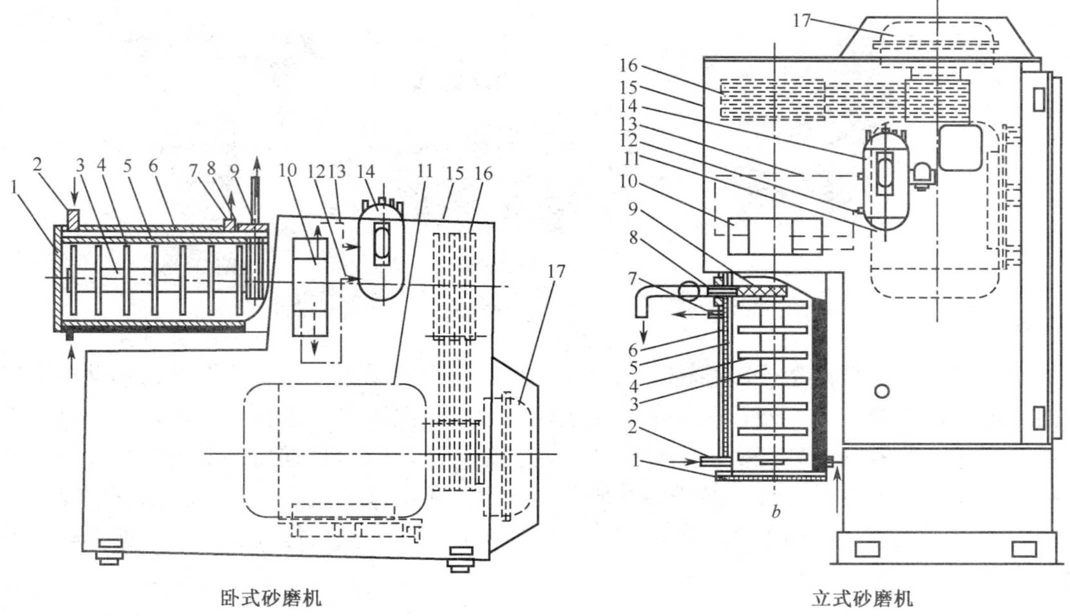

图 4-23　砂磨机示意图

1. 盖；2. 物料入口管；3. 搅拌轴；4. 分散圆盘；5. 研磨容器；6. 夹套；7. 冷却水进出口；8. 物料出口管；9. 伸入式圆筒筛；10. 机械密封；11. 电动机；12. 密封液进口；13. 密封液出口；14. 压力罐；15. 机座；16. V 带轮；17. 液力耦合器

下对流，原料在研磨珠间隙中经加压及高速旋转冲击中，产生乳化、分散、搓揉、研磨等功能，而能快速达到要求的细度，研磨后再由高速旋转的坚硬钨钢分离隙缝输出研磨缸外，为一次循环研磨作业，连续循环研磨细度可达 5μm 以下。

立式砂磨机工作原理：立式砂磨（珠磨）机的特性是原料由下往上压送由上方出料，所有送入研磨缸内的原料经过完全研磨，能达到最完整的研磨效果。且在全密闭的研磨缸内运转研磨，所以没有溶剂挥发污染空气的问题，能确保工作人员的身心健康。其直立式整体性设计，将研磨主机和送料泵以及电气控制箱集为一体，使机械不占空间，操作方便。立式砂磨机中的研磨缸为冷却夹套型设计，使冷却水能一进一出，以降低研磨作业中产生的温度。

2. 卧式砂磨机

卧式砂磨机［图 4-24（b）］广泛应用于涂料、染料、油墨、感光材料、医药等行业。工作原理是利用料泵将经过搅拌机预分散润湿处理后的固-液相混合物料输入筒体内，物料和筒体内的研磨介质一起被高速旋转的分散器搅动，从而使物料中的固体微粒和研磨介质相互间产生更加强烈的碰撞、摩擦、剪切作用，达到加快磨细微粒和分散聚集体的目的。研磨分散后的物料经过动态分离器分离研磨介质，从出料管流出。

卧式砂磨机特别适合分散研磨黏度高而粒度要求细的产品。卧式砂磨机的主要特点为：设计先进，密闭式连续生产，产品研磨分散细度均匀、品质好，生产效率高；物料在密闭状态下生产，有效防止了物料的干涸结皮和溶剂挥发；双端面机械密封，双重保

(a) 立式砂磨机

(b) 卧式砂磨机

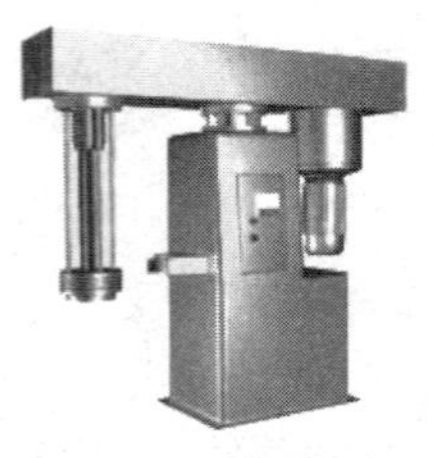
(c) 蓝式砂磨机

图 4-24 砂磨机类型

护，零泄漏；全新动态分离结构，出料更加畅快，而且易损件少；配有外筒移动拆装支架，拆装、维修十分方便；送料泵采用齿轮泵或气动隔膜泵，送料大小调节方便，工作性能可靠；另外卧式砂磨机不用专门的安装基础，可以随时根据需要变更安装位置；特殊的分离装置，将被分散物与研磨介质分离排出，不必像三辊机一样需要高度的操作技巧即可得到均衡优良的品质，可实现大批量连续式生产，大大提高了品质，又大幅降低了成本。

3. 蓝式砂磨机

蓝式砂磨机［图 4-24（c）］适用于涂料、化妆品等小批量生产（换色容易），预分散和研磨可在一个漆浆罐内完成。主轴可以调速，运转平稳，噪音小，附属设备少，清洗方便，更换研磨介质容易。

蓝式砂磨机的特点：

（1）蓝式砂磨机独立驱动的两片搅拌桨提供了彻底平稳的物料循环，确保物料均匀分散，处理黏度范围广。

（2）蓝式砂磨机搅拌桨的泵吸和分散蓝的离心力使研磨介质不会倒流。

（3）蓝式砂磨机的搅拌叶片装在分散独立轴套上，可设定最佳转速，或依物料生产工艺要求量体订做，在研磨期间或随时抽样检查物料的研磨情况，因此不需要停机即可完成调节或加入其他配方成分。

（4）蓝式砂磨机所具有的双作用研磨可根据不同配方通过冷却或加热，能很好的控制产品的温度。

（5）蓝式砂磨机拥有液压升降及气动支持装置，便于快速换色及清洗。

蓝式砂磨机应用领域主要为中低黏度、大批量生产之一体化生产。蓝式砂磨机主轴可以调速，运转平稳，噪音小，附属设备少，清洗方便，更换研磨介质容易。大（小）批量均可，可根据实际需要来选取设备。

三、 振动磨

振动磨机是利用筒体内研磨介质（研磨体）对物料的高频碰撞和研磨等作用而使物料粉碎的一种细磨或超细磨设备。振动磨机有圆形（或 U 形）断面的筒体，在筒体中部装有主轴，主轴上装有偏心重块，主轴的轴承装在筒体上，通过挠性联轴器与电动机连接，图 4-25 为单筒式振动磨结构示意图。

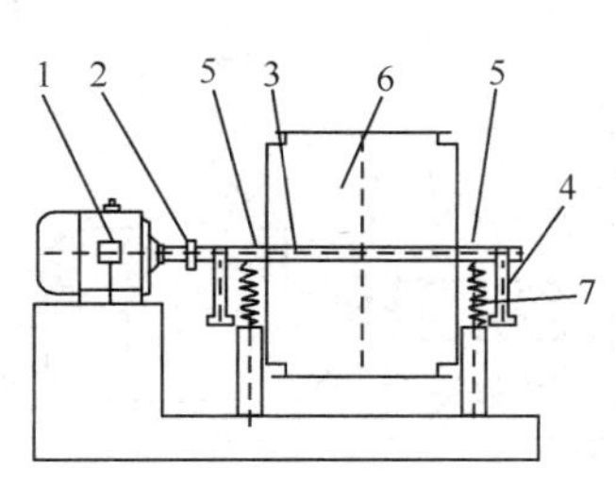

图 4-25　单筒式振动磨结构图与外形图

1. 电动机座；2. 联轴器；3. 主轴；4. 偏心重块；5. 轴承；6. 筒体；7. 支撑弹簧

根据试验观察，振动磨机的介质运动行径如图 4-26 所示，介质运动形式主要有：①介质高频振动；②介质循环运动；③介质自转运动。主要利用冲击、摩擦、剪切研磨物料。

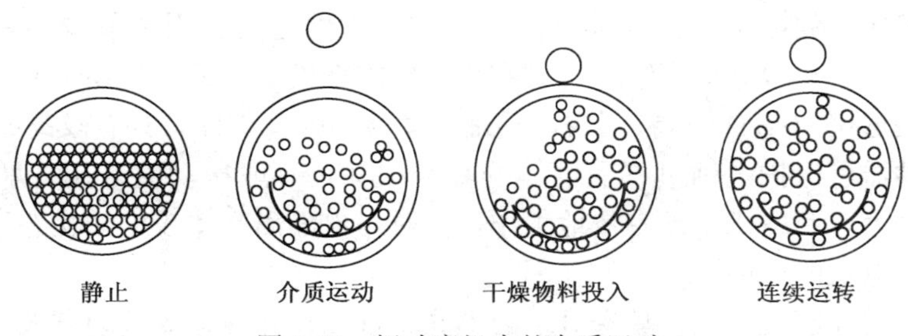

图 4-26　振动磨机中的介质运动

振动磨机按振动特点分为惯性式、偏旋式振动磨机；按筒体数目分为单筒式、双筒式和多筒式振动磨机；按安放方式分为立式和卧式振动磨机；按操作方法又可分为间歇式和连续式振动磨机。

图 4-27 是惯性式振动磨机示意图，该设备主要由筒体、振动架、支架、弹性联轴器和电动机等组成。筒体内表面和振动器外管包有耐磨橡胶衬。筒体用角钢支撑在弹簧上，振动器有内管和外管，管子之间有孔隙形成夹套，以便冷却水通过降低工作时振动器的温度，偏心重块制成偏心轴零件，轴由两个滚动轴承支撑，振动器用两个对开的锥形环固装在磨机筒体上，筒体内装有研磨介质。

电动机带动主轴旋转时，由于轴上偏重产生离心力使筒体振动，强制筒体内研磨介质和物料高频振动，使物料受到研磨介质强烈的冲击、摩擦和剪切作用使物料粉碎。

振动磨机由电动机、挠性联轴器、主轴偏心重块（激振器）、轴承、筒体和弹簧组成。

磨机筒体可以设计成单筒体、双筒体和三筒体。我国研制的振动磨以双筒体和三筒体较为普遍。为了保护筒体不受高频冲击下的磨蚀，一般对容积较大的工业生产用振动磨筒体内设置衬板，衬板以内筒形式固定于磨机外筒，当长期粉磨产生内筒磨损时，可调换衬板，避免外筒损坏。内外筒体的材质通常采用 15Mn 优质无缝钢管。

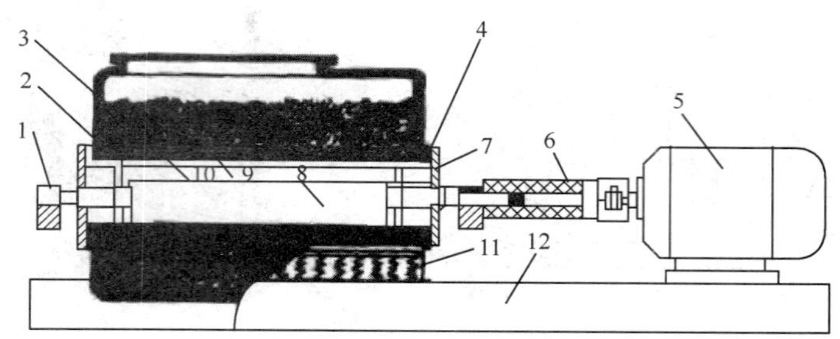

图 4-27 惯性式振动磨示意图

1. 附加偏重；2. 筒体；3. 耐磨橡胶衬；4. 锥形环；5. 电动机；6. 弹性联轴器；7. 滚动轴承；8. 偏心轴激振器；9. 振动器内管；10. 振动器外管；11. 弹簧；12. 支架

振动磨所需的工作振幅是由调节激振器而获得。激振器是由安装于主轴上的两组共四块偏心块组成，偏心块的调整可以在 0～18°范围内进行。用调节偏心块的开度来确定振幅的大小，这要根据被磨物料性质和粉磨要求来确定，一般在 4～6mm 较适宜。

支撑弹簧选用 60SiMn 材料制成，它是振动磨的弹性支撑，具有较高的耐用性。

挠性联轴器可保护电动机不受磨体的高频振动，一般振动磨采用轮胎式挠性联轴器，既传递动力，使磨机正常有效地工作，同时，也隔离磨体在工作状态下对电机的振动，起到保护电机的作用。

振动磨机与球磨机相比，具有显著的不同，首先在介质球的运动方式上，球磨机筒体中介质是呈泻落或抛落式运动，而振动磨机内筒体中的介质是振动，旋转运动，物料由于受冲击，剪切和摩擦等作用而被粉碎，磨机内介质的充填量可达 80%，比球磨机高，处理量比同容量球磨机大，结构也简单，通过调节振幅、频率、介质类型、配比等可进行细磨或超细磨，生产各种不同粒度的产品。由于振动磨机是采用振动方式粉磨物料，对于大型振动磨机的弹簧，轴承等的机械零件强度要求较高。目前中小型振动磨机设备应用较广泛。

四、 气流磨

气流磨机（又称流能磨机）是利用高速气流（300～1200m/s）喷出时形成的强烈多相紊流场使其中的颗粒自撞、摩擦或与设备内壁碰撞、摩擦而引起颗粒粉碎的一种超细粉碎设备。超细气流粉碎机在工业上的应用是在 20 世纪 30 年代，经过几十年来的改进，已发展成相当成熟的超细粉碎技术了，图 4-28 所示是扁平式气流磨机。

目前工业上应用较广泛的主要类型是：扁平（水平圆盘）式气流磨机、循环管式（跑道式）气流磨机（图 4-29）、对喷式（逆向式）气流磨机、冲击式（靶式）气流磨机、超音速气流磨机和流态化逆向气流磨机（图 4-30）等。气流磨机主要粉碎作用区域在喷嘴附近，而颗粒之间碰撞的频率远远高于颗粒与器壁的碰撞，因此气流磨机中的主要粉碎作用以颗粒之间的冲击碰撞为主。

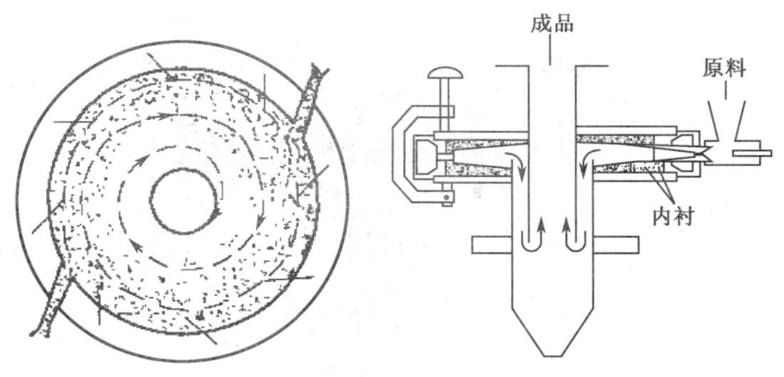

图 4-28　扁平式气流磨机

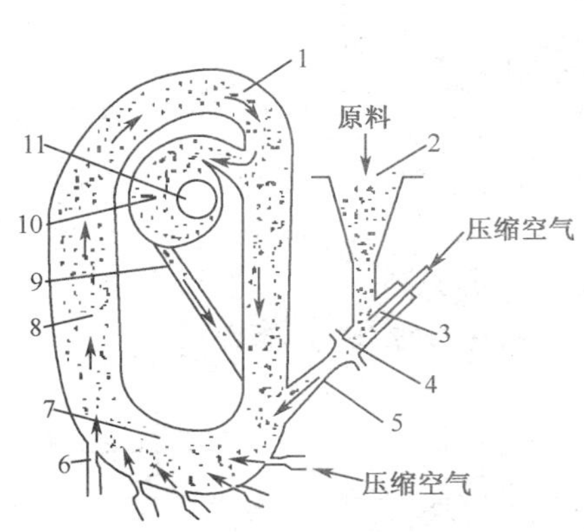

图 4-29　循环管式气流磨机与外形图

1. 一次分级腔；2. 进料口；3. 加料喷射器；4. 混合室；5. 文丘里管；6. 粉碎喷嘴；7. 粉碎腔；8. 上升管；9. 回料通道；10. 二次分级腔；11. 产品出口

气流磨机与其他超细粉碎机相比，具有如下优点：

（1）粉碎仅依赖于气流高速运动的能量，无须专门的运动部件。

（2）气体绝热膨胀加速，并伴有降温，粒子高速碰撞会使温度升高，但由于绝热膨胀使温度降低，所以在整个粉碎过程中，物料的温度不高，这对热敏性或低熔点材料的粉碎尤为适用。

（3）粉碎主要是粒子碰撞，几乎不污染物料，而且颗粒表面光滑，纯度高，分散性好。

因此气流磨机广泛应用在化工原料和高纯非金属等物料的超细粉碎中，产品粒度可达 1～5μm。

五、搅拌磨机

搅拌磨机是由一个静置的内填小直径研磨介质的筒体和一个搅拌装置组成，通过搅拌装置搅动研磨介质产生摩擦、剪切和冲击粉碎物料的一种超细粉碎设备。在搅拌磨机中，研磨介质不像球磨机那样做有规则的整体运动，而是做无规则运动，这种不规则运

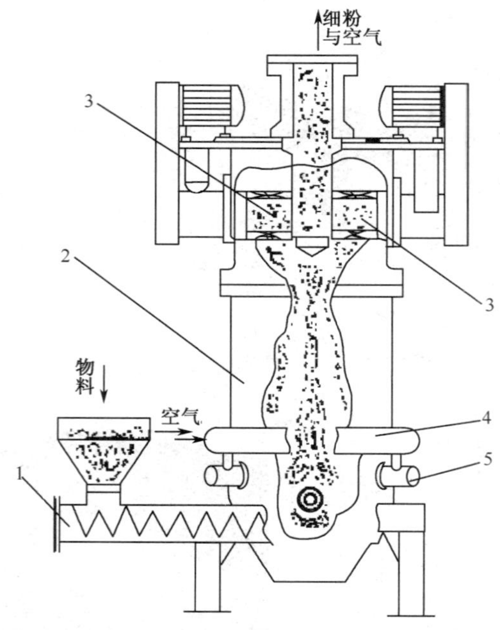

图 4-30　流态化逆向喷射气流磨机

1. 螺旋加料器；2. 粉碎室；3. 分级叶轮；4. 空气环形管；5. 喷嘴

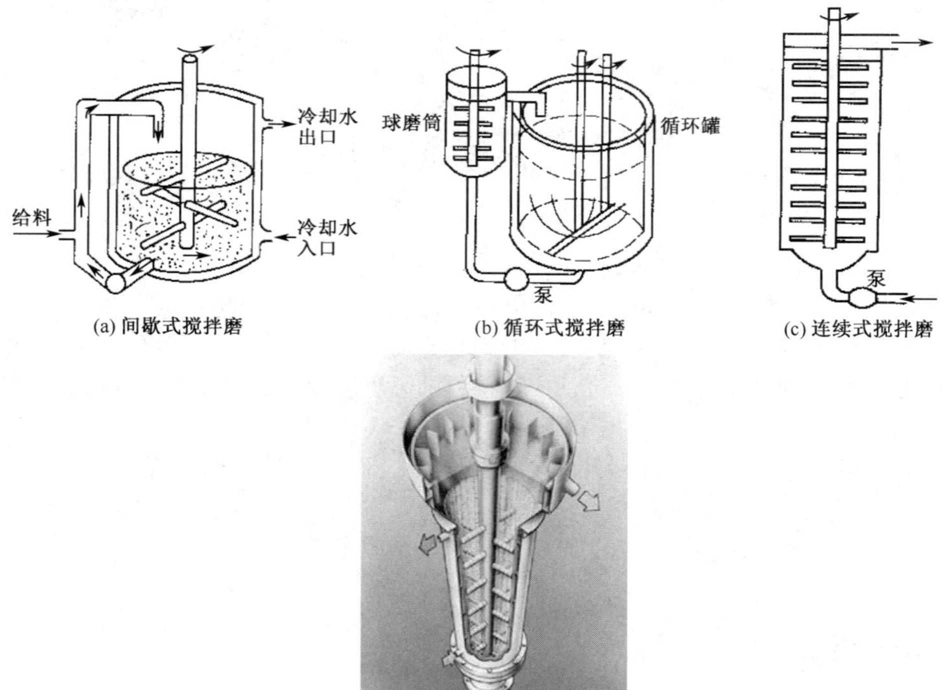

图 4-31　搅拌磨机的类型与外形示意图

动对物料产生三种作用力：冲击力、摩擦力、剪切力。

（1）研磨介质之间互相冲击、碰撞产生的冲击力。

（2）研磨介质转动中产生的摩擦力和剪切力。

（3）研磨介质填入搅拌器（棒）所留下的空间形成的冲击力。

（4）沿搅拌方向的各层有速度差，形成剪切力。

搅拌磨机种类较多，从安放方式分为立式搅拌磨机和卧式搅拌磨机；从搅拌器结构形式分有盘式搅拌磨机、环式搅拌磨机、棒式搅拌磨机、螺旋式搅拌磨机；从工艺方式分有间歇式搅拌磨机、循环式搅拌磨机、连续式搅拌磨机；从工作环境分有干式搅拌磨机、湿式搅拌磨机。

图 4-31 所示是间歇式、循环式和连续式搅拌磨机的示意图。间歇式搅拌磨机主要由带冷却套的筒体、搅拌装置和卸料装置等组成。冷却套内可通入不同温度的冷却介质，以控制研磨时的温度；卸料装量可以在间歇研磨一定时间后排出合格产品。循环式搅拌磨机是由一台搅拌磨机和一个大容积循环桶组成，循环桶的容积大约是磨机容积的 10 倍左右。连续式搅拌磨机的筒体高径比较大，筒体上、下均装有格筛，产品的最终细度是通过调节进料流量控制物料在筒体内的“滞留时间”来保证，在系统中也可加湿式微细分级设备来控制产品细度。

搅拌磨机具有如下优点：

（1）产品可以磨至 1μm 以内，搅拌磨机采用高转速和高介质充填料及小介质尺寸球，利用摩擦力研磨物料，所以能有效地磨细物料。

（2）能量利用率高，由于高磨机转速、高介质充填料，使搅拌磨机获得了极高的功率密度，从而使细颗粒物料的研磨时间大大缩短。由于采用小介质尺寸球，提高了研磨机会，提高了物料的研磨效率。例如塔式磨机与常规卧式球磨机相比节能 50%以上。

（3）产品粒度容易调节。

（4）振动小、噪声低。

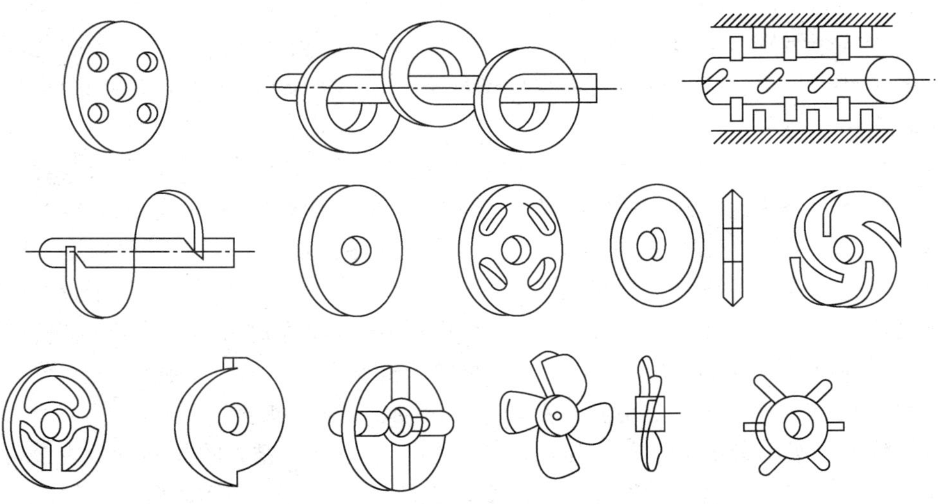

图 4-32　搅拌器的类型

（5）结构简单、操作容易。

搅拌磨机的种类有：螺旋搅拌磨机（塔磨机），主要应用在化工原料和矿物等的研磨；槽式搅拌磨机，主要应用于精细陶瓷、磨料和磁性材料的研磨；环形搅拌磨机，主要用于涂料、颜料和高新材料的研磨。砂磨机也属于搅拌磨机的一种。

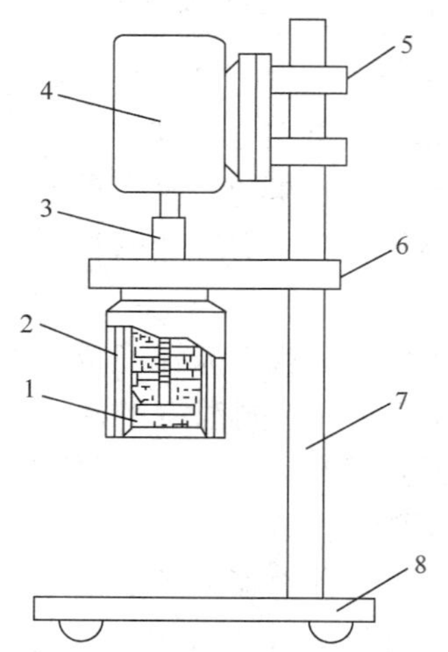

图 4-33　实验室用搅拌磨机
1. 研磨介质；2. 磨筒；3. 分散盘；4. 电机；5. 支架；6. 托架；7. 立架；8. 底盘

在搅拌磨机中，搅拌器是传递能量的主要零部件，除了要求具有足够的强度外，还要求考虑搅拌器与筒体内壁的间隙应满足不发生介质的“卡塞”现象，然后是最有效地把能量传输给介质的运动。搅拌器的类型如图 4-32 所示。

根据研磨产品的具体要求，例如细度、白度、纯度等，搅拌磨机可以采用不同材质的研磨介质球（碳钢、不锈钢、陶瓷球、锆球、玻璃珠等）。介质球的尺寸要与希望磨至的产品细度相配。

图 4-33 为实验室用搅拌磨机（分散机），主要用于试验配方、调色、科研和少量生产，为试验而制造的设备。广泛用于油漆、油墨、涂料等化工行业，对不同黏度液体进行低速搅拌、调整分散、进而达到溶解乳化、均质。特点是机械构造简单、运行平稳、使用方便，可回转 360°，无级调速。

第三节　筛分分级机械设备

在精细化工生产中，化工原材料中或者是研磨后的产品存在着大量尺寸、大小不一的，并且是形状不同的料块、颗粒或粉状微细颗粒，在物料进一步深加工时，必须把混合料分离为各个级别（粒级），在每一个级别中，颗粒的大小不能超过一定的范围，如洗衣粉的生产过程中就需要筛分。在有些情况下，还需要从所加工的物料中分离出杂质或杂物。

拿涂料、油墨、化妆品行业的粉体材料来说，为了提高粉磨效率，节省能耗，以及满足对粉粒体材料粒度特性的要求，往往使固体物料颗粒群体（或粉碎产品）在气（液）体介质中，按它们的粒径或重量大小进行分级或分选，从而被选择性地收集下来，用于分级或分选的设备称为筛分机械。如果分散颗粒的介质是空气，则用于分级的设备称为空气选粉机。在工业中，对于粉碎后大于 2mm 的颗粒则采用筛分机械进行筛分，因为用筛子筛分小于 0.1mm 以下的细颗粒是很不经济的；所以，将细颗粒按粒度分成细级别和微细级别时，通常采用湿式筛分分级设备，这样更加经济合理。

物料粒度分级筛分的方法有机械的、风力的、水力的和磁力的几种，所用设备也千差万别。机械筛分分级是借助安装好的网筛、板筛、棒条筛、圆筒筛和各种振动筛，将物料分选成两种和几种不同的粒级；风力分级筛分是借助气流，如水平气流、垂直气流、离心气流将颗粒分级；水力分级筛分是指固体颗粒在液体中沉降速度不同，而将不同粒度、不同相对密度的细小颗粒分成不同级别。本节就精细化工行业中常用的几种筛分机械设备做简单介绍。

一、 筛面

筛面是筛分机械设备最重要的一个组成部分，通常由低碳钢、高碳钢、锰钢、弹簧钢等材质制造，近年来橡胶筛面发展迅速，还出现了用聚氨酯等合成材料制造的筛面。

筛面的结构有格子栅（又称栅筛）、板筛（又称筛板）、编织筛（又称网筛）等多种，如图 4-34 所示，格子筛和板筛用于筛分粒状粗料，编织筛主要用于粉料或浆料。

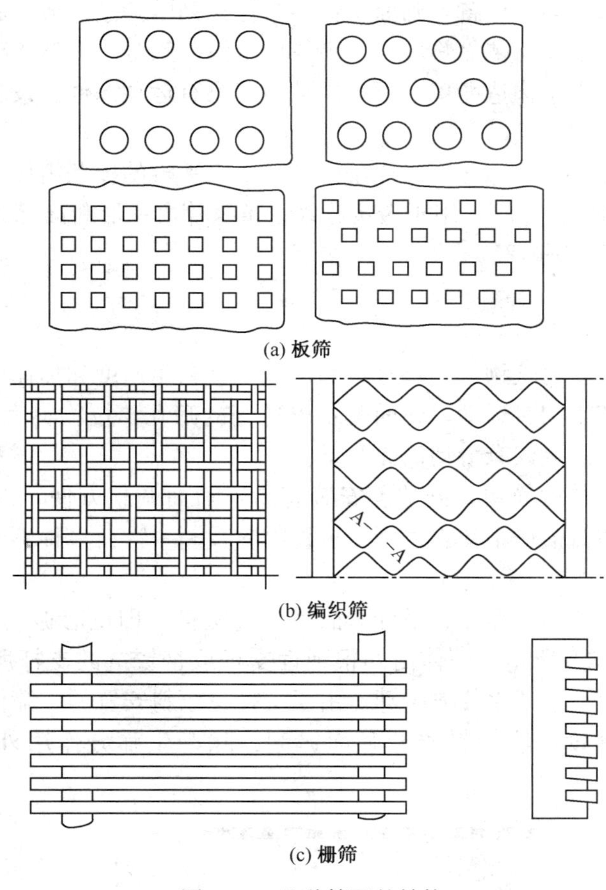

(a) 板筛

(b) 编织筛

(c) 栅筛

图 4-34　几种筛面的结构

筛面在许多国家已制定标准，即对筛孔尺寸、筛丝尺寸、上下两筛号间孔的大小比等做了规定，我国标准筛采用公制筛号，以每平方厘米筛面面积上含有的筛孔数目表示筛孔大小，用 1cm 长度上筛孔的数目表示筛号，如每厘米长度上有 100 个孔，则这个筛为 100 号筛，在英、美等国采用英制筛，以每英寸长度上筛孔的数目表示筛号，筛比为 1.4142，各种标准筛规格可查阅相关手册。

筛分质量的好坏一般用筛分效率来衡量，筛分效率是指筛分时，实际筛出的物料质量与原质量（同一级别物料）质量之比。影响筛分效率的因素有：筛面上物料厚度，料层越薄，颗粒通过筛子的时间就越短，筛分效率越高；筛下颗粒百分含量、颗粒级配和形状，筛下颗粒的百分数越高，物料被筛落的速度越快，料层减薄的越快，筛分效率越高；物料的含水量，物料不够干时，易结团堵塞筛孔，筛分效率大降，当含水量超过一定值，使干粉料变为湿浆而达到湿筛条件时，筛分效率便高过干筛，此外，筛孔形状、筛面种类、筛分机械的运动方式等都影响筛分效率。

二、 固定筛

固定筛是最简单的筛分设备，筛面由许多平行排列的筛条组成，筛面固定不动。筛面可水平安装或倾斜安装，依靠物料自重沿筛面下沿面筛分，虽然单位面积处理能力和筛分效率低，但是，由于构造简单、不耗用动力、没有运动部件、设备费用低和维修方便，所以得到广泛应用。

固定筛有棒条筛和条缝筛之分。棒条筛筛面由出平行的棒条组成，筛孔（棒条间隙宽度）一般大于或等于 25mm，用于大块分级；条缝筛由梯形断面筛条排列而成，筛孔（筛条间隙宽度）一般为 0.25～1mm。

三、 摆动筛

摆动筛是对颗粒及粉状物料进行分级的机械。它利用速度和加速度作周期变化的筛面，使物料在筛面产生相对运动，筛面配备以适当的筛孔，按物料大小不同进行分级。该机分级时物料在筛面上仅有滑动而无跳动。

摆动筛的特点是结构简单，制造、安装容易，筛面调整方便，以直线往复摆动为主，振动为辅，对物料损伤小；它适用于多种物料及同一物料多种不同规格的分级，但动力平衡困难，噪声大。

摆动筛主要由进料斗、筛体、吊杆、曲柄连杆机构（即偏心振动机构）、传动机构和机架组成，如图 4-35 所示。筛体由四根弹性支杆或带铰链的支杆所支撑，由一个偏心轴和连杆传动，使筛形产生往复摇动，由于支杆是倾斜安置的，筛体摆动时有一个向上并向前的加速度分量，使物料离开筛面抛起，除产生筛分作用外，且使物料向前运动。

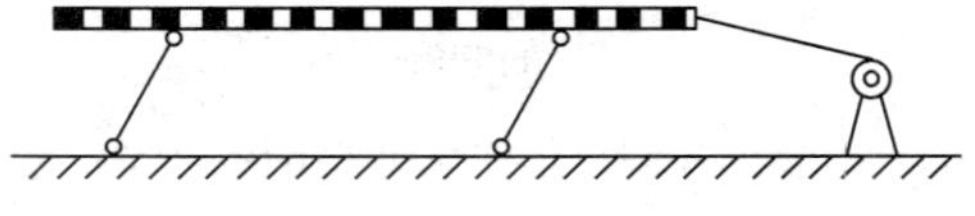

图 4-35　摆动筛示意图

摆动筛是由于重力、惯性力和物料与筛面之间的摩擦力，在一定条件下，使物料与筛面之间产生不对称的相对运动而进行连续筛分的。

筛体是摆动筛的主要工作部件，它出筛框、筛子组成，最常用的筛子一般是在薄金属板上冲孔而成。筛孔的形状有圆形、正方形和长方形等，圆形筛孔较常用，但也有长方形和圆形一起使用的。

摆动筛按筛面的运动规律不同，除有直线摆动筛外，还有平面摆动筛和差动筛等。

四、 振动筛

振动筛具有长方形或圆形的筛面，安装于筛箱上。筛箱及筛顶在激振装置作用下，产生圆形、椭圆形或直线轨迹的振动。振动的作用有三：①使筛面上的物料层松散，细粒级有机会透过料层下落并通过筛孔排出；②使物料沿筛面向前运动；③使颗粒不卡住筛孔。

根据筛框的运动轨迹不同，振动筛可以分为圆运动振动筛和直线运动振动筛两大类。圆运动振动筛包括单轴惯性振动筛、自定中心振动筛和重型振动筛。直线运动振动筛包括双轴惯性振动筛（直线振动筛）和共振筛。

振动筛目前应用相当普遍，这主要由于它们具有下列一系列优点：

（1）筛体以低振幅、高振动次数作强烈振动，消除了物料的堵塞现象，故筛机的生产能力和筛分效率较高。

（2）动力消耗小，构造简单，操作、维护和检修方便。

（3）所需筛网面积比其他筛机小，厂房面积和高度可适当降低，节省了基建投资。

（4）使用范围广泛，可作预筛分或检查筛分。

图 4-36 为常见的圆运动振动筛和直线运动振动筛，振动筛的整机连成一个整体，上盖采用全密封，能有效防止物料在筛动过程中产生粉尘飞扬，筛体下部安装有振动电机，有效的保证物料的过筛。

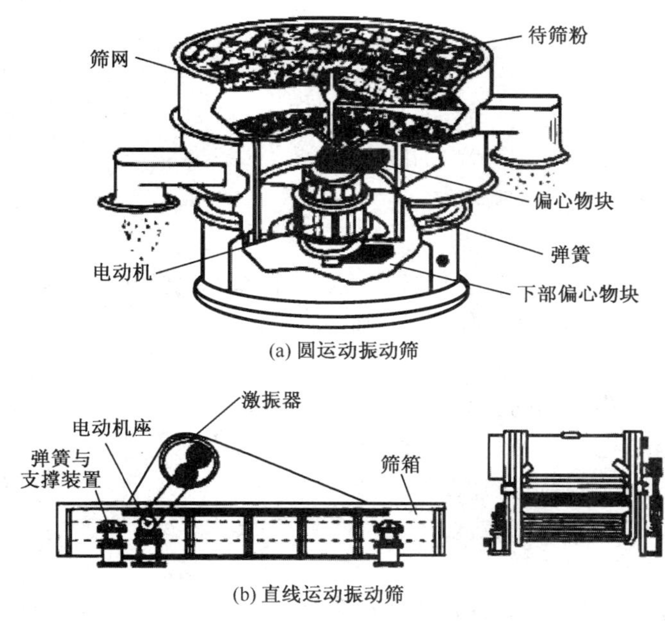

(a) 圆运动振动筛

(b) 直线运动振动筛

图 4-36　振动筛的类型

五、圆筒筛

圆筒筛主要由分级滚筒、支撑装置、传动装置、收集料斗、清筛装置五部分组成，如图 4-37 所示。

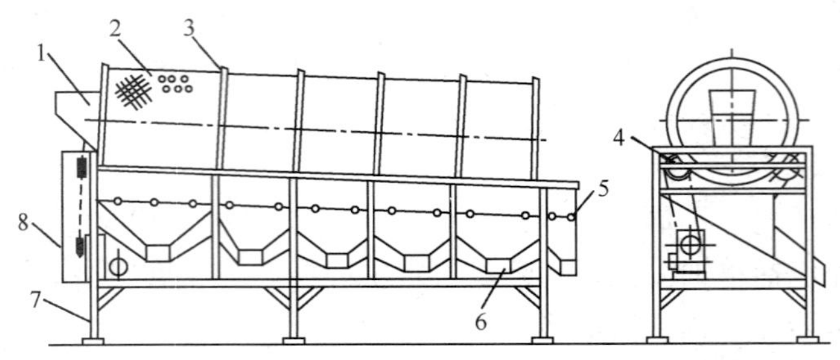

图 4-37　圆筒筛

1. 进料斗；2. 滚筒；3. 滚圈；4. 摩擦轮；5. 铰链；6. 收集料斗；7. 机架；8. 传动装置

分级滚筒：它是该设备的主要构件，用 1.5～2.0mm 的钢板冲孔后卷焊成圆柱形转筒。转筒按分级需要设计成几节，节数为需分级数减 1，各节筛孔孔径不同，而同一节中孔径一样。

这种筛子的优点是牢固不易损坏，运转时无冲击力，故平稳而无明显振动，噪声较低，但筛面利用率低，形大体重，金属消耗量大，动力消耗多，因物料在筛面上缺少强烈的扰动，故筛孔易被堵塞，筛分效率低。因此在工业中已逐渐被振动筛所取代，但在某些场合仍有用途。

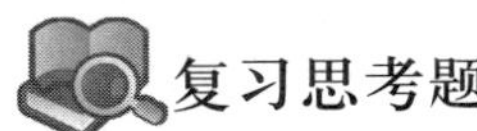

复习思考题

1. 物料粉碎的定义是什么？它的目的有哪些？
2. 粉碎按照粒径大小可划分成哪几种类型？
3. 常用的破碎机械设备有哪些？
4. 简要说明颚式破碎机的特点。
5. 冲击式破碎机有哪几类？它们各自特点是什么？
6. 简要说明圆锥破碎机的工作原理。
7. 辊式破碎机的工作原理是什么？
8. 精细化工生产中常用的粉磨设备有哪些？
9. 球磨机的优点有哪些？它的主要组成部件是什么？
10. 砂磨机的用途和特点是什么？
11. 振动磨机的特点是什么？
12. 气流磨机的优点有哪些？
13. 搅拌磨机的优点和用途各是什么？
14. 筛分的目的是什么？
15. 常用的筛分机械设备有哪些？

第五章　混合机械设备

混合是指使两种或两种以上不同组分的物质在外力作用下由不均匀状态达到相对均匀状态的过程，经过混合操作后得到的物料称为混合物。完成混合操作的设备叫做混合机，混合机在精细化工生产中的作用很重要，如香粉、粉饼等化妆品的生产，涂料、油墨等的制备、新材料的合成等都离不开混合机械。

在精细化工生产中，被混合的物料性质和状态是多种多样的，一般有以下几种类型的混合物：液体与液体、液体与固体、固体与固体、液体与气体和固体-液体-气体三类物质构成的混合物。得到的混合物可以是均相的，也可以是非均相的，两种不相容的液体混合，是一种液体以一定的分散度分散于另一种液体中，这种混合操作称为乳化，如化妆品、洗发香波等的生产，这类混合设备将在“均质与乳化设备”一章中单独讲述。

一般来说，以液体为主的物料的混合叫做搅拌，以干物料为主的固体物料的混合称为混合，两者通称为混合。

完成混合操作的机械主要有：用于粉粒状固体物料的混合机，用于低黏度的液态物料的搅拌机，用于高黏度稠浆料和黏弹性物料的捏合机，用于乳液或悬浮液的均质机和胶体磨等，对混合设备的要求是要混合均匀度高、容器内残留物料少、设备简单、操作方便、便于清理和清洗、运行安全等。

混合的目的主要有：一是产物是多种原料的混合物，所以对混合物的均匀度有一定要求，如涂料、胶黏剂、油墨等；二是为了增加物料接触表面积以促进化学反应，原料混合越均匀，接触面就越大，过程进行的速度就越快，如树脂生产过程中的搅拌混合，还有气液相催化反应时，既要使固体粉状催化剂或液体催化剂（密度不同于参加反应的液体）在液体中均匀悬浮，又要使气体形成小气泡在液体中均匀分散；三是加速物理变化，例如粒状溶质加入溶剂，通过混合机械的作用可加速溶解混匀。

1. 混合机理

混合时要求所有参与混合的物料均匀分布。混合的程度分为理想混合、随机混合和完全不相混三种状态，如图 5-1 所示，各种物料在混合机中的混合程度，取决于待混物料的比例、物理状态和特性，以及所用混合机械的类型和混合操作持续的时间等因素。

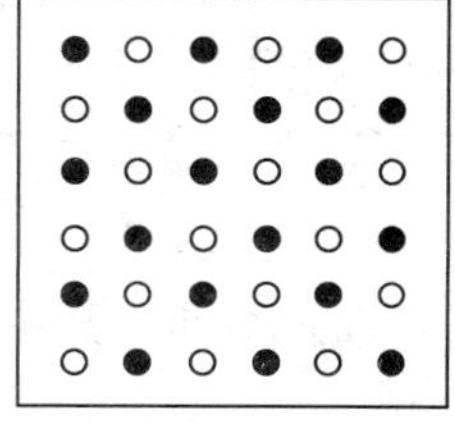
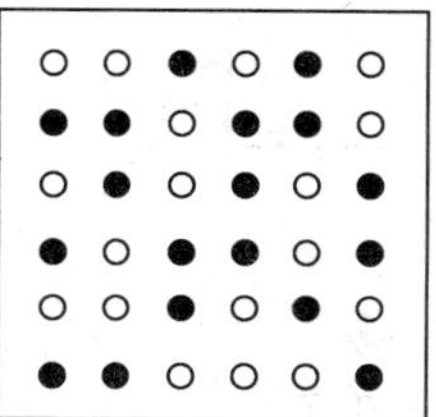
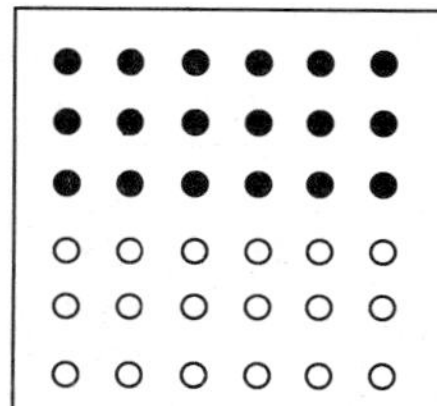

图 5-1　混合状态示意图

混合机对物料的作用本质就是混合，这种混合主要是通过物料的流动才得以实现的，在混合机中，物料的混合作用一般认为有以下三种：

1）对流混合

对流是指物料的团、块或颗粒从一个位置转移到另一个位置的过程，对流混合又称为体积混合或移动混合，这种混合作用的强度主要决定于运动状况，作用区域比较大，混合速度较快，但混合的均匀程度并不太高，对于粉料和高黏度液料都是如此，但低、中黏度的液料则以对流混合为主。

2）扩散混合

扩散是指由于颗粒在物料整体新生表面上的分布作用而引起个别颗粒的位置分散迁移过程，扩散混合主要指相溶组分（固体与液体，液体与气体，液体与液体组分等）中的混合现象。对于互不相溶性组分的粉粒子，在混合过程中以单个粒子为单位向四周移动（类似气体和液体分子的扩散），使各组分的粒子先在局部范围内扩散，达到均匀分布。实际上，完全不互溶是不存在的，在混合过程中有一个由对流混合到扩散混合的过渡，主要取决于分散尺度的大小，在粉材料的运动中也存在扩散混合。这种方式的作用区域小，混合速率较慢，但混合精度高。

3）剪切混合

剪切是指在颗粒物料团内开辟新的滑移面而产生的混合作用，剪切混合主要是剪切力的作用，使物料组分被拉成愈来愈薄的料层，使某一种组分原来占有区域的尺寸越来越小，对于高黏度组分特别明显，例如在捏合机、螺旋挤压机等设备中，物料受到强烈的剪切力。这种方式作用区域较小，只发生在剪切面上及其附近，混合速度较慢，但混合精度高。

实际上，在各种搅拌混合设备中，上述三种混合作用是不能截然分开，各种混合机都是以上三种作用的某种作用起主导作用，例如，回转圆筒式混合机以扩散混合为主；双轴螺旋混合机中对流混合速度高于扩散混合；双轴桨叶无重力混合机中桨叶在容器内的转动，在横向产生对流混合，由于桨叶上下翻动，物料升落之际也会造成扩散混合，虽然，桨叶与粉粒体相对移动时还产生剪切混合作用，但对流混合起主要作用。各类混合机的混合作用如表 5-1 所示。

表 5-1 各类混合机的混合作用

混合机	对流混合	扩散混合	剪切混合
重力式（容器旋转）	大	中	小
强制式（容器固定）	大	中	中
气力式	大	中	小

2. 不同性质物料的混合

精细化工生产中需要混合的物料多种多样，其性质也有很大不同，其主要的物料混合以及其对应的混合方式主要有下面几种。

液体的混合主要靠机械搅拌器、气流和待混液体的射流等，使待混物料受到搅动以达到均匀混合。搅动引起部分液体流动，流动液体又推动其周围的液体，结果在容器内形成循环液流，由此产生的液体之间的扩散称为主体对流扩散。当搅动引起的液体流动速度很高时，在高速液流与周围低速液流之间的界面上出现剪切作用，从而产生大量的局部性旋涡。这些旋涡迅速向四周扩散，又把更多的液体卷进旋涡中来，在小范围内形成的紊乱对流扩散称为涡流扩散。机械搅拌器的运动部件在旋转时也会对液体产生剪切作用。液体在流经器壁和安装在容器内的各种固定构件时也要受到剪切作用。这些剪切作用都会引起许多局部涡流扩散。搅拌引起的主体对流扩散和涡流扩散，增加了不同液体间分子扩散的表面积、减少了扩散距离，从而缩短了分子扩散的时间。若待混液体的黏度不高，可以在不长的搅拌时间内达到随机混合的状态；若黏度较高，则需较长的混合时间。

对于密度、成分不同、互不相溶的液体，搅拌产生的剪切作用和强烈的湍动将密度大的液体撕碎成小液滴，并使其均匀地分散到主液体中。搅拌产生的液体流动速度必须大于液滴的沉降速度。

少量不溶解的粉状固体与液体的混合机理，与密度、成分不同、互不相溶的液体的混合机理相同，只是搅拌不能改变粉状固体的粒度。若混合前固体颗粒不能使其沉降速度小于液体的流动速度，无论采用何种搅拌方式都形不成均匀的悬浮液。

不同膏状物的混合主要是将待混物料反复分割并使其受到压、辗、挤等动作所产生的强剪切作用，随后又经反复合并、捏合，最后达到所要求的混合程度。这种混合很难达到理想混合，仅能达到随机混合。粉状固体与少量液体混合后为膏状物，其混合机理与膏状物料混合的机理相同。

不同的热塑性物料以及热塑性物料与少量粉状固体的混合，需要依靠强剪切作用反复地揉搓和捏合，才能达到随机混合。

流动性好的颗粒状固体物主要是靠容器本身的回转，或靠装在容器内具有推动待混物料前进或后退的运动部件的作用，反复地翻动、掺和而得以混合。这类物料也可用气流产生对流或湍流以达到混合。固体颗粒的对流或湍流不易产生涡流，混合速度远低于液体的混合，混合程度一般也只能达到随机混合。

流动性很差的、互相发生黏附的颗粒或粉状固体，则常需用带有机械翻动和压、辗等动作的混合机械。

3. 混合设备的种类

混合设备的种类较多，分类方法也不一样，常见的有以下几种分类方法。

（1）按操作方式来分：有间歇式和连续式，连续式的优点是可减少混合料在输送或储存过程中的分料现象，缺点是价格高，维修不方便。

（2）按设备运转形式来分：有旋转容器式和固定容器式，旋转容器式混合机以扩散混合为主，固定容器式混合机以对流混合为主，固体混合物料两种混合机都有，液体混合物料则以固定容器式混合机为主。

（3）按工作原理来分：有重力式和强制式，重力式混合机是物料在绕轴转动的容器内，主要受重力作用运动而相互混合，强制式混合机是物料在旋转桨叶的强制推动下，产生运动而相互混合。

（4）按混合方式来分：有机械混合式和气力混合式，机械混合机在工作原理上大致可分为重力式（容器旋转）和强制式（容器固定），气力式混合机是用高速气流使物料翻滚、对流而混合。

(5) 按混合与分料机理来分：有分料式混合机和非分料式混合机，前者以扩散混合为主，即重力式混合机，后者以对流混合为主，即强制式混合机。

(6) 按混合物料的不同来分：有气体和低黏度液体混合器、中高黏度液体和膏状物混合机械、热塑性物料混合机、粉状与粒状固体物料混合机械四大类。

低黏度液体与液体、低黏度液体与固体悬浮液的混合机械常简称为搅拌机，它的特点是结构简单，维护检修量小，能耗低。这类混合机械又分为气流搅拌、管道混合、射流混合和强制循环混合等四种。

中、高黏度液体和膏状物的混合机械，一般具有强的剪切作用；热塑性的物料混合机主要用于热塑性物料（如橡胶和塑料）与添加剂混合；粉状、粒状固体物料混合机械多为间歇操作，也包括兼有混合和研磨作用的机械，如调和机，又称捏合机。

混合干燥粒状固体物料的机械设备一般简称为混合机，主要用于固体与固体的混合。

选用各种混合机械与设备时，要充分考虑混合均匀度的好坏，混合时间的长短，混合机所需动力和生产能力、加卸料是否方便等方面，然后选择生产需要的混合机。

第一节 固体混合设备

混合两种或两种以上固体颗粒操作的主要目的是要得到组分浓度均匀的混合物。在有些情况下，也伴有化学反应，传质或传热等过程，它广泛地用于精细化工工业中。

一、 重力式混合机 （容器旋转）

重力式混合机的主要特点是有一个可以转动的混合筒。混合筒安装在水平轴上（个别有倾斜轴），混合筒绕轴旋转，使物料在筒内反复运动即混合与分离，而达到物料混合均匀的目的。

这类混合机混合作用力主要是重力，按照容器外形可分为：圆筒式、鼓式、箱式、双锥式、V式等，这类混合机容易使粒度差和密度差较大的物料趋向分料，为减少物料结块，有些重力式混合机（如V式）内还有高速旋转桨叶。重力式混合机对流动性好且物理性质相差不大的物料可得到较好的均匀度，其中以V式混合机的混合均匀度较高，多用于品种多而批量小的生产中，大多间歇生产。

重力式混合机的缺点是：混合机的加料和卸料，都要求容器停止旋转，并在固定位置上，故需要加装定位装置，而且加料和卸料过程中容易产生粉尘，需要采用防尘措施。

（一）圆筒式混合机

筒体在轴向旋转时带动物料向上运动，物料在重力作用下往下滑落的反复运动中进行混合，总体混合主要以对流、剪切混合为主，而轴向混合以扩散混合为主。该混合机的混合度较低，但结构简单、成本低，适合于干粉的混合，操作中最适宜的转速为临界转速的70%～90%，最适宜的充填比或存积比（物料容积/混合机全容积）约为30%～50%，混合时间与混合机型、混合物料的性质等有关，一般混合时间约为10min。

水平圆筒形混合机如图 5-2 所示，它有旋转筒、驱动转轴、搅拌桨、机架和电动机等组成。它的重要构件-旋转容器的形状决定了混合操作的效果，容器内表面要求光滑平整，以减少粉料对容器壁的黏附、摩擦等影响，为加大粉料的翻腾混合，减少混合时间，可在容器壁或旋转容器内安装几个固定抄板（搅拌桨）。

圆筒式混合机按其回转轴线可分为水平型和倾斜型，水平型圆筒混合机操作时，物料流动简单，但缺乏沿水平轴的横向运动，容器两端存在混合死角，且卸料不方便，混合效果不理想，倾斜型混合机，由于容易与水平轴有一定角度，减小了水平型容器内运动的缺点，而使混合能力增强。

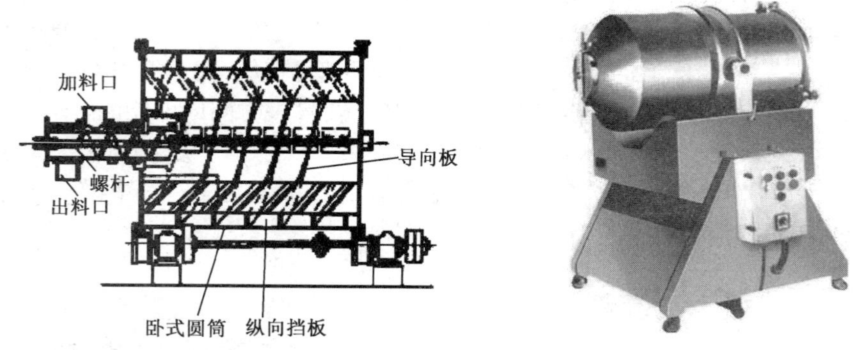

图 5-2　圆筒式混合机结构示意图和外形图

（二）多面体混合机

这种机器由多面体（正方形、矩形、双锥形和正八角形等）容器及其内壁上所装的导向板等组成，如图 5-3 所示，当容器旋转时，待混物料翻滚、掺和以达到混合目的，

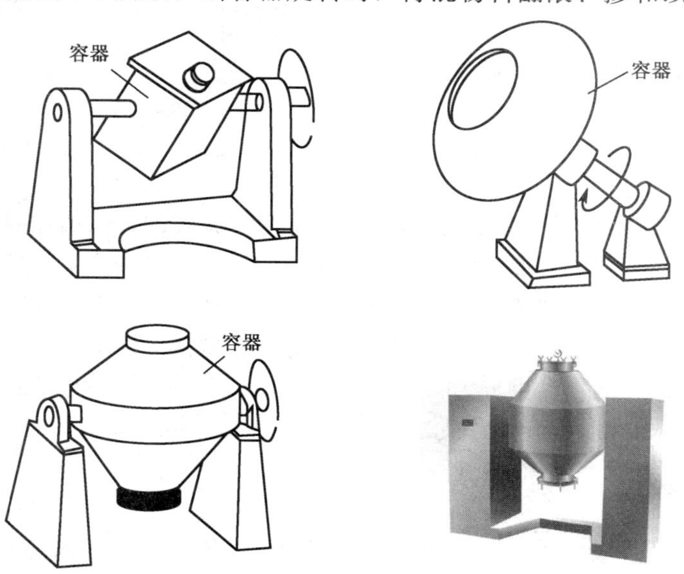

图 5-3　多面体混合机

这种混合机多用于干粉状、粒状物料的混合。

其中双锥型混合机由两个圆锥型筒组成，双锥式混合机转动时，被混物料翻滚强烈，由于其流动断面的不断变化，能够产生良好的横流效应，对流动性好的物料混合较快，且功率消耗低，操作方便，劳动强度低，工作效率较高，适用于干粉的混合。

正方体式混合机（即箱式）的容器为正立方体，而正立方体对角线的位置，即容器旋转的轴线，当混合机工作时，容器内物料由于收到三维方向上的重叠混合作用的影响，因而混合速度加快，混合时间较短，同时没有死角的存在，卸料也比较容易。

（三）V式混合机

这种混合机由两个圆筒呈V形交叉结合而成，交叉角在80°～81°，直径与长度之比为0.8～0.9，物料在圆筒顶角转向上时，分成两股流动，随后顶角转向下，物料又汇入顶角，如此反复分开和汇合，这样不断循环，在较短时间内即能混合均匀，该混合机以对流混合为主，混合速度快，在旋转混合机中效果最好，应用非常广泛，操作中最适宜的转速可取临界转速的30%～40%，最适宜的充填量为30%。图5-4所示为带强化混合元件的V式混合机。

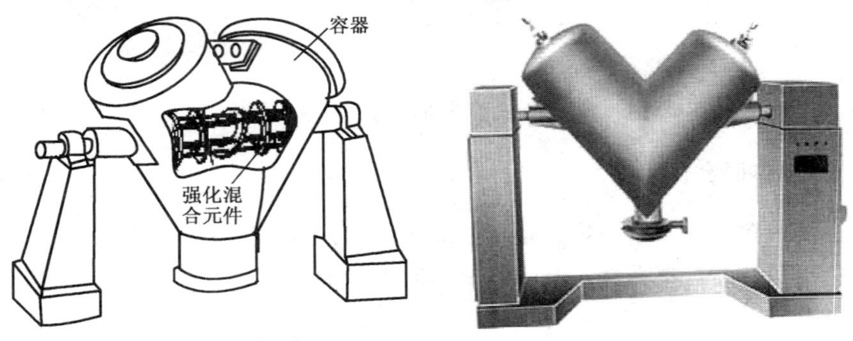

图5-4　V式混合机及其外形图

二、　强制式混合机　（容器固定）

利用旋转的搅拌叶片使固定容器（个别也有容器旋转的，以加强混合作用）内的物料强行混合，一般来说，其混合强度比重力式大，而且大大降低了物料特性对混合的影响，混合速率较高，可得到较满意的混合均匀度。混合时可适当加水或溶剂，因此可防止粉尘飞扬和分料。它的缺点是容器内部较难清理，搅拌部件磨损比较大。

这类混合机按轴的传动可分为：水平轴（桨叶式、带式）、垂直轴（即盘式：定盘式和动盘式）、斜轴（即螺旋叶片式）。

（一）螺带式混合机

螺带式混合机一般由单级减速机（无级变速）、传动部分、筒盖、筒体、内螺旋、外螺带、出料阀等部件组成。螺带有单条、双条和三条之分，螺带的螺距和直径均有不同规格。螺带有的右旋，有的左旋，分别将待混物料推向不同的方向，造成紊乱运动，使待混物料充分混合。这种机械常用于糕点、牙膏和药膏的原料混合，以及建筑用水泥砂浆的混合。

图 5-5 为槽式双螺旋带混合机，在一个 U 形混合槽内，中心装置一回转轴，在轴上固定两条螺旋形搅拌装置（螺带），当中心轴旋转时，螺带搅动物料上、下翻转，由于两根螺带外缘回转半径不同，对物料的搅动速度也不同，有利于物料的径向分布，与此同时，外螺旋将物料从右推到左，而内螺旋（外缘回转半径小的螺带）又将物料从左推到右，使物料在混合槽轴向往复运动，产生了轴向分布混合，在 U 形槽底部开有出料口，粉（物）料可在搅拌后放出。

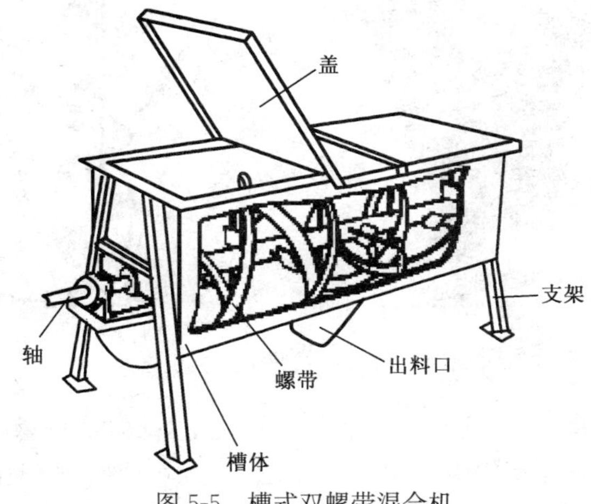

图 5-5　槽式双螺带混合机

螺带式混合机除了上述槽式外，还有锥式、釜式等多种（图 5-6），用来混合不同性质与状态的物料。

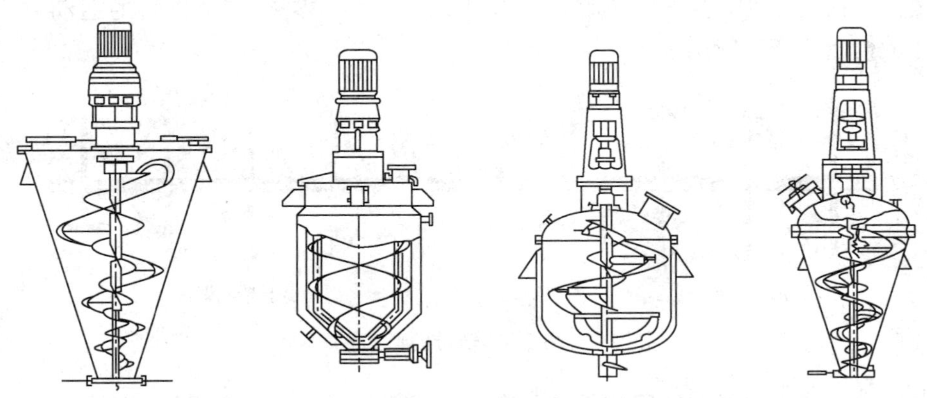

图 5-6　螺带式混合机的类型

图 5-7 为锥式螺带混合机，该混合机使用于黏度在 10Pa・s 以上的物料的混合，它使用于搅拌黏性流体或稠状、膏状为主，也可混合粉体、颗粒的物料。该机广泛应用于黏合剂、硅橡胶、颜料、油墨、石蜡、树脂、雪花膏、药膏、洗涤剂、食品添加剂、饲

料、新型建材等领域。

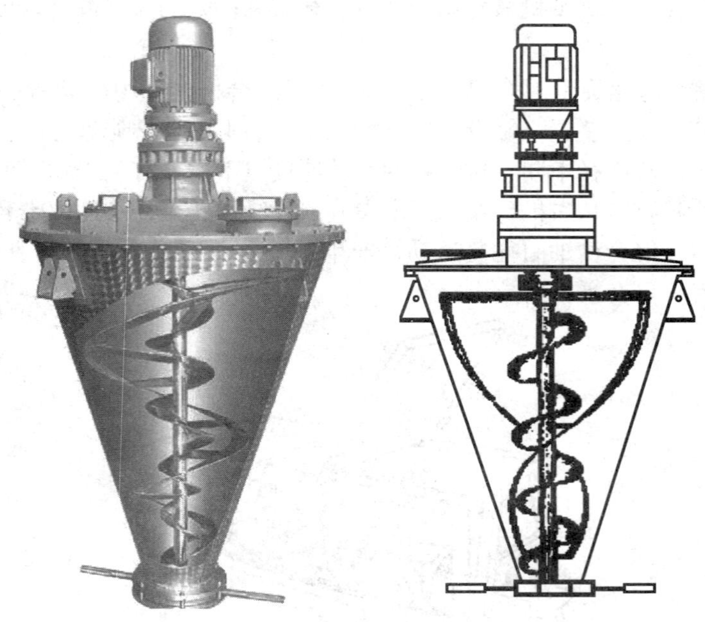

图 5-7　锥式螺带混合机

它的工作原理是由减速机驱动搅拌轴，搅拌轴上的螺带驱动物料上下翻动，中心螺旋将物料向下推动，外螺带沿筒壁将物料向上提升，使物料产生循环流，达到混合目的。

螺带混合机中的螺带形式也有多种，常见的有连续式螺带［图 5-8（a)］，这种螺带可以迅速的达到混合均匀的效果，外螺带将物料推至中间，内螺带将物料推至两端，使物料做辐射状的运动，混合效果好；打断式螺带［图 5-8（b)］，物料的运动方式和连续式螺带相似，广泛应用于高密度物料的混合。

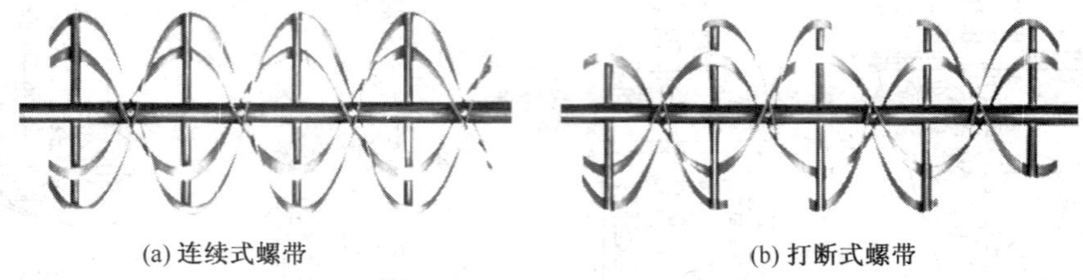

图 5-8　螺带的形式

螺带式混合机的混合作用较柔和，产生的摩擦热很少，一般不需要冷却，除作一般混合，还可作为冷却混合设备，即将经热混合器混合后的热料排入螺带混合机中，一边经螺带再混合，一边冷却，使物料温度降低，用于冷却混合的螺带混合机的混合槽设有冷却夹套，这种混合机结构简单、操作维修方便，因此应用广泛，适合于干粉或湿润粉体的混合，对香粉、爽身粉和以滑石粉为基质的粉类一般采用螺带式混合机，效果很好。

（二）螺杆式混合机

螺杆式混合机主要是以螺杆来搅拌物料达到混合的目的，其外形也不尽相同，根据混合室外形的不同可以分为立式螺杆混合机与锥式螺杆混合机等，根据混合物料的性质与生产需要，螺杆的数目可以是一条、两条或三条。

立式螺杆混合机：这种混合机由容器，以及内装的立式螺杆和混合管等组成（图5-9），带有混合管的立式螺杆混合机，螺杆旋转时将待混物料送入混合管。待混物料被向上推动时受到翻动而混合，然后由管上口排出，如此循环直至达到混合要求。这种机械适用于各种流动性好的粉状、粒状固体物料和粒度相差不大的物料。它的缺点是清扫不方便。

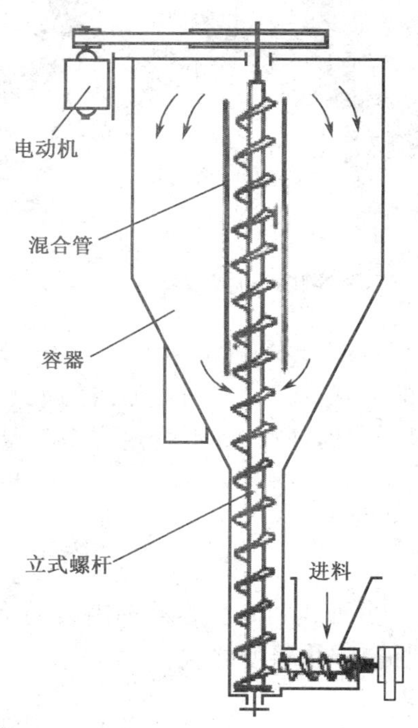

图5-9　立式螺杆混合机

立式螺杆混合机容器、螺杆等均可采用不锈钢，防止锈蚀，而且坚固耐用，直立式操作，占地少，密封式搅拌，混料均匀，无漏料，马力小，混合量大，速度快，3～5min即可混匀，机架底部设计加注装置及排料装置，混合机整体比较耐用。

锥式螺杆混合机由圆锥容器（混合室）和内装的螺杆等组成（图5-10），其混合室是一个倒立的锥形筒，上部装有装料口，下部有可以开闭的排料口，锥筒内装有两根斜着的螺杆，螺杆在驱动装置带动下绕自身轴线旋转，同时筒内周边旋转，即一方面自转，一方面绕锥体的中心公转，自转速度大约为64r/min，公转速度大约为3r/min，当螺杆自转时，螺杆周围的物料在螺杆螺棱作用下由锥筒底部移到顶部，然后在重力作用下落回底部，实现垂直方向的上、下流动，与此同时，螺杆的公转搅动锥筒内的物料，使锥筒壁处的物料流向中心。这种上、下流动与流向中心的运动形成复杂的旋涡运动，从而导致整个混合室内各物料间充分混合。

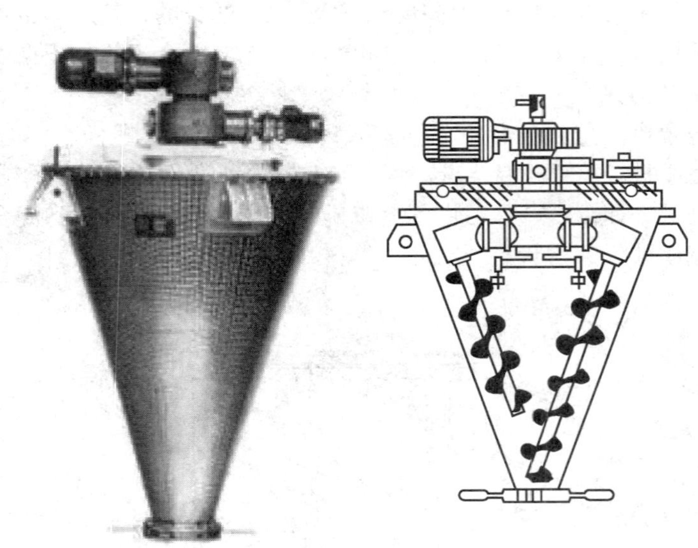

图 5-10　锥式双螺杆混合机

锥式螺杆混合机是一种高效混合设备，其混合时间一般不超过 5min，功率消耗也比较少，适用于流动性较好的粉状、粒状物料，但清扫不方便。

锥式螺杆混合机混合强度较低，物料在混合过程中因摩擦等发热不多，一般不加冷却夹套。

（三）桨叶式混合机

桨叶式混合机（图 5-11）由卧式圆筒状容器和内装的旋转轴（轴上装有数对叶桨）等组成。旋转桨叶翻动、搅拌待混物料使之混合。

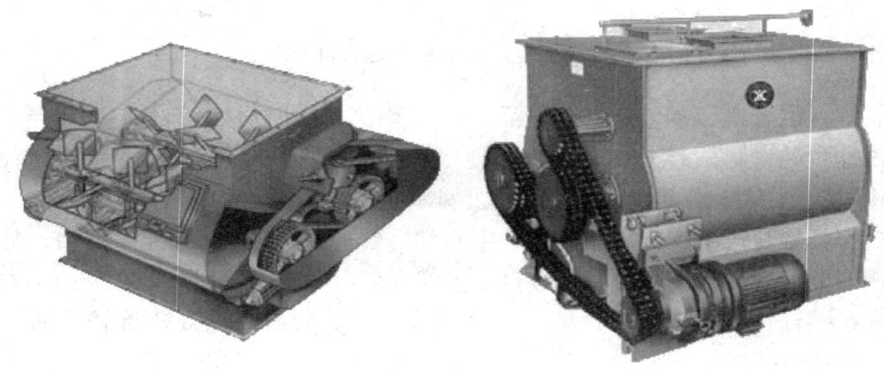

图 5-11　桨叶式混合机结构示意图和外形图

桨叶式混合机以强烈、高效混合为特点，卧式筒体内搅拌轴旋转，主轴上特殊布置的桨叶确保物料径向、环向、轴向三向运动，形成复合循环，在极短的时间内达到混合均匀。

桨叶式混合机适合于固体与固体、固体与液体之间的混合，混合速度快，一般只要1～5min，混合精度高，出料方便，易于清理，可广泛的应用于化学药品、洗涤剂、涂料、树脂、玻璃硅、颜料、农药、化肥、饲料、饲料添加剂、小麦粉、奶粉、香料、微量成分、咖啡、味精、食盐、塑料及各种浆料的干燥与混合。

桨叶式混合机中的桨叶也有多种形式，如图 5-12 所示，当机器用于完全或不完全的间歇式操作时，用图中（a）形桨叶是最好的选择，在最小的负荷下可以获得最有效的混合效果，图中（b）形桨叶适合需要刮壁的物料。

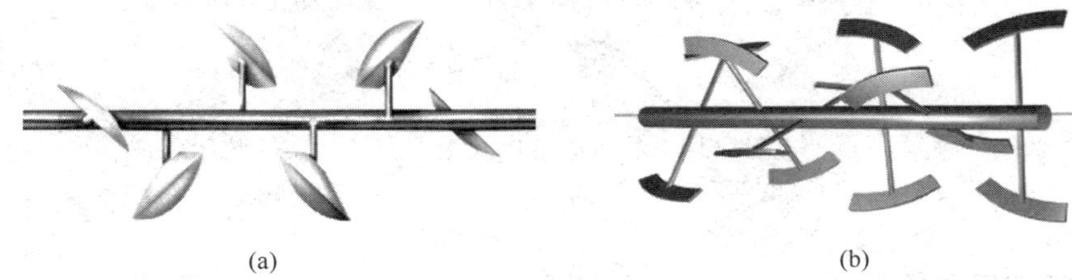

(a)　(b)

图 5-12　桨叶的形式

（四）犁刀式混合机

犁刀式混合机（图 5-13）主要由传动部分、卧式筒体、犁刀组轴、飞刀组、出料阀、喷液装置等部件组成。传动部分：由主电机和减速机传送给犁刀组轴。卧式筒体：上部设有进料口、观察孔，筒体一侧开有物料清洗门。犁刀组轴：犁刀根据容积大小安排犁刀数量，安装在主轴上，犁刀可以在同一个平面上，也可在不同平面（图 5-13 为不同平面上的犁刀），在筒体内作圆周湍动流混合物料。飞刀组：副电机直接联结飞刀（侧视图右下角为副电机与飞刀），高速飞刀有强烈抛散剪切的搅拌作用。出料阀：安装于筒体底部，供放料用。喷液装置：喷液装置布置在筒体上部，由管件、喷头部件组成并固定在筒体均匀分布喷散。根据混合物料的性质和生产需要，犁刀式混合机可制备成夹套加温、冷却、干燥型等。

犁刀混合机由主动轮减速机带动犁刀组轴运动，一方面将物料沿筒体圆周做径向周向湍动，同时将物料沿犁刀两侧的法线方向抛出，另一方面被抛出物料经飞刀组时，被高速旋转的飞刀剪切搅拌而强烈的抛散，物料在犁刀和飞刀的复合作用下，不断更迭、扩散、块状固-固（粉体与粉体）、固-浆（粉体与胶浆液）的物料或密度差异较大的物料也能混合。

犁刀混合机广泛用于化工原料、制药原料、建筑材料、塑料、胶黏原料、食品原料、粉末冶金、矿山材料、石油原料等行业的固-固（粉体与粉体）、固-液（粉体与胶浆液）、块状-黏稠状的物料混合。

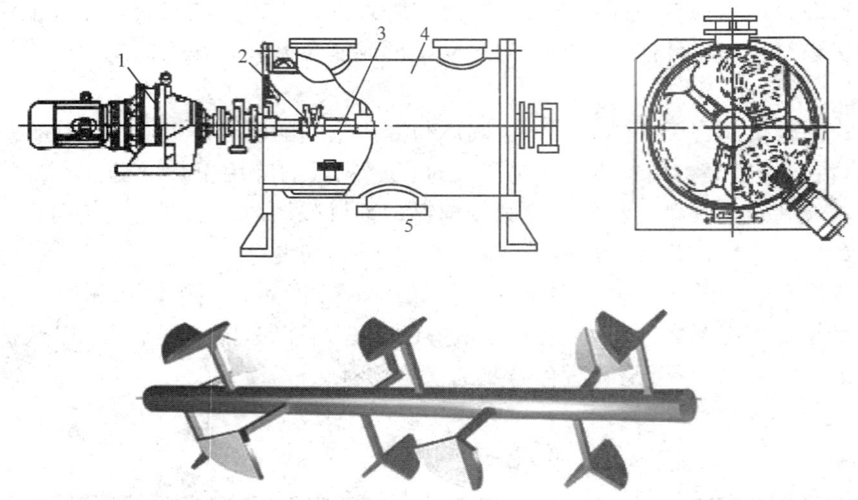

图 5-13　犁刀混合机及犁刀形状

1. 主电机；2. 犁刀；3. 轴；4. 容器；5. 出料口

（五）螺杆混合挤出机

螺杆混合挤出机（常简称“螺杆挤出机”）由机筒、螺杆、料斗、电机、水冷却加热器和支架等组成，如图 5-14 所示。螺杆的结构形式可根据加料、输送、挤压、捏合和混合的要求做成相应的独立分离元件，螺杆的形式可以多种多样，也可以是单螺杆、双螺杆或者三螺杆，生产中以双螺杆型螺杆混合挤出机较多。使用时按工艺要求将所需要的分离元件套在轴上组合成目的螺杆，也叫组合螺杆。螺杆加工成固定形式居多。待混物料经过挤压、捏合和混合分离元件的作用，混合均匀之后可挤压成所需要的形状（由模具和后续工序决定），例如将塑料加工成板、管等各种制品。

螺杆混合挤出机主要用于热塑性物料（如橡胶和塑料）与添加剂、各种粉体（如碳酸钙、二氧化钛、炭黑等）的混合。针对各种热塑性物料的性质差别，对应的螺杆挤出机种类较多，形式也不尽相同，在此不多述，可参考塑料挤出方面的书籍。

此外，除了上述提到的几种混合机械以外，第四章中提到的很多粉磨机械，兼有混合和研磨作用，这些粉磨机械大多用于染料、涂料、粉类化妆品、油墨和药物生产方面，常用的有球磨机、砂磨机等（见第四章相关内容）。第三章中提到的气力输送装置在某些场合也具有混合粉料的功能。

三、 混合机的选择

固体粉料混合机的种类比较多，其混合性能存在一些差异，对于精细化工生产中，选择好合适的混合机，有利于产品的加工，具体来说，混合机械设备的选型要考虑下面几点：

（1）要根据产品的生产工艺过程的要求及操作目的来选择，包括混合物料的性质，混合过程中是否有化学反应，以及最终产品的物理、化学性能等，此外还有生产能力，

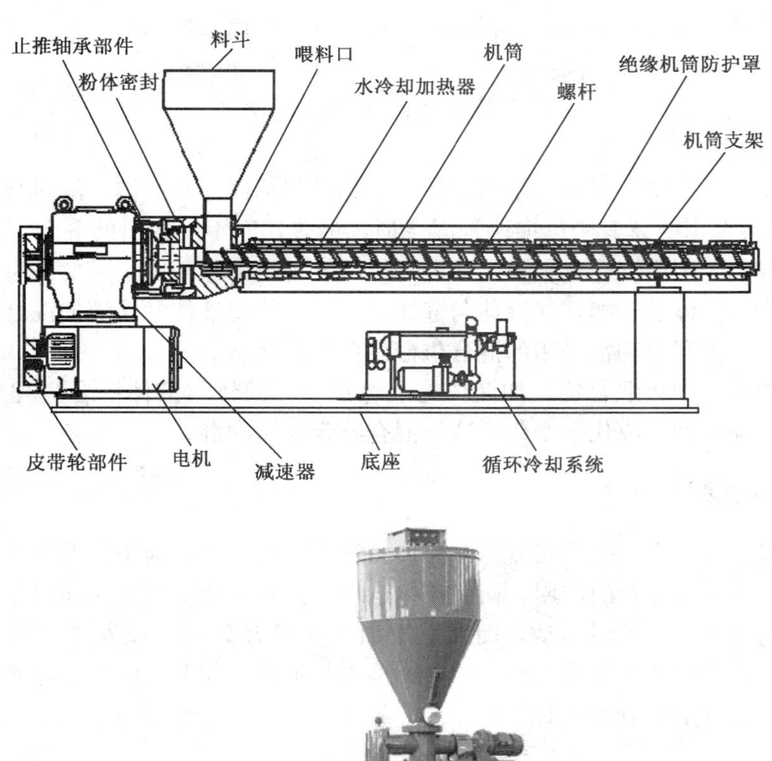

图 5-14　螺杆混合挤出机原理图及其外形图

操作方式等（间歇式、连续式等）。

（2）根据固体粉料的物性分析对混合操作的影响：包括粉粒大小、形状、分布、密度、流动性、粉体附着性、凝聚性、润湿程度等，同时也要考虑各组分物料的差异程度，以及相互直接的影响。

（3）要考虑混合机的操作条件，包括混合机的转速、装填率、原料组分比、各组分加入方法、加入顺序、加入速率、混合时间等，根据固体粉料物性及混合机形式来确定操作条件与混合速度（或混合度）的关系以及混合规模。

（4）要根据生产的产品种类、规模，生产车间的大小、高度来选择，如生产中经常要更换搅拌的物料用以生产不同产品，则要选择容易清洗的混合机。

（5）要考虑混合机所需的功率，操作的经济性，包括装料、混合、卸料等操作，此外还有考虑设备使用的经济性，包括设备费用、维持费用和操作费用等。

第二节　流体混合设备

在精细化工生产中，存在大量的流体混合物，包括固体与液体，液体与液体、固体-液体-气体等混合形式，其中以前两种混合形式最多，而不同物料的混合，形成的流体黏度相差也较大，因而混合过程采用的混合机械设备也不尽相同。

中低黏度的流体混合物，如液体与液体混合、固体与液体悬浮液的混合以及气体与液体的混合，这类混合物常采用的混合机械设备为搅拌机。

高黏度的糊状物料混合物，如液体与液体混合，固体与液体混合过程中伴随有充气、传热、改性等物理或化学变化，这类混合物常采用的混合机械设备为捏合机等。

一、 流体的类型

搅拌物料的种类主要是指液体。在流体力学中，把流体分为牛顿型和非牛顿型。在搅拌设备中，由于搅拌器的作用，而使流体运动。设有如图 5-15 所示相距为 dy 的两块板，板间充满液体，若下层不动，而在上层加一剪切力 F 时，就发生了运动。在稳态下，此力必与流体内由于黏度而产生的内摩擦力相平衡，如剪切应力 τ 与速度梯度（亦称剪切率）$\gamma(du/dy)$成比例，即：

$$\tau = \mu du/dy = \mu\gamma$$

比例常数 μ 即为黏度。

（一）牛顿流体

对于牛顿流体，无论搅拌程度激烈或缓和，它的黏度和静止时相同，在同一搅拌设备中，各处的黏度也是一致的，如图 5-16 所示，牛顿型流体的关系曲线是通过原点的

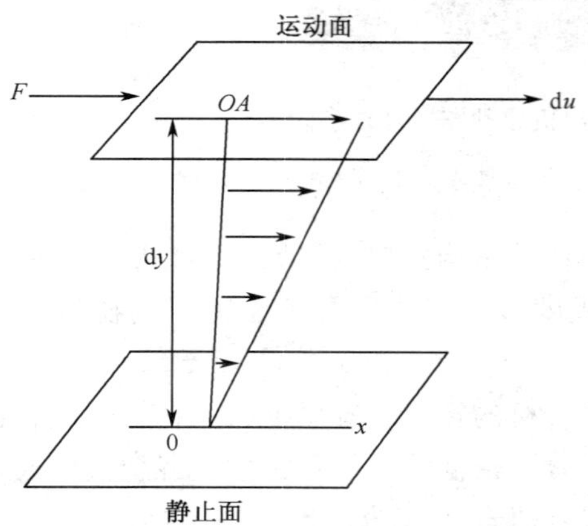

图 5-15　流体流动示意图

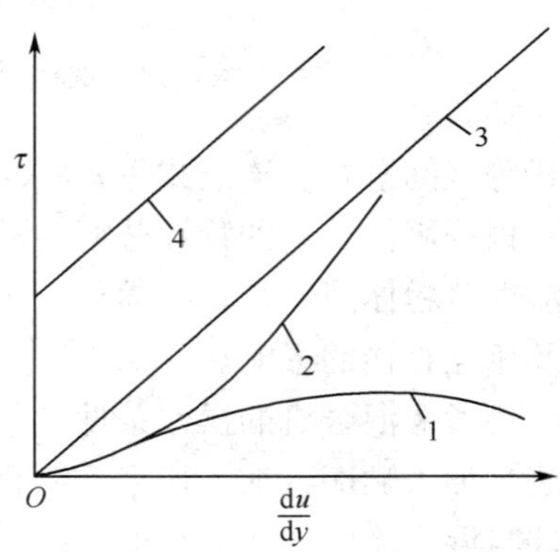

图 5-16　流体示意图

1. 假塑性流体；2. 胀塑性流体；3. 牛顿流体；4. 宾汉塑性流体

直线 3，而直线的斜率为黏度 μ，即剪切应力与速度梯度成正比，而黏度为其比例系数。所有的气体和低分子质量物质（非聚合的）液体或溶液、普通的油类、醇类等都属于牛顿流体。

（二）非牛顿流体

凡是黏度随着剪切应力及速度梯度的不同而有变化时，即不符合式图 5-16 中曲线 3 的线性关系的流体，称为非牛顿流体，非牛顿型流体的搅拌比牛顿型流体复杂。

在非牛顿型流体中，按其性质，随着时间而变化的称为与时间有关的非牛顿型流体，未成型的塑料，相对分子质量大于百万的聚环氧乙烷均属这一类。其性质不随时间而变化的非牛顿型流体，称为与时间无关的非牛顿型流体，与时间无关的非牛顿型流体又可分为假塑性、宾汉塑性与胀塑性三种，其剪切应力-剪切率曲线分别见图 5-16。

1. 假塑性流体

假塑性流体是非牛顿型流体中最重要的一种，大多数非牛顿型流体均属于此类。在算术坐标系中，假塑性流体（图 5-16 中曲线 1）的剪应力和速度梯度的曲线是下弯的曲线形状。

假塑性流体在工程上有时候也叫“剪切变稀流体”，利用这类特性可以制备一些含大量粉体的流体，如涂料、油墨等，静止时黏度比较大，有利于产品的问题，可以防止颜填料的沉降，刷涂时黏度较小，则有利于涂层的涂布，刷完后，流体黏度又变大，则有利于涂层的成膜，可防止涂层的流挂等。属于假塑性流体的还有高分子溶液、醋酸纤维、纸浆、葡萄糖以及羧甲基纤维素水溶液等。

2. 胀塑性流体

和假塑性流体相反，胀塑性流体的表观黏度随着速度梯度的增大而增加。由图 5-16 中曲线 2 可以看出，胀塑性液体的关系曲线是通过原点的向上弯曲的曲线，其斜率随剪切应力的增加而变大。

属于胀塑性的流体包括含有淀粉、硅酸钾、阿拉伯树胶的水溶液等，以及含沙子等一类物质的高浓度悬浮液。

3. 宾汉塑性流体

从 5-16 中曲线 4 可看出，它的关系曲线是不通过原点的直线。这种非牛顿型流体和牛顿型流体间的差别在于剪切应力和速度梯度的直线关系不通过原点，与 τ 轴相交于某一点 τ_0，这一点称为屈服应力，即当搅拌剪切应力未达到一定值前，流体不会运动，但当剪切应力达到一定程度，大于 τ_0 时，流体才能引起流动，并和牛顿型流体具有相同的流动特性。

属于这一类的流体如含有固体颗粒的白垩、岩粒的悬浮液以及污水泥浆等。

实际上，高黏度液体几乎多数表现为非牛顿型流体，黏度又随温度而显著变化。知道这些非牛顿型流体与温度的关系，就可以对搅拌设备采取有效措施。

二、搅拌机（低黏度流体混合设备）

在精细化工生产中，液体混合主要用于互溶或互不相溶的液体与液体之间的混合体、固体悬浮液的制备，以及液体中固体的溶解、强化热交换的操作中。比如水性建筑涂料丙烯酸乳液的制备，液态洗涤用品的生产，表面活性剂的合成等过程都需要用到液体混合形成流体。

精细化工生产中液体混合的目的在于促进物料的传热，使物料温度均匀化，促进互溶物料中各成分混合均匀，使不相溶的另一液相能充分悬浮或乳化，促进溶解、结晶、吸附、吸收等过程的进行，促进化学反应过程的进行，通常此类液体的黏度比较低，这类低黏度液体的混合也称为搅拌。

液体的搅拌操作分为机械搅拌和气流搅拌。气流搅拌是利用气体鼓泡通过液体层，对液体产生搅拌作用，或使气泡群以密集状态上升借所谓气升作用促进液体产生对流循环。与机械搅拌相比，气流搅拌无运动部件，所以在处理腐蚀性液体，高温高压条件下的反应液体的搅拌是很便利的，但是气流搅拌对液体搅拌作用比较弱，对于几千MPa·s以上的高黏度液体是难于适用的。在精细化工工业生产中，大多数的搅拌操作均系机械搅拌，因此本节主要叙述的是常见的机械搅拌。

机械搅拌设备在精细化工工业生产中应用范围很广，很多精细化学品的生产都或多或少地应用着搅拌操作。精细化学工艺过程的种种化学变化，是以参加反应物质的充分混合为前提的，对于加热、冷却和液体萃取以及气体吸收等物理变化过程，也往往要采用搅拌操作才能得到好的效果，搅拌设备在许多场合是作为反应器来应用的，例如在合成树脂与表面活性剂的生产中，搅拌设备作为反应器约占反应器总数的90%，其他如染料、医药、农药、油漆、油墨、洗涤用品、化妆品等行业，搅拌设备的使用也很广泛。

（一）搅拌机的形式

搅拌机械与设备的种类很多，但其基本结构是一致的，典型的搅拌机结构如图5-17所示，主要由搅拌装置、传动装置和搅拌罐三大部分组成，通常，典型搅拌设备还有进出口管路、夹套、温度计插孔、挡板等附件。

搅拌装置由搅拌轴、搅拌器等组成，主要作用是通过自身的运动使液体按某种特定的方式流动，从而达到某种工艺要求，所谓特定方式的流动（流型）是衡量搅拌装置性能最直观的重要指标。

搅拌罐有时又称搅拌容器，它的作用是容纳搅拌器与物料在其内进行操作，对精细化学品生产中的搅拌机来说，搅拌罐要满足无污染、易清理等专业技术要求。

传动装置是赋予搅拌装置及其他附件运动的传动组合体，一般由电机、轴承等组成，在满足生产需要的前提下，传动装置要求转动链短、传动件少、电功率小，以降低成本。

搅拌机中搅拌器的安装方式不同，可以产生不同的流体流型，使搅拌效果也有很大差别，常用的搅拌器的安装形式主要有下面几种：

1. 立式容器中心搅拌

如图5-17所示，立式容器中心搅拌机将搅拌装置安装在立式设备筒体的中心线上，驱动方式一般为皮带传动和齿轮传动，用普通电机直接连接或与减速机直接连接。从功率方面看，可从 0.1kW 到数百 kW。但在实际应用中，常用的功率为 0.2～22kW，一般认为功率 3.7kW 以下为小型，55～22kW 为中型，转速低于 100r/min 为低速，100～400r/min 称中速，大于 400r/min 称高速。桨叶的形状，根据用途可以考虑各种各样的组合方式，以三叶推进式、混轮式为主体，而组合各种形式。

2. 偏心式搅拌

如图 5-18 所示，偏心式搅拌机将搅拌装置安装在立式容器的偏心位置，这种安装方式能防止液体在搅拌器附近产生“圆柱状回转区”，可以产生与加挡板时相近似的搅拌效果。偏心搅拌过程中流体的流动情况如图所示，搅拌中心偏离容器中心，会使液流在各点所处压力不同，因而使液层间相对运动加强，增加了液层间的湍动，使搅拌效果得到明显的提高。偏心搅拌的缺点是容易引起振动，一般用于小型设备上比较合适。

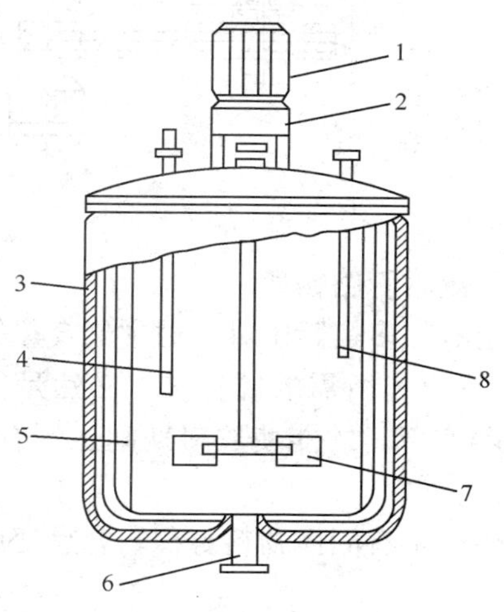

图 5-17　立式搅拌机结构图

1. 电动机；2. 传动装置；3. 罐体；4. 料管；5. 挡板；6. 出料口；7. 搅拌器；8. 温度计插管

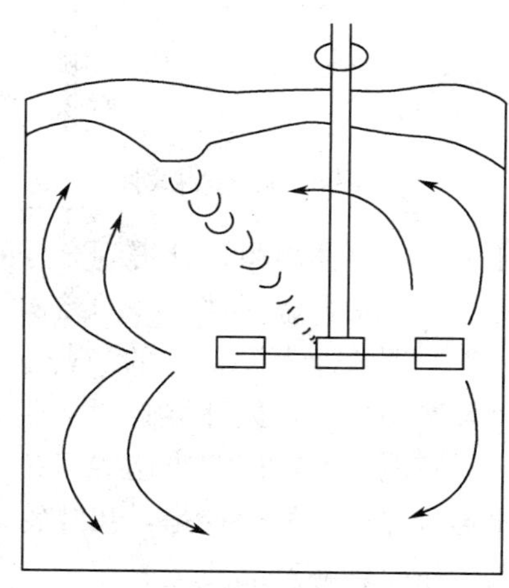

图 5-18　偏心搅拌

3. 倾斜式搅拌

为了防止涡流的产生，对简单的圆筒形或方形敞开的立式容器，可将搅拌器用夹板或卡盘直接安装在设备筒体的上缘，搅拌轴斜插入容器内直接搅拌（图 5-19）。

这种安装形式的搅拌设备比较机动灵活、使用维修方便、结构简单、轻便、使用范围较广，一般用于小型设备上。采用的功率为 0.1～2.2kW，使用一层或两层桨叶的搅拌器，转速在 36～300 r/min 范围内。

4. 底部式搅拌

底部式搅拌设备其搅拌器安装在容器的底部。底搅拌设备的优点有：搅拌轴短、细，无中间轴承，可用机械密封，易维护、检修、寿命长，底搅拌比上搅拌的轴短而细，轴的稳定性好，既节省原料又节省加工费，而且降低了安装要求。

此外，搅拌器安装在下封头处，有利于上部封头处附件的排列与安装，特别是上封头带夹套，冷却气相介质时更为有利。由于把笨重的减速装置和动力装置安放在地面基础上，从而改善了封头的受力状态，同时也便于这些装置的维护和检修。底搅拌也有利

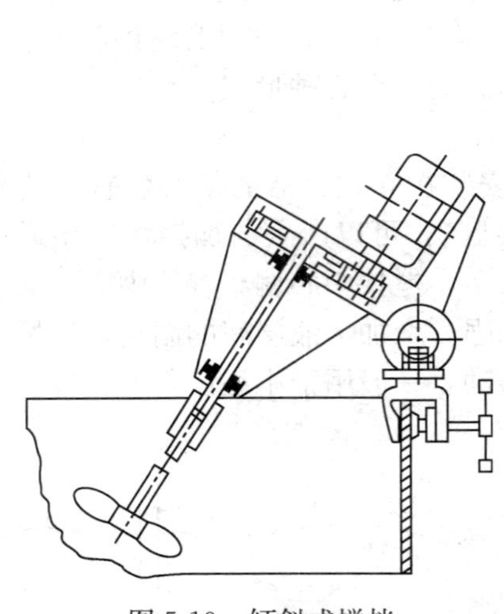

图 5-19　倾斜式搅拌

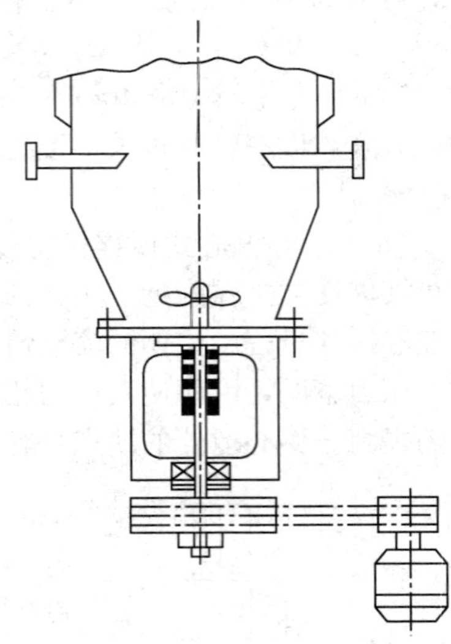

图 5-20　底部式搅拌

于底部出料，可使出料口处得到充分的搅动，使出料管路畅通。

对于大型聚合釜搅拌设备的结构，在设计上有很多实际困难，通常聚合釜的搅拌轴是通过釜的顶盖伸入设备内的，若是 $100m^3$ 的聚合釜所需的搅拌轴，必然是很粗、很长，而且费用昂贵，搅拌器必须装在接近聚合釜底部，才能使放料期间达到有效混合，但若采用底搅拌就可以解决这些问题。

此类搅拌设备的缺点是，桨叶轮下部至轴封处常有固体物料黏积，容易变成小团物料混入产品而影响产品质量。

底部搅拌设备如图 5-20 所示，搅拌器的形式有涡轮式、螺带式、推进式、三叶后掠式等。

5. 卧式容器搅拌

如图 5-21 所示，卧式容器搅拌为卧式容器上安装四组搅拌器装置的结构，这种安

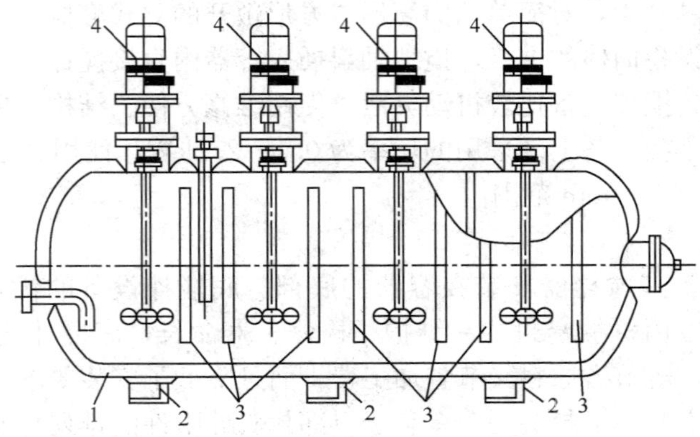

图 5-21　卧式容器搅拌机

1. 容器；2. 支座；3. 挡板；4. 搅拌装置

装方式，可降低设备的安装高度，提高搅拌设备的抗振性，改进悬浮液的状态等。可用于搅拌气液非均相系的物料，例如充气搅拌就是采用卧式容器搅拌设备的。搅拌器可以立装在卧式容器上，也可以斜装在卧式容器上。

6. 旁入式搅拌

旁入式搅拌设备是将搅拌装置安装在设备容器筒体的侧壁上，在消耗同等功率情况下，能得到最高的搅拌效果，这种搅拌器的转速一般是 360～450r/min，驱动方式有齿轮和皮带两种。

旁入式搅拌，一般用于大型储存罐中各种液体的混合和防止沉降等，投入少量的功率便可以得到适当的搅拌效果，因而被广泛采用。设备缺点是轴封比较困难。

图 5-22 是旁入式搅拌装置旋桨位置与流动状态示意图：图中（a）为旋桨与容器中心线夹角 $\alpha=7°\sim12°$时流体的流动状态；（b）为旋桨与容器中心线夹角大于 12°时的流动状态；（c）为旋桨与容器中心线相垂直时的流动状态。

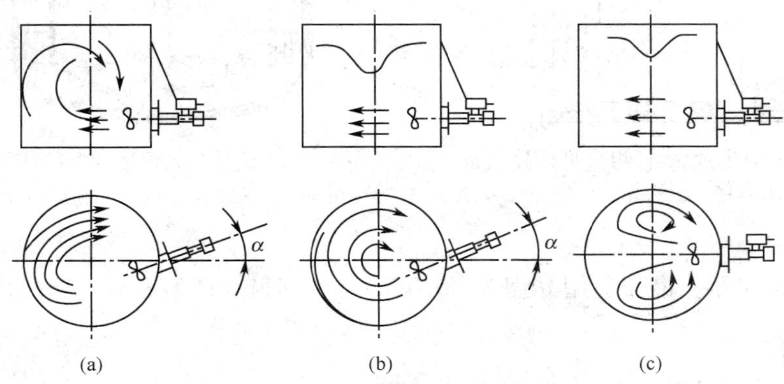

图 5-22　旁入式搅拌装置旋桨位置与流动状态

7. 组合式搅拌

有时为了提高混合效率，需要将两种或两种以上形式不同、转速不同的搅拌器组合起来使用，称为组合式搅拌设备。

图 5-23 是一台用于生产牙膏、涂料等的锚-齿片-螺杆组合型搅拌设备，通过三种叶轮的协同作用，将固体粉末均匀地分散到黏稠性液体中。齿片式叶轮以大于 1500r/min 的高速进行回转，具有打散粉团和打碎固体颗粒的作用；螺杆式叶轮以每分钟几十转至几百转的速度旋转，它造成强有力的轴向流动；锚式叶轮以每分钟十多转至数十转的低速转动，把罐内液体输送至齿片式叶轮造成的高剪切区和螺杆式叶轮形成的轴向流区。由于这三个叶轮的旋转轴互不重合，故称作非同轴组合式搅拌设备。

图 5-24 中的组合搅拌设备把框式搅拌器与另一个涡轮搅拌器进行组合，由于两个搅拌叶轮安置在同一轴线上，故称作同轴组合式搅拌设备。框式搅拌器上可带刮板也可不带刮板；中心搅拌器可以是高速旋转的齿片，也可如图所示的双层涡轮，也可以是适合于更高黏度的不规则四边形叶轮等。

这种组合搅拌设备适合于非牛顿型流体和热敏性液体的混合，也适合于作为中、高

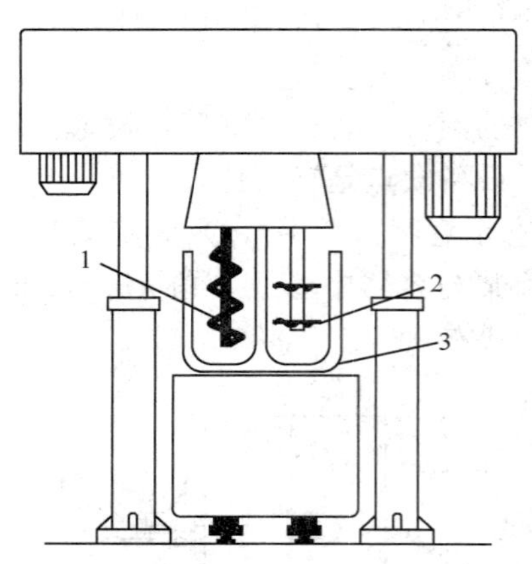

图 5-23 锚-齿片-螺杆组合型搅拌设备

1. 螺杆；2. 齿片；3. 锚

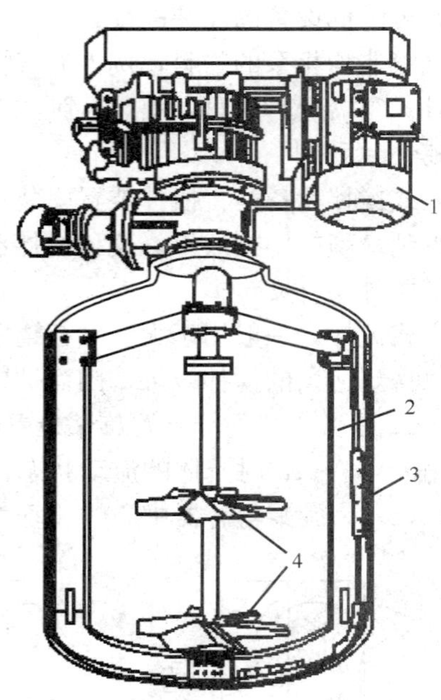

图 5-24 框-涡轮组合型搅拌设备

1. 电机；2. 框式搅拌器；3. 刮板；4. 双层涡轮

黏度物料的反应器。最大适用黏度为 3000Pa·s，其最大的容积达 $25m^3$，最大输入功率为 250kW。

（二）搅拌器类型

搅拌器是搅拌设备中主要的工作部件，搅拌设备对流体搅拌效果的好坏与搅拌器的形状有着直接的关系，尽管某种流动状态与搅拌容器的结构及其附件有一定关系，但是，搅拌器的结构形状与运转情况可以说是容器内流体流动状态最重要的因素。

搅拌过程有赖于搅拌器的正常运转，当然搅拌器的结构才是最主要的影响因素，由于搅拌操作的流体种类多种多样，有固体与液体、液体与液体，还有相溶与不相溶等物料的混合，有高黏度的流体，也有低黏度的流体，所以针对不同类型和性质的流体，搅拌器的结构存在着许多种类型。

通常的搅拌器按照形状可以分为两大类：

（1）小面积叶片高转速运转的搅拌器，属于这种类型的搅拌器有桨式、涡轮式、推进式（旋桨式）、布鲁马金式、齿片式等，多用于黏度低的物料。

（2）大面积叶片低转速运转的搅拌器，属于此类型的搅拌器有框式、锚式、垂直螺旋式、螺杆式等，多用于高黏度的物料。

各种搅拌器在配合各种可控制流动状态的附件后，便能使流动状态以及供给能量的情况出现多种变化，更有利于强化不同的搅拌过程，以满足不同加工工艺的要求。图 5-25 为典型搅拌器的类型。

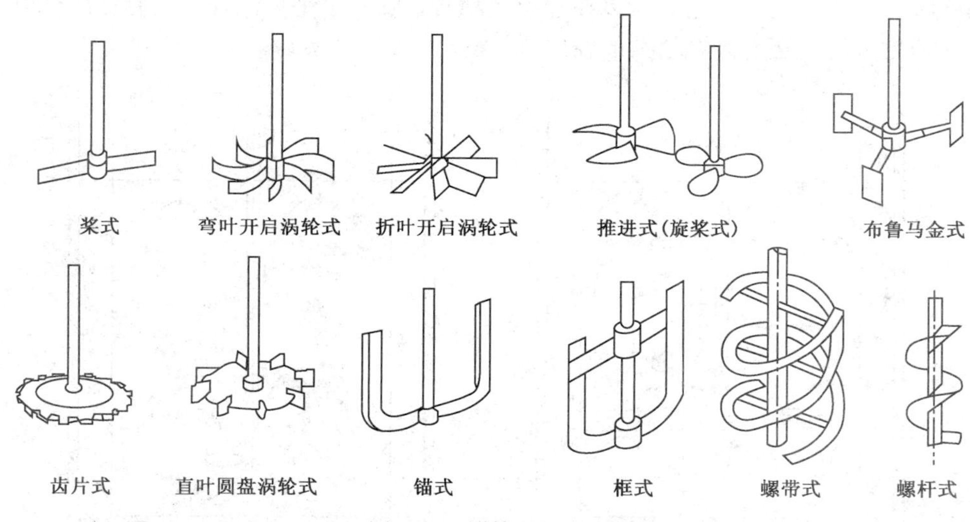

图 5-25 搅拌器的类型

（三）搅拌流型

搅拌器的功能就是提供搅拌过程所需要的能量和适宜的流动状态以达到搅拌混合各类流体的目的。搅拌器的形状与运转情况可以说是决定搅拌容器内流体流动状态的最基本的因素。

搅拌器的形状和结构多种多样，根据安装搅拌器的运动方向与桨叶表面的角度，可以将搅拌器分为三类：平叶、折叶和螺旋叶面搅拌器。桨式、涡轮式、框式、锚式等的叶轮都是平叶或折叶，而旋桨式（推进式）、螺杆式、螺带式的叶轮则为螺旋叶面。

平叶的桨面与运动方向垂直，即运动方向与桨面法线方向一致。折叶的桨面与运动方向成一个倾斜角度，一般为 45°或 60°等。螺旋面叶是连续的螺旋或者是其中一部分，叶片曲面与运动方向的角度逐渐变化，如推进式叶片的根部曲面与运动方向一般可为 40°～70°，而其叶端的曲面与运动方向的角度较小，一般为 17°左右。

不同类型的搅拌器其搅动液体的流动有各自的特点，为了区分叶轮排液的流向特点，根据主要排液方向将典型叶轮分成径流型和轴流型两种，平叶的桨式、涡轮式是径流型，螺旋面叶片的螺杆式、推进式是轴流型。折叶桨则居于两者之间，一般认为它更接近于轴流型。下面就几种典型的搅拌器桨叶形状及产生的流动状态做一个简单介绍。

1. 平直桨叶与流型

图 5-26 所示为平直叶圆盘涡轮搅拌器工作时产生的流动状态图，这种高速旋转的小面积桨叶搅拌器所产生的液流方向主要为垂直于罐壁的径向流动，通常称径流型桨叶。由于平直叶的运动与液流相对速度方向垂直，当低速运转时，液体主要流动为环向流，当转速增大时，液体的径向流动就逐渐增大，桨叶转速愈高，由平直桨叶排出的径向流动愈强烈。

单靠平直桨叶本身造成的轴向流动还是很弱的。有时可采用折叶形式，折叶由于桨面与运动方向成一定倾斜角，所以在叶轮运动时，除有水平环流外，还有轴向分流，在叶轮转速增大时，还有渐渐增大的径向流。

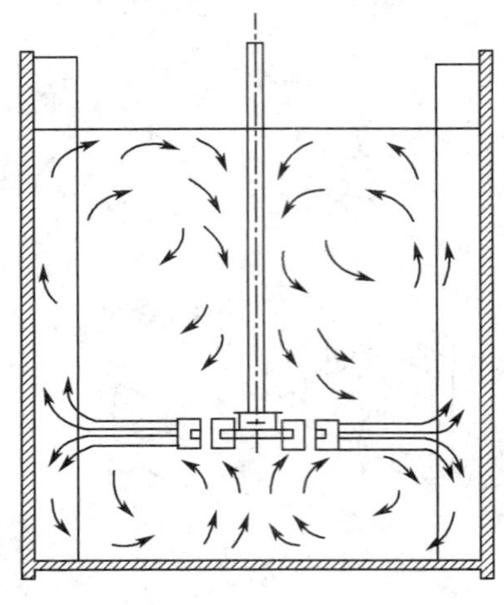

图 5-26 平直桨叶流型

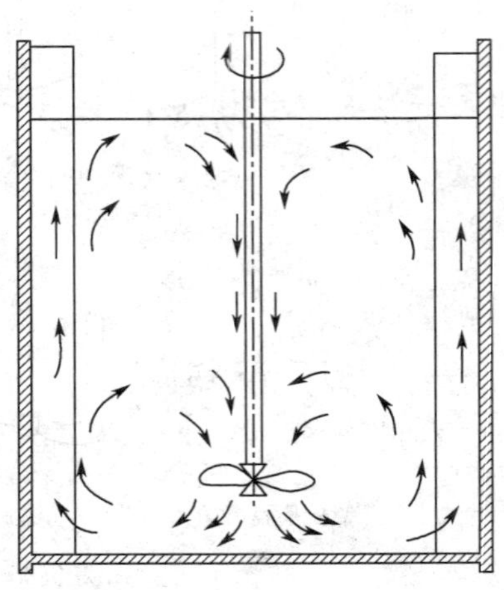

图 5-27 螺旋面桨叶流型

2. 螺旋面桨叶与流型

旋桨式搅拌器所产生的流型如图 5-27 所示，其桨叶类似于通常的推进式螺旋桨形状，此类桨叶又称推进式桨叶，当桨叶旋转时，产生的流动状态不但有水平环流、径向流，而且也有轴向流动，其中以轴向流量最大。因此，此类桨叶又称轴流型桨叶。

3. 垂直螺杆式桨叶与流型

螺杆式桨叶所产生的流动状态如图 5-28 所示，螺旋面可以看成是许多折叶的组合，这些折叶的角度逐渐变化。所以，此型螺旋面桨叶产生的流型有水平环向流、径向流和轴向流，其中以轴向流量最大。

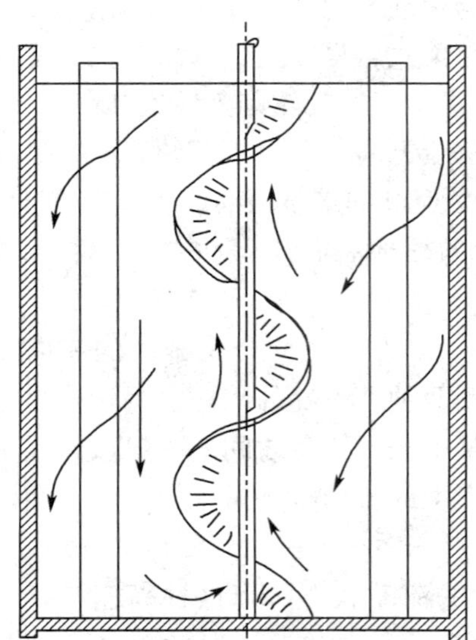

图 5-28 垂直螺杆式桨叶流型

（四）搅拌器的特点

搅拌目的的多样性，物料性质的多样性，以及搅拌设备形式的多样性再加上物料在搅拌设备内流动的复杂性，使搅拌设备的选型、搅拌器的选择与设计难以在一个严密的理论指导下完成，仍在很大程度上依赖于经验。为此有必要在明确搅拌目的和物料性质的基础上，对搅拌设备的各个要素，例如搅拌器叶轮的形状、叶轮直径、叶轮的层数、叶轮的安装位置、转速、设备的形状、挡板的尺寸和个数等进行优化。

了解各种搅拌器的特点以及应用场合，对选择合适的搅拌设备和搅拌器都很重要，下面就简单的介绍几种比较典型的搅拌器的特点。

1. 齿片式叶轮

在所有搅拌器叶轮中，齿片式叶轮使用的转速最高，通常其转速为500～3000r/min，相当于叶端线速度15～30m/s，齿片式叶轮外周的锯齿状叶片的高速旋转使之具有高的剪切力，投入的能量75%在叶片近旁以剪切的形式消耗掉。

用齿片式叶轮时，搅拌容器中一般不安装挡板。特别当处理密度小的、浮于液面的粉末时，更以无挡板为好。有时对于低黏度液体，为防止旋涡过高而使液体溢出罐外，或防止向液体中卷入气体，亦可使用挡板。还有，当液体黏度较高时，若不能产生全罐范围内的流动，则可采用与锚式叶轮进行组合的方法。

使用齿片式叶轮时投入的能量密度较高，这些能量全部变成热量使容器内温度上升，因此若所处理的液体不允许温度上升，则须用夹套进行冷却。

齿片式叶轮的应用领域有：液-液分散体系，如树脂的混合；固-液体系，如使高岭土、黏土、氯化钙和颜料等达到高度分散。

对于低黏度液体，齿片式叶轮的叶径与罐径之比为0.25～0.35，随着黏度的增加，叶径增大，但叶径与罐径之比不会超过0.5，该叶轮的黏度适用范围为小于50Pa·s。

2. 涡轮式叶轮

涡轮式叶轮随叶片形状和安装的角度不同其名称和用途也不同。从形式上看有两类：一类是有一个圆盘安装在轮毂上，叶片再安装在圆盘上，称圆盘涡轮式，另一种是叶片直接安装在轮毂上，称开启涡轮式。若叶片垂直安装的称径向流涡轮，叶片倾斜安装的称轴向流涡轮。若叶片呈弯曲形的还可称作弯曲叶涡轮。

径向流涡轮旋转起来把液体从轴方向吸入而向与轴垂直的方向（径向）排出。当容器内有挡板时，排出流遇到容器壁则向上下分开，使容器内形成上下循环的流型。这种叶轮功率消耗大，剪切力强，又具有排出能力，因此它适用于既要有强的剪切，又要有一定循环流量的场合，如在液-液体系用于乳化、乳液聚合、悬浮聚合、萃取等；在固-液体系则用于把干的和湿的滤饼再捣碎成浆状以及使固体一面破碎一面溶解；对于气-液体系则用于氧化反应那样的气体分散和伴有化学反应的吸收等。

轴向流涡轮使液体沿与轴平行的方向排出，使其进行有效的轴向循环。产生同样的排量，这种叶轮所需的功率仅占径向流涡轮的一半，所以对容器内循环流占重要地位的场合，它是有效的叶轮。这种叶轮主要用于液-液系和固-液体系中需要强循环的场合，如均一混合、反应、传热等。

涡轮式叶轮的叶径与罐径之比通常为0.25～0.5，叶轮的转速一般为50～300r/min，适应的最高黏度为30Pa·s左右。

3. 桨式叶轮

桨式叶轮通常仅有两枚叶片，是搅拌叶轮中最简单的一种。与涡轮式叶轮一样，根据叶片的垂直或倾斜安装可分成径向流型和轴向流型。

桨式叶轮主要用于排出流是必要的场合，由于在同样的排量下，轴向流叶轮的功耗比径向流低，故轴向流叶轮使用较多。由于结构简单，即使叶径大，造价也不高，故往往用于大叶径、低转速的场合。其主要用途为：在液-液系用于防止分离和使温度均一；在固-液系，多用于防止固体沉降。如制成大叶轮，则可用于高黏度流体的搅拌，某些场合还可用多层叶轮。

在立式搅拌机中，使用桨式叶轮的占大约50%左右。对于低黏度液体，桨式叶轮的叶径与罐径之比为0.35～0.5，对于高黏度液体为0.65～0.9；使用的转速为20～100r/min；适应的最高黏度为50Pa·s。

4. 推进式叶轮

作为搅拌用的推进式叶轮、其叶片不像船舶推进器那样都由立体曲面所组成，通常由钢板扭曲而制得。推进式叶轮在旋转时使液体向前方成轴向流排出、使之在罐内形成循环，然而，推进式叶轮安装在搅拌容器中间时，容易形成水平回转流，会降低搅拌混合效果，为防止水平回转流，可在罐内装挡板，也可将搅拌轴偏心或倾斜安装，这样搅拌混合效果更好。

推进式叶轮的能力特征是排出液体的能力强，而不适用于要求较高剪切力的各种分散和反应等操作。它主要用于液-液系的混合、使温度均一化、在低浓度固-液体系中防止淤浆沉降等，特别是它具有单位功率排量大和搅拌机本身造价较低的优点、因此常被用于大容量的搅拌。

推进式叶轮所用的转速一般为200～400r/min，在此转速范围内搅拌机易做得很小巧，故可制成便携式的。叶轮直径与罐径之比为0.1～0.3，是比较小的，因此推进式叶轮不能用于过高的黏度，最多到2～3Pa·s。

5. 锚式、框式叶轮

锚式、框式叶轮属于同一类、这些叶轮的桨径对罐径之比较大，通常在低速下运行，在搅拌低黏度液体时不产生大的剪切力，因此它不适用于液-液和气-液分散；另一方面，这些叶轮在罐内移动的流量大，水平回转流占支配地位，不具有良好的混合均一性。

锚式、框式叶轮的特点是在罐壁附近的流速比其他叶轮大，能得到大的传热膜系数，故常用于传热、晶析操作，另外由于其叶径较大，且与罐底贴近，也常用它来搅拌高浓度淤浆和沉降性淤浆，还有它也常用于高黏度流体的搅拌。为适合一些特殊的流体，其叶轮形状也可以改变。

锚式、框式叶轮使用于低黏度液体时，叶轮的叶径与罐径比为0.7～0.9，对于高黏度液体则为0.8～0.95。转速通常为10～50 r/min，适用的最高黏度为200～300 Pa·s。

6. 螺带式叶轮

螺带式叶轮的叶片是把细长形的金属卷成螺旋状而制成的，它是搅拌高黏度流体时不可缺少的一种叶轮形式。螺带的宽度约为叶径的5%～15%，通常为10%，螺带的条数一般为2，称之为双螺带叶轮，也有用一条螺带的单螺带叶轮，有时将一条螺带放在外侧，另一枚螺带放在中间，并使叶轮转动时，内外两条螺带推动液体前进的方向相反，设计时使得两条螺带推动液体的排量相同，这种螺带称为内外单螺带。与内外单螺带类似的还有螺带-螺杆式叶轮。

由于螺带式叶轮是用来搅拌高黏度流体，故其叶径与罐径之比应取得大，至少应等于0.9，大的可使叶轮与罐之间几乎无间隙，而且为了提高传热能力，极力减少罐壁上的附着物，还可在螺带上装刮板，螺带的高度通常取罐底至液面的高度。

使用螺带式叶轮的场合有：制造合成橡胶、合成树脂的聚合反应等，对液体与粉体形成的湿泥状液也能使用。对于膏状物、黏性低的淤浆液和黏性低的易剪断物，螺带式叶轮不宜使用。

（五）搅拌器的选择

由于搅拌过程以及搅拌器性能具由许多共性，所以，各种搅拌器的通用性较强，同一种搅拌器可用于几种不同的搅拌过程。一般选择搅拌器时主要应从介质的黏度高低、容器的大小、转速范围、动力消耗以及结构特点等几方面因素综合考虑。

1. 根据流体黏度的高低选型

由于流体的黏度对搅拌状态有很大影响，所以根据搅拌流体黏度大小来选择是一种基本的方法，图 5-29 就是这种方式选择搅拌器的曲线图，如图所示，随着黏度的增高，各种搅拌器选用的顺序为旋桨式、涡轮式、桨式、锚式和螺带式等，对旋桨式搅拌器，在大容量液体时用低转速，小容量液体时则用高转速。这种选用方法各种搅拌器的使用范围有重叠性，例如桨式搅拌器由于其结构简单，用挡板后可以改善流型，所以，在低黏度时也是应用得较普遍的。而涡轮式由于其对流循环能力、湍流扩散和剪切力都较强，几乎是应用最广泛的一种搅拌器。

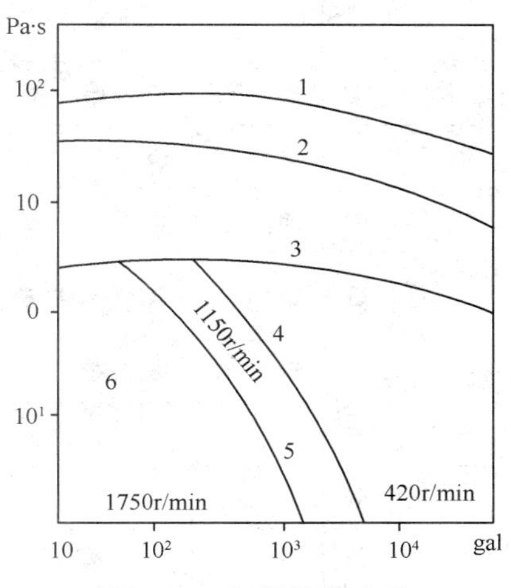

图 5-29 根据黏度选型

1. 锚式、螺带式；2. 桨式；3. 涡轮式；4，5，6. 涡轮式、旋桨式

1gal＝3.78541L

2. 根据搅拌过程和目的选型

这种方法是通过搅拌过程和目的，对照搅拌器造成的流动状态做出判断来进行选择。

表 5-2 的选型，其使用条件比较具体，不仅涉及了桨型与流动状态和搅拌目的关系，还推荐了介质黏度范围、搅拌转速范围和罐的容量范围。

低黏度均相液体混合，是难度最小的一种搅拌过程，只有当容积很大且要求混合时间很短时才比较困难。由于推进式的循环能力强且消耗动力少，所以是最合用的，而涡轮式因其动力消耗大，虽有高的剪切能力，但对于这种混合过程并无太大必要，所以若用在大容量液体的混合时就不合理了。桨式搅拌机因其结构简单，在小容量液体混合中仍广泛地应用，但用在大容量液体混合时，其循环能力就不足。

对分散操作过程，涡轮式因具有高剪切力和较大循环能力，所以最为合用，特别是平直叶涡轮的剪切作用比折叶和后弯叶的剪切作用大，更为合适。推进式、桨式出于其剪切力比平直叶涡轮式的小，所以只能在液体分散量较小的情况下可用，而其中桨式很少用于分散操作，分散操作都有挡板来加强剪切效果。

对于固体悬浮操作，涡轮式搅拌器使用范围最大，其中以开启涡轮式为最好，它没有中间的圆盘部分，不致阻碍桨叶上下的液相混合，而且弯叶开启涡轮的优点更突出，它的排出性能好，桨叶不易磨损，所以用于固体悬浮操作更为合适。桨式的速度较低，仅适合于固体粒度小、固液密度差小、固相浓度较高、沉降速度低的固体悬浮。推进式的使用范围较窄，固液密度差大或固液比在50%以上时不适用，使用挡板时，要注意防止固体颗粒在挡板角落上的堆积，一般固液比低时，才用挡板，而折叶桨、折叶开启涡轮、推进式都有轴向流，所以也可以不用挡板。

表 5-2　搅拌器适用条件表

搅拌器	流动状态			搅拌目的									罐容积 /m³	转速 /（r/min）	最高黏度 /（Pa·s）
	对流循环	湍流扩散	剪切流	低黏液体混合	高黏液体混合	分散	溶解	固体悬浮	气体吸收	结晶	传热	液相反应			
涡轮式	●	●	●	●	●	●	●	●	●	●	●	●	1～100	10～300	50
桨式	●	●	●	●	●		●	●		●	●	●	1～200	10～300	50
推进式	●	●		●		●	●	●		●	●	●	1～1000	100～500	2
折叶开启涡轮式	●	●		●		●	●	●			●	●	1～1000	10～300	50
布鲁马金式	●	●	●	●	●		●				●	●	1～100	10～300	50
锚式	●				●		●						1～100	1～100	100
螺杆式	●				●		●						1～50	0.5～50	100
螺带式	●				●		●						1～50	0.5～50	100

●为适用，空白为不详或不适用。

固体溶解过程要求搅拌器有剪切流和循环能力，所以涡轮式是最合适的。推进式循环能力大但剪切流小，所以用于小容量的溶解过程比较合理。桨式的需借助挡板提高循环能力，一般是在容易悬浮起来的溶解操作中使用。

气体吸收过程以圆盘式涡轮最合适，它的剪切力强，而且圆盘的下面可以存住一些气体，使气体分散更平稳，而开启式涡轮就没有这个优点。桨式及推进式对气体吸收过程基本上不合用，只有在少量易吸收的气体要求分散度不高时还能应用。

带搅拌的结晶过程是很困难的，特别是要求严格控制晶体大小的时候。一般是小直径的快速搅拌，如涡轮式适应于微粒结晶；而大直径的慢速搅拌，如桨式可用于大晶体的结晶。

（六）搅拌附件

搅拌附件通常指在搅拌罐内为了改善流动状态而增加的零件，如挡板、导流筒等，在某地场合，这些附件是不可缺少的，采用哪种附件要结合搅拌器的选型综合考虑，以达到预期的搅拌流动状态，增设附件会使液体的流动阻力增大，要影响搅拌器的功率。

有时，搅拌罐内的某些零件不是专为改变流动状态而设的，但因为它对液流也有一定阻力，也会起到这方面的部分作用，如传热蛇管、温度计套管等就属此类零件。

1. 挡板

挡板一般是指长条形的竖向固定在罐壁上的板，主要是在湍流状态时为了消除罐中央的“圆柱状回转区”（液面下陷现象，如图 5-30 所示）而增设的。显然这种挡板适用于径流型叶轮在湍流区的操作，而层流状态时不能用这种挡板来改变流型，挡板还可提高叶轮的剪切性能，如有的悬浮聚合的搅拌装置，在设有挡板时可使颗粒细而均匀。

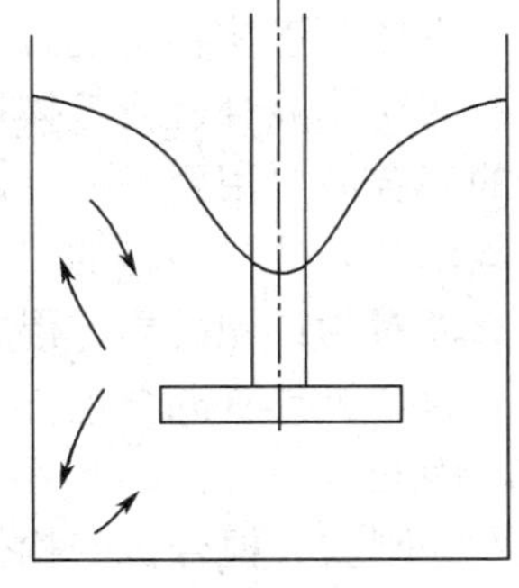

图 5-30　液面下陷现象

挡板的数量及其大小以及安装方式都不是随意的，它们都会影响流型和动力消耗。

挡板的上缘一般可与静止液面齐平，当液面上有轻而易浮不易润湿的固体物料时，则需在液面上造成旋涡，这时挡板上缘可低于液面 100～150mm。挡板的下缘可到罐底，有时利用挡板的高度来改变流型，如在罐底希望使较重物料易于沉降而分离出来时，就可将挡板下端取在叶轮之上，这样可使罐底出现水平回转流，有利于物料的沉降。

搪玻璃搅拌罐中多采用三叶后掠式搅拌器，同时采用一种指状或叫梳状的挡板。这种挡板具有节约动力，又有利于出现上下循环流的特点。由于指状挡板的形状不同、配置位置不同，还可以有不同的效果，指状挡板因不同的操作目的可以有不同的配置方法（图 5-31）。

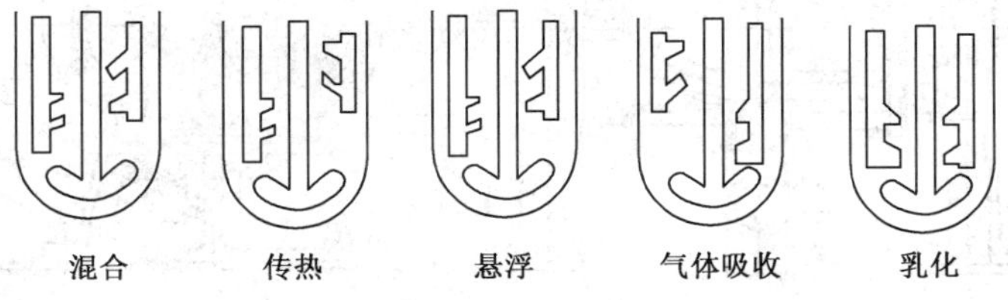

图 5-31　指状挡板的配置方法

2. 导流筒

导流筒主要用于推进式、螺杆式搅拌器的导流，涡轮式搅拌器有时也用导流筒。导流筒是一个圆筒形，紧包围着叶轮。可以使叶轮排出的液体在导流筒内部与外部（导流筒与罐的环隙内）形成上下的循环流动。应用导流筒可使流型得以严格控制，还可得到高速涡流和高倍循环。

导流筒可以为液体限定一个流动路线，防止短路，也可迫使流体高速流过加热面以利于传热。对于混合和分散过程，导流筒也都能起到强化作用。根据推进式、螺杆式的旋向和转向，可使液体有不同的循环方向。较多的流向是导流筒内液体向下、外面环隙内液体向上。在涡轮式所用的导流筒内侧，设有与桨叶同等数目或更多的折叶片，折叶角度随操作目的而异，例如气-液相操作中，折叶使气-液相在导流筒内向下流动；在固-液相操作中，折叶使固-液相在导流筒内向上流动。

螺杆式叶轮的导流筒上下均不带喇叭口，其直径为罐径的 0.7 倍，以使导流筒内面积与外环隙的面积相等，使黏滞液体的流动不受阻碍，其高度可与螺杆式搅拌器的高度相同或略高一些。

三、 捏合机（高黏度流体混合设备）

固体和液体物料混合可以形成一类黏度很高的浆体或塑性固体，这类混合物不能用一般的粉体混合机或液体搅拌机加工，高黏度的浆体和塑性固体的黏度高、流动性差，它的混合需要用到一些专门的混合机械设备，常用的为捏合机，它的基本原理及其性能依赖混合元件与物料的接触，即搅拌元件的移动必须遍及混合容器的各部分，或者由工作部件对物料先是局部混合，进而达到整体混合称为捏合、糅合或调合。

捏合机具有混合搅拌的功能，以及对物料造成挤压力、剪切力、折叠力等综合作用。因此，捏合机的叶片要格外坚固，能承受巨大的作用力，容器的壳体也要有足够的强度和刚度。捏合机的构件大小、转速等随混合物的黏稠度而异，稠度越高，桨叶的直径越大，转速越慢。

图 5-32 为典型的双臂捏合机，它主要由两根搅拌臂做回转运动，主要由转子、混合室及驱动装置等组成。

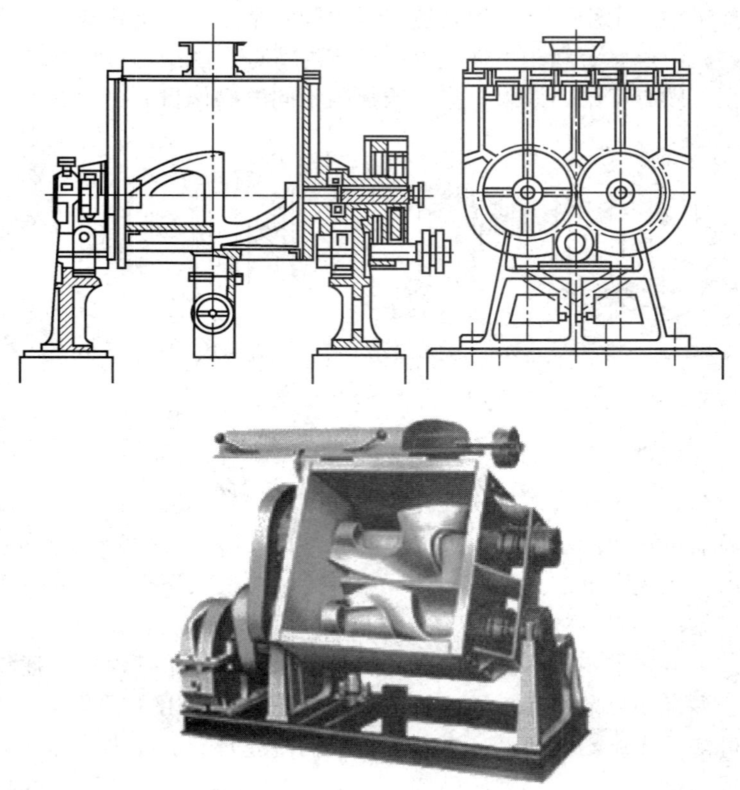

图 5-32　双臂捏合机原理图和外形图

混合室为鞍形底部的钢槽，上部有盖和加料口，下部设有出料口。钢槽呈夹套式，夹套内可设计成电加热、汽加热或水冷却形式，出料方式有液压翻缸、螺杆挤出及下出料等形式。转子是捏合机的主要工作部件，转子在旋转时对物料的搅动、翻转、剪切作用能有效促进物料各组分的混合。

捏合机被广泛用于化工、纤维素、硅橡胶、香皂、胶基、塑料、油漆、油墨、磁带、涂料、医药、食品等行业，是对高黏度和超高黏度物料进行搅拌、捏合的理想设备。

复习思考题

1. 混合的定义是什么？混合的目的主要有哪些？
2. 混合设备按工作原理可分为哪几类？按设备运转形式可分为哪几类？
3. 精细化工中，常用的固体混合设备有哪几种？
4. 重力式混合机的特点和缺点有哪些？
5. 按容器外形分，重力式混合机有哪几种？
6. 强制式混合机的特点和缺点是什么？
7. 精细化工生产中，常用的强制式混合机有哪几种？
8. 混合机的选择要考虑哪些因数？
9. 常见的流体有哪几种类型？
10. 搅拌机中搅拌器的安装方式有哪几种？
11. 搅拌器按照形状可以分为哪几类？各有什么特点？
12. 平直桨叶的搅拌流型特点是什么？
13. 搅拌器的选择要考虑哪些因数？
14. 捏合机的特点和主要应用范围是什么？

第六章　乳化和均质设备

工业生产中常遇到的非均相固-液和液-液多相分散系，要达到高度均一稳定，其均匀度不仅要求分散相分布均匀，而且还要求分散质微粒细化，含固体的悬浮液要求固体颗粒微粒化，含油滴的乳状液要求油滴（称流体颗粒）微滴化。两种不互溶的液体混合时，是一种液体以一定的分散度分散于另一种液体中，这种混合操作称为乳化。从概念上和作用上讲，分散、均质、乳化往往难以区分，这里统称为均质，而固体颗粒和流体颗粒均简称为颗粒，所以均质是使悬浮液（或乳化液）体系中的分散相颗粒分散化、均匀化的处理过程，可以同时起到降低分散颗粒的尺度和提高分散颗粒分布均匀性的作用，以得到具有合适贮存稳定性的产品。

第一节　乳状液制备

乳状液的形成方法基本上分为凝聚法和分散法两种。凝聚法是将被分散的物质溶于某种液体成为分子的分散状态，然后再聚集成适当大小的液珠。也可以把被分散物制成过饱和溶液，然后在一定条件下将此过饱和溶液破坏而制得乳状液。分散法是把一种液体加到另一液体中同时进行强烈搅拌而制成乳状液的方法，此法在工业中广泛应用。

分散法制备乳状液，按不同加料方式有以下几种方法。

1. 转相乳化法

制取 O/W 型乳状液时，先把乳化剂溶于油相，以后慢慢加入水，最初是 W/O 型乳状液。继续加入水到接近转相点时，进行充分搅拌，最后转相变成 O/W 型乳状液。若要制备 W/O 型乳状液，过程相反。

2. 自然乳化法

将乳化剂溶于油中制成溶液，然后加入水中，不经搅拌而形成 O/W 型乳状液。一些农药乳剂即用此法制得 O/W 型乳状液。

3. 瞬时成皂法

将脂肪酸溶于油中，碱溶于水中，然后在搅拌下将两相混合，在界面即有皂生成。此法适用于用皂作乳化剂的乳状液。

4. 轮流加液法

将水和油轮流加入到乳化剂，每次只加入少量。制备某些食品乳状液，如蛋黄酱等即用此法。

5. 界面复合物生成法

在油中加入一种易溶于油的乳化剂，例如 Span60，在水中加入一种易溶于水的乳化剂，例如 Tween80。在剧烈搅拌下将两液体混合，两种乳化剂相互作用形成复合物，可得到稳定的乳状液。

以上是乳化的基本方法，实际应用时，应根据对乳状液的不同要求选择或适当变更。

制备乳状液需要将乳状液分散得很细很均匀，由于形成巨大的表面需要能量，所以除了使用乳化剂和某种制备方法外，还需要特殊的设备。如混合、乳化和均质设备，常用的有搅拌器、胶体磨、均质机等。

第二节　均质乳化设备

一、搅拌混合器

第五章混合所用搅拌器原则上均可用于乳化，但有其局限性，一般多使用推进式或涡轮式搅拌器。此法设备简单、操作方便，但制得的乳状液分散度低、均匀性差，故多用于其他乳化设备的预分散之用。这种乳状液再用胶体磨或均质机处理，就得到稳定性良好的乳状液。用搅拌器乳化应注意混入空气的问题。使用乳化剂不仅降低了油-水界面张力，也同时降低空气和水的界面张力，所以空气也容易混入乳状液中。

搅拌混合器适合低黏度的液体进行分散。

二、胶体磨

胶体磨主要由定子和转子组成，转子转速可为1000～20000r/min。转子和定子之间的间隙可调，一般为0.025～1mm。操作时，液体自转子和定子之间的间隙通过，利用它所产生的巨大剪切力可将液体进行乳化。

转子和定子间的表面可有如下几种情况：

（1）转子和定子间的表面均为光面，两表面完全平行，液体的乳化只依靠两表面的相对运动所产生的剪切力而完成。

（2）完全平行的转子和定子表面覆以金刚砂等形成粗糙的表面。利用其形成的湍流可以处理黏度较高的乳浊液。

（3）转子和定子表面分别被加工成沟槽形，转子和定子的间隙在液体进口处较大、出口处较小。液体在间隙中通过时，受到沟槽及间隙改变的作用，流动方向急剧变化。物料受到很大的剪切力、摩擦力、离心力和高频振动等而被乳化。

胶体磨有立式和卧式两种。卧式胶体磨如图6-1所示，液体自轴向水平进入，通过转子和定子之间的间隙被乳化，在叶轮的作用下从出口排出。有些胶体磨的乳浊液可从排出口装设的支管重返入口，以进行循环乳化。立式胶体磨如图6-2所示，料液自料斗1的下口进入胶体磨，在通过转子2和定子3的间隙时被乳化，乳化后的液体在离心盘4的作用下自出口5排出。胶体磨可加工黏度很高的液体或膏状物料，操作时应避免空气进入，最好在进、出口管安装液封装置等，以作密闭之用。

三、剪切式均质机

目前国内常用的剪切式均质机线速度多为10～25m/s，高剪切均质机线速度达到30～40m/s的剪切式均质机。高剪切均质机由电动机、连接体、均质头等组成，连接体

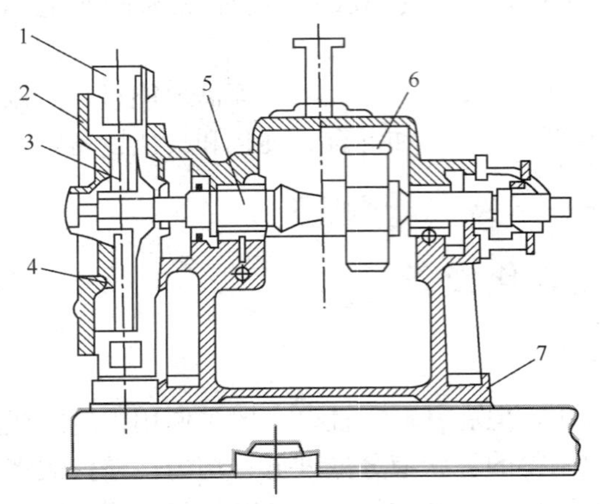

图 6-1　卧式胶体磨结构示意图

1. 进料口；2. 前机壳；3. 动磨片；4. 定磨片；5. 动、静磨片之间间隙调节装置；6. 传动机构；7. 机座

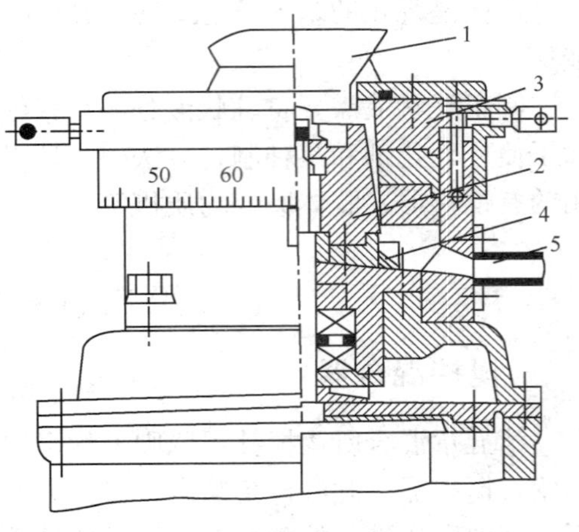

图 6-2　立式胶体磨

1. 料斗；2. 转子；3. 定子；4. 离心盘；5. 出口

一般采用无缝管焊接而成，均质头是由均质壳体、转子、定子、密封等组成，机械密封采用硬质内装型密封。适应温度在−30～200℃之间，转子、定子采用优质不锈钢锻压制造，还根据物料的需要可对转定子进行特殊氮化处理，使转子定子更耐磨，更耐腐蚀，转子与定子之间的间隙为 0.1～0.4mm；定子一般为长槽、网孔、圆孔等。层次可分为单级 2～10 层、三级 12～24 层。其结构如图 6-3 所示。

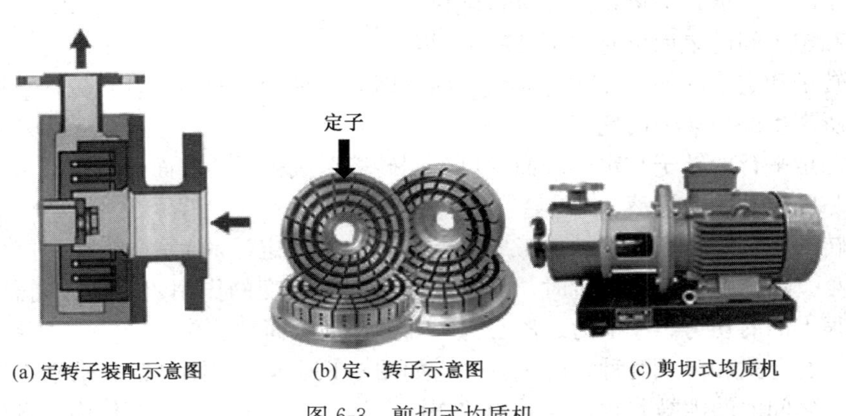

(a) 定转子装配示意图　(b) 定、转子示意图　(c) 剪切式均质机

图 6-3　剪切式均质机

剪切式均质机工作原理：转子带动叶片高速旋转产生强大的离心力，在转子中心形成很强的负压区，料液（液-液或液-固相混合物）从定转子中心被吸入，在离心力的作用下，物料由中心向四周扩散，在向四周扩散过程中，物料首先受到叶片的搅拌，并在叶片端面与定子齿圈内侧窄小间隙内受到剪切，然后进入内圈转齿与定齿的窄小间隙内，在机械力和流体力学效应的作用下，产生很大的剪切、摩擦、撞击以及物料间的相互碰撞和摩擦作用而使分散相颗粒或液滴破碎。转齿的线速度由内圈向外圈逐渐增高，物料受到剪切、摩擦、冲击和碰撞等作用越强烈，被粉碎得越来越细，从而达到均质乳

化目的。在转子中心负压区，当压力低于液体的饱和蒸汽压（或空气分离压）时，产生大量气泡，气泡随液体流向定转子齿圈中被剪碎或随压力升高而溃灭。溃灭瞬间，在气泡的中心形成一股微射流，射流速度可达100m/s，甚至300m/s，其产生的脉冲压力就接近200MPa。强大的压力波可使软性、半软性颗粒被粉碎，或硬性团聚的细小颗粒被分散，物料细化度最高达0.5μm。

高剪切均质机能对物料产生强烈的剪切与研磨作用，因此高剪切均质机比较适合处理含纤维较多或者较硬的颗粒物料。

四、 高压式均质机

1. 高压均质机的结构

高压均质机主要由传动系统、柱塞泵、均质阀等部分组成。传动部分是由电动机、皮带轮、变速箱、曲轴、连杆、柱塞等组成。通过曲轴连杆机构和变速箱将电机高速旋转运动变成低速往复直线运动。实践中采用两级变速，即皮带轮及齿轮变速为好。变速后，使柱塞往复运动的速度控制在130～170r/min。这种速度下，机器运转稳定、噪声低、柱塞及其密封耐用性好。

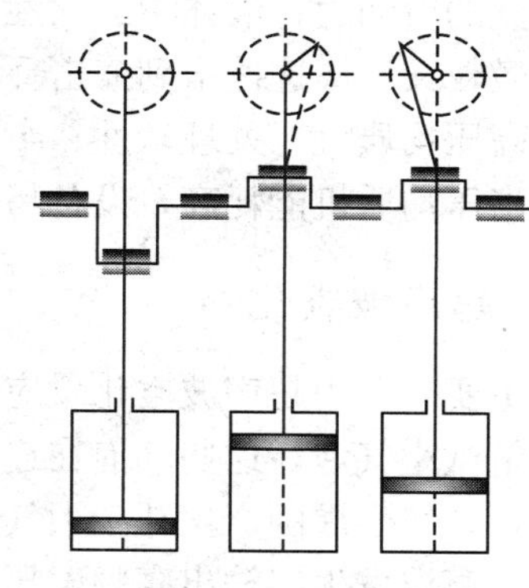

图6-4　三柱塞往复泵工作示意图

1）柱塞泵

常见为三柱塞往复泵，结构如图6-4所示，由连杆带动活塞，在泵体内作往复运动，在单向阀配合下完成吸料、加压过程，然后经集流管进入均质阀。

2）均质阀

均质阀接受集流管输送过来高压液料，完成超细粉碎、乳化、匀浆任务。它有两级均质阀及二级调压装置，是完成超细粉碎、乳化、匀浆的专用零部件，其结构如图6-5和6-6所示。阀中接触料液的材质必须具备无毒、无污染、耐磨、耐冲击、耐酸、耐碱、耐腐蚀的条件。

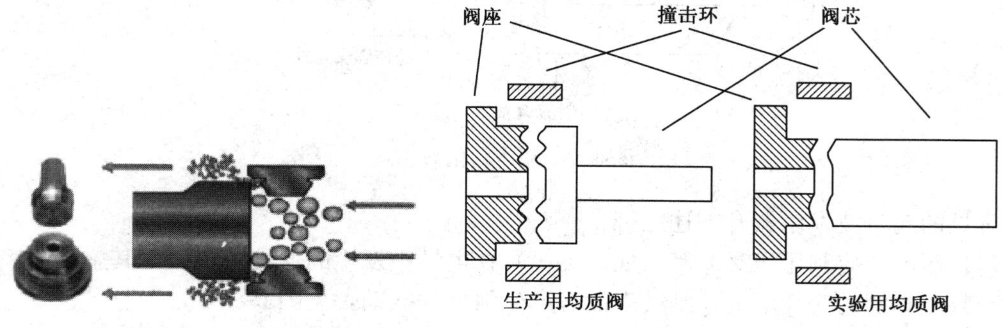

图6-5　均质阀工作原理图　　图6-6　均质阀示意图

2. 高压均质机工作原理

高压均质原理是利用高压使得液料高速流过狭窄的缝隙时而受到强大的剪切力、液料被冲击到金属环上而产生强大撞击力以及因静压力突降与突升而产生的空穴爆炸力等综合力的作用，把颗粒比较粗大的乳浊液或悬浮液加工成颗粒非常细微的稳定的乳浊液或悬浮液。被均质物料通过阀座与阀杆间隙（间隙大小可调，一般为 0.1mm）时，其流速在瞬间被加速到 200～300m/s，从而产生巨大的压力降，当压力低于液体工作温度下的饱和蒸汽压时，液体就开始迅速“汽化”，内部产生大量气泡。含有大量微气泡的液体朝缝隙出口流出，流速逐渐降低，压力又随之提高，压力高于液体工作温度下的饱和蒸汽压时，液体中的气泡重新凝结，形成了空穴现象，产生强烈的高频振动，同时产生强烈的剪切力，液体中的软性、半软性颗粒就在剪切力的作用下被粉碎成微粒。被粉碎的微粒又以高速冲击到撞击环上，被进一步粉碎和分散。

高压均质机对处理软性、半软性的颗粒状物料比较合适，不适合于含纤维物质的粉碎。高压均质机能耗高，设备易损坏，特别是在高压条件下，维修量大。

五、 超声波乳化器

主要是利用超声波空化效应。超声波在液体中产生每秒数十万次振动，将液体震碎成大量微小气泡，这些气泡在连续的作用下，会迅速增长，然后突然闭合，产生超强冲击波，在气泡周围产生几千大气压的压力和局部高温，这种物理现象称为超声波空化效应。超声波发生器输出高频电压信号驱动超声换能器产生 20kHz 频率的超声波，利用空化效应所产生的巨大能量对流经设备的液体进行强烈的分散处理，起乳化均质的功效。同时驱除液体内部微小气泡，粉碎大颗粒物质，防止沉淀产生，达到均质处理的要求。超声波乳化器结构如图 6-7 所示。

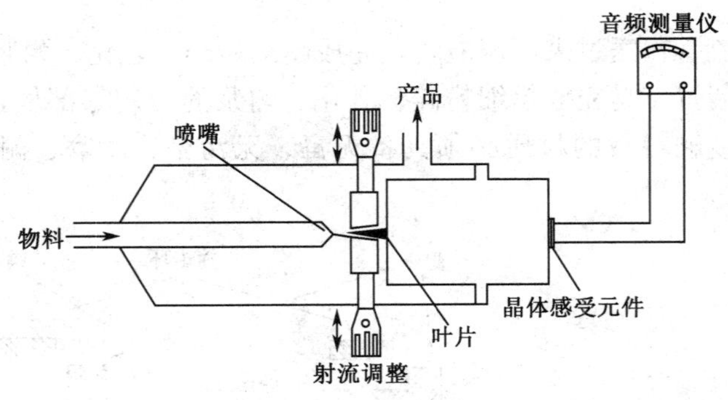

图 6-7 超声乳化器

常见的超声波发生器有下述三种：

（1）压电效应利用压晶体管（如石英等）在电场中发生的伸缩现象，对其施以与固有振动频率相同的交变电流，则其表面可产生强烈的振动，见图 6-8（a）。

（2）磁致伸缩效应某些杆状磁致伸缩组件（如镍及镍合金等）置于交变磁场中，会发生周期性的长度变化。如交流电频率与镍杆的固有频率相一致，则镍杆会在磁致伸缩

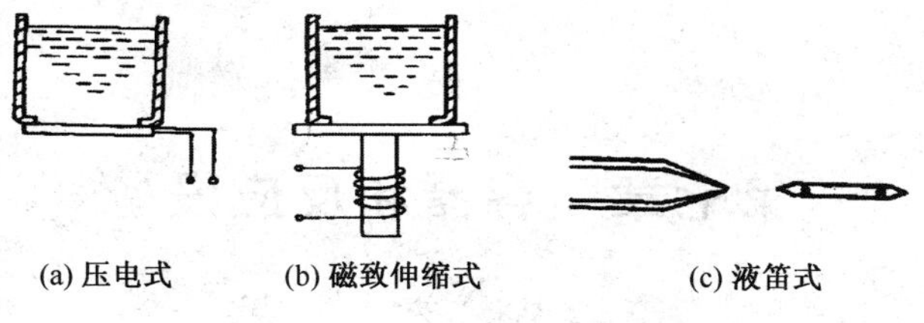

图 6-8　超声波发生器

力的作用下产生强烈的振动，从杆端射出频率相同的超声波，见图 6-8（b）。

（3）液笛式超声波发生器把簧片固定在两个节点上，使之能够进行弯曲振动。被乳化液体通过管子的喷嘴后喷射到簧片刃口上，簧片在刃口受到喷射作用时会发生强烈的共振，发出超声波并传到四周的液体中，见图 6-8（c）。共振最强烈的区域是簧片附近，乳化作用就发生在这个区域。

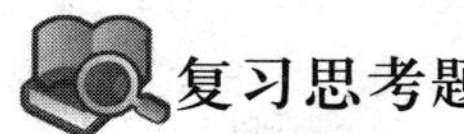

复习思考题

1. 乳状液的制备方法有哪几种？
2. 均质乳化设备有哪些？
3. 简述高压均质机工作原理。
4. 简述剪切式均质机的工作原理。
5. 精细化学品生产中需要用到乳化设备的有哪些产品？

第七章　容器和反应设备

第一节　容　　器

化学工业中的绝大多数生产过程是在化工设备内进行的。在这些设备中，有的用来储存物料，有的进行物理、化学过程。尽管这些设备尺寸大小不一，形状结构各不相同，内部结构更是多种多样，但是它们都有一个外壳，这个外壳就称之为容器。某些化工机器的部件，如压缩机的汽缸，也是一种容器。化工容器不仅要适应化学工艺过程所要求的压力和温度等条件，还要承受化学介质可能造成的腐蚀等作用，要长期的安全工作，还要保证容器的密封、具备完善的安全措施等。

一、 容器的结构与分类

（一）结构

容器一般是由筒体、封头及其他零部件（如法兰、支座、接管、入孔、手孔、视镜、液面计）组成的（图 7-1）。

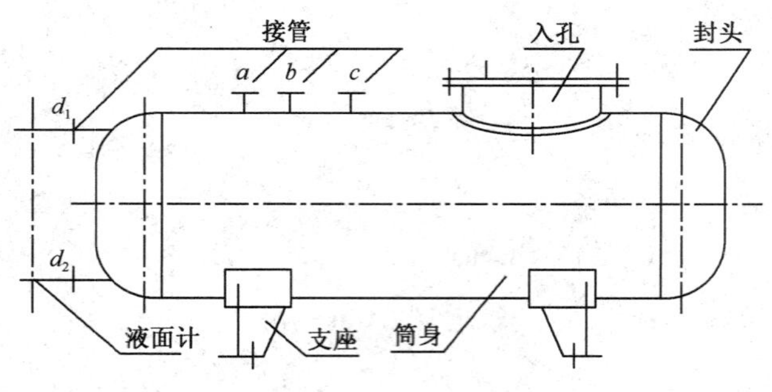

图 7-1　容器的结构

（二）分类

化工容器根据不同的用途、构造材料、制造方法、形状、受力情况、装配方式、安装位置、器壁厚薄而有各种不同的分类方法。

1. 按容器形状分类

（1）方形和矩形容器：由平板焊成，制造简便，但承压能力差，只用作小型常压贮槽。

（2）球形容器：由数块弓形板拼焊而成，承压能力好，但由于安装内件不便，制造稍难，一般多用作贮罐。

（3）圆筒形容器：由圆柱形筒体和各种凸形封头（半球形、椭球形、碟形、圆锥形）或平板封头所组成。作为容器主体的圆柱形筒体，制造容易，安装内件方便，而且承压能力较好，因此这类容器应用最广。

2. 按设计压力分类

按承压方式，压力容器可分为内压容器与外压容器。容器的内部介质压力大于外界压力时为内压容器。反之，则为外压容器。内压容器按其设计压力，可划分为低压、中压、高压和超高压四个压力等级。外压容器中，当容器的内压力小于0.1MPa时又称为真空容器。

3. 按作用原理（即用途）分类

按作用原理（即用途）分类可分为反应容器、换热容器、分离容器和储存容器。

反应容器：用来完成介质的物理化学反应的容器，如反应器、合成塔等。

换热容器：用来完成介质的热量交换的容器，如热交换器、废热锅炉等。

分离容器：主要用来完成介质的流体压力平衡和气体净化分离等的容器，如分离器、洗涤器等。

储存容器：用来盛装生产和生活用的原料气体、液体和液化气体等的容器，如各式储罐、槽车等。

另外还可采用其他分类方法：按容器壁温分类，可分为常温、中温、高温和低温容器四种。按壁厚分类，分为薄壁容器（$S/D_i \leqslant 0.1$）和厚壁容器（$S/D_i > 0.1$）。按作用原理（即用途）分类，可分为反应压力容器、换热压力容器、分离压力容器和储存压力容器。按安全技术管理分类，为有利于安全技术管理和监督检查，根据容器的压力等级、介质毒性危害程度以及在生产过程中的作用，压力容器（不包括核能容器、船舶上的专用容器和直接受火焰加热的容器）又可分为三类：一类容器、二类容器和三类容器。《压力容器安全技术监察规程》中对这三类容器的管理有详细的规定，为了确保安全，在设计、施工和使用过程中一定要严格遵守相关规定。

二、 容器机械设计的基本要求

在进行压力容器机械设计时，它的总体尺寸、零部件尺寸由工艺条件决定或由经验所得，因此我们这里主要是指结构设计，要求有以下几个方面。

（一）安全性

安全是核心问题，要保证安全，在设计中主要考虑以下几点：

（1）强度：强度就是容器抵抗外力破坏的能力。容器应有足够的强度，否则易造成事故。

（2）刚度：是指容器或构件在外力作用下维持原有形状的能力。承受压力的容器或构件，必须保证足够的稳定性，以防止被压瘪或出现折皱。

（3）密封性：设备密封的可靠性是安全生产的重要保证之一，因为化工厂中所处理的物料中很多是易燃、易爆或有毒的，设备内的物料如果泄漏出来，不但会造成生产上的损失，更重要的是会使操作人员中毒，甚至引起爆炸；反过来，如果空气混入负压设备，亦会影响工艺过程的进行或引起爆炸事故。因此，化工设备必须具有可靠的密封性，以保证安全和创造良好的劳动环境以及维持正常的操作条件。

（4）耐久性：化工设备的设计使用年限一般为10～15年，但实际使用年限往往超过这个数字，腐蚀、疲劳、蠕变或振动等，都会影响耐久性，尤其是腐蚀，所以在设计中要考虑腐蚀余量，在使用中要注意采取适当的防护措施。

（二）可行性

包括制造、安装、操作、维修及运输的可能性、方便性。

（三）经济性

（1）单位生产能力。

（2）消耗系数。

（3）设备价格。

（4）管理费用：包括劳动工资、维护和检修费用等。管理费用降低，产品成本也随之降低。但管理费用不是一个孤立的因素，例如有时采用高度自动化的设备，管理费用是降低了，但投资则会增加。

（5）产品总成本：是生产中一切经济效果的综合反映。一般要求产品的总成本愈低愈好，但如果一个化工设备是生产中间产品，则为了使整个生产的最终产品的总成本为最低，此中间产品的成本就不一定选择最低的指标，而应从整个生产系统的经济效果来确定。

三、容器零部件的标准化

（一）标准化的意义

（1）组织现代化生产的重要手段之一。实现标准化，有利于成批生产，缩短生产周期，提高产品质量，降低成本从而提高产品的竞争能力。

（2）标准化为组织专业化生产提供了有利条件。有利于合理地利用国家资源，节省原材料，能够有效地保障人民的安全与健康；可以采用国际性的标准化。

（3）消除贸易障碍提高竞争能力，实现标准化可以增加零部件的互换性。有利于设计、制造、安装和检修，提高劳动生产率。我国有关部门已经制定了一系列容器零部件的标准，例如圆筒体、封头、法兰、支座、人孔、手孔、视镜和液面计等。

（二）容器零部件标准化的基本参数——公称直径 DN 和公称压力 PN

1. 公称直径

公称直径是将容器及管子直径加以标准化以后的标准直径。

（1）压力容器（筒体、封头）的公称直径：由钢板卷制的筒体，公称直径是指它的内径；当筒体的直径较小，直接采用无缝钢管制作时，容器的公称直径应是指无缝钢管的外径；封头的公称直径与筒体一致。

（2）管子：公称直径既不是它的内径，也不是外径，而是小于管子外径的一个数值。只要管子的公称直径一定，它的外径也就确定了，而管子的内径则根据壁厚的不同有多种尺寸，它们大都接近于管子的公称直径。

(3) 其他零部件的公称直径：有些零部件的公称直径，如压力容器法兰、鞍式支座等就是指与它相配的筒体与封头的公称直径。而管法兰、手孔等则是指与它相配的管子的公称直径。

2. 公称压力

公称压力是将所能承受的压力范围分为若干个等级，因为公称直径相同的同类零件，只要它们的工作压力不相同，那么它们的其他尺寸也就不会一样。所以规定了若干个压力等级，这种规定的标准压力等级就是公称压力，以 PN 表示。

四、 压力容器相关的法规与标准

相关标准与规定近 300 个，其中 GB150—1998《钢制压力容器》是我国压力容器标准体系中的核心标准。

在压力容器的标准与规定中，一部分是技术性的规定，另一部分是法规性的规定(有强制性)。

第二节 常压（釜式）反应设备

反应设备是化工生产的核心设备，应用广泛，它的形式多种多样，主要的有塔式、管式和釜式，其中釜式占有相当重要的地位。例如，染料、医药、食品、试剂及合成材料等工业生产中都普遍采用反应釜作为主要反应设备。许多酯化反应、硝化反应、磺化反应以及氯化反应等，都在反应釜中进行。

广义的反应釜实际上是一个罐式容器，有时也称为反应槽或反应罐。图 7-2 为反应釜的外形图，由图 7-3 可见反应釜主要由釜体、釜盖、搅拌器、减速器及密封装置等组成。在反应釜中心垂直位置安装的机械搅拌器，可以使物料充分混匀，并加速反应。反应釜的釜底可以是碟形、锥形或圆形，多采用碟形底以降低功率消耗，特殊情况下用锥形底，如有固体产物的情况。

典型的釜式反应器主要由以下几部分构成：

(1) 壳体结构。壳体是进行化学反应的空间，由筒体和上下封头组成，其容积大小由生产能力和产品的反应要求所决定。

(2) 搅拌装置。搅拌装置由搅拌轴和搅拌器组成，其传动装置一般为电机经减速器、联轴器带动。搅拌装置可以使参与反应的物料搅拌均匀，接触良好，改善传质传热效果，提高反应速率。

(3) 密封装置。由于化工过程易燃易爆有毒的特点，多数反应釜一般是密封的，由于搅拌轴是动的，而设备是静止的，在搅拌轴和设备之间必须进行密封，密封装置的作用是为了保证反应釜内的压力一定。防止物料的泄露或杂质的进入。通常采用的密封方式为填料密封或机械密封。

(4) 换热装置。化学反应一般都伴随吸热或放热的热效应，所以在反应釜的内部或外部需设置加热或冷却的换热装置，使反应温度控制在需要的范围内。

图 7-2 反应釜

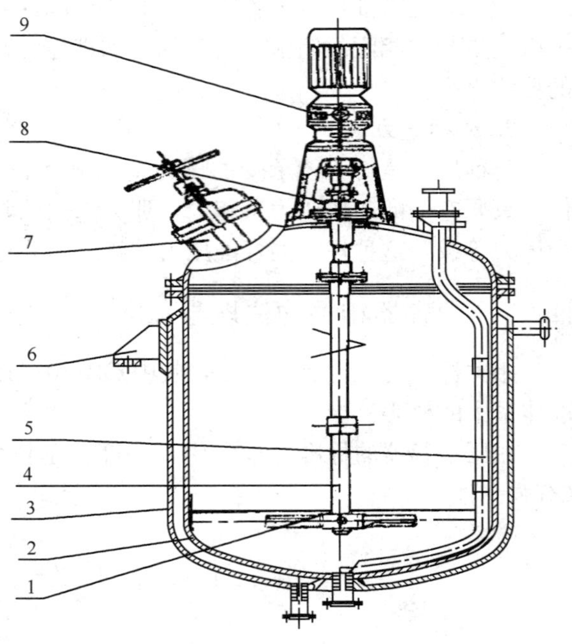

图 7-3 反应釜结构图

1. 搅拌器；2. 罐体；3. 夹套；4. 搅拌轴；5. 压出管；6. 支座；7. 入孔；8. 轴封；9. 传动装置

一、 反应釜的特点及其应用

釜式反应器结构简单、加工方便，传质、传热效率高，温度浓度分布均匀，操作灵活性大，便于控制和改变反应条件，适合于多品种、小批量生产。几乎所有的有机合成单元操作（如：氧化、还原、硝化、磺化、卤化、聚合、缩合、烷化、酰化、重氮化、偶合等），只要选择合适的溶剂作为反应介质，都可以在反应釜中进行。

反应釜广泛应用于精细化工反应中和它的特性是分不开的。

（1）温度易于控制，对于连续操作的反应釜，良好的混合可以使反应速率较低而易于控制。当反应剧烈放热时，反应釜可以消除过热点，间歇操作时，可以设置一个顺序控制系统，将温度作为反应的时间常数从而实现自动调节。

（2）操作的灵活性，可按生产需要进行间歇、半间歇或连续操作。

（3）对于容量大和反应时间长的反应，往往更为经济。

（4）细小的催化剂颗粒能充分悬浮在整个液体反应体系中，从而获得有效的接触。

二、 反应釜的操作方式

釜式反应器的操作方式非常灵活，可分为间歇、半间歇、连续操作。

（一）间歇操作

间歇操作是将反应物料一次投入釜内，调节温度至反应温度，待反应结束后，取出产物，如图 7-4（a）所示。

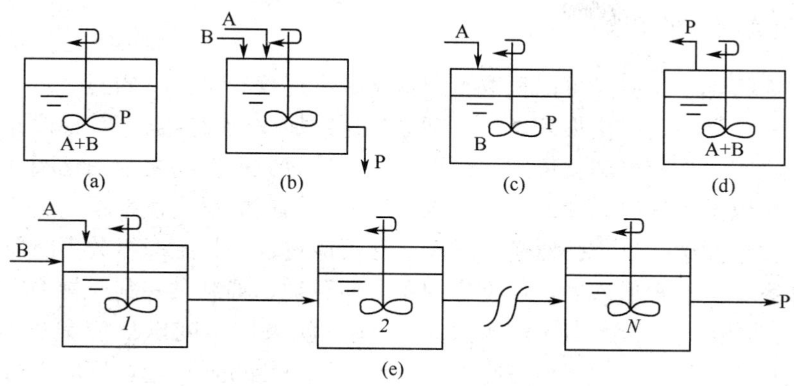

图 7-4　反应釜的操作方式

这种操作方式的优点是：

采用间歇操作的反应釜操作灵活，易于适应不同操作条件和产品品种，适用于小批量、多品种、反应时间较长的产品生产，较多地用于产量低、规模小的精细化工生产中。结构简单，容易清洗，只需反应完成后进行一般清洗即可。

间歇釜的缺点是：

间歇操作的搅拌釜式反应器的生产能力较小，劳动强度大，装料、卸料、清洗等辅助操作常消耗一定时间，产品质量难以控制。但设备操作简单、使用灵活，投资小，所以在精细化工领域广泛应用。

（二）连续操作

如图 7-4（b）所示，连续操作方式是反应物料连续进入，反应产物连续取出，这样反应器内的物料量始终保持不变。达到稳定后，反应釜内各点充分混合，组成均匀，且不随时间而变。反应釜出口物料组成和内部相同。

这种操作方式的优点如下：

（1）由于连续操作，釜内各点参数不随时间变化，反应速率也不发生变化，便于将反应控制在最佳条件下，反应釜内的温度容易控制，不需要频繁进行调节。

（2）这种方式可以进行两相液体逆流反应，互不相容的两个液相进行反应时，密度轻的可以从反应器的底部进入，较重的从上部进入，使两相在逆流接触过程中进行反应。

（3）连续反应器的最大优势是生产能力强，操作成本低。因为连续进出料节省了装卸料、清洗时间，劳动强度降低，产品质量容易控制。在重化工领域常常选用这类反应器。在某些需要采用连续反应的精细化工领域也可以选用连续反应器。

采用连续操作的反应釜可避免间歇釜的缺点，但搅拌作用会造成釜内流体的返混。在搅拌剧烈、液体黏度较低或平均停留时间较长的场合，釜内物料流型可视作全混流，反应釜相应地称作全混釜。在要求转化率高或有串联副反应的场合，釜式反应器中的返混现象是不利因素，为了达到同一工艺条件下的相同转化率，可采用多釜串联反应器，以减小返混的不利影响，并可分釜控制反应条件，如图 7-4（e）所示。

（三）半连续（半间歇）操作

根据反应特点，反应釜可以采取半间歇（或半连续）操作，如图 7-4（c）所示。半连续操作是指一种原料一次加入，另一种原料连续加入的反应器，其特性介于间歇操作和连续操作之间。如有机硝化反应为剧烈的放热反应，反应物之一硝化酸（硝酸和硫酸的混合物）可以采用连续滴加的方法，以控制反应初期的反应速率不至过快。

还有一种半间歇式反应是对于可逆反应在反应过程中将某一组分不断取出，使该组分在反应体系中维持较低浓度，使反应向正方向移动，抑制某些副产物的发生，提高主产物的收率，如图 7-4（d）所示。例如，工业上就采用半间歇反应釜进行酯化反应，丁醇和醋酸在硫酸催化作用下所进行的酯化反应为一级可逆反应，反应进行到一定程度后，要及时将酯化反应生成的水不断除去，反应才可不断向右移动，使酯化产率提高。

三、 反应釜的换热

为满足反应过程中加热或冷却的需要，反应釜大多设有传热装置。传热方式、传热结构形式和载热体的选择主要取决于所需控制的温度、反应热、传热速率和工艺上要求等。工业上采用的主要换热方式有以下几种。

（一）夹套和蛇管换热

当传热速率要求不高并且载热体工作压力低于 600kPa 时，常采用夹套传热结构，如图 7-5（a）所示，夹套换热器是包裹在反应釜外面的夹层，换热介质在夹层里通过。如果载热体是液体（水或者油），则从下面进入夹套，从上面出来，这样可以使载热体充满整个夹套；如果载热体是蒸汽，则上进下出，防止蒸汽入口被底部的冷凝水淹没，产生气蚀现象。

夹套换热器的优点是不易堵塞、制作相对简单，因此，反应釜一般都带有夹套。它的缺点是单位换热面积较小，换热面积较难调节。

夹套内通蒸汽时，其蒸汽压力一般不超过 0.6MPa。当反应器的直径大或者加热蒸汽压力较高时，夹套必须采取加强措施。如图 7-5（b）所示，分别为用支撑短管加强的“蜂窝夹套”、冲压式蜂窝夹套和角钢焊在釜的外壁上的夹套。

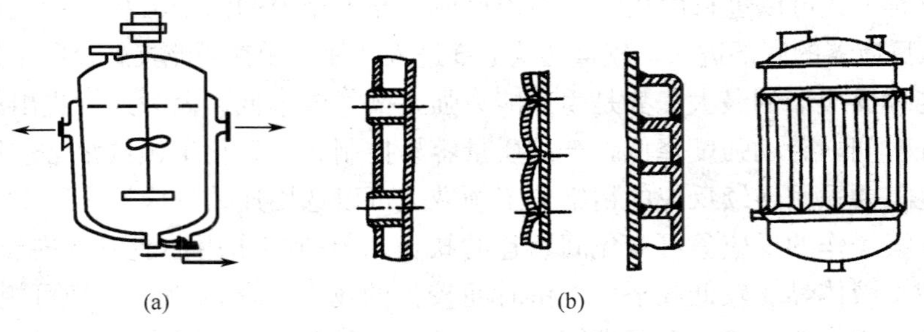

图 7-5　夹套结构

当工艺需要的传热面积大，单靠夹套传热不能满足要求时，或者是反应器内壁衬有橡胶、瓷砖等非金属材料时，可采用蛇管、插入套管、插入D形管等传热。

如图7-6所示，蛇管换热器通常由一组或多组盘绕成环状的管道组成，直接放入反应器内。

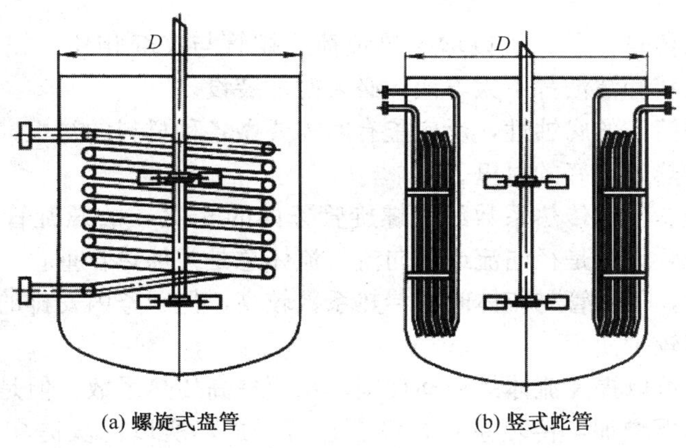

图7-6　蛇管结构

蛇管浸没在物料中，热量损失少，且由于蛇管内传热介质流速高，它的给热系数比夹套大很多，换热效果好，单位体积换热面积大且可以根据情况增减。缺点是占据反应器内有效体积，对于含有固体颗粒的物料及黏稠的物料，容易引起物料堆积和挂料，影响传热效果。

（二）釜外换热

当反应器的夹套和蛇管传热面积仍不能满足工艺要求，或由于工艺的特殊要求无法在反应器内安装蛇管而夹套的传热面积又不能满足工艺要求时，可以通过泵将反应器内的料液抽出，经过外部换热器换热后再循环回反应器内，如图7-7所示。

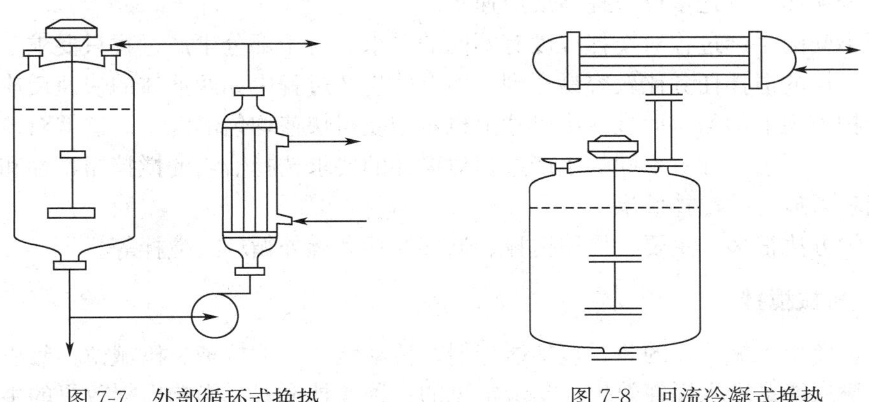

图7-7　外部循环式换热　　　　图7-8　回流冷凝式换热

对于常压反应，沸点是最容易建立的反应条件，而且物料在沸腾状态下混合良好，所以许多化工生产中，常根据选用溶剂的沸点使反应控制在一定温度下进行，对于这种反应在沸腾下进行或蒸发量大的场合，可以选用回流冷凝式，即反应釜只需要用夹套加热，再配以釜外回流冷凝器即可，如图 7-8 所示。

（三）强化传热的途径

增加单位体积传热面积，可以增大热负荷。蛇管与夹套相比，蛇管可以在釜内放置，但是蛇管的安装和清洁都不太方便，必要时才装设。

为了适应各种溶液的腐蚀性，反应釜有时需要做各种材料的衬里，如陶瓷衬里、铅衬里等，应选择传热效果好的衬里。

夹套式无挡板釜中的传热系数约为螺旋管釜内的 65%，故螺旋管换热优于夹套换热，此外，纵向盘管无论是径向流或轴向流，流体总是与加热管垂直，因此可以提高加热表面的湍流程度，使盘管与流体间的传热系数较高，但因釜内安排的换热面积小于蛇管，所以实际生产较少使用。

提高搅拌功率可以提高流体的湍动程度，从而提高传热系数，但是一旦搅拌达到强制对流，搅拌功率再增加，传热系数并没有显著增加，所以，从提高传热系数角度出发，无限制的提高搅拌功率是没有必要的。

在黏滞性液体中使用螺带式和锚式叶轮的刮板，可使功率增加两倍，同时，传热系数也几乎增加两倍，所以在黏性物料中使用刮板来改善传热是有实际意义的。

四、 反应釜的搅拌装置

搅拌在化工生产中的应用非常广泛，精细化工的许多过程都是在有搅拌结构的反应釜中进行的。搅拌的目的有以下几个方面：

（1）帮助传质。通过搅拌使互溶的两种或两种以上的液体混合均匀，使不互溶的物质形成乳浊液或悬浮液；

（2）强化传热。通过搅拌使釜内各处温度均匀，加速物理化学变化过程。

（3）提高反应速率。通过提高传质和传热效果，以及搅拌本身输入的能量使反应物接触更充分从而促进化学反应提高反应速率。

由于不同的生产过程对搅拌程度有不同的要求。对于部分生产过程只要求宏观上搅拌均匀，这样的搅拌任务比较容易达到。而有些生产过程中如两液体的快速反应，不但要求混合物宏观上均匀，而且在小尺寸上也希望获得快速均匀的混合。这就对搅拌操作提出了更高的要求。针对不同的生产过程对搅拌的要求选择恰当的搅拌器特性和操作条件，才能获得最佳的搅拌效果。

搅拌的方法很多，主要有机械搅拌、通气搅拌和罐外循环式搅拌等。

（一）机械搅拌

反应釜使用机械搅拌的装置包括搅拌器、传动装置及搅拌轴。机械搅拌靠机械力向反应器内输入能量产生搅拌效果，是最常见的一种搅拌形式。影响搅拌效果的主要因素有搅拌转速、搅拌器形状和反应釜的内部结构。

搅拌器又称搅拌桨或叶轮。它的功能是提供工艺过程所需要的能量和适宜的流动状态，以达到搅拌的目的。如图 7-9 所示，搅拌器通过自身的旋转把机械能传递给流体，一方面在搅拌器附近区域的流体造成高湍流的充分混合区，另一方面产生一股高速射流推动全部液体沿一定的途径在反应釜体内循环流动。这种循环流动的途径就是搅拌设备内的“流型”。根据各种搅拌器所产生的流型不同把搅拌器分为轴向流搅拌器和径向流搅拌器，图 7-10 为各流型示意图。

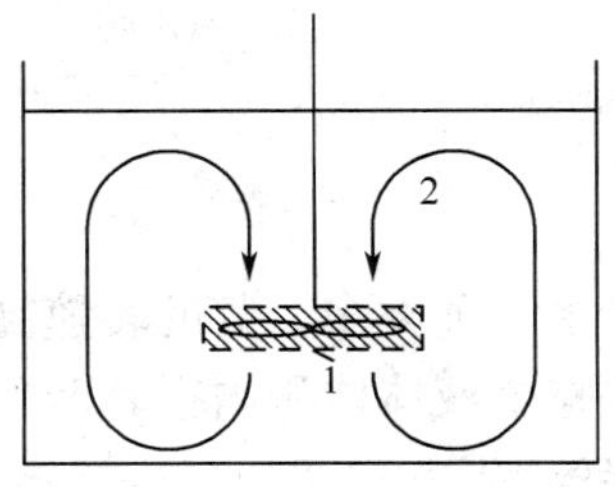

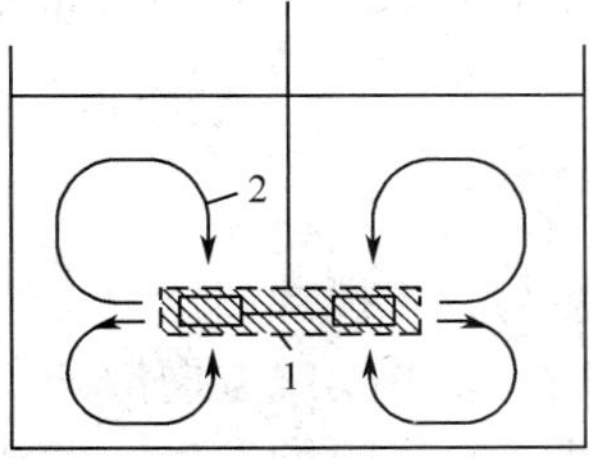

图 7-9　搅拌设备中宏观混合模型

1. 充分混合区；2. 很少混合的缓慢流动

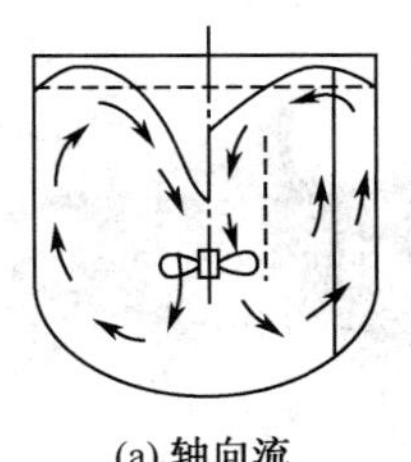

(a) 轴向流

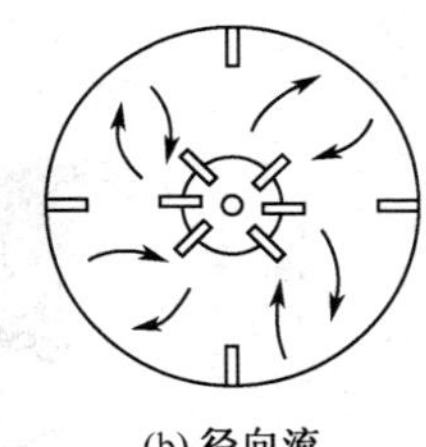

(b) 径向流

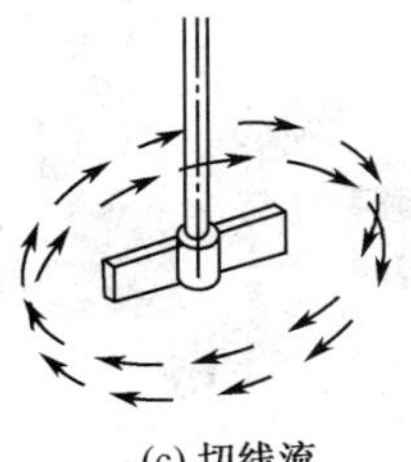

(c) 切线流

图 7-10　各流型示意图

径向流桨叶在一定转速下旋转时，自桨叶处排出高速流体，它同时吸引挟带着周围的液体，使静止流或低速流形成高速流；这样形成的高速流在没有挡板阻挡时就形成水平循环流，使液体在搅拌附近产生径向流动。轴向流搅拌转动时使流体在搅拌附近产生轴向流动。

常用的搅拌叶轮有桨式搅拌器、涡轮式搅拌器、框式和锚式搅拌器、推进式搅拌器等。

1. 桨式搅拌

桨式搅拌器在结构上最为简单，其桨叶是用扁钢制造，当搅拌物料对钢材有显著腐蚀时，桨叶可用合金钢或有色金属制作，也可以是用钢制外包橡胶或环氧树脂、酚醛玻璃布等。

如图 7-11 所示，桨叶形式可分为平叶（a）、斜叶（b）和折叶（c）几种。常有二叶、四叶和六叶之分。

桨式搅拌的优点是制作简单，价格便宜。缺点是转速较低，搅拌效率低，搅拌时不仅有径向流而且可产生部分轴向流。这种搅拌适用于流动性大、黏度小的液体物料，也适用于纤维状和结晶状的溶解液，物料层很深时可在轴上装置数排桨叶。广泛应用于促进传热、溶解、混合等操作，不能用于气液分散操作。折叶式比平叶式功耗少，操作费用低，故折叶桨使用较多。

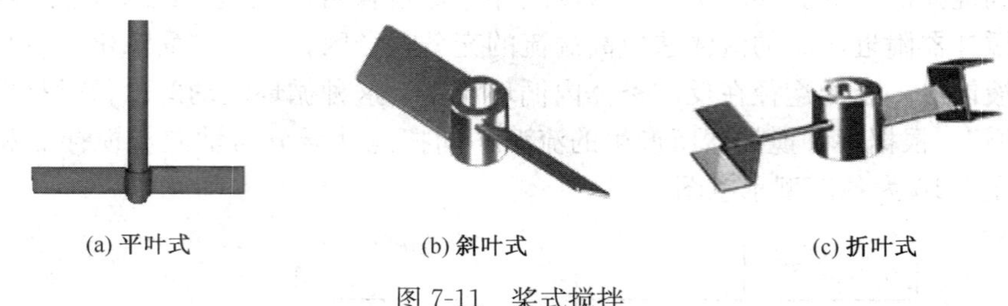

图 7-11　桨式搅拌

2. 涡轮式搅拌

涡轮式搅拌器与桨式搅拌相比只是桨叶数量多、种类多，桨的转速高，自涡轮流出的高速液流沿圆周运动的切线方向散开，从而在整个液体体积内得到激烈的搅动。中间的圆盘有效的阻止了轴向流的发生，提高了搅拌效率。

涡轮式搅拌形式很多，主要分开启式和圆盘式。

开启式涡轮搅拌器的桨叶一般由扁钢和轴套焊接，结构较为简单，如图 7-12 所示。

图 7-12　开启涡轮式

图 7-13　圆盘平直叶涡轮

圆盘涡轮搅拌器又分圆盘平直叶涡轮（也称罗式搅拌）（图 7-13）、圆盘弯叶涡轮（图 7-14）、半圆弧圆盘涡轮（图 7-15）等。圆盘式涡轮搅拌结构比开启式的复杂，其桨叶一般和圆盘焊接或以螺栓连接，而后将圆盘焊在轴套上。

图 7-14　弯叶圆盘涡轮

图 7-15　半圆弧圆盘涡轮式

涡轮式搅拌器适用物料黏度范围广。剪切力较大，当能量消耗不大时，搅拌效率较高，分散流体的效果好。直叶和弯叶涡轮搅拌器主要产生径向流，折叶涡轮搅拌器主要产生轴向流，广泛用于高速溶解和进行乳化操作。

3. 框式与锚式

框式与锚式搅拌器结构相似，是由桨式演变过来的，两层水平桨叶用铅锤桨叶连成刚性框架，如图 7-16 所式，其结构简单、坚固，制造方便。当这类搅拌器底部形状和釜体下封头的形状相似时，就成为锚式搅拌器，如图 7-17 所示。

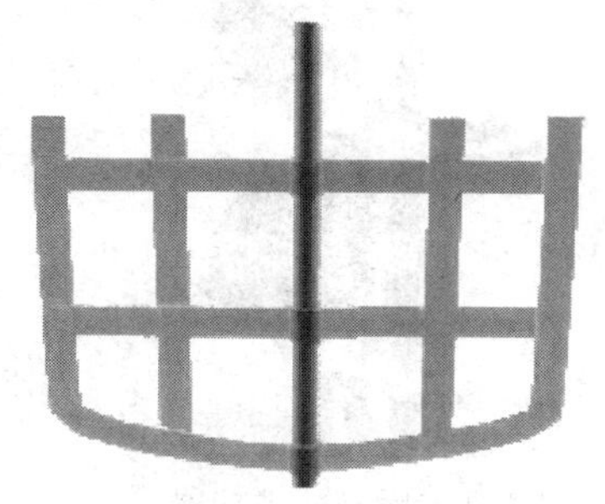

图 7-16　框式搅拌

图 7-17　锚式搅拌

这种搅拌的特点是起搅拌作用的框架能增大搅拌范围，并带走容器壁面上的残留物料液层，减少“挂壁”的产生。适用于高黏度、处理量大的物料及液固混合物，易得到大的表面传热系数，但是搅拌速度较慢。为了增大对高黏度物料的适应范围及提高桨叶的刚度，常常在框式与锚式的主体架上增加一些加强筋。

框式和锚式搅拌轴的连接方式类似于桨式。这类搅拌器常用于传热、晶析操作和高黏度液体、高浓度淤浆和沉降性淤浆的搅拌。

4. 旋桨式搅拌器

旋桨式搅拌器桨叶形状与通常使用的推进式螺旋桨相似，所以又称为推进式搅拌器。如图 7-18 所示。实质上，桨叶是螺旋面的一部分，沿着桨叶长度方向不同截面处的升角是逐渐变化的。此型桨叶常为整体铸造。采用焊接时加工有一定的难度。

图 7-18　旋桨式搅拌

旋桨式搅拌器能使物料在反应釜内做循环流动，所起的作用以容积循环为主，剪切作用小，上下翻腾效果好，适用于固体溶解、结晶、悬浮等操作。当需要更大的流速和液体循环时，则应安装导流筒。

5. 螺带式、螺杆式搅拌器

除上述几种常见的搅拌器外还有许多不同结构的特殊搅拌器，如螺带式、螺杆式等。

螺带式搅拌器由一定宽度的带材或圆柱棒材制作成螺带形状。如图 7-19 所示，它可以有单条或双条螺带结构。一般螺带的外轮廓尺寸接近容器内壁，使搅拌操作遍及整个罐体。由于螺带尺寸较大，与轴有较大的距离，因此要用支撑杆件使螺带固定在搅拌轴上。每个螺距设置杆件 2～3 根。支撑杆一端与螺带焊接，另一端夹紧在搅拌轴上，也可以采用支撑杆与轴的键连接的形式。部分支撑杆可采用止动螺钉与轴相对固定。这种结构既保证传递扭矩可靠，又保证了装拆方便。如螺带较长，可设计成分段螺带的形式，再用螺栓连接成一体。

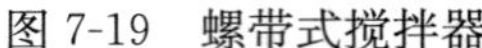

图 7-19　螺带式搅拌器

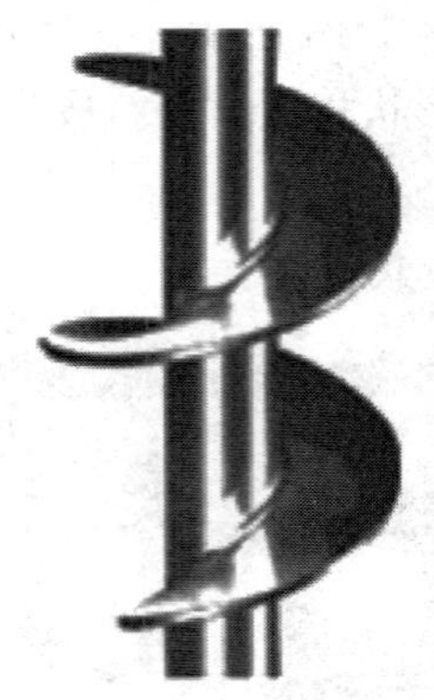

图 7-20　螺杆式搅拌器

如图 7-20 所示，螺杆式搅拌器结构与螺带式相似，但螺杆式的螺旋面部分直接与搅拌器的轴相接触，与通常使用的螺带式输送器类似。螺杆多与轴直接焊接，也可以设计成可拆式结构。

当液体黏度不高，搅拌器转速足够高时，容易产生旋涡流或称为“圆柱状回转区”，如图 7-21 所示。打旋的液体紧随搅拌轴而旋转，得不到良好的混合，如果搅拌的是多相系统，有可能产生相的分离或分层。高黏度的流体此时会在液层表面吸入大量空气，降低液体的表观密度，从而使搅拌轴承受不同大小作用力而颤动，所以，一般应尽量避免打旋。消除的办法，可在釜壁四周安装挡板，使液体切向流转变为轴向流或径向流，如图 7-22 所示。

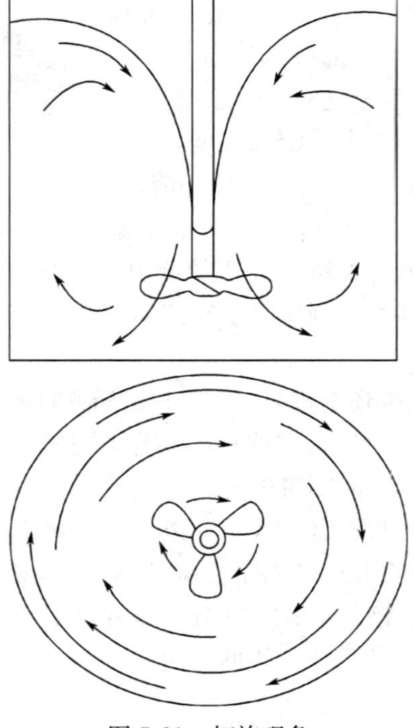

图 7-21　打旋现象

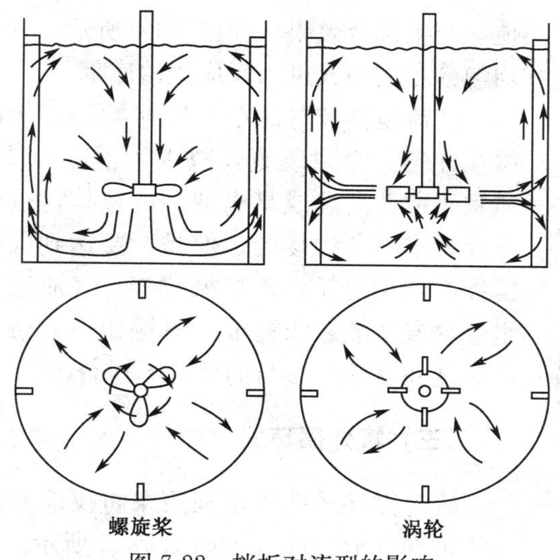

图 7-22　挡板对流型的影响

无论搅拌器的类型如何，液体总是从各个方向流向搅拌器。在需要控制流回的速度和方向以确定某一特定流型时，可在反应釜中设置导流筒。

导流筒是一个圆筒，安装在搅拌器的外面。常用于推进式和涡轮式搅拌器，如图 7-23 所示。导流筒的作用在于提高混合效率。一方面它提高了筒内液体的搅拌程度，加强了搅拌器对液体的直接机械剪切作用，同时又确定了充分循环的流型，使反应釜内所有的物料均可通过导流筒内的强烈混合区，提高混合效率。另外，由于限定了循环路径，减少了短路的机会。

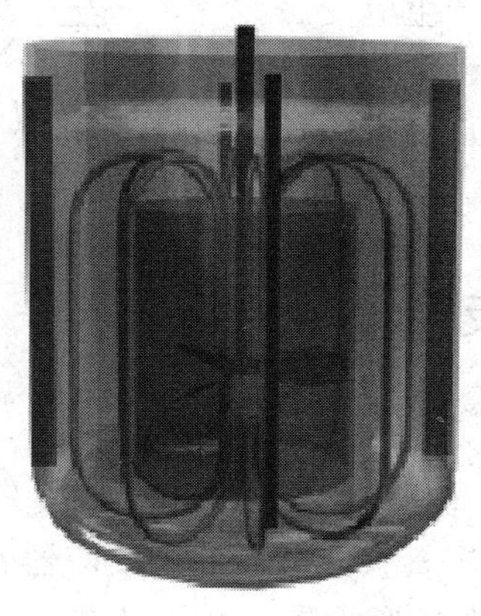
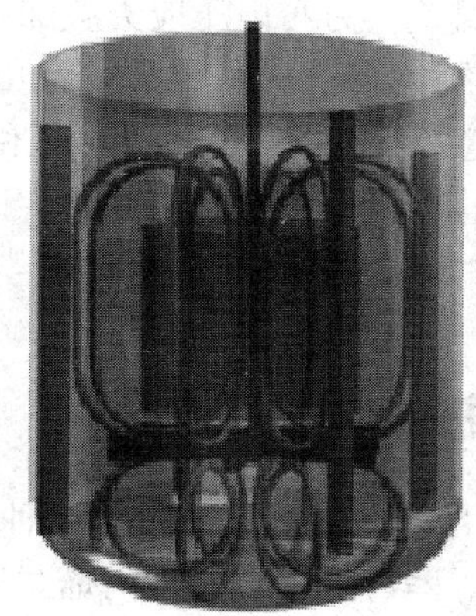

图 7-23　导流筒

（二）通气式搅拌

通气式搅拌是在反应器底部向液体中通入气流以搅拌液体的方法。一般用压缩空气，有时亦采用二氧化碳、氮等惰性气体。当被搅拌的液体需加热，且允许加入水分时，也可通入水蒸气。气体的密度较轻，在反应釜底部产生向上的鼓泡与运动，使液体

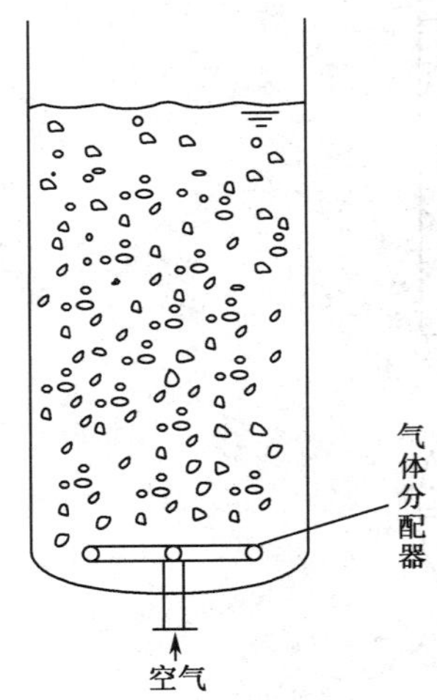

图 7-24　通气搅拌

搅动产生混合效果，如图 7-24 所示，气体通过环形分配器上均匀分布的小孔进入反应釜的底部。

气流搅拌装置简单，搅拌柔和，无运动部件，不需要机械搅拌省去密封装置，减少了泄露和受到外界污染的可能。适宜于搅拌高温或具腐蚀性的液体，也可用于临时性设施或搅拌要求不高的场合。但是，要达到同样的混合程度，气流搅拌的功率消耗高于机械搅拌，气流还会带走液体中的挥发组分，或造成雾沫夹带，损耗物料。通气搅拌力度小，对于高黏度和有固体参与的反应不适合。

（三）罐外循环式搅拌

罐外循环式搅拌是利用泵将反应釜底部的液体打回反应釜的顶部，形成混合，如图 7-25 所示。它的优点是搅拌基本没有死角，能耗低，适用于液体或有少量固体参与的反应；缺点是搅拌强度低，不适用于高黏度或有大量固体参与的反应。

五、　釜式反应器的维护

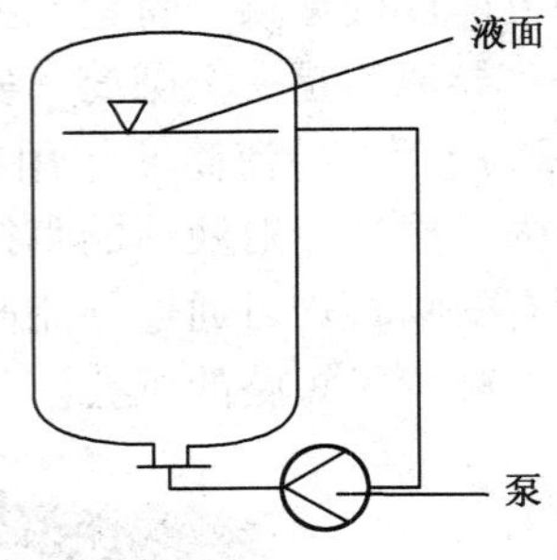

图 7-25　罐外循环搅拌

反应釜的检查维护要点如下：

（1）反应釜在运行中，严格执行操作规程，禁止超温、超压。

（2）按工艺指标控制夹套（或蛇管）及反应器的温度。

（3）避免温差应力与内压应力叠加，使设备产生应变。

（4）要严格控制配料比，防止剧烈的反应。

（5）要注意反应釜有无异常振动和声响，如发现故障，应停止反应，检查检修，及时消除。

第三节　其他反应设备

一、　管式反应器

如图 7-26 所示，管式反应器是一种呈管状、长度远大于其直径（10 倍以上）的反应器。这种反应器可以很长，如丙烯二聚的反应器管长以公里计。反应器的结构可以是单管，也可以是多管并联；可以是空管，如管式裂解炉；也可以是在管内填充颗粒状催化剂的填充管，以进行多相催化反应，如列管式固定床反应器。

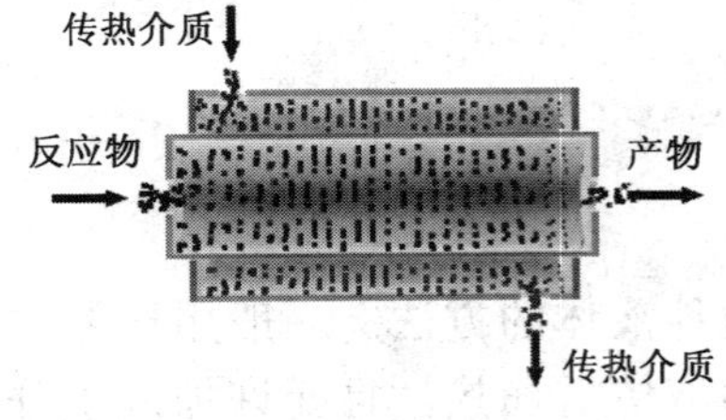

图 7-26　管式反应器

连续管式反应器可用于均相反应，也可用于多相反应。工业上广泛使用的气固相催化反应的固定床反应器，也可看作是管式反应器。

管式反应器返混小，因而容积效率（单位容积生产能力）高，对要求转化率较高或有串联副反应的场合尤为适用。此外，管式反应器可实现分段温度控制。其主要缺点是，反应速率很低时所需管道过长，工业上不易实现。

二、 固定床反应器

固定床反应器又称填充床反应器，装填有固体催化剂或固体反应物用以实现多相反应过程的一种反应器。如图 7-27 所示，固体物通常呈颗粒状，粒径 2～15mm 左右，堆积成一定高度（或厚度）的床层。床层静止不动，流体通过床层进行反应。它与流化床反应器及移动床反应器的区别在于固体颗粒处于静止状态。固定床反应器主要用于实现气固相催化反应，如氨合成塔、二氧化硫接触氧化器、烃类蒸汽转化炉等。用于气固相或液固相非催化反应时，床层则填装固体反应物。涓流床反应器也可归属于固定床反应器，气、液相并流向下通过床层，呈气液固相接触。

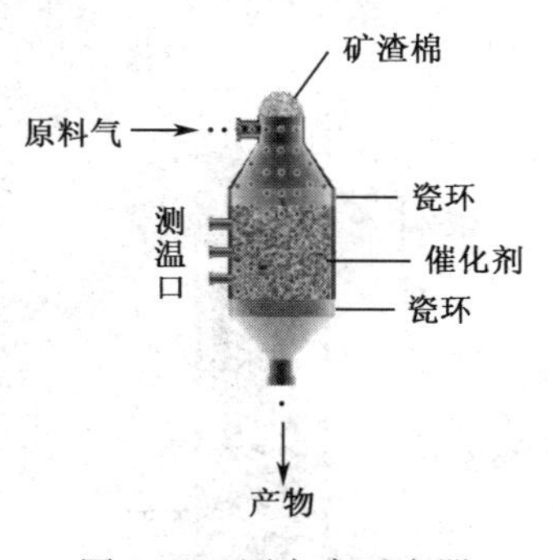

图 7-27　固定床反应器

固定床反应器有三种基本形式：

（1）轴向绝热式固定床反应器。流体沿轴向自上而下流经床层，床层同外界无热交换。

（2）径向绝热式固定床反应器。流体沿径向流过床层，可采用离心流动或向心流动，床层同外界无热交换。径向反应器与轴向反应器相比，流体流动的距离较短，流道截面积较大，流体的压力降较小。但径向反应器的结构较轴向反应器复杂。以上两种形式都属绝热反应器，适用于反应热效应不大，或反应系统能承受绝热条件下由反应热效应引起的温度变化的场合。

（3）列管式固定床反应器。由多根反应管并联构成。管内或管间置催化剂，载热体流经管间或管内进行加热或冷却，管径通常在 25～50mm 之间，管数可多达上万根。列管式固定床反应器适用于反应热效应较大的反应。此外，尚有由上述基本形式串联组合而成的反应器，称为多级固定床反应器。例如：当反应热效应大或需分段控制温度时，可将多个绝热反应器串联成多级绝热式固定床反应器，反应器之间设换热器或补充物料以调节温度，以便在接近于最佳温度条件下操作。

固定床反应器的优点是：

（1）返混小，流体同催化剂可进行有效接触，当反应伴有串联副反应时可得较高选择性。

（2）催化剂机械损耗小。

（3）结构简单。

固定床反应器的缺点是：

（1）传热差，反应放热量很大时，即使是列管式反应器也可能出现飞温（反应温度失去控制，急剧上升，超过允许范围）。

（2）操作过程中催化剂不能更换，催化剂需要频繁再生的反应一般不宜使用，常代之以流化床反应器或移动床反应器。

固定床反应器中的催化剂不限于颗粒状，网状催化剂早已应用于工业上。目前，蜂窝状、纤维状催化剂也已被广泛使用。

三、 膜反应器

膜反应器是一种新兴的反应设备，利用选择性渗透膜制作。

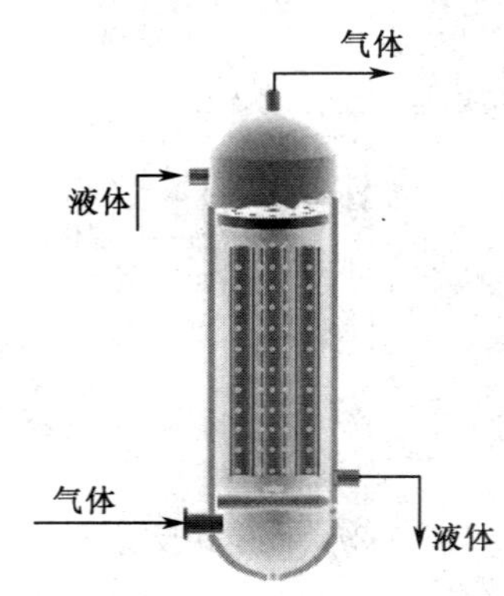

图 7-28　膜反应器

膜的反应功能是以膜作为反应介质，与化学反应过程相结合而实现的，这样构成的反应设备或系统也称为膜反应器。图 7-28 为一膜反应器示意图。

大多数化学反应都是可逆的，使用传统的反应器无法突破平衡转化率的限制。在膜反应器中，利用膜的选择透过性可连续脱除某一产物组分，使化学平衡向有利于产物的方向转化。提高可逆反应的产率，减少未反应物的循环量，有可能使反应、产物分离、净化等几个单元操作在一个膜反应器中进行，有可能使反应在较低温度下进行。而酶是高效专一的催化剂，在生物转化中起到重要作用。将酶固定在膜上，集合成酶膜反应器。集催化反应、产物分离、提纯等于一体，既提高反应物的转化率、酶的利用率，又利于连续化生产。

但是膜反应器又有以下的缺点：

（1）制作成本高。选择性渗透膜是一种新兴的化工材料，目前价格高。

（2）只适用特定的反应。因为不是任何物质都可以找到一种膜，让其选择性透过，因此，只有反应产物能选择性透出时才适用膜反应器。另外，若化学反应中含有与膜相互作用的反应物或产物，也不能使用膜反应器。

（3）膜反应器很难维护，一旦某个地方破裂，需要全部更换。因此，目前，膜反应器多应用于实验室研究过程，工业化应用较少。

复习思考题

1. 简述容器的结构和分类。
2. 反应釜的搅拌的作用是什么？有几种形式？适合什么场合？
3. 常压反应釜的搅拌桨型式有哪些？各适用于什么场合？
4. 反应釜的换热型式有几种？有何优缺点？
5. 简述管式反应器、流化床反应器、固定床反应器、膜反应器优缺点以及它们适用的场合。

第八章　分离设备

精细化工生产的产品品种繁多，生产方法各异，但都要经过原料的预处理、化学反应，加工精制等过程。由于存在于自然界中的原材料多数是不纯的，在参与化学反应前就需要进行原料的预处理，把原料中与反应无关或者对反应有害的组分分离出去，使反应顺利地进行；同样反应过程中的中间产物和反应的粗产品也需要进行分离，以保证产品的纯度。

在实际的生产中，反应器是至关重要的设备，但是分离设备所占的地位，在数量上远远的超过了反应设备，所以在投资上也不在反应设备之下，同样分离所消耗的能量及操作费用也在产品成本中占极大的比重。因此分离过程应该引起我们足够的重视。

本章主要介绍精细化工生产中常见的分离设备，包括机械分离设备、膜分离设备、超临界萃取分离装置等。

第一节　机械分离设备

机械分离设备主要用于非均相物系的分离，包括进行液-固分离的过滤设备、液-液分离设备的离心设备等。本节将对精细化工生产中常用的机械分离设备分别进行介绍。

一、 板框式过滤设备

过滤指利用重力或压差使悬浮液通过多孔性过滤介质，将固体颗粒截留，从而实现固-液分离的操作。

（一）板框过滤机结构

板框过滤机由多块带凹凸纹路的滤板和框交替排列叠加，组装于机架上，即按板-框-板-框顺序叠加，如图 8-1 所示。

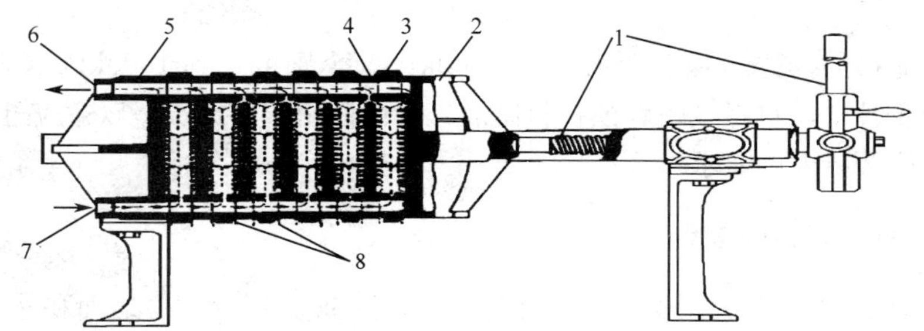

图 8-1　板框压滤机

1. 压紧装置；2. 可动头；3. 滤框；4. 滤板；5. 固定头；6. 滤液出口；7. 滤液出口；8. 滤布

图 8-2 板和框

“板”和“框”的结构如图 8-2 所示，一般均为正方形。板、框四角各有一孔，装配压紧后就构成供悬浮液或洗涤水流通的孔道。框的两侧覆以滤布，框的空隙和滤布围成了容纳悬浮液及滤饼的空间。滤板的作用是支撑滤布，提供滤液流出的通道。所以板面上制成各种凸凹或纹路，突出部分支撑滤布，凹陷部分为滤液的流出通道。

（二）板框压滤机的操作过程

过滤时，悬浮液在指定压强下经进料通道由滤框角端的暗孔进入框内，如图 8-3（a）所示，滤液分别穿过两侧滤布，在滤框的凹陷部分汇集，流至滤液口排走，固体颗粒被截留于框内形成滤饼。滤饼充满全框后，过滤结束。

若滤饼需要洗涤时，则将洗水压入洗水通道，并经由洗涤板角端的暗孔进入板面与滤布之间。此时应关闭洗涤板下部的滤液出口，洗水便在压差推动下横穿一层滤布及整个滤饼，然后再横穿另一层滤布，最后由非洗涤板下部的滤液出口排出，如图 8-3（b）所示。

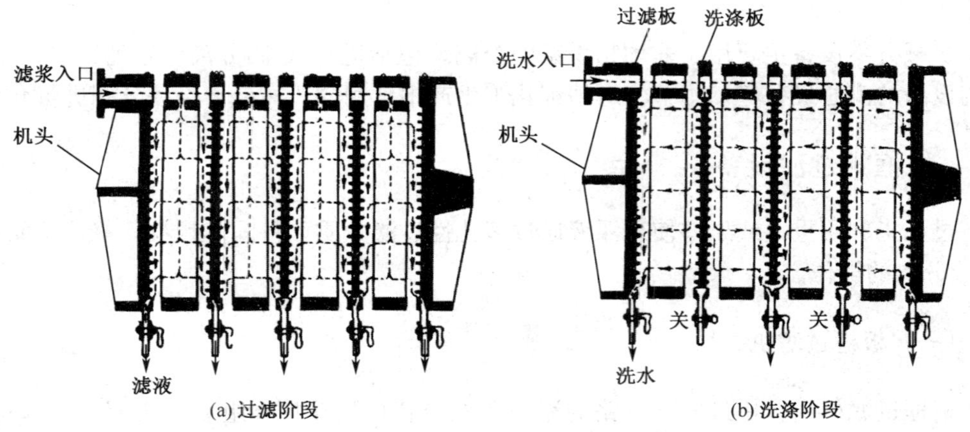

图 8-3 板框压滤机结构原理

板框压滤机的操作压强一般为 300～500kPa，个别可达到 1500kPa（表压）。滤板和滤框可用多种金属材料或耐腐蚀材料制成，并可使用塑料涂层，以适应过滤介质的性质及机械强度等方面的要求。

（三）板框压滤机的应用

板框压滤机的优点：结构简单，制造方便，附属设备少，占地面积小而过滤面积大，同等条件下，单位时间内处理的滤液量就多，所以处理能力大；加压过滤，操作压强高，且可根据滤液性质更换滤布，对各种物料的适应能力强；过滤面积可调，调节板框的数目就能够实现过滤面积的调整。板框数目多过滤面积大，反之就少。

板框压滤机的缺点：由于框内空间有限，所以板框压滤机为间歇操作，装卸板框的劳动强度大，生产效率低，滤饼洗涤慢，且不均匀，由于经常拆卸，滤布损坏严重。

板框压滤机比较适用于以下情况：需要加压过滤时，如过滤要求获得较干的滤饼或较澄清液体的情况，或比较难过滤的情况；在有限空间内需要较大的过滤面积时。

板框压滤机不能用于对环境有污染的液体过滤过程，因为板框在拆卸过程中会较长时间的暴露在环境中，容易对环境造成污染。一般板框压滤机不用于饱和盐水的过滤，因为卸料时饱和盐水使板框温度变低，需要重新加热才能进料。

二、 离心式过滤设备

离心分离是利用惯性离心力的作用分离非均相物系的一种有效方法。常用来从悬浮液分离出固体颗粒，或者从悬浊液中分离出重液和清液等。

利用离心力迫使液体通过过滤介质，使固液分开，这种设备称为离心过滤设备。离心过滤是在鼓壁上有孔的离心机中进行分离悬浮液的操作。在有孔的鼓壁的内表面覆以滤布，当转鼓以高速旋转时，鼓内的液体在离心力作用下由滤孔迅速排出，而固体颗粒被截流在滤布上，以实现液体和固体的分离。精细化工生产中离心过滤装置常见以下几种。

（一）三足离心机

三足式离心机是一种常用的人工卸料的间歇式离心机，如图 8-4 所示，离心机的主要部件是一篮式转鼓，壁面钻有许多小孔，内壁衬有金属丝及滤布。整个机座和外罩藉三根弹簧悬挂于三足支柱上，以减轻运转时的振动。图 8-5 为其结构示意图。三足式离心机有过滤式和沉降式两种，卸料方式有上卸料和下卸料之分。

图 8-4　三足离心机

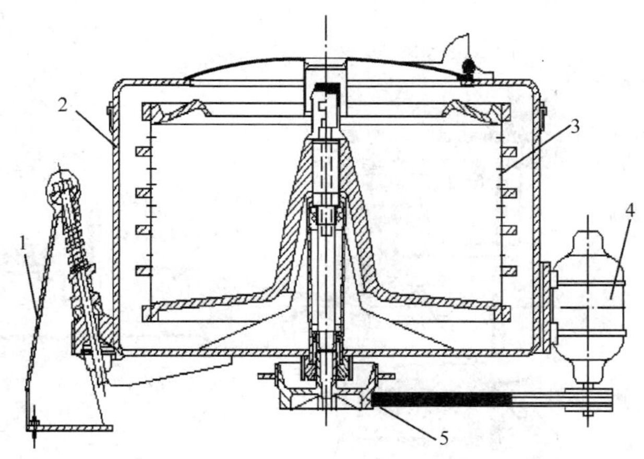

图 8-5　三足离心机结构

1. 支脚；2. 外壳；3. 转鼓；4. 马达；5. 皮带轮

18 世纪产业革命后，随着纺织工业的迅速发展，1836 年出现了棉布脱水机。这是最早的三足离心机，此后一百多年来，三足式离心机经过不断的技术深化，形成了十几个系列共计一百多种规格产品，完全覆盖了分离市场的方方面面，广泛用于各行各业，至今仍在全世界范围内广受欢迎，其造价低廉，抗震性好，结构简单，操作方便，使用离心过滤，过滤能力强，滤饼干。一般可用于间歇生产过程中的小批量物料的处理，尤其适用与各种盐类结晶的过滤和脱水，晶体较少受到破损。三足式离心机适用于大部分常规过滤，当滤液易燃、有毒、有腐蚀性时需慎用。由于采用间歇操作，人工卸料，劳动强度大，操作周期长，生产能力低，并且滤饼容易受到污染；转鼓高速旋转，能耗较高；转动部位位于机座下部，检修不方便。近年来已出现自动卸料及连续生产的三足式离心机。

（二）刮刀卸料式离心机

图 8-6 为刮刀卸料离心机的示意图。悬浮液从加热管进入连续运转的卧式转鼓，机内设有耙齿以使沉积的滤渣均布于转鼓内壁。待滤饼达到一定厚度时，停止加料，进行洗涤、沥干。然后，用液压传动的刮刀逐渐向上移动，将滤饼刮入卸料斗卸出机外，然后清洗转鼓。整个操作周期均在连续运转中完成，每一步骤均采用自动控制的液压操作。

刮刀卸料离心机运转连续，生产能力大，劳动条件好，适用于处理含固体粒径大于 0.1mm 的滤浆，但刮刀卸料会损伤晶体颗粒。不适用于细、黏颗粒的过滤和必须保持晶粒完整的物料的过滤。

（三）活塞推料离心机

活塞推料离心机是自动卸料的连续离心机。如图 8-7 所示，主要部件是一卧式转鼓及位于转鼓底部的推料盘。滤浆经锥形斗均匀加到转鼓底部，待形成滤饼后，由推料盘推向转鼓口，滤饼在移动的进程中洗涤和沥干，最后被推出鼓外。

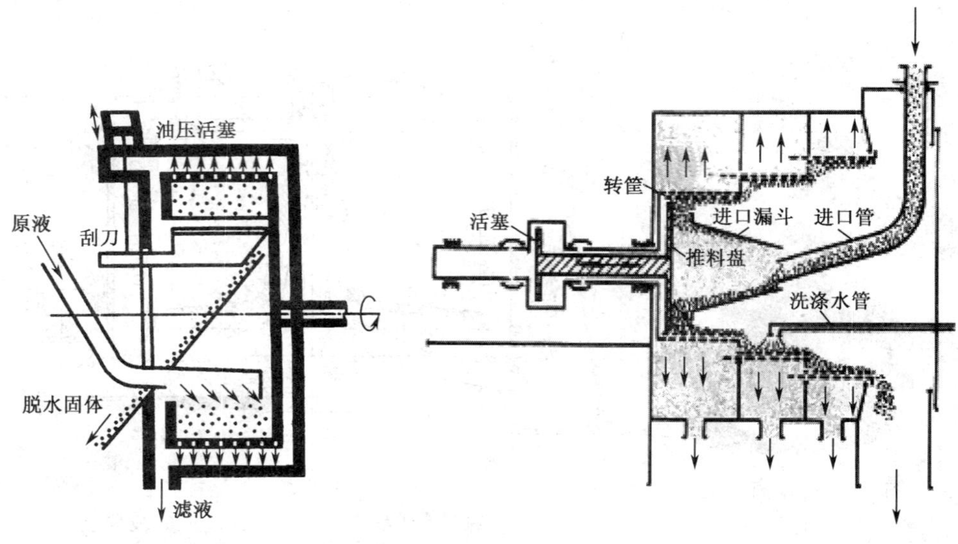

图 8-6　刮刀卸料式离心机　　　　图 8-7　活塞往复式卸料离心机

活塞推料离心机适宜处理含颗粒较粗、直径较大（>0.15mm）、浓度适中的滤浆，晶粒破损少，但滤浆浓度变化对操作影响较大。多用于食盐、硫酸铵、尿素等的生产中。

（四）离心式过滤设备常见故障及处理方法

1. 噪音大

可能原因：离心机放置不水平，减震系统破坏；加料不均匀；转鼓长时间被物料侵蚀；摩擦部位未加注相关润滑剂；出液口堵塞等。

处理办法：检查离心机是否放置水平，离心机的减震柱角是否完好无损；均匀加料，或适当调节加料量；检查转鼓是否存有大量黏结的干料，可委托生产厂家作动平衡检测；转子轴承部位加润滑剂；检查出液口是否堵塞，出液口堵塞会使转鼓在液体中转动，从而增大摩擦，加大噪音。

2. 主轴温升过高

可能原因：出厂所加润滑脂已耗完；主轴轴承间有微小杂物；机器转速过高，超过设计能力。

处理办法：打开主轴加入润滑脂；清理主轴轴承；按出厂标配的转速使用离心机。

3. 电机温升过高

可能原因：机器负荷太重；电机速度过高；电路自身设计缺陷。

处理办法：检查是否按相关负荷运转；按正常转速使用电机，如果一切正常，而温度仍升高，请联系电机生产厂家进行更换。

离心机为高速运转设备，一般处理物料为具有腐蚀性物料，在长期的使用过程中，要及时检查机器各部件是否正常，必要时予以更换，以防止造成不安全事故。

三、 真空式过滤设备

真空过滤设备是利用真空在过滤介质两侧产生的压力差，使液体透过，固体截留，从而实现分离的目的。精细化工生产中常见的真空过滤设备有以下几种。

（一）真空转鼓过滤器

转鼓真空过滤机是一种连续操作的过滤机械，广泛应用于精细化工生产中，结构如

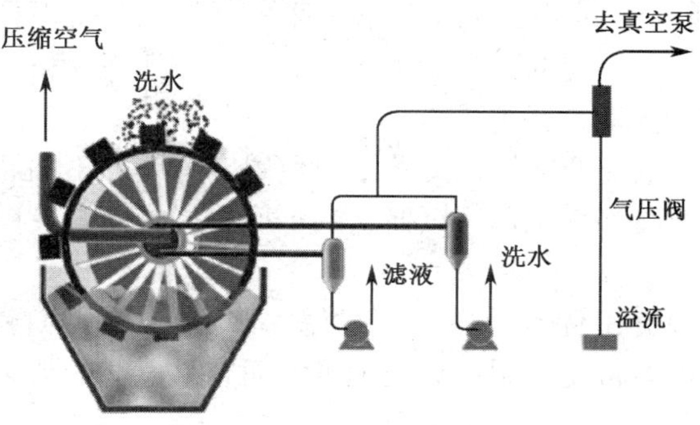

图 8-8　真空转鼓过滤器

图 8-8 所示，设备主体是一个能转动的水平圆筒，其表面有一层金属网，网上覆盖滤布，在装有滤浆的槽内低速回转，筒的下部浸入储槽滤浆中，储槽中有搅拌，防止固体沉淀。转筒每回转一周就完成一个包括过滤、洗涤、吸干、吹松、卸饼等几个阶段的操作。

图 8-9 是一台真空转鼓过滤器的操作原理图，转鼓真空过滤机的操作，关键在于有一个分配头，分配头由紧密贴合着的转动盘与固定盘构成，转动盘随着筒体一起旋转，固定盘内侧面各凹槽分别与各种不同管道相通，能自动进行各阶段的操作。如图 8-10 所示，固定盘上有三个凹槽，分别与真空系统和吹气管相连。

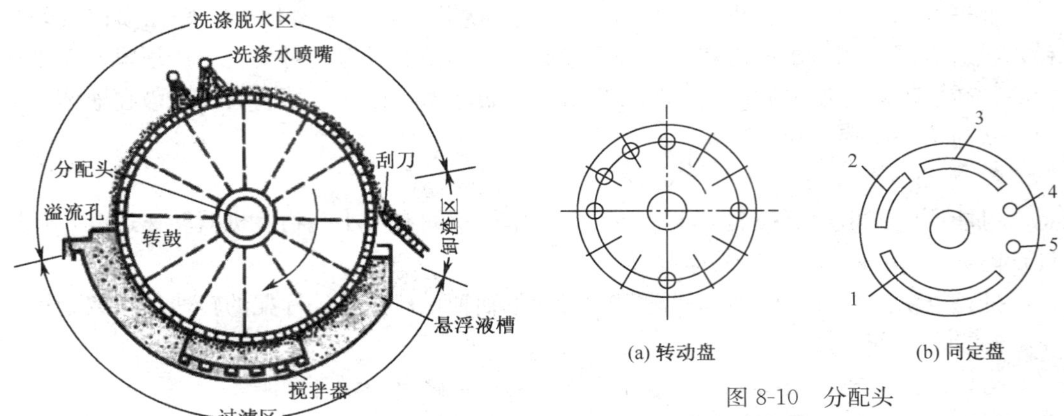

图 8-9　真空转鼓过滤器原理

图 8-10　分配头

1，2. 与滤液储槽相通的槽；3. 与洗液相通的槽；4，5. 通压缩空气的孔

(1) 当转动盘上的某几个小孔与固定盘上的凹槽 1、2 相对时，这几个小孔对应的连通管及相应的转筒表面与滤液真空管相连，滤液便可经连通管和转动盘上的小孔被吸入真空系统；同时滤饼沉积于滤布的外表面上，此为过滤。

(2) 转动盘转到使这几个小孔与凹槽 3 相对时，这几个小孔对应的连通管及相应的转筒表面与洗水真空管相连，转筒上方喷洒的洗水被从外表面吸入连通管中，经转动盘上的小孔被送入真空系统。此为洗涤、吸干。

(3) 当这些小孔与小孔 4、5 相对时，这几个小孔对应的连通管及相应的转筒表面与压缩空气吹气相连，压缩空气经连通管从内向外吹向滤饼，此为吹松。

(4) 随着转筒的转动，这些小孔对应表面上的滤饼又与刮刀相遇，被刮下。此为卸渣。继续旋转，这些小孔对应的又重新浸入滤浆中，这些小孔又与固定盘上的凹槽 1、2 相对，又重新开始一个操作循环。

(5) 每当小孔与固定盘两凹槽之间的空白位置（与外界不相通的部分）相遇时，则转筒表面与之相对应的段停止工作，以便从一个操作区转向另一操作区，不致使两区相互串通。

真空转筒过滤机的突出优点是实现了过滤、洗涤、卸料的自动操作，除更换滤布外，其他时间全部由机器自动控制，对处理量大而容易过滤的料浆特别适宜；工人劳动强度低，正常生产过程基本不用人工干预。

其缺点是设备体积庞大而过滤面积相形之下嫌小；用真空吸液，过滤推动力不大，悬浮液中温度不能高。要求滤饼疏松，以利于自动洗涤和卸料，有时需要加入助滤剂使滤饼疏松；在一定转速下，转鼓周长一定，所以物料从过滤、洗涤、抽干、卸料每步的时间无法调节，只能调节总时间。由于每圈卸料，滤饼较薄，这样一些细小的颗粒就会通过滤布进入滤液中。

（二）转台真空过滤机

如图 8-11 所示，转台（平盘）式真空过滤机是一种上加料式连续真空过滤机，在水平放置的主转盘上环形安置若干扇形滤室，滤室上部配有滤板、滤网、滤布；滤室下部有出液管，与错气盘连接。需过滤的料浆由上部加料斗连续加入，经过滤后，滤液由下部的出液管流经错气盘至气液分离器；滤饼经多次洗涤并吸干后由螺旋出料器输送出料。过滤机水平回转一周，完成加料—(反吹)—过滤—洗涤—吸干—出料等基本工艺过程。主转台及卸料螺杆的转速均为变频调速，以满足不同工艺操作需要。

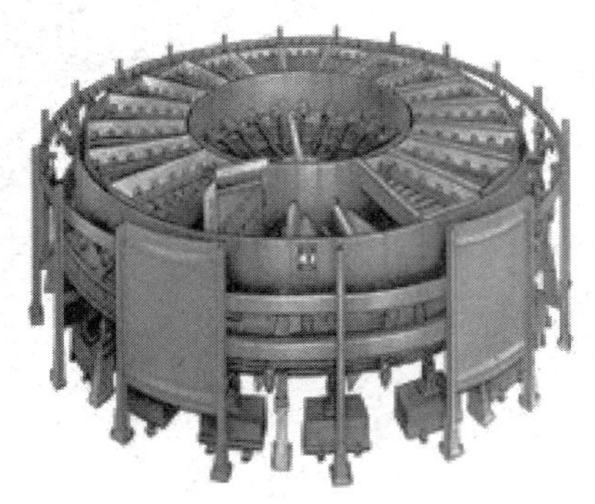

图 8-11　转台真空过滤机

转台真空过滤机具有结构简单、工艺适应性好、运转平稳、脱水快、洗涤效果好的特点，对于脱浆快的悬浮液，更有单位时间处理量大的优点，特别适用于洗涤要求高，含中粗颗粒料浆的过滤。适用如磷酸、钛白粉、氧化铝、无机盐、精细化工、冶金、选矿等工业领域的液固分离。其缺点是占地面积大，设备费用高。

（三）真空带式过滤器

带式真空过滤机是使用移动的环形滤带作过滤介质，并以负压为过滤推动力的连续过滤机，如图 8-12 为带式真空过滤机的结构和工作原理。水平滤带由辊子带动，滤带下方安装真空盘和管线，用以吸出滤液和洗液。在滤带一端加悬浮液，首先滤去液体形成滤渣，然后对滤渣进行洗涤和脱水，在滤带的另一端卸渣，滤带返回时在下部清洗再生。在真空过滤之前，有时增设重力沉降区，使较粗的颗粒先沉降在过滤面上，以利过滤。有的过滤机在卸渣端加压辊挤压滤渣，使滤渣的含液量进一步降低。操作真空的绝对压力为 $(0.25 \sim 0.9) \times 10^2$ Pa，滤带的移动速度为 0.3～30m/min，根据过滤的难易程度选择，并以此调节滤渣厚度。滤带起过滤和传送滤渣两种作用。带宽 0.5～2m，大多用合成纤维织物制成。

带式真空过滤机适用于易过滤的物料，如磷酸盐、催化剂、亚硫酸纸浆等的过滤脱液。

这种过滤机的新发展形式是带式真空压榨过滤机，如图 8-13 所示为带式真空压榨过滤机。它的特点是悬浮液先在真空过滤下滤去大量液体，形成半固态的湿滤渣。然后湿滤渣进入上、下滤带之间，通过一系列交错配置的压辊，在滤带张力和通过压辊时正反向的弯曲作用下受到压榨和剪切，进一步除去液体。配合使用凝聚剂，带式真空压榨过滤机可用于污泥之类较难过滤物料的脱液。

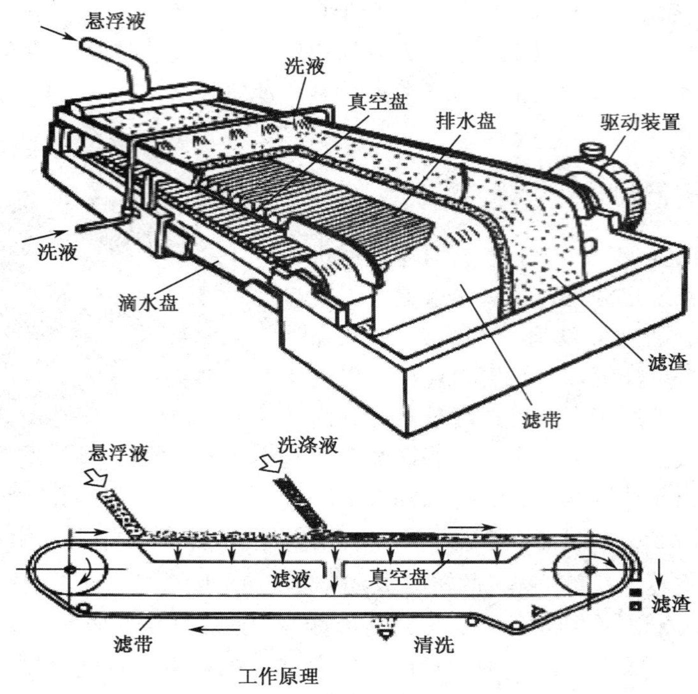

图 8-12　真空带式过滤器

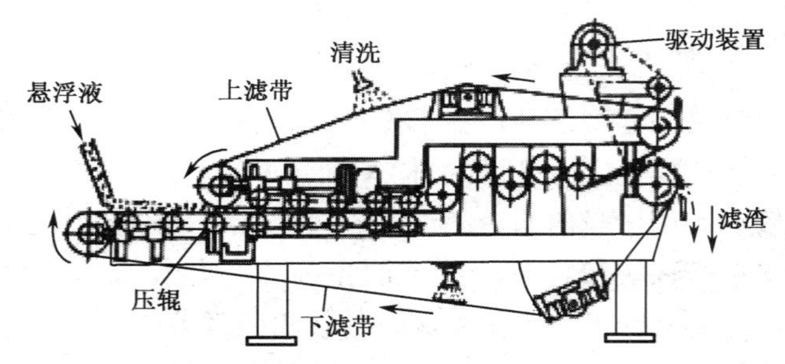

图 8-13　带式真空压榨过滤机

四、 沉降设备

由于固体和液体密度一般不同，利用重力作用或使用离心力可将密度较大的沉淀下来，从而实现液固分离的目的，实现这种分离过程的设备称为沉降设备。按照是否需要离心力的作用可分为重力沉降设备和离心沉降设备两种。

（一）重力沉降设备

1. 重力沉降室

受地球引力作用而发生的沉降过程称为重力沉降。降尘室是分离气固混合物的重力分离设备，如图 8-14 所示。含尘气体进入沉降室后，由于流通面积增大而速度降低。

颗粒在沉降室中的运动轨迹如图 8-15 所示，只要颗粒在通过沉降室的时间内降至室底，便可从气流中分离出来。

降尘室结构简单，流动阻力小，但其体积庞大，分离效率低，通常只用于分离径大于 50μm 的较粗颗粒。多层沉降室可分离较细颗粒，并且可节约占地面积，但是清灰比较困难。

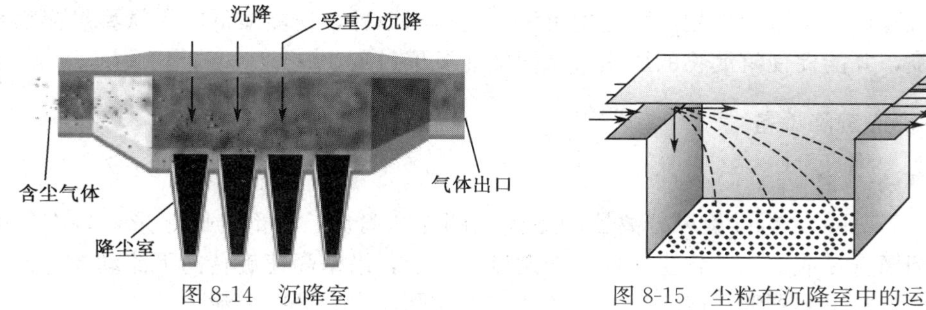

图 8-14 沉降室

图 8-15 尘粒在沉降室中的运动

2. 沉降槽

沉降槽也称增浓器或澄清器，是用来提高悬浮液浓度同时得到澄清液的重力沉降设备。沉降槽可间歇操作或连续操作。

间歇沉降槽通常为带有锥底的圆槽，其中的沉降情况与间歇沉降试验时玻璃筒内的情况相似。需要处理的悬浮料浆在槽内静置足够时间以后，增浓的沉渣由槽底排出，清液则由槽上部排出管抽出。

图 8-16 为连续沉降槽的结构示意图，底部为略成锥状的大直径浅槽，料浆经中央进料口送到液面以下 0.3～1.0m 处，在尽可能减小扰动的条件下，迅速分散到整个横截面上，液体向上流动，清液经由槽顶端四周的溢流堰连续流出，称为溢流，固体颗粒下沉至底部，槽底有徐徐旋转的刮泥机将沉渣缓慢地聚拢到底部中央的排泥管连续排出，排出的稠浆称为底流。

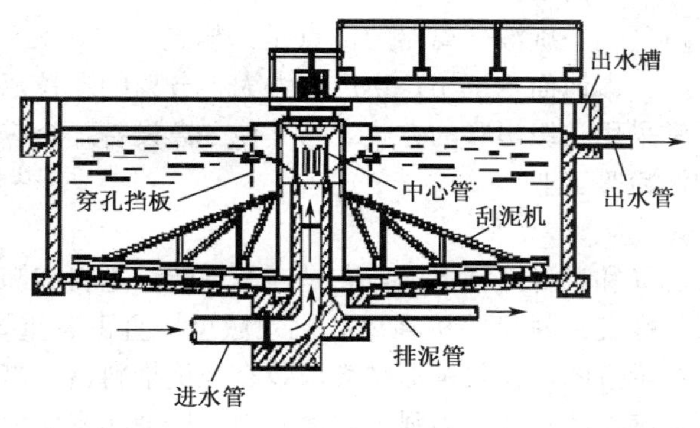

图 8-16 连续沉降槽

连续沉降槽的直径小者为数米，大者可达数百米，高度为 2.5～4m。有时将数个沉降槽垂直叠放，共用一根中心竖轴带动各槽的转耙。这种多层沉降槽可以节省地面，但操作控制较为复杂。

连续沉降槽适用于处理量大而浓度不高，且颗粒不甚细微的悬浮料浆，常见的污水处理就是一例。经过这种设备处理后的沉渣中还含有约50%的液体。

为了在给定尺寸的沉降槽内获得最大可能的生产能力，应尽可能提高沉降速度。向悬浮液中添加少量电解质或表面活性剂，使细粒发生“凝聚”或“絮凝”，改变一些物理条件（如加热，冷冻或振动），使颗粒的粒度或相界面积发生变化，都有利于提高沉降速度。沉降槽中装置搅拌耙，除能把沉渣导向排出口外，还能减低非牛顿型悬浮物系的表观黏度，并能促使沉淀物的压紧，从而加速沉聚过程。

（二）离心沉降设备

1. 旋风分离器

如图 8-17 所示，标准旋风分离器的主体上部为圆筒形，下部为圆锥形，各部件的尺寸均与圆筒直径成比例。含尘气体沿切向进入圆筒，沿壁高速旋转向下流动产生强大离心力，将颗粒甩向器壁，脱尘后的气体由底部在圆筒中心区向上流出。

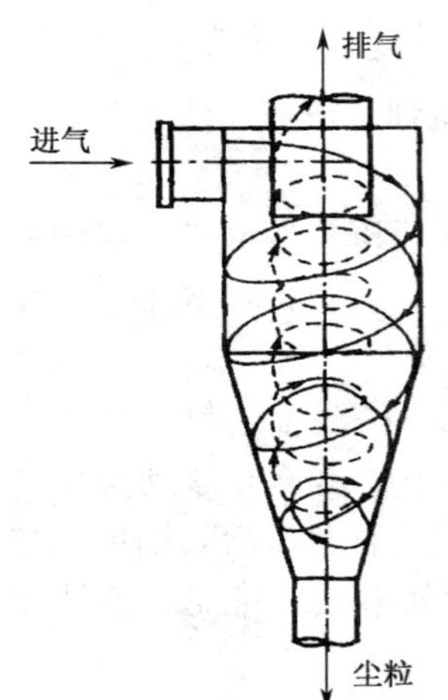

图 8-17　标准旋风分离器

旋风分离器构造简单，没有运动部件，操作不受温度、压力的限制，广泛应用于很多工业部门，用于除去气体中的粉尘，或从气体中回收有用粉料。

2. 旋液分离器

旋液分离器又称水力旋风分离器和水力旋流器。用以分离以液体为主的悬浮液或乳浊液的设备。旋液分离器的工作原理与旋风分离器大致相同。料液由圆筒部分以切线方向进入旋液分离器的，作旋转运动而产生离心力，下行至圆锥部分更加剧烈。料液中的固体粒子或密度较大的液体受离心力的作用被抛向器壁，并沿器壁按螺旋线下流至出口（底流）。澄清的液体或液体中携带的较细粒子则上升，由旋液分离器中心的出口溢流而出。

旋液分离器的优点是：构造简单，无活动部分；体积小，占地面积也小；生产能力大；分离的颗粒范围较广，但分离效率较低。旋液分离器常采用几级串联的方式或与其他分离设备配合应用，以提高其分离效率。常用于制碱和淀粉等工业。

3. 螺旋卸料离心机

卸料离心机也有沉降和过滤两种形式，它是连续运转、进料和卸料的离心机，目前应用较多的是沉降式。螺旋卸料离心机在离心机领域里一直占着重要地位。图 8-18 为螺旋卸料离心机的结构示意图，在长锥形转鼓内装有螺旋推料器，当要分离的悬浮液进入离心机转鼓后，高速旋转的转鼓产生强大的离心力把比液相密度大的固相颗粒沉降到转鼓内壁，由于螺旋和转鼓的转速不同，二者存在有相对运动（即转速差），利用螺旋和转鼓的相对运动把沉积在转鼓内壁的固相推向转鼓小端出口处排出，分离后的清液从离心机另一端排出。沉积在转鼓内壁的沉淀，由螺旋推料器推向转鼓小头，经沥干后卸出。

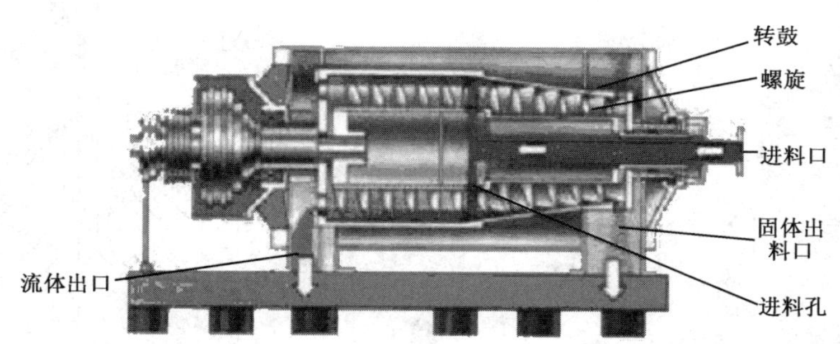

图 8-18　螺旋卸料离心机

此机适宜于处理细分散悬浮液，能获得含水率较小的固体沉淀。广泛应用于合成纤维树脂、聚氯乙烯、碳酸钙、滑石粉、淀粉生产和污水处理等生产过程。

卧式沉降螺旋卸料离心机主要特点有以下几方面：

(1) 卧式沉降螺旋卸料离心机应用范围广，能广泛地用于化工、石油、食品、制药、环保等需要固-液分离的领域。能够完成固相脱水，液相澄清，液-液-固、液-固-固三相分离，粒度分级等分离过程。

(2) 对物料的适应性较大，能分离的固相粒度范围较广（0.0005～2mm），在固相粒度大小不均时能照常进行分离。自动、连续操作，无滤网和滤布，能长期运转，维修方便，能够进行封闭操作。

(3) 单机生产能力大，结构紧凑，占地小，操作费用低。

(4) 固相沉渣的含固量一般比过滤离心机高，大致接近于真空过滤机。

(5) 固相沉渣洗涤效果不好。

4. 碟式分离机

碟式分离机是立式离心机，是 1877 年由瑞典的德拉阀斯发明，它是在管式离心机的基础上发展起来的，在转鼓中加入了许多重叠的碟片，缩短了颗粒的沉降距离，提高了分离效率。图 8-19 为碟式离心机外观及结构原理图，转鼓装在立轴上端，通过传动装置由电动机驱动而高速旋转。转鼓内有一组互相套叠在一起的碟形零件——碟片。碟片与碟片之间留有很小的间隙。悬浮液（或乳浊液）由位于转鼓中心的进料管加入转鼓。碟片的作用是缩短固体颗粒（或液滴）的沉降距离、扩大转鼓的沉降面积，转鼓中由于安装了碟片而大大提高了分离机的生产能力。积聚在转鼓内的固体在分离机停机后拆开转鼓由人工清除，或通过排渣机在不停机的情况下从转鼓中排出。

碟式分离机可以完成两种操作：液-固分离（即低浓度悬浮液的分离），称澄清操作；液-液（或液-液-固）分离（即乳浊液的分离），称分离操作。

分离乳浊液的碟式离心机碟片上开有小孔。乳浊液通过小孔流到碟片的间隙。在离心力作用下，重液沿着每个碟片的斜面沉降，并向转鼓内壁移动，由重液出口连续排出。而轻液沿着每个碟片的斜面向上移动，汇集后由轻液出口排出。

澄清悬浮液用的碟式离心沉降机碟片上不开孔，只有一个清液排出口。沉积在转鼓内壁上的沉渣，间歇排出。只适用于固体颗粒含量很少的悬浮液。当固体颗粒含量较多

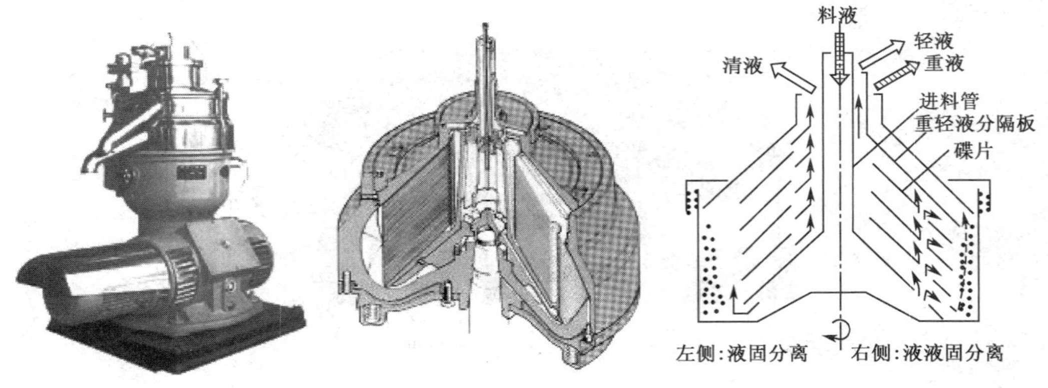

图 8-19　碟式分离机

时，可采用具有喷嘴排渣的碟式离心沉降机，例如淀粉的分离。碟式分离机分离能力强，分离因数在 5000～10000 之间，生产能力大，最高可达 $10m^3/h$，结构简单，操作维修方便，价格便宜。主要分离乳浊液中轻、重两液相，例如油类脱水、牛乳脱脂等；也可以澄清含少量细小颗粒固体的悬浮液。

5. 管式高速离心机

当处理液-液、液-液-固（固相含量较小）难分离的物料时，就必须使用具有较大分离因数、转鼓直径较小的离心机。管式分离机的转鼓直径最小，具有一个细长而高速旋转的转鼓。加长转鼓长度的目的在于增加物料在转鼓内的停留时间。这类离心机分两种，一种是澄清型（GQ 型），用于处理乳浊液而进行液-液分离操作，另一种是分离型（GF 型），用于处理悬浮液而进行液-固分离的澄清操作。用于液-液分离操作是连续的。而用于澄清操作是间歇的。澄清操作时沉积在转鼓壁上的沉渣由人工排除。

如图 8-20，离心机的转鼓由三部分组成：顶盖、带空心轴的底盖和管状转筒。在固定的机壳内装有管状转鼓。通常转鼓悬挂于离心机上端的挠性驱动轴上，下部由底盖形成中空轴，并置于机壳底部的导向轴衬内心机的外壳是转鼓的保护罩，同时又是机架的一部分，其下部有进料口。上部两侧有重液相和轻液相出口。用于澄清操作的 GQ 型离心机的顶盖只有一个液相出口，其他结构与 GF 型相同（即把 GF 型的重液相出口堵塞，便可用于澄清操作）。

操作时，待处理的物料在一定压力（约 3×10^4 Pa）下由进料管经底部空心轴进入转鼓底，靠圆形折转挡板分布于鼓的四周。为使液体不脱离转鼓壁，在转鼓内设有十字形挡板，液体在转鼓内由挡板被加速到转鼓速度，在离心力场下，乳浊液（或悬浮液）沿轴向上流动的过程中被分层成轻液相和重液相（或液相和固相）。并通过上方环状溢流口排出。改变转鼓上端分离环的内径可调节重液相和轻液相的分层界面。处理悬浮液时，可将管式离心机的重液口关闭，只留有中央轻液溢流口，则固体在离心力场下沉积于转鼓壁上，达到一定数量后，停机后人工清除。

管式分离机的结构特点是挠性主轴管状转鼓，转速高，轴径小。是目前用离心法进行分离的理想设备。最小分离颗粒为 1μm，特别对一些液固相相对密度差异小，固体

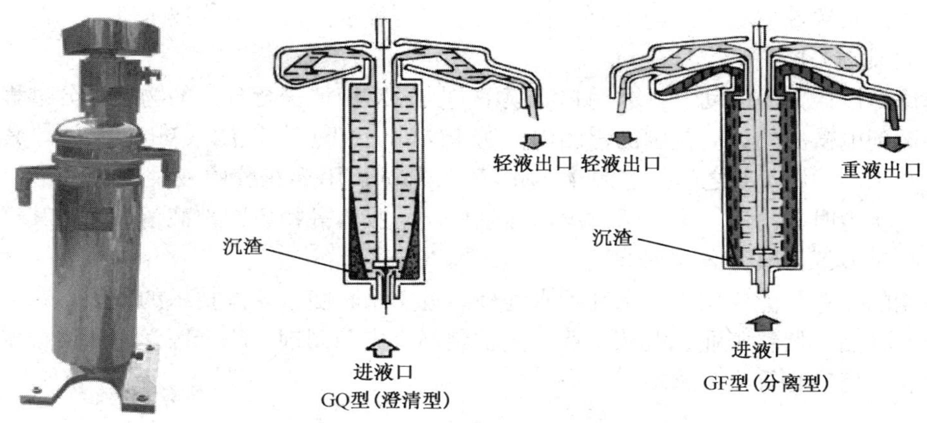

图 8-20　管式离心机

粒径细、含量低、介质腐蚀性强等物料的提取、浓缩、沉清较适用。

高速管式分离机主要用于生物医学、中药制剂、保健食品、化工等行业的液固或液液固三相分离。

第二节　膜分离设备

膜分离是在 20 世纪初出现，20 世纪 60 年代后迅速崛起的一门分离新技术。膜是具有选择性分离功能的材料。利用膜的选择性分离实现料液的不同组分的分离、纯化、浓缩的过程称作膜分离。它与传统过滤的不同在于，膜可以在分子范围内进行分离，并且这过程是一种物理过程，不需发生相的变化和添加助剂。

一、 膜分离技术

膜分离技术是用半透膜作为选择障碍层、在膜的两侧存在一定量的能量差作为动力，允许某些组分透过而保留混合物中其他组分，各组分透过膜的迁移率不同，从而达到分离目的的技术，如图 8-21 所示。

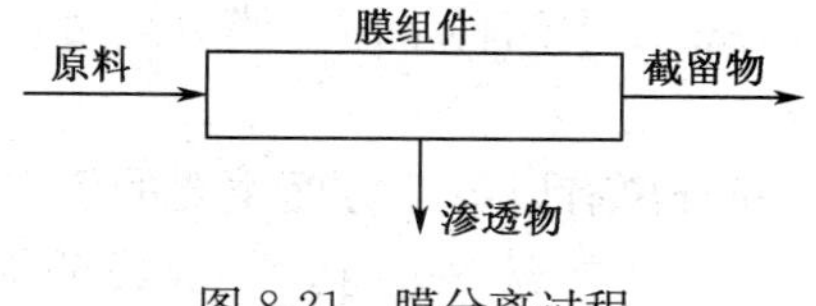

图 8-21　膜分离过程

1. 微滤（MF）

微滤又称为微孔过滤，它属于精密过滤，其基本原理是筛分过程，在静压差作用下滤除 0.1～10μm 的微粒，操作压力为 0.7～7kPa，原料液在压差作用下，其中水（溶剂）透过膜上的微孔流到膜的低压侧，为透过液，大于膜孔的微粒被截留，从而实现原料液中的微粒与溶剂的分离。微滤过程对微粒的截留机理是筛分作用，决定膜的分离效果是膜的物理结构，孔的形状和大小。

鉴于微孔滤膜的分离特征，微孔滤膜的应用范围主要是从气相和液相中截留微粒、细菌以及其他污染物，以达到净化、分离、浓缩的目的。

具体涉及领域主要有医药工业、食品工业、各种水处理、生物技术等。

2. 超滤（UF）

超滤是以压力为推动力，利用超滤膜不同孔径对液体进行分离的物理筛分过程。在从反渗透到电微滤的分离范围的谱图中，居于纳滤（NF）与微滤（MF）之间，其过滤精度在 0.1～0.001μm 之间。起源于 1748 年 Schmidt 用棉花胶膜或璐膜分滤溶液，当施加一定压力时，溶液（水）透过膜，而蛋白质、胶体等物质则被截留下来，其过滤精度远远超过滤纸，故得名“超滤”。

早期的工业超滤应用于废水和污水处理。近年来，随着超滤技术的发展，超滤技术已经涉及食品、饮料工业、医药工业、生物制剂、中药制剂、临床医学、印染废水、资源回收、环境工程等众多领域。

3. 纳滤

纳滤是一种介于反渗透和超滤之间的靠压力驱动的膜分离技术。纳滤膜是压力渗透膜，其孔径范围在几纳米左右，它对分子量在 200 以上的有机物的去除效率可达 90％以上，并可去除一部分二价或多价离子。

纳滤的主要应用领域涉及食品工业、植物深加工、饮料工业、农产品深加工、生物医药、生物发酵、精细化工、环保工业等。

4. 反渗透

反渗透是利用反渗透膜选择性的只能透过溶剂（通常是水）的性质，对溶液施加压力以克服溶液的渗透压，使溶剂通过反渗透膜而从溶液中分离出来的过程。

由于反渗透分离技术的先进、高效和节能的特点，在国民经济各个部门都得到了广泛的应用，主要应用于水处理和热敏感性物质的浓缩，主要应用领域包括以下：食品工业、植物（农产品）深加工、生物医药、生物发酵、制备饮用水、纯水、电力、电子、半导体工业用水、化工及其他工业的工艺用水、锅炉用水、洗涤用水及冷却用水等。

5、其他

除了以上四种常用的膜分离过程，另外还有渗析、控制释放、膜传感器、膜法气体分离等。

膜分离有以下几方面主要的优点：

（1）在常温下进行。有效成分损失极少，特别适用于热敏性物质，如抗生素、果汁、酶、蛋白等的分离与浓缩。

（2）无相态变化。保持原有的风味，能耗极低，其费用约为蒸发浓缩或冷冻浓缩的 1/3～1/8。

（3）无化学变化。典型的物理分离过程，不用化学试剂和添加剂，产品不受污染。

（4）选择性好。可在分子级内进行物质分离，具有普遍滤材无法取代的卓越性能。

（5）适应性强。处理规模可大可小，可以连续也可以间隙进行，工艺简单，操作方便，易于实现自动化。

膜分离技术由于兼有分离、浓缩、纯化和精制的功能，又有高效、节能、环保、分子级过滤及过滤过程简单、易于控制等特征，因此，目前已广泛应用于食品、医药、生物、环保、化工、冶金、能源、石油、水处理、电子、仿生等领域，产生了巨大的经济效益和社会效益，已成为当今分离科学中最重要的手段之一。

二、 膜分离装置-工业膜组件

膜的孔径一般为微米级，依据其孔径的不同（或称为截留分子质量），可将膜分为微滤膜、超滤膜、纳滤膜和反渗透膜，根据材料的不同，可分为无机膜和有机膜，无机膜还只有微滤级别的膜，主要是陶瓷膜和金属膜。有机膜是由高分子材料做成的，如醋酸纤维素、芳香族聚酰胺、聚醚砜、聚氟聚合物等。各种膜材料通常制成各种形状包括平板、管子、细管和中空纤维等备用，以制成各种过滤组件出售。

膜分离装置主要包括膜组件与泵，膜组件是膜分离装置里的核心部分。

所谓膜组件，就是将膜以某种形式组装在一个单元设备内，它将料液在外界压力作用下实现对溶质与溶剂的分离。在工业膜分离装置中，可根据需要设置数个至数千个膜组件。

膜组件的结构要求：

(1) 流动均匀，无死角。

(2) 装填密度大。

(3) 有良好的机械、化学和热稳定性。

(4) 成本低。

(5) 易于清洗。

(6) 易于更换膜。

(7) 压力损失小。

目前，工业上常用的膜组件有板框式、管式、螺旋卷式、中空纤维式和毛细管式几种类型。

(一) 板框式

板框式膜组件是最早将平面膜直接加以使用的一种膜组件，板框式膜组件使用平板式膜，这类膜组件的结构与常用的板框压滤机类似，由导流板、膜、支撑板交替重叠组成。它们的区别是板框式过滤机的过滤介质是帆布等材料，板框式膜组件的过滤介质是膜。图 8-22 是一种板框式膜器的部分示意图。其中支撑板相当于过滤板，它的两侧表面有窄缝。内有供透过液通过的通道，支撑板的表面与膜相贴，对膜起支撑作用。导流板相当于滤框，但与板框压滤机不同，由导流板导流流过膜面，透过液通过膜，经支撑板面上的窄缝流入支撑板的内腔，然后从支撑板外侧的出口流出。料液沿导流板上的流道与孔道一层层往上流，从膜器上部的出口流出，即为过程的浓缩液。导流板面上设有不同形状的流道，以使料液在膜面上流动时保持一定的流速与湍动，没有死角，减少浓差极化和防止微粒、胶体等的沉积。

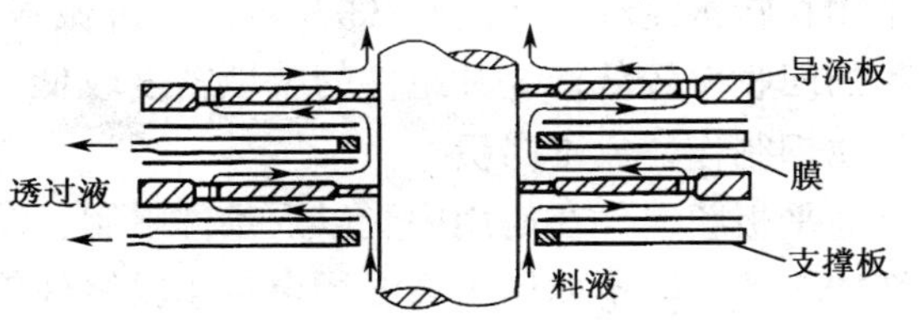

图 8-22　板框式膜组件 1

平板膜组件在发展过程中为了更大程度的提高其抗污染能力，各生产厂家都对支撑膜的平盘结构进行了大幅度的改良，使平盘上具有各种类型的凹凸结构，目的在于增加物料流动的湍流程度以减小浓差极化。它将导流板与支撑板的作用合在一块板上。如图8-23所示，板上的弧形条突出于板面，这些条起导流板的作用，在每块板的两侧各放一张膜，然后一块块叠在一起。膜紧贴板面，在两张膜间形成由弧形条构成的弧形流道，料液从进料通道送入板间两膜间的通道，透过液透过膜，经过板面上的孔道，进入板的内腔，然后从板侧面的出口流出。

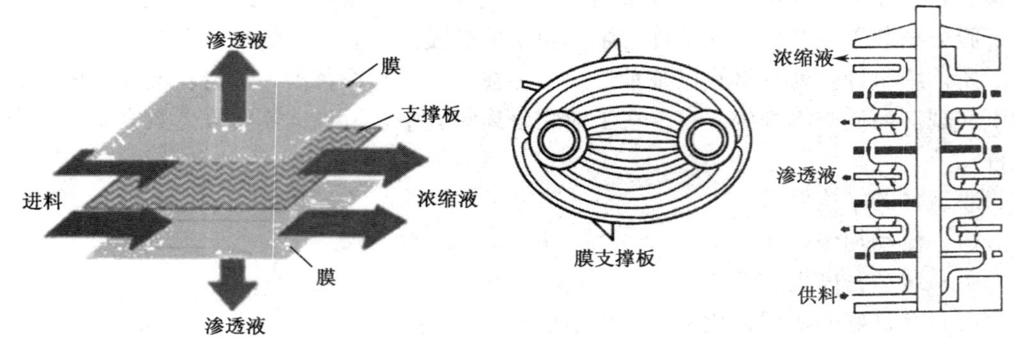

图 8-23 板框式膜组件 2

通过结构上的改良，平板膜组件目前广泛运用于含固量较高的发酵、食品行业。其在工艺上取代了传统的絮凝、板框过滤，并成功解决了以往絮凝、助滤处理发酵液时带来的3%～10%的产品损失。

平板膜组件在膜技术工业应用的初期就已经广泛使用。其突出优点是，每两片膜之间的渗透物都是被单独引出的，因此可以通过关闭个别膜组件来消除操作中的故障，而不必使整个膜组件停止运转。更换单对膜片很方便，膜片在加工中也无须像卷式需要黏合才能使用，并且换膜片的成本是所有膜系统中最低廉的。甚至可以简单地增加膜的层数实现增大处理量的目的。

其缺点是：①该系统需要个别密封的数目太多；②内部压力损失也相对较高（取决于物料转折流动的状况）；③其对膜的机械强度要求较高；④由于组件流程较短，其单程的回收率较低；⑤其组件的装填密度较低，一般为30～500m^2/m^3；⑥组件基本都由不锈钢制作，成本昂贵。

平板膜组件在使用中受以下条件限制：①不能用于强酸强碱的场合；②耐有机溶剂性能较差；③不能用于高温场合；④膜组件单位体积内的膜面积较小。

（二）圆管式

圆管式膜组件的机构主要将膜和支撑体均制成管状，如图8-24所示，管式膜组件由管式膜制成，它的结构原理与管式换热器类似，管内与管外分别走料液与渗透液，管式膜的排列形式有列管、排管或盘管等。管式膜分为外压和内压两种，内压管式膜在支撑板的内侧，相反外压管式膜在外侧。

管式膜组件的特点：

(1) 膜通量大，浓缩倍数高，可达到较高的含固量。

(2) 料液流道宽，允许高悬浮物含量的料液进入膜组件，预处理简单；膜清洗简单，膜芯使用寿命长。

(3) 对堵塞不敏感，拆卸和清洗也容易。

(4) 如果某一根管子损坏，可以方便地更换。

(5) 装填密度不高，流速高，能耗较高；膜填装密度较低、单位膜面积造价相对卷式膜较高。

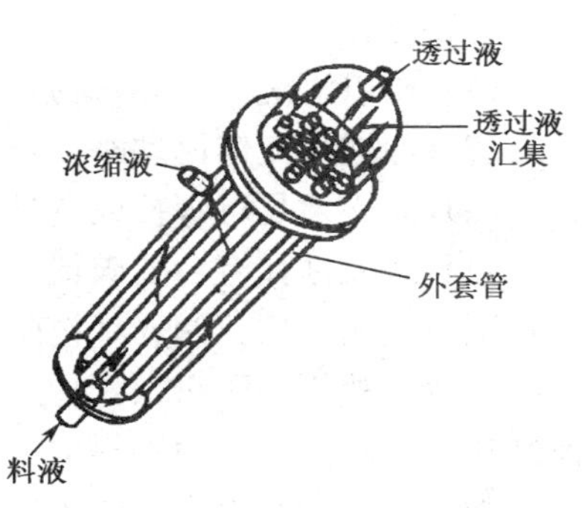

图 8-24　管式膜组件

(6) 设备的死体积较大，不利于提高浓缩比；单位体积膜组件的膜面积少，一般仅为 33～330 m^2/m^3。因此管式膜组件一般应用于物料含固量高，回收率要求高，有机污染严重并且难以运用预处理的环境，其在果汁和染料行业运用非常成功，特别是染料行业几乎全采用管式膜。

(三) 螺旋卷式

螺旋卷式结构，简称卷式结构。也是用平板膜制成的，其结构与螺旋板式换热器类似。如图 8-25，支撑材料插入三边密封的信封状膜袋，袋口与中心集水管相接，然后衬上起导流作用的料液隔网，两者一起在中心管外缠绕成筒，装入耐压的圆筒中即构成膜组件。使用时料液沿隔网流动，与膜接触，透过液透过膜，沿膜袋内的多孔支撑流向中心管，然后由中心管导出。

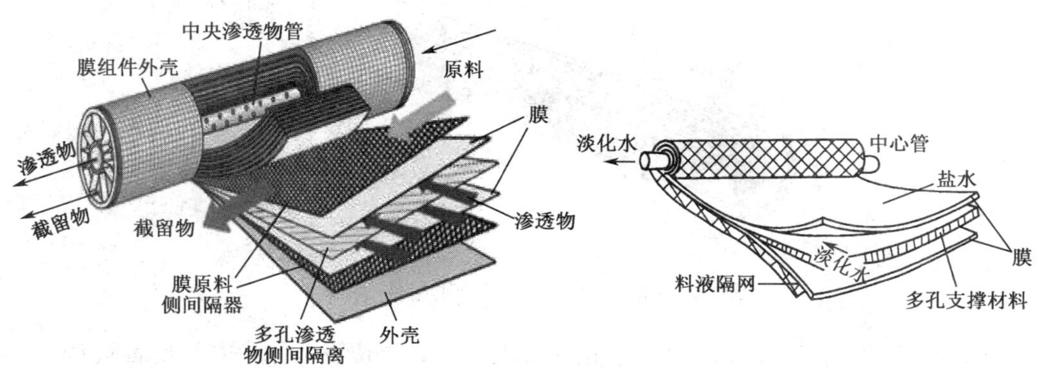

图 8-25　螺旋卷式膜组件

卷式膜组件的优点在于：

(1) 单位体积内膜的填充密度相对较高。

(2) 结构简单紧凑，价格低廉。

(3) 制造工艺简单。

(4) 安装操作方便。

(5) 有进料分隔板，物料的交换效果良好。

其缺点在于：

（1）难以清洗，因此对物料的预处理要求严格。

（2）渗透液流体流动路径较长。

（3）膜必须是可焊接或可黏连的。

（4）膜元件如有一处破损，将导致整个元件失效。

主要应用领域：制药（抗生素树脂解析液的脱盐浓缩，维生素浓缩）、染料（脱盐浓缩，取代盐析、酸析）、氨基酸（脱色除杂、浓缩、脱盐）、食品（低聚糖、淀粉糖分离纯化，果汁浓缩，植物提取）、母液回收（味精母液除杂、葡萄糖结晶母液除杂等）、水处理（印染废水处理，中水回用，超纯水制备）、酸、碱回收（制药行业洗柱酸、碱废液，化纤行业废酸、碱）等。

（四）中空纤维式和毛细管式

中空纤维膜组件的结构与管式膜类似，即将管式膜由中空纤维膜代替。

图 8-26 是中空纤维膜制成的膜组件示意图，它由很多根纤维（几十万至数百万根）组成，众多中空纤维与中心进料管捆在一起，一端用环氧树脂密封固定，另一端用环氧树脂固定，料液进入中心管，并经中心管上下孔均匀地流入管内，透过液沿纤维管内从左端流出，浓缩液从中空纤维间隙流出后，沿纤维束与外壳间的环隙从右端流出。毛细管膜组件与中空纤维膜组件的形式相同，其差异仅在于膜的规格不同。

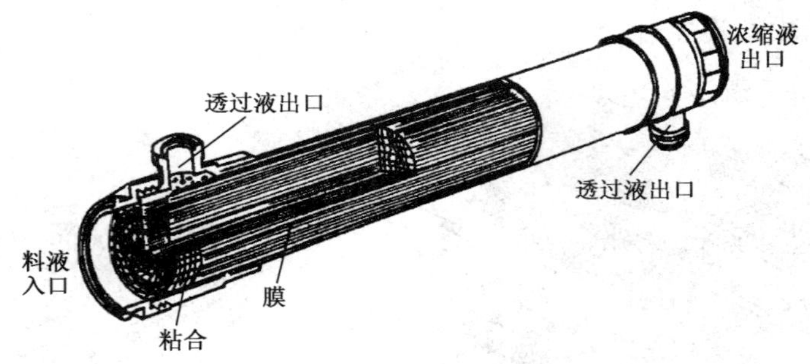

图 8-26　中空纤维膜组件

优点：设备紧凑，死体积小，膜的填充密度高，单位设备体积内的膜面积大（高达 16000～30000m^2/m^3），不需要支撑材料。单位膜面积的制造费用低。

缺点：中空纤维内径小，阻力大，易堵塞，所以料液走管间，渗透液走管内，透过液 侧流动损失大，压降可达数个大气压，膜污染难除去，因此对料液处理要求高。不能单独更换单根管子，只能更换整个膜组件。

在实际的使用过程中，根据不同膜组件的特性，选择合适的膜组件，可以获得更好的分离效果，表 8-1 为主要的膜组件的定性比较。

表 8-1　不同膜组件定性比较

膜组件	管式	板框式	卷式	中空纤维式
装填密度	低	——————→		非常高
投资	高	——————→		低
污染趋势	低	——————→		非常高
清洗	易	——————→		难
膜更换	可/不可	可	不可	不可

第三节　超临界流体萃取装置

超临界流体萃取（supercritical fluid extraction，SFE）是 20 世纪 70 年代末发展起来的一种新型物质分离、精制技术。随后便以其环保、高效等显著优势迅速渗透到萃取分离、石油化工、化学反应工程、材料科学、生物技术、环境工程等诸多领域，并成为这些领域发展的主导之一。

一、 超临界流体萃取原理及特点

在较低温度下，不断增加气体的压力时，气体会转化成液体，当温度增高时，液体的体积增大，对于某一特定的物质而言总存在一个临界温度（t_c）和临界压力（p_c），高于临界温度和临界压力后，物质不会成为液体或气体，这一点就是临界点。在临界点以上的范围内，物质状态处于气体和液体之间，这个范围之内的流体成为超临界流体（supercritical fluid，SF）。超临界流体（SF）是处于临界温度（t_c）和临界压力（p_c）以上，介于气体和液体之间的流体。超临界流体具有气体和液体的双重特性。SF 的密度和液体相近，黏度与气体相近，但扩散系数约比液体大 100 倍。由于溶解过程包含分子间的相互作用和扩散作用，因而 SF 对许多物质有很强的溶解能力。这些特性使得超临界流体成为一种良好的萃取剂。而超临界流体萃取，就是利用超临界流体的强溶解能力特性，从固体或液体中萃取出某种高沸点或热敏性成分，以达到分离和纯化的目的。超临界流体对物质进行溶解和分离的过程就叫超临界流体萃取。

作为一个分离过程，超临界流体萃取将传统的蒸馏和有机溶剂萃取结合一体，利用超临界流体优良的溶解力，依靠被萃取的物质在不同的蒸气压力下所具有的不同化学亲和力和溶解能力，将基质与萃取物有效分离、提取和纯化。即此过程同时利用了蒸馏和萃取现象——蒸气压和相分离均在起作用。

可作为 SF 的物质很多，如 CO_2、N_2O、SF_6、乙烷、庚烷、氨等，其中多选用 CO_2。在超临界状态下，CO_2流体兼有气液两相的双重特点，既具有与气体相当的高扩散系数和低黏度，又具有与液体相近的密度和良好的溶解能力。其密度对温度和压力变化十分敏感，且与溶解能力在一定压力范围内成比例，所以可通过控制温度和压力改变物质的溶解度。

超临界流体（CO_2）萃取剂特点：

（1）临界温度和临界压力低（$t_c=31.1℃$，$p_c=7.38MPa$），操作条件温和，对有效成分的破坏少，因此特别适合于处理高沸点热敏性物质。

（2）CO_2 是无毒、廉价易获得的有机溶剂。

（3）CO_2 在使用过程中稳定、不燃烧、安全、不污染环境，且可避免产品的氧化。

（4）CO_2 的萃取物中不含硝酸盐和有害的重金量，并且无有害溶剂的残留。

（5）在超临界 CO_2 萃取时，被萃取的物质通过降低压力，或升高温度即可析出，不必经过反复萃取操作，所以超临界 CO_2 萃取流程简单。

但是，由于 CO_2 是非极性的流体，只适合于萃取低极性和非极性的化合物。对于极性较大的化合物，常须用极性较大的流体（如 NH_3、N_2O 等），因为它们具有一定极性，对极性组分溶解性能好，但是 SF-NH_3 化学活性较高，易腐蚀泵封口，而 N_2O 有毒且易爆，另外底烃类物质因可燃易爆，也不如 CO_2 那样使用广泛。

二、 超临界萃取装置工艺流程

如图 8-27 所示，SFE 技术基本工艺流程为：原料经除杂、粉碎或轧片等一系列预处理后装入萃取器中。超临界流体经纯化并加压等操作进入萃取器，物料在超临界流体作用下，可溶成分进入超临界流体相。流出萃取器的超临界流体相进入分离器经减压、调温或吸附作用，可选择性地从超临界流体相分离出萃取物的各组分，超临界流体再经调温和压缩回到萃取器循环使用。超临界 CO_2 流体萃取工艺流程由萃取和分离两大部分组成。在特定的温度和压力下，使原料同超临界 CO_2 流体充分接触，达到平衡后，再通过温度和压力的变化，使萃取物同溶剂超临界 CO_2 流体分离，超临界 CO_2 流体循环使用。整个工艺过程可以是连续的、半连续的或间歇的。

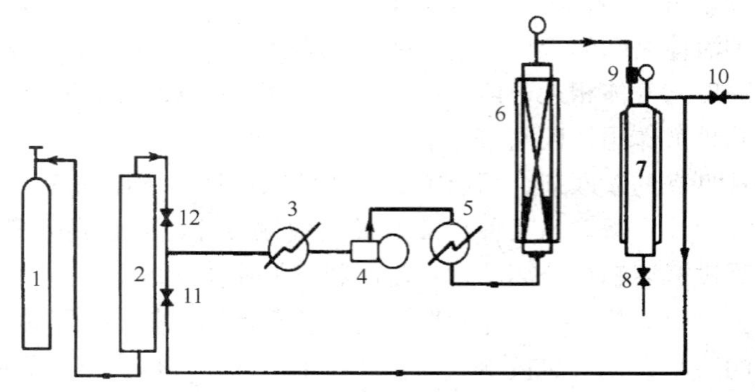

图 8-27　CO_2 超临界萃取工艺流程

1. CO_2 气瓶；2. 纯化器；3. 冷凝器；4. 高压泵；5. 加热器；6. 萃取器；7. 分离器；8. 放油阀；9. 减压阀；10～12. 阀门

三、 超临界流体萃取装置

如图 8-28 所示，超临界流体萃取装置是由高压萃取器、分离器、换热器、高压泵（压缩机）、储罐以及连接这些设备的管道、阀门和接头等构成。另外，因控制和测量的需要，还有数据采集、处理系统和控制系统。

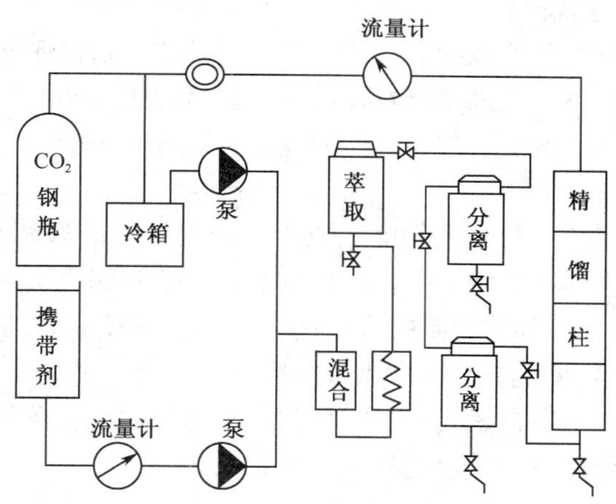

图 8-28 超临界萃取装置

萃取釜是超临界萃取装置的关键设备。超临界萃取的操作压力一般为 7～34MPa，有的更高，而且常承受交变载荷的作用，因此萃取釜为高压容器，应满足高压容器的条件，还要满足一些特殊的要求。

1. 具有快速开关盖装置

超临界萃取进行间歇操作时需要经常更换物料，也就需要经常开关盖，还需要经常清洗开盖，这就需要许多时间，因此，采用快速开关装置可以减少操作时间，提高生产效率。

目前国内常用的全膛快开盖装置有三类：一类是卡箍式，另一类是单螺栓式结构，还有一类是多层螺旋卡口锁结构。

卡箍式快开盖装置是一种比较通用的结构，如图 8-29 所示。其釜盖和筒体上都有凸缘，当釜盖放入筒体后，用两个半圆形 的卡箍将釜盖和釜体卡紧，达到承压的目的。这种结构装卸更加方便，并可采用液压装置自动的开、关釜盖，适用于大型萃取装置。

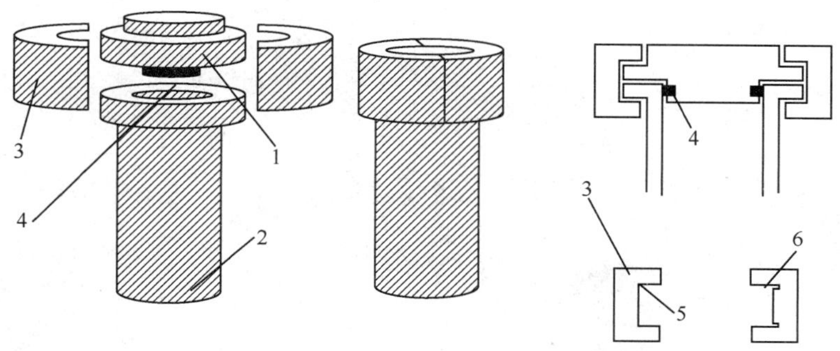

图 8-29 卡箍快开萃取釜盖结构

1. 釜盖；2. 釜体；3. 卡箍；4. 密封件；5. 卡箍直角过渡；6. 卡箍圆角过渡

单螺旋卡口锁结构整个釜盖作为一个大螺栓旋入封口中，螺纹承受轴向力，它结构简单，加工方便，但是对于大的萃取釜，旋紧釜盖所要很大的劳动强度，所以这种结构一般仅用于 20L 以下的萃取釜。

多层螺旋卡口锁结构是单螺旋卡口锁的改进型，这种结构在釜盖和筒体的大螺纹上都开了三道锁口，覆盖可以通过锁口直接放入筒体螺纹开口处，旋转釜盖 30°即可。以锁紧釜盖，避免单螺纹结构需要旋多圈的情况，所以可应用于大型设备。

2. 密封装置

萃取釜能否正常连续运行很大程度上取决于密封性能的好坏。由于超临界 CO_2 流体具有较强的溶解能力和渗透能力，普通橡胶圈无法达到萃取釜的密封要求，最多只能使用 3～5 次，有时由于橡胶密封圈的溶胀还会影响到釜盖的装卸。因此在进行密封结构设计时要针对超临界 CO_2 流体的特性，选择合适的密封材料。对于工业化的萃取釜多采用卡箍结构釜盖，采用自紧式密封。目前，密封圈材料也在不断改进，经改良的密封圈使用寿命加长，更加适应工业化的生产。

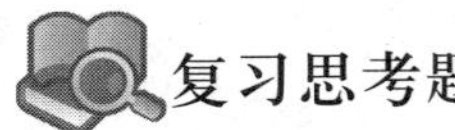

复习思考题

1. 简述板框压滤机的结构及适用场合。
2. 画出板框压滤机结构简图，并标明物料流向。
3. 离心式过滤设备有哪些？各有何优缺点？
4. 简述离心式过滤设备的故障处理方法。
5. 常用真空过滤设备有哪些？各适用于何种场合？
6. 常见的膜组件有哪些？它们的结构如何？各有什么优缺点？
7. 简述膜过滤的优缺点。
8. 简述膜过滤和传统过滤的区别。
9. 什么是超临界萃取？超临界萃取的主要设备有哪些？

第九章　产品成型设备

第一节　颗粒成型方法和设备

一、 概述

制粒是把粉状、块状、溶液或熔融等状态的物料经加工制成具有一定形状与大小颗粒制剂，该制剂是一种较大的粉剂颗粒，颗粒约为 30～60 目。制粒作为粒子的加工过程几乎与所有的固体制剂相关，制粒的全部工艺过程也与其他剂型的工艺有关，如真溶液制剂、胶体溶液制剂、混悬液制剂、半固体制剂。尤其与制粉技术密切相关。制粒的颗粒物可能是最终产品，也可能是中间体。

不同行业的颗粒剂制备方法会有些差异，常用制造方法有如下几种：压缩制粒、挤出制粒、滚压制粒、喷雾制粒、流化制粒等，此外还有溶合法制粒、高效混合制粒、喷浆冷凝制粒、搅拌混合制粒、烘烤箱制粒等方法。

二、 制粒方法和设备

（一）挤出制粒

挤出制粒是将配方原粉用适当黏结剂制备软材后，用强制挤压的方式使其通过一定孔径的孔板或筛网，再经过适当的切粒或整形的制粒方法。这是较为普遍应用的制粒方法，其关键是将原料粉体与黏结剂制软材，适合于黏性物料的加工。所制得的颗粒的粒度由筛网的孔径大小调节，粒子形状为圆柱状，粒度分布窄，但长度和端面形状不能精确控制。挤压压力不大，致密度比压缩造粒低，可制成松软颗粒。挤出制粒的缺点是：黏结剂、润滑剂用量大，水分高，模具磨损严重，程序多，劳动强度大。挤出制粒因其生产能力很大，广泛应用于农药颗粒、催化剂载体、颗粒饲料、食品制粒等过程中。

1. 挤出制粒过程和影响因素

挤出制粒的工艺过程依次为混合、制软材、压缩、挤出和切粒、干燥等工序。

制软材（捏合）是关键步骤，在这一工序中，将水和黏结剂加入粉料内，用捏合机充分捏合。黏结剂用量多时软材被挤压成条状，并会重新黏结在一起，黏结剂用量少时不能制成完整的颗粒而成粉状，因此选择适宜的黏结剂及适宜的用量是制软材过程关键。捏合效果的好坏将直接影响挤出过程的稳定性和产品质量，一般来说，捏合时间越长，黏料的流动性越好，产品强度也越高。原料粉体适度偏细将使捏合后黏团的塑性提高，有利于挤出过程的进行，同时细颗粒使粒间界面增大，也能提高产品的强度。

2. 挤出制粒设备

挤出制粒设备主要有螺旋挤压式、旋转挤压式、摇摆挤压式等几种形式，如图 9-1 所示。

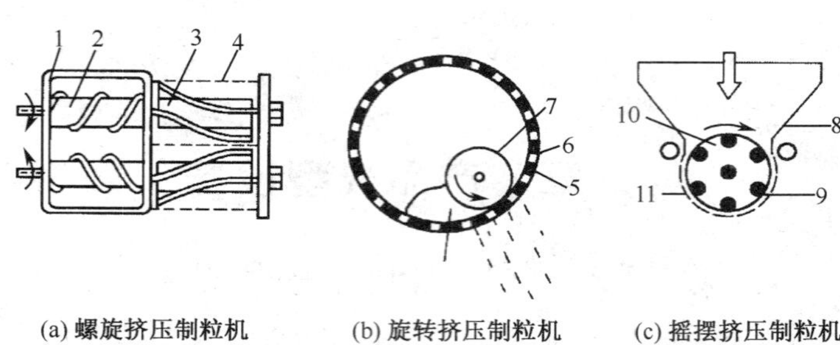

图 9-1　挤出式制粒机

1. 外壳；2. 螺杆；3. 挤压滚筒；4. 筛筒；5. 筛圈；6. 补强圈；7. 挤压辊；8. 料斗；9. 柱状辊；10. 转子；11. 筛网

由于挤出制粒产品水分较高，后续干燥工艺是不可缺少的，而且也是非常重要的。为了防止刚挤出的颗粒堆积在一起发生黏连，多对这些颗粒采用热风吹扫干燥，使颗粒表面迅速脱水，然后再用振动流化干燥。

挤出制粒具有产量大的优点，但所生产的颗粒为短柱体，通过整形机处理后可以获得球状颗粒，用这种方法生产的球形颗粒比滚动成型的密度要高。

（二）滚动制粒

滚动制粒是粉料中加入一定量的黏合剂或润湿剂，在搅拌、振动和摇动等作用下不断长大，最后成为一定大小的球形颗粒。滚动制粒法的优点是处理量大，设备投资少，运转率高。缺点是颗粒密度不高，难以制备粒径较小的颗粒。该方法多用于粒状混合肥料及食品的生产，也可用于颗粒多层包覆工艺制备功能性颗粒。

1. 影响滚动制粒的因素

滚动制粒首先是黏结剂将粉料表面润湿，使粉粒间产生黏着力，然后在外加机械力作用下形成颗粒，再经干燥后成粒。其影响因素如下：

（1）原料粉体的影响。原料粉体的比表面积越大，孔隙率越小，一次颗粒越小，所得团聚颗粒的强度越高。

（2）黏结剂的影响。常用的黏结剂及选用与挤压制粒类似，其中水是常用的廉价黏结剂。黏结剂通过充填一次颗粒间的孔隙，形成表面张力较强的液膜而发挥作用，有些黏结剂例如水玻璃还可以与一次颗粒表面反应，形成牢固的化学结合。调节黏结剂的加入量对制粒质量有重要意义，加入过少不起作用，加入过多则造成颗粒表面粗糙和颗粒间的黏连。对于某些适宜的产品，有时为了促进微粒的形成，在原料粉体中加入一些膨润土细粉，利用其遇水后膨胀和表面浸润性好的特点改善制粒强度。

2. 滚动制粒的方法及设备

滚动制粒设备可以分为两类：转动制粒机和搅拌混合制粒机。

（1）转动制粒机。原料粉末中加入一定量的黏结剂，在转动、摇动、搅拌等作用下使粉末结聚成球形粒子的方法叫转动制粒。这类制粒设备有圆筒旋转制粒机、倾斜锅及离心制粒机，如图 9-2 和图 9-3 所示。

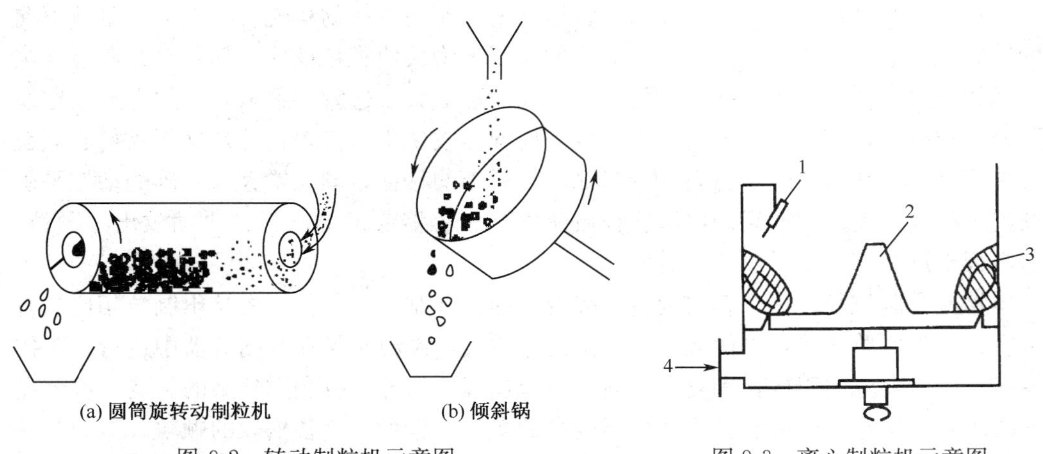

图 9-2　转动制粒机示意图

图 9-3　离心制粒机示意图

1. 喷嘴；2. 转盘；3. 粒子层；4. 给气

转动制粒过程是首先在少量粉末中喷入少量液体，在滚动和搓动作用下聚集在一起形成大量的微核，这一阶段称为微核形成阶段，在滚动时进一步压实；在转动过程中向微核表面均匀喷入液体和撒入粉料，使其继续长大，如此多次反复，就得到一定大小的丸状颗粒，此过程称为微核长大阶段；最后，停止加入液体和粉料，在继续转动、滚动过程中多余的液体被挤出吸收到未被充分润湿的包层中，从而使颗粒被压实，形成具有一定机械强度的微丸。

转动制粒机所得的微丸外表光滑且粒度大小均匀，生产能力大，多为间歇操作，多用于药丸的生产，但作业时粉尘飞散严重，工作环境不良，要求较强的操作经验。

离心制粒机过程是物料在高速旋转的圆盘带动下做离心旋转运动而被集中到器壁，从圆盘的周边吹出的空气流使物料向上运动，同时在重力作用下使物料层上部的粒子往下滑动落入圆盘中心，落下的粒子重新受到圆盘的离心旋转作用，从而使物料不停地做旋转运动，有利于形成球形颗粒。黏结剂从物料层斜面上部的表面定量喷雾，靠颗粒的激烈运动使颗粒表面均匀润湿，并使散布的粉末均匀附着在颗粒表面，层层包裹，如此反复操作可以得到所需大小的球形颗粒。调整在圆盘周边上升的气流量和温度可对颗粒进行干燥。

(2) 搅拌混合制粒机。常用的搅拌混合制粒机如图 9-4 所示。其构造主要由容器、搅拌桨、切割刀组成。

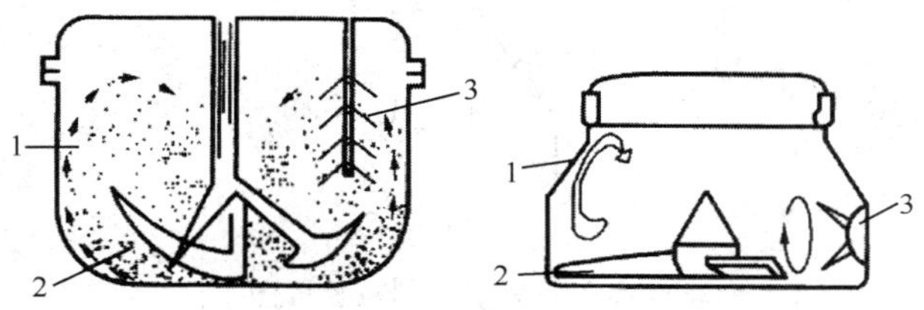

图 9-4　搅拌混合制粒机示意图

1. 容器；2. 搅拌器；3. 切割刀

将粉料和黏结剂放入一个容器内，在搅拌桨的作用下使物料混合、翻动、分散甩向器壁后向上运动，形成大颗粒。在切割刀的作用下将大块颗粒绞碎、切割，并和搅拌桨的作用相呼应，使颗粒得到强大的挤压、滚动而形成大小适宜、致密均匀的颗粒。在搅拌混合制粒机中，部分结合力弱的大颗粒被搅拌器或切割刀打碎，碎片又作为核心颗粒经过包层进一步增大，随着物料从给料端向排料端的移动，颗粒增大与破碎的动态平衡逐渐趋于稳定。完成制粒后倾出湿颗粒或从安装于容器底部的出料口自动放出湿颗粒，然后进行干燥。

搅拌混合制粒是在一个容器内进行混合、捏合和制粒，与传统的挤出制粒相比具有省工序、操作简单、快速等优点。该方法处理量大，制粒又是在密闭容器中进行，工作环境好，所以多应用于矿粉和复合肥料的造粒过程。另外，改变搅拌桨的结构、调节黏结剂的用量及操作时间可制备致密、强度高的颗粒，也可以制备松软的颗粒。但所制备颗粒的粒度均匀性、球形度等不及前述的滚动制粒。搅拌混合制粒机的底部开孔，物料完成制粒后通热风进行干燥，可节省人力、物力，减少人与物料接触的机会。

（三）喷雾制粒

喷雾制粒与喷雾干燥是相同的过程，是将原料液用雾化器分散成雾滴，并用热空气（或其他气体）与雾滴直接接触的方式而获得粉粒状产品的一种过程。原料液可以是溶液、乳浊液或悬浮液，也可以是熔融液或膏状物。喷雾制粒产品可根据需要，制成粉状、颗粒状、空心球或团粒状。喷雾制粒，就是造粒与干燥二者的密切结合，它们结合的程度往往直接影响产品质量的好坏。该方法被食品、医药、染料、非金属加工、催化剂和洗衣粉等行业广泛采用。

1. 喷雾制粒工作原理

图 9-5 为一个典型的喷雾制粒系统流程图。喷雾干燥制料分为三个基本阶段：第一阶段，料液雾化为雾滴，雾化的目的是将料液分散为微细的雾滴，具有很大表面积，与热空气接触时，雾滴中的水分迅速汽化而干燥成粉末或颗粒状产品。雾滴的大小和均匀

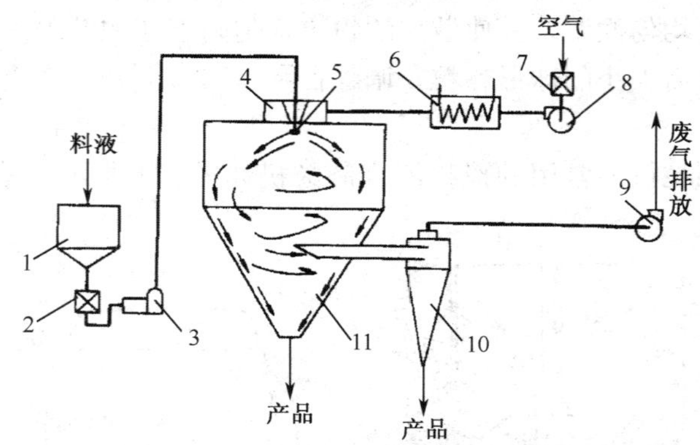

图 9-5 喷雾干燥制粒装置图

1. 原料罐；2. 过滤器；3. 原料泵；4. 空气分布器；5. 雾化器；6. 空气加热器；7. 空气过滤器；8. 鼓风机；9. 引风机；10. 旋风分离器

程度对产品质量起控制作用。因此，料液雾化器是喷雾制粒的关键部件。常用的雾化器有气流式、压力式和旋转式。第二阶段，雾滴和干燥介质接触、混合及流动，即进行干燥。干燥过程中，雾滴和空气的流向有并流、逆流和混合流。第三阶段，颗粒产品与空气分离。喷雾制粒产品都采用从塔底出料，部分细粉夹带在气流中，废气排放前必须回收细粉，以提高产品收率，防止环境污染。

2. 雾化器

雾化器是喷雾制粒的关键部件，溶液的喷雾干燥制粒是在瞬间完成的，为此，必须最大限度地增加其分散度，即增加单位体积溶液的表面积，才能加速传热和传质过程。雾滴越细，其表面积越大。

根据雾滴形成的方式不同，雾化器可以分为气流式雾化器、压力式雾化器和旋转式雾化器。在一般情况下，压力式和旋转式雾化器所得雾滴较粗，而气流式雾化器所得雾滴较细。因此，要得到较大颗粒产品，选用压力式或旋转式雾化器较适宜。要得到很细的粉状产品，采用气流式雾化器为宜。

(1) 气流式雾化器通常称为气流式喷嘴，是实验室和中间工厂常用的一种形式。其操作原理如图 9-6 所示，中心管走料液（即液体喷嘴），压缩空气经气体分布器从环隙（即气体通道或气体喷嘴）喷出，当气液两相流在喷嘴出口端面接触时，由于从环隙喷出的气体速度很高，一般为 200～340m/s，也可以达到超声速，但液体流出的速度不大（一般不超过 2m/s），因此，在两流体之间存在着很大的相对速度，从而产生相当大的剪切力，将料液雾化。喷雾用压缩空气压力一般为 0.3～0.7MPa。

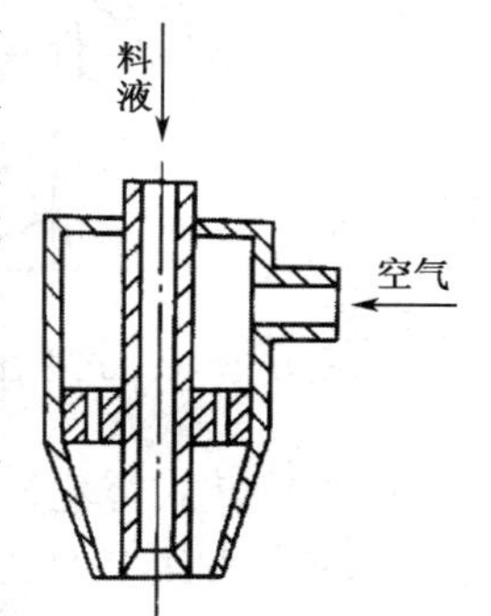

图 9-6　二流式气流雾化器示意图

气流式喷嘴结构简单，磨损小；对低黏度或高黏度料液（包括膏状物、糊状物及滤饼等）均可雾化，因此，适用范围很广；操作压力低，不需要高压泵；气流式喷嘴所得雾滴较细，可以获得滴径约为 5～30μm；气流式喷嘴操作弹性大，即处理量有一定伸缩性，且调节气液比也可控制雾滴大小，因而也就控制了产品粒度。

气流式喷嘴的主要缺点是用于雾化的压缩空气的动力消耗较大，约为压力式及旋转式雾化器的 5～8 倍。

气流式喷嘴主要用于雾化高黏度物料。在流化床喷雾造粒中，主要用气流式雾化器雾化液体，如尿素、药品等。

(2) 压力式喷嘴（也称机械式喷嘴）是喷雾干燥制粒常用的雾化器形式之一。它主要由液体切向入口、液体旋转室、喷嘴孔等组成，如图 9-7 所示。利用高压泵使液体获得很高的压力（2～20MPa），由切向入口进入喷嘴的旋转室中，液体在旋转室获得旋转运动。愈靠近轴心，旋转速度愈大，其静压力亦愈小，结果在喷嘴中央形成一股压力等于大气压的空气旋流，液体则形成绕空气芯旋转的环形薄膜，液体静压能（喷嘴处）转变为向前运动的液膜的动能，从喷嘴高速喷出。液膜伸长变薄，最后分裂为小雾滴。这样形成的雾滴群的形状为空心圆锥形。压力式喷嘴的优点是结构简单，制造成本低；全部零件维修简单，拆装方便；与气流式喷嘴相比，大大节省雾化动力。但需要一台高压计量泵；喷嘴孔径很小，必须有效地严格地过滤，防止喷嘴堵塞；喷嘴磨损大。对于具有较大磨损的物料，喷嘴要采用耐磨材料制造；一个喷嘴的最佳操作范围较窄（即弹性小）；高黏度物料不易雾化。图 9-8 为喷雾干燥制洗衣粉用喷嘴。

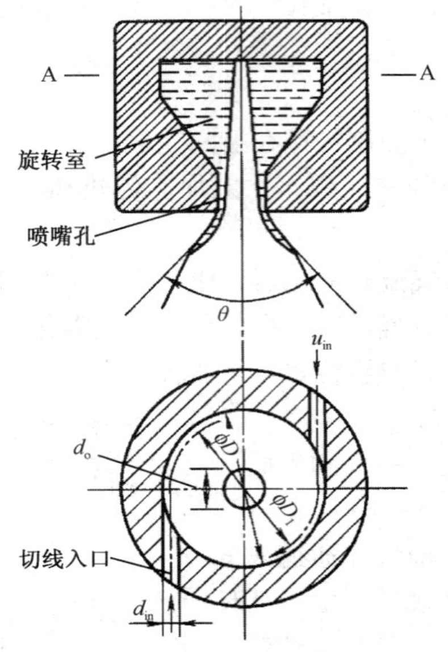

图 9-7　压力式雾化器喷嘴的工作原理图

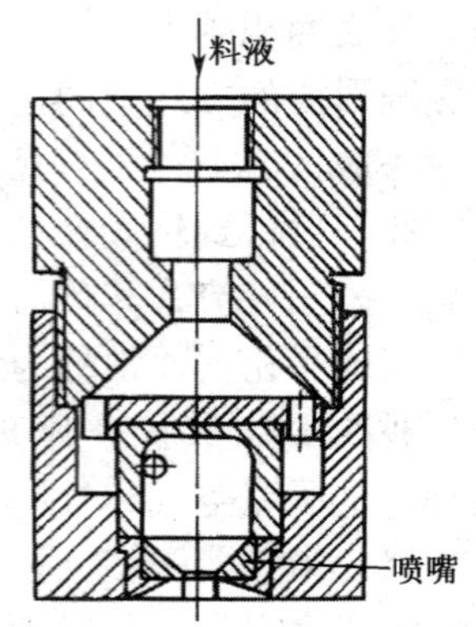

图 9-8　喷雾干燥制洗衣粉用喷嘴

（3）旋转式雾化器主要构件是高速旋转的叶轮，由于旋转盘的离心力的作用，使料液在旋转盘表面上伸展为薄膜，并以不断增长的速度向盘的边缘运动，离开盘边缘时，就会使液体雾化，如图 9-9 所示。

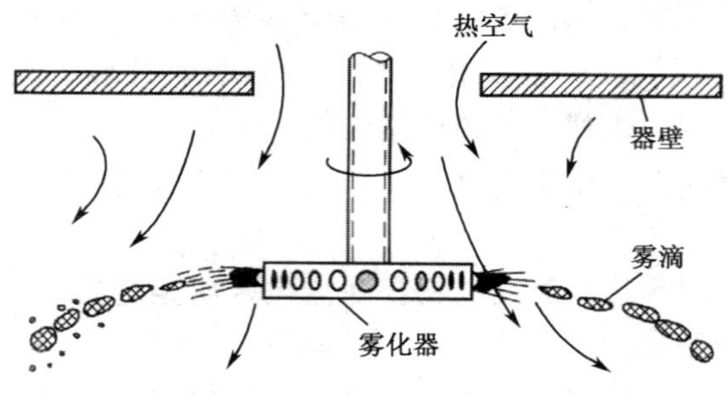

图 9-9　旋转式雾化器的工作原理示意图

喷雾干燥制粒塔内只安装一个旋转雾化器，便可完成生产任务，最小雾化器喷雾量为 6kg/h 以下，最大喷雾量为 200t/h；在一定范围内，可以调节雾滴尺寸；生产能力调节范围大。但结构较为复杂，需要传动装置、液体分布装置和雾化轮，对加工制造的技术要求较高，也给检修带来不便。

3. 喷雾制粒的特点

（1）由液体直接干燥制固体颗粒。

（2）干燥速度快，物料受热时间短，适合热敏性物质的制粒。

（3）颗粒具有良好的流动性和溶解性。

（4）设备能耗高。

（5）黏性大的物料易黏壁。

（四）流化制粒

流化制粒是利用流化床床层底部气流的吹动使粉料保持悬浮的流化状态，再把水或其他黏结剂雾化后喷入床层中，粉料经过沸腾翻滚逐渐聚结形成较大颗粒的方法。此法将混合、制粒、干燥过程在一台设备内完成，又叫一步制粒。这是一种较新的制粒技术，目前在食品、医药、精细化工等行业中得到了较好的应用。

1. 流化制粒设备

流化床制粒装置如图 9-10 所示，主要由容器、气体分布装置（如筛板等）、喷嘴、气固分离装置（如袋滤器）、空气进口和出口、物料排出口组成。操作时，把物料粉末与各种辅料装入容器中，从床层下部通过筛板吹入适宜温度的气流，使物料在流化状态下混合均匀，然后开始均匀喷入黏结剂液体，粉末开始聚结成粒，经过反复的喷雾和干燥，当颗粒的大小符合要求时停止喷雾，形成的颗粒继续在床层内送热风干燥，出料送至下一步工序。流化制粒有连续和间歇两种作业形式。如果处理批量小，产品期望粒径为数百微米，可采用间歇操作方式的流化制粒设备。该设备的运转特点是先将原料粉流态化，然后定量喷入黏结剂，使粉料在流态化的同时团聚成所希望的微粒，原始颗粒的聚并是该过程的主要机理。当处理量较大时，则应选用连续式流化制粒设备。它是在原料粉处于流态化时连续地喷入黏结剂，颗粒在床内翻滚长大后排出机外。这类装置多由数个相互连通的流化室组成。多室流化床可提供不同的工艺条件，使制粒的增湿、成核、滚球、包覆、分级、干燥等不同阶段分别在各自的最佳操作条件下完成。在某些情况下，这种设备可用于对已有的颗粒进行表面包层处理。

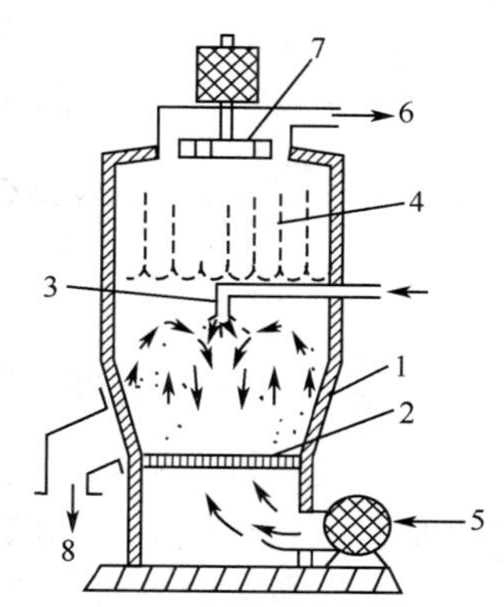

图 9-10　流化床制粒装置

1. 容器；2. 筛板；3. 喷嘴；4. 袋滤器；5. 空气进口；6. 空气排出口；7. 排风机；8. 产品出口

2. 流化床制粒的特点

（1）可以在一台设备内进行混合、制粒、干燥甚至是包衣等操作，简化工艺、节约时间、劳动强度低。

（2）设备是一个密闭的流化床，既可以防止异物混入，又可避免粉尘外溢，因此安全、卫生。

（3）制得的颗粒粒密度小、粒子强度小，但颗粒粒度均匀，流动性、压缩成形性好。

目前，对制粒技术及产品的要求越来越高，为了发挥流化床制粒的优势。出现了一系列以流化床为母体的多功能新型复合制粒设备，如搅拌流化制粒机、转动流化制粒机、搅拌转动流化制粒机等。

第二节　胶囊生产设备

胶囊剂是将物料填装于空心胶囊中或密封于弹性软质胶囊中制成的制剂。主要分为硬胶囊剂和软胶囊剂两大类。胶囊制剂的生产关键是胶囊的制造质量和物料的充填质量。因此，以下主要介绍硬胶囊填充的基本设备。

一、 硬胶囊充填

根据硬胶囊灌装生产工序，硬胶囊生产操作可分为手工操作、半自动操作、全自动间隙操作和全自动连续操作。工业生产上大量使用自动胶囊填充机，机械填充胶囊可以分为以下几个工序，即胶壳排列、校准方向、胶壳分离、药物填充、胶壳闭合和送出等，机械灌装胶囊工作过程如图 9-11 所示。

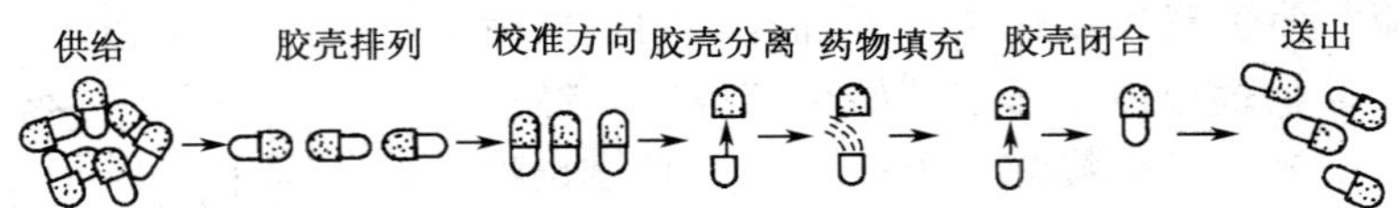

图 9-11　机械灌装胶囊工序图

在这些工序中，物料填充是最重要工序。物料充填方式有两种：当充填的药料为颗粒时，因流动性好，可以用饲粉器直接充填于胶囊中；当充填的物料为流动性不好的粉末时，则常采用平板法、间隙式压缩法、连续式压缩法和真空填充法。

平板法主要依靠机械方式将药物粉末直接填入胶壳内。利用压缩杆将粉末压缩成一定厚度的块状，然后再填入胶壳内，如图 9-12 所示。平板法对物料粉末要求较高，填充粉末需要有良好的流动性，而且要求各成分间密度相近，每批之间的差异也不应过大，以确保相近的填充结果。这一类填充方法主要用于半自动硬胶囊灌装机中。

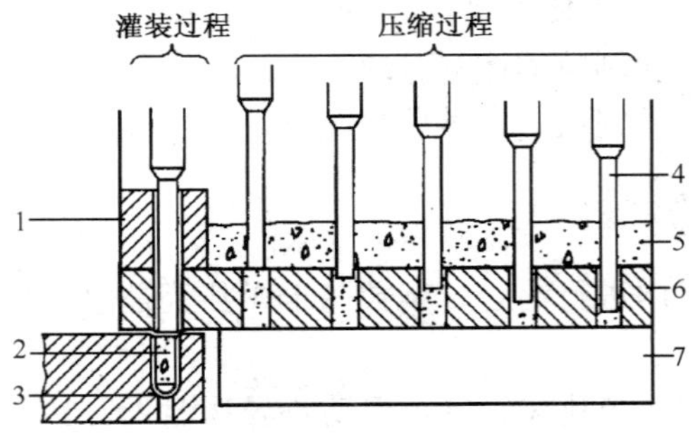

图 9-12　平板法充填示意图

1. 导向器；2. 压缩物料；3. 胶壳；4. 计量冲头；5. 物料；6. 计量盘；7. 底座

间隙式压缩法主要依靠计量器定量吸取药物并将粉末填入胶壳。计量器的结构如图9-13所示。计量器由活塞、校正尺、质量调节环、弹簧和计量头等组成。填充计量的调节可经控制活塞在计量头中的高度达到。实际操作时，计量器插入粉体贮料斗内后，活塞可将进入计量头内的物料粉末压缩成具有一定黏结性的块状物，然后计量器移向胶壳，将物料推入胶壳内，如图9-14所示。间隙式压缩法填充效果直接取决于贮料斗内粉末的流动性及粉料高度。

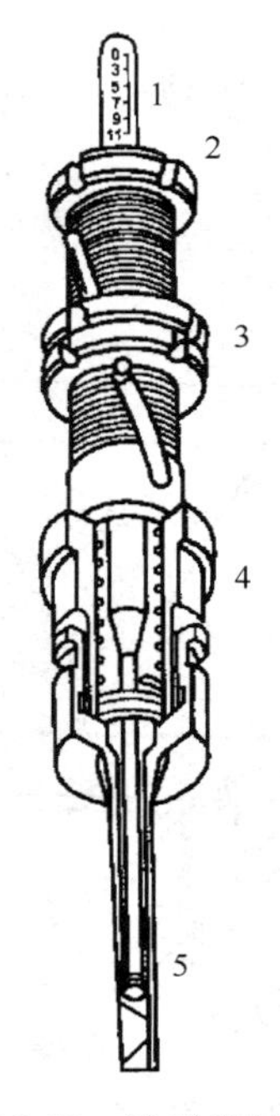

图9-13　计量器结构

1. 计量活塞；2. 校正尺；3. 质量调节环；4. 弹簧；5. 计量管

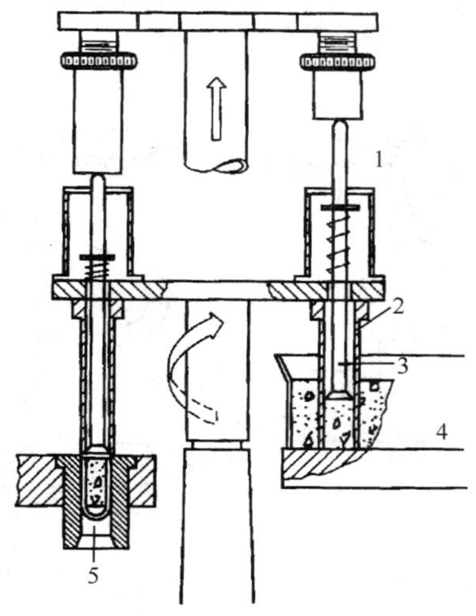

图9-14　间隙式压缩法充填装置

1. 滑轮；2. 计量管；3. 计量冲头；4. 料斗；5. 胶壳套管

连续式压缩法如图9-15所示。由于填充速率加大，计量器在粉体层中的停留时间相应减少，故对填充物粉末要求更高。配料成分密度应基本接近，粉末流动性好，且不易分层。同时，配料粉末应有一定的可压缩性，以保证填充均匀。为了避免计量器从粉层中抽出后在粉层内留有空洞影响填充精度，贮料斗内常设置有机械搅拌装置，以保证粉体层的均匀和流动。

真空填充法是一种新型的连续式填充方法，主要利用真空系统将充填物粉末吸附于计量器内，然后再用压缩空气将药粉吹入胶壳内，如图9-16所示。真空式计量器由圆筒和可调节活塞构成，活塞上安装有尼龙过滤器，并与空气系统相接，调节活塞在圆筒内的高度，即可控制药物填充量。当胶壳未被打开时，计量器能将药粉吹回贮料斗，避免污染机器，并减少浪费。另一种真空填充法是将胶壳内空气去除，而使充填物粉末直接吸入胶壳，如图9-17所示。为了避免填充时充填物粉末外泄，胶壳顶部采用封闭环使胶壳与外界隔绝。当操作杆将胶壳顶起后即启动真空系统，药物被吸入胶壳。填充量

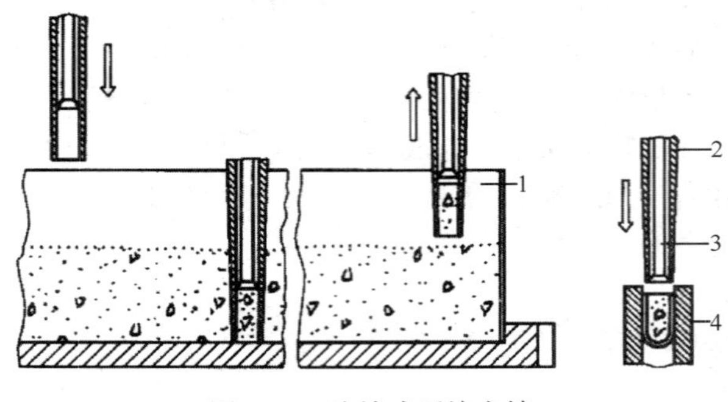

图 9-15　连续式压缩充填

1. 料槽；2. 计量管；3. 计量冲头；4. 胶壳套管

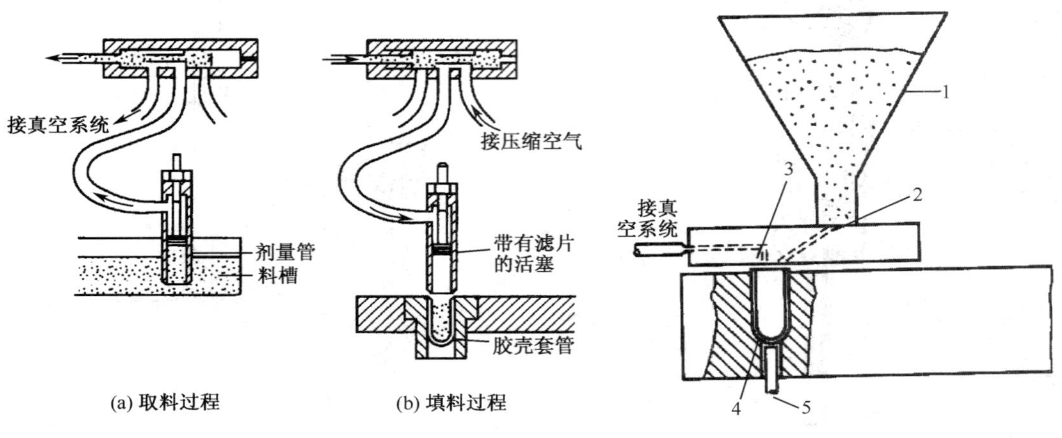

图 9-16　间接真空充填

图 9-17　直接真空灌装

1. 料斗；2. 填料管；3. 密封环；4. 胶壳；5. 启动杆

系通过控制抽取真空的时间来控制，填量达到后真空系统关闭，胶壳与外界空气相通则填药中止。采用真空填充由于无任何机械活动部件，可用于直接灌原料，节约操作时间和成本。

在胶囊灌装机上，还有一个较为重要的部件是胶壳的定向排列和胶壳帽体分开机构。制剂厂从专业工厂购买胶壳直接投入生产，而出厂的胶壳均为帽体合并的空胶囊，使用前需采用机械方法将其分开，以便药物能够灌装进去。胶壳的定向排列及打开均由胶囊灌装机上的部件完成。与胶壳贮料斗连接的为孔槽落料器，落料器在操作时做上下滑动的机械运动，使进入槽孔的胶壳在重力作用下导入落料器的纵向滑道内而自由落下。由于落料器的上下滑动属非强制性，当滑道中有阻力则胶壳无法超越前进。落料器上、下滑动一次，则由弹簧的阻尼作用完成一粒胶壳的输送。输出的胶壳落入顺向器（胶壳帽体顺向排列器）的接受孔中，再由推手校正器将胶壳在顺向器的滑槽内（槽宽比胶壳帽略小）移动并按帽体倾向方向调整而使胶壳自动转向，再经过垂直推进器将已转向整理好的胶壳推入上、下模板中，由真空将胶壳体与帽分开，分开的胶壳体送入填粉装置填充药物。胶壳、落料及顺向转换调整过程如图 9-18 所示。

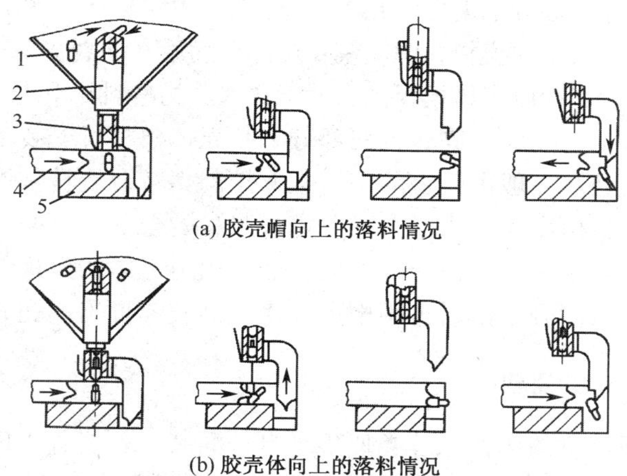

图 9-18　胶壳、落料顺向和打开过程

1. 贮料斗；2. 落料器；3. 弹簧；4. 推手校正器；5. 顺向器

二、 半自动胶囊灌装机

半自动胶囊灌装机为最早应用的机械化胶囊灌装设备，按照生产顺序可分为胶壳排列、打开部分、填药部分和闭合部分，结构如图 9-19 所示。三个部分之间需要人工连接。

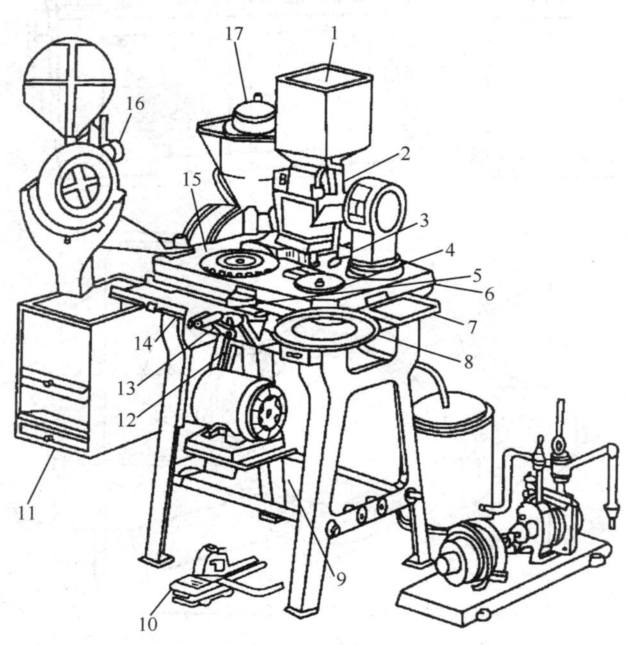

图 9-19　半自动胶囊充填机结构

1. 空胶囊斗；2. 排列矫正器；3. 制动环；4. 载物环；5. 离合器杆杠；6. 机身；7. 工具；8. 塔盘环；9. 电动机；10. 连接器踏板；11. 成品接受；12. 速率控制器；13. 限程控制器；14. 集尘盘；15. 转动台；16. 结合器；17. 药物料斗

胶壳排列与打开部分包括贮料斗、顺向器和胶壳帽体模板，其中模板为两块可分开的旋转环形转台，其上的模孔能够分别夹住胶壳体和胶壳帽。由贮料斗经顺向器顺向排列的胶壳以体在下、帽在上的位置填入模板孔中，模孔全部填满后开动真空装置使胶壳分开，分开的胶壳帽模板上提放置，而胶壳体模板则由手工移入药物贮料斗下进行填料工序。

填药部分主要包括药物料斗和转台两部分。胶壳体模板可安装于转台上，经过旋转将药物填入胶壳。装药量一般由转台的旋转速率控制，转台旋转一周装料即完成，然后胶壳模板盖于其上，再由人工送入闭合部分完成胶囊的全部生产操作。

闭合部分由闭合环及其上的楔形柱组成。当将填料完毕的模板装入闭合环后，可依靠手工方法或机械方法闭合，然后再用楔形柱将成品胶囊推出模孔并收集。

三、 全自动间歇式灌装机

全自动间歇式灌装机的操作原理类似于半自动灌装机，但各工序之间采用机械方法连接，由机器控制，而无需人工操作。图 9-20 所示为意大利产 Zanasi AZ-60 型自动胶

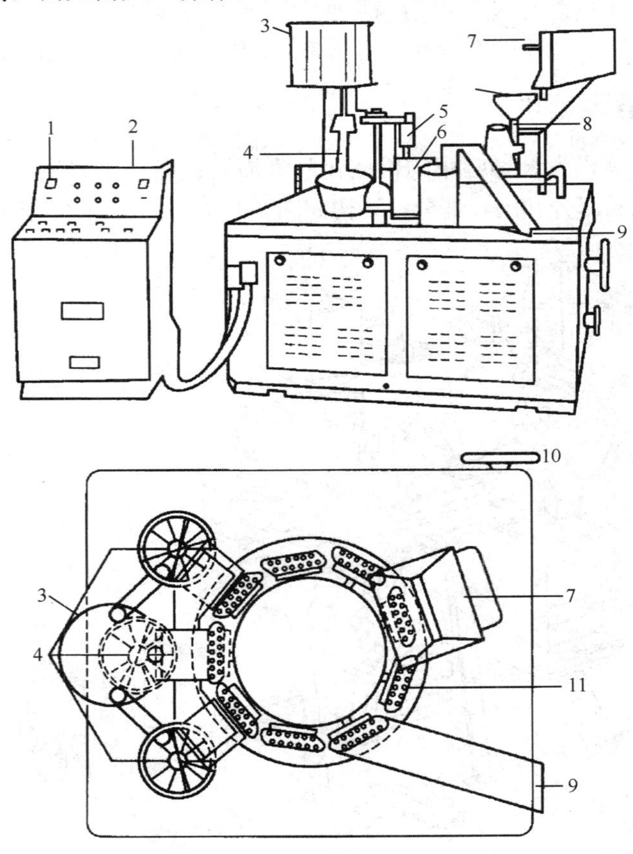

图 9-20　Zanasi AZ-60 型胶囊灌装机结构示意图

1. 总开关；2. 控制台；3. 总料斗；4. 计量器料斗；5. 计量器；6. 灌装转台；7. 胶壳料斗；8. 胶壳顺向器；9. 成品出口；10. 调节手轮；11. 模板

囊灌装机结构简图。胶壳由贮料斗经顺向器排列进入装料转台上的模孔内，胶壳模板则由两块活动部件组成。当胶壳填入并由真空方法将胶壳帽、体分开后，填有胶壳帽的上模板即向后移出，而填有胶壳体的下模板则转入药物料斗下进行填料工序。装料部分有一个总料斗和三个分料斗组成，每个分料斗负责 8 个计量器的装料。药物的流动由总料斗内搅拌器和分料斗内搅拌翼片完成。开机前每一个计量器均需调节加料计量，计量调准后则 8 个计量器由一个总开关自动控制。当装料转台转入填料区域后，每块模板上的 4 只胶壳由一只分料斗上的 4 个计量器负责填料，在完成填料并转出填料区域后，若药物粉末高于模孔平面，则微调开关可使机器自动停止，在这一区域，未打开的胶壳也由机器自动推出并收回。然后上、下模板重新合并，胶囊闭合后被推出，进入收集管道。收集管道内安装有粉末清除装置，通过气流吸除黏附于胶壳表面的粉末。同时，收集管道内有检测胶囊长度的设备，保证所有闭合的成品胶囊有一致的长度，然后再通过收集口收集。整台设备的操纵系统包括机器润滑系统、真空系统、压缩系统。

另一类间歇式灌装机为德国产 GKF 型。图 9-21 为 GKF 2400 型机的外观及操作简图。该机型有两组加料、填料部件，能够同时分别工作，使生产能力大大提高，最大生

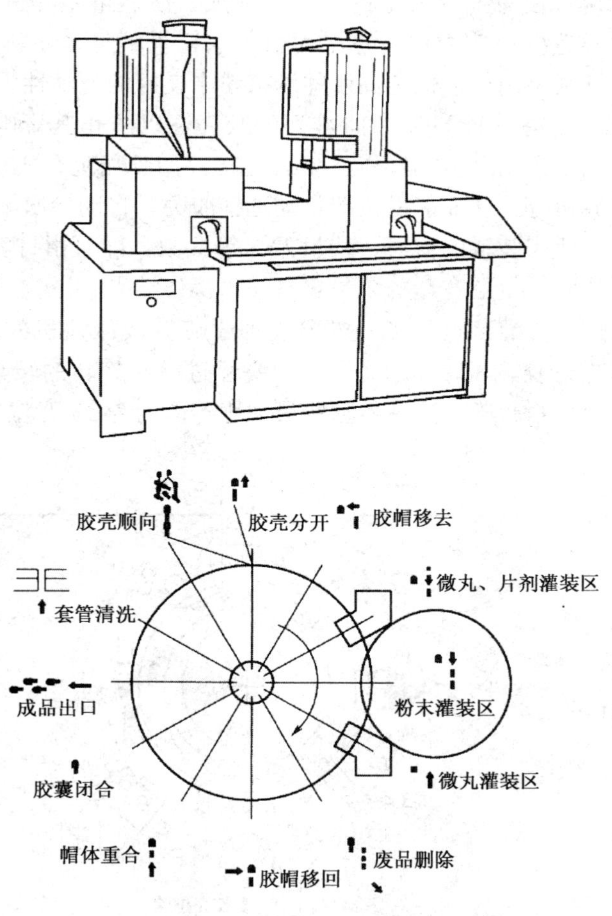

图 9-21 GKF 2400 型机的外观及操作简图

产能力为 2540 粒/min，与 Zanasi 机型不同之处是 GKF 填料法为平板法中第二种，即先将药物粉末压制成一定硬度的块状，然后再填入壳体内。

四、 全自动连续式充填机

全自动连续式灌装机依靠输送链将胶壳送入各个工位，其填料方式也不同于间歇式灌装机。典型的连续式灌装机有意大利产 MG2 型号以及 Zanasi 型号等。采用 MG2 型中 G36 灌装机灌装时，置于胶壳料斗的空胶壳经顺向器排列后依次送入输送链的模孔内，并且由真空将帽体分开，然后再送入其他工作区域。在填料区域，贮料斗与计量器以同速旋转，在旋转过程中计量器插入贮料斗内取料，然后再将药物填入胶壳体内，装药量主要通过调整贮料斗内粉体高度以及计量器内活塞高度加以控制。该机型特点之一是计量器的调整简单、方便，可以同时调节计量器取样质量以及活塞对粉体加压压力。

该机可用于灌装微丸和片剂，它能将两种不同类型的微丸或四种不同种类的片剂灌装于同一个胶壳体内。G36 型机的最大生产能力为 36000 粒/h。G38 和 G37 均为 G36 的改进型，性能优于 G36。其中 G38 型有 20 个计量器，使最大生产能力提高到 10 万粒/h。同时计量器的调节由总操纵台上的装置来完成，使装量差异进一步缩小。为了避免因计量器高速取样造成料斗内粉体不足而引起取样量不足，在料斗内安装有搅拌装置，能够自动地保证料斗内粉体恒定高度并维持粉末良好的流动性。

G37/N 能够自动剔除未能自动顺向排列的胶壳，以防止其影响正常的灌装速率。该机可与其他一些质量控制及自动操作设备相连接，如胶壳选查机、胶囊产品检查机、计量器自动控制计算机等，从而能由机器自动选择胶壳，自动检出不合格的产品。生产时只需在操作前输入所需装料的质量、装量差异等参数，即可由计算机自动控制操作，并能够自动调整操作时计量器合适的装量，打印出操作结果。

Zanasi 全自动连续式灌装机的填药部分类似于旋转式压片机的压片转盘，图 9-22 表示 25000-R 型机进行胶囊灌装的示意图。胶囊经过一个旋转的转盘后，即完成顺向、打开、填料、闭合、出料步骤，这种机型的最大生产能力为 15 万粒/h。

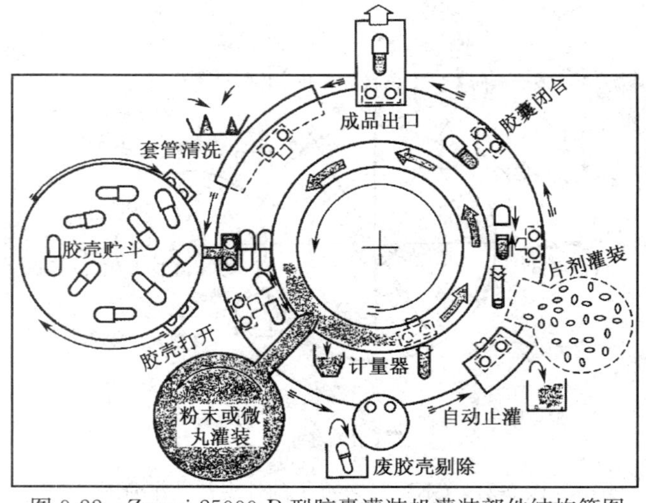

图 9-22　Zanasi 25000-R 型胶囊灌装机灌装部件结构简图

第三节　塑料成型设备

塑料种类繁多，按加热性能的不同，塑料可以分为热塑性塑料和热固性塑料。热塑性塑料加热时变软，甚至成为具有一定流动性的黏稠物质，因此具有可塑性，可塑制成一定形状的制品，冷却后硬化定型，这种变化可以反复多次。热固性塑料在加工时，具有一定的塑性，可制成一定形状，继续加热或加入固化剂后，形状就固定下来不再发生变化。固化定型后的塑料质地坚硬不溶于溶剂，再加热也不会软化，不具有可塑性。

塑料具有质轻、强度高、耐化学腐蚀、耐磨、透光和电绝缘性能优良，易于加工等优异性能，被广泛应用于工业、农业、建筑、国防和人们日常生活的各个领域。塑料可以制成管材、板材（或片材）、棒材、丝、薄膜以及各式各样的异型材。塑料成型是将各种形状的塑料（粉料、粒料、溶液和分散体）制成所需形状的制品或坯体的过程，是塑料制成型材不可少的生产过程。成型方法主要有挤出成型、注射成型、压延成型和层压成型。其中挤出成型和注射成型占热塑性塑料制品的80%以上，故本书只简单介绍挤出成型和注射成型设备。

一、　螺杆挤出机

挤出成型是在挤出成型机中通过加热将塑料熔融，借挤压作用，推动黏流态物料通过口模的成型方法。挤出成型的生产过程是连续的，有很高的生产效率，应用范围广。同时，挤出机还具有结构简单、制造容易、操作方便、价格便宜等特点，因此挤出机在聚合物加工机械中占有突出的地位。按挤出方式，挤出成型机可分为螺杆挤出机和柱塞挤出机。其中以螺杆挤出机最为多见，是塑料加工广泛应用的重要设备。

在塑料工业中，螺杆挤出机几乎能成型所有的热塑性塑料和部分热固性塑料，用于成型管材、棒材、板材、薄膜、单丝、电线电缆、异型材等，也可用于塑料的混合、造粒及塑料的共混改性等，以挤出为基础，配合吹塑、拉伸等工艺的挤出-吹塑和挤出-拉伸可成型中空制品和双向拉伸膜等。挤出成型是塑料成型最重要的方法之一，目前挤出成型制品约占热塑性塑料制品的50%。

螺杆挤出机类型很多，分类方法也不一致。按螺杆数量可分为单螺杆挤出机和双螺杆挤出机；按螺杆结构可分为普通螺杆挤出机和特型螺杆挤出机。

（一）螺杆挤出机整体结构

挤出成型设备通常由主机、机头、辅机和控制系统组成。图 9-23 为塑料挤出机结构图。

1. 主机

主机是将塑料加热熔融并挤出的挤出成型机（简称为挤出机），挤出机具有通用性，即一台挤出机，可以生产不同的制品，为挤出成型的前阶段。挤出机由螺杆、机筒、加料系统、加热冷却系统、传动系统和机架组成，它是挤出成型设备的核心单元设备。

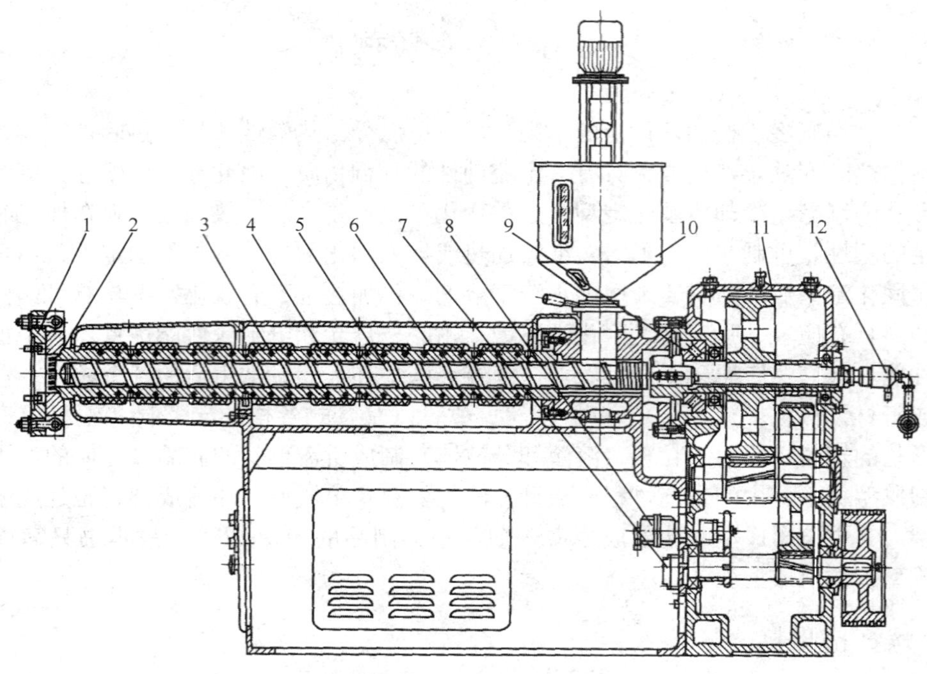

图 9-23　塑料挤出机

1. 机头连接法兰；2. 滤板；3. 冷却水管；4. 加热器；5. 螺杆；6. 机筒；7. 油泵；8. 测速电机；9. 止推轴承；10. 加料斗；11. 减速器；12. 螺杆冷却装置

2. 机头

挤出机机头是成型的模具，因安装在挤出机头部而得名。它是制品成型的主要部件，熔体通过它而获得一定的几何截面和尺寸。

3. 辅机

辅机的作用是将从机头出来已初具形状和尺寸的熔体冷却、定型，获得符合要求的制品。

4. 控制系统

控制系统由各种电器、仪表和执行机构组成。根据自动化水平的高低，可控制主机和辅机的电动机、驱动油泵、油缸和其他执行机构按所需的功率、速度和轨迹运行，并检测和控制主机、辅机的温度、压力、流量实现对整个挤出设备的自动控制。

挤压系统由螺杆 5 和机筒 6 组成，其作用是挤压融熔塑料，以一定压力，均匀、连续地向机头输送塑料。传动系统由止推轴承 9、减速器 11 和电动机 8 组成，其作用是将动力传递给螺杆并根据工艺要求调节螺杆转速。加热冷却系统由冷却水管 3、加热器 4、螺杆冷却装置 12 组成，用于控制生产中的温度，保证挤出产品的质量。

机头由法兰与机筒前端相连，而机筒的后端与止推轴承 9 相连，螺杆 5 由轴承支撑，悬空在机筒 6 内，通过减速器中的传动齿轮，由电动机带动旋转。机筒的后部开有加料斗。

（二）螺杆挤出机工作原理

固体物料由加料口进入螺杆挤出机后，随着螺杆的回转，被螺纹强制向前推进，逐步被压缩、熔融、混合、均化，最后从螺杆头部挤出。螺杆工作部分按其作用不同，分为进料段、压缩段和计量段，各段工作特点如下：

（1）进料段螺槽体积是不变的。其功能是对物料进行输送、压实和预热。物料在此段是呈固体状态向前输送的。在进料段的末端，与机筒内壁相接触的物料已达到黏流温度，开始熔融，如图 9-24 所示，进料段的核心问题是输送能力。

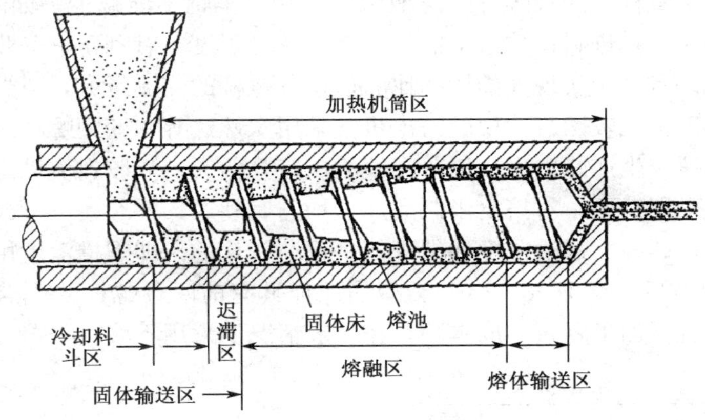

图 9-24　物料的挤出过程

（2）压缩段主要作用是将进料段送来的物料进行加热、压缩、排气和熔融。这段的螺槽是压缩型的。当物料进入压缩段后，随着物料的继续向前输送，同时由于螺杆螺槽的逐渐变小以及过滤网、分流板和机头的阻碍作用，物料逐渐形成高压，并进一步被压实。同时，物料受到来自机筒的外部加热和螺杆与机筒的强烈搅拌、混合和剪切作用，料温不断升高，熔融物料量不断增加，而未熔融的固态物料则不断减少，至压缩段末端，物料已全部或绝大部分熔融而转变为黏流态。

（3）计量段主要作用是将压缩段送来的熔融物料进一步塑化和均化，并使之定压、定量和恒温地从机头挤出。

（三）螺杆挤出机主要零部件

1. 螺杆

螺杆是挤出机输送固体塑料，塑化塑料和输送熔体的最重要部件，被称为挤出机的“心脏”。螺杆的几何参数直接影响挤出机的塑化质量、生产效率和动力消耗。由于塑料在加热条件下的性质各不相同，螺杆的几何参数必须考虑各种因素，以适应不同塑料的特性。或者说，塑料工业上不可能一根“万能”螺杆满意地成型各种塑料。

1）螺杆的结构分类

挤出机螺杆按螺纹结构形式分为普通型和特型螺杆。普通螺杆指在工作长度上为全螺纹的螺杆。而特型螺杆指为克服普通螺杆在成型加工中存在的弊病而设计的特殊结构的螺杆，这些将在后面做介绍。

螺杆对物料的压缩作用是通过其螺槽体积沿工作长度逐渐缩小来实现的，螺槽体积的缩小可以通过分别改变螺槽深度和螺距或两者同时变化来实现，由此普通螺杆分为以下几种：

(1) 等距变深螺杆。整个螺杆的外径保持不变，而内径逐渐增大，即螺槽深度减小，如图 9-25 (a) 所示。其特点是：加工制造容易，成本低；由于螺距相等，物料与机筒接触面积大，从加热的机筒上吸收的热量多，有利于固体物料的熔融；进料段的第一个螺槽深度大，有利于进料。塑料挤出机采用这种结构的螺杆较多。

(2) 等深变距螺杆。这种螺杆的螺槽深度不变，螺距逐渐减少，如图 9-25 (b) 所示。由于螺槽等深，在进料口位置上的螺杆有足够的强度，有利于进一步增大螺杆转速来提高生产能力；有利于实现大的压缩比。但这种螺杆的倒流量大，对熔融物料的均化作用差，机械加工也比较困难，橡胶挤出机常采用双螺纹等深变距螺杆，采用双螺纹是因为双螺纹比单螺纹生产能力大；比单螺纹的螺旋升角大，故胶料流动阻力小；双螺纹在螺杆头部有两个螺纹面，对挤出半制品加压均匀有利。

(3) 变深变距螺杆。螺槽深度和螺距都是逐渐变化的，即螺槽深度由深变浅，螺距由大变小，如图 9-25 (c) 所示。这一类型的螺杆具有前两种螺杆的优点，可获得比较大的压缩比，但机械加工复杂，成本高，在一般情况下采用不多。

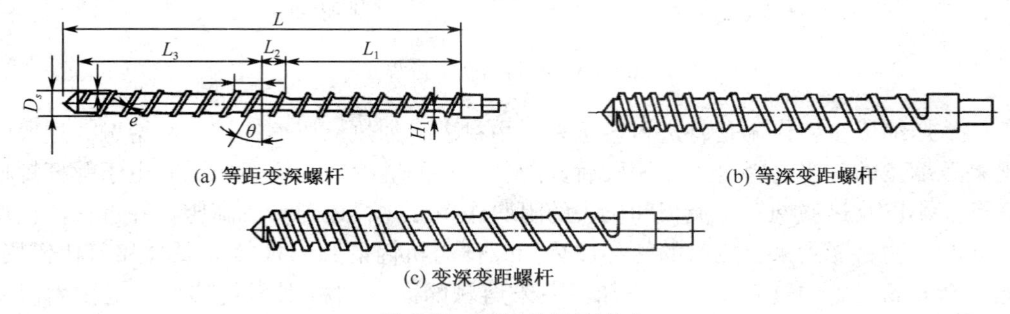

图 9-25　螺杆的结构形式

2) 螺杆的主要参数

(1) 螺杆直径 (D)。螺杆直径指螺杆外径，它是螺杆的重要参数。其大小主要是根据挤出机的产量来确定，螺杆直径大，则挤出机的产量高。挤出机的功率消耗也增加。

(2) 螺杆长径比 (L/D)。螺杆长径比是指螺杆有效长度 L 与外径 D 之比，其大小表示单位质量的物料在螺杆中流经时间的长短，有效长度是指与塑料接触部分的长度。在此过程中，物料被输送、压缩、排气、熔融和混合均化，在某些特定用途的挤出机还有脱水、发泡等过程，所以适当加大长径比，能改善塑料的温度分布，有利于塑料的混合和塑化，从而提高产品质量和稳定挤出量；并能减少物料的逆流和漏流，提高挤出成型机的生产能力。但长径比增大后，螺杆、机筒的加工和装配都比较复杂和困难，成本也相应提高，而且螺杆易弯曲变形，造成螺杆与机筒的间隙不均匀，甚至产生刮磨现象，大长径比还造成挤出机功率消耗增大。因此对长径比的选取应该根据所加工的物料的性能和制品质量的要求来考虑。对于难加工物料，如硬塑料、结晶型塑料，需要用大长径比螺杆来加工；对于制品或半制品质量要求较低者，用长径比小的螺杆，反之，用大长径比的螺杆。对于粒料，长径比一般可小一些；对于粉料，要求长径比大一些。

（3）螺杆的分段及其作用。物料在螺杆中的输送、压缩和熔融等过程是连续的，实际上很难截然划分。一般将螺杆分为三段，即进料段（L_1）、压缩段（L_2）和计量段（L_3）。

（4）螺槽深度。是指螺纹外半径与其根部半径之差。等深变距螺杆的螺槽深度在整个工作长度上是保持不变的，用 h 表示。而等距变深螺杆的螺槽深度在工作长度上不是恒定值。进料段螺槽深度用 h_1 表示，一般为定值；压缩段槽深是变化的（由小变大），用 h_2 表示。计量段槽深用 h_3 表示，一般也是定值。

2. 机筒

1）机筒的结构形式

挤出机机筒结构形式有整体式和分段式两种，如图 9-26 所示。整体式机筒是在整体坯料上加工出来的。这种结构的加工精度和装配精度容易得到保证，可简化装配工作，便于加热冷却系统的设置和装拆，而且热量沿轴向分布比较均匀。分段式机筒是将机筒分成几段加工，然后用法兰盘把几个机筒连接起来。分段式机筒为了改变机筒长度来适应不同长径比的螺杆，或者是为了设置排气段。采用分段式机筒有利于就地取材和加工，对中、小型厂是有利的，但这种机筒制造和安装精度均难以保证，法兰连接处影响了机筒的加热均匀性，也不便于加热冷却系统的设置和维修。

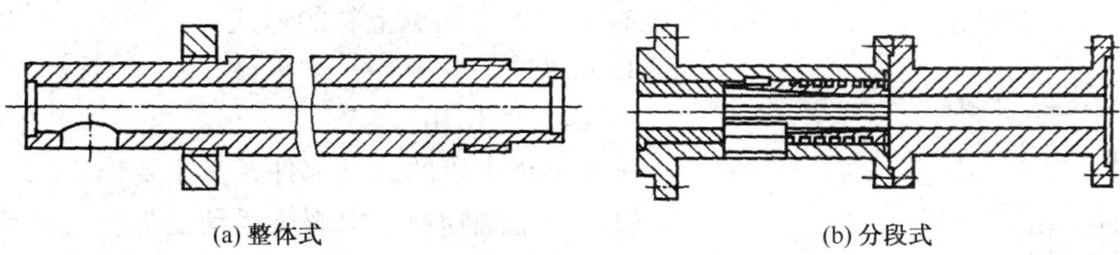

图 9-26 机筒的结构形式

2）机筒的加热冷却

塑料熔融都需要吸收大量的热量，所以塑料挤出机机筒大都以加热为主。加热方式有载体加热、电阻加热和电感加热。应用最多的是电阻式铸铝加热器，如图 9-27 所示，电阻式铸铝加热器结构简单，使用方便，升温快，容易获得较高的温度，缺点是温度波动较大。

塑料挤出机机筒有水冷和风冷两种冷却方式，如图 9-28 所示。为了满足纺丝熔体可纺性要求，纺丝聚合物物料温度较高，除进料口设置水冷装置外，机筒其他部分不设冷却装置。

3）喂料口与加料斗

喂料口的结构与尺寸对喂料影响很大，而喂料情况往往影响挤出产量。塑料挤出机是以粒料或粉料为原料，喂料要设置为连续加料系统，如图 9-29 所示。它由加料斗和

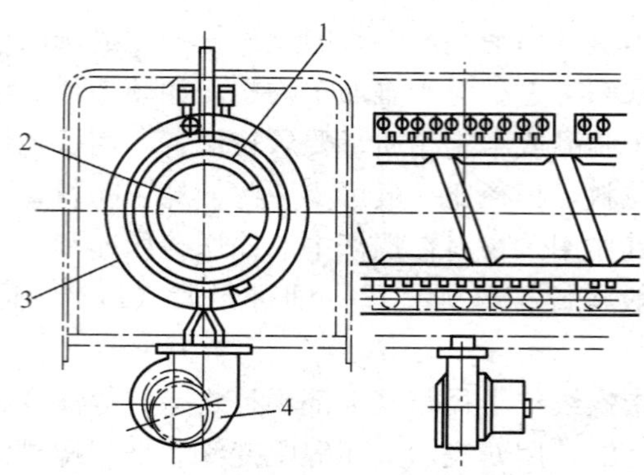

图 9-27　电阻式铸铝加热器

1. 机筒；2. 螺杆；3. 电阻加热器；4. 鼓风机

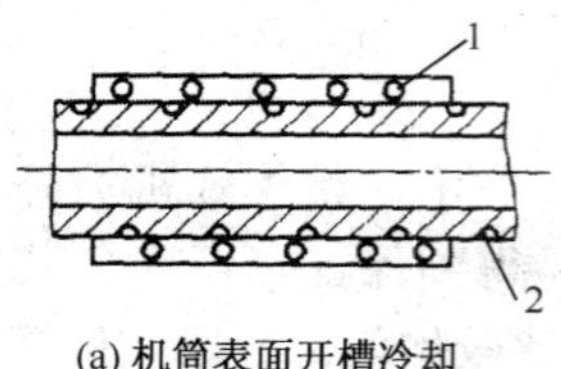

(a) 机筒表面开槽冷却

(b) 加热棒和冷却水管同时装入铸铝加热器中

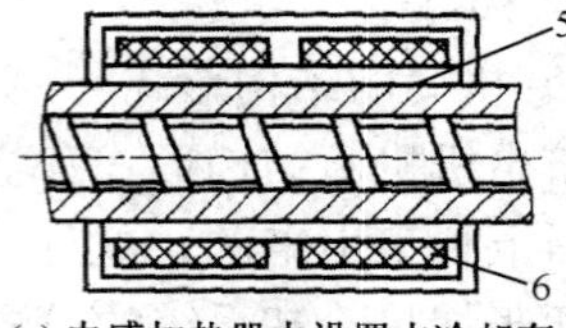

(c) 电感加热器内设置水冷却套

图 9-28　挤出机水冷却装置

1. 铸铝加热器；2，4. 冷却水管；3. 加热棒；5. 冷却水套；6. 感应加热器

上料部分组成。加料斗安装在挤出机的加料座上，上料部分通过鼓风将物料输送到加料斗上，连续给挤出机供料。上料部分也有采用人工间歇上料的形式。

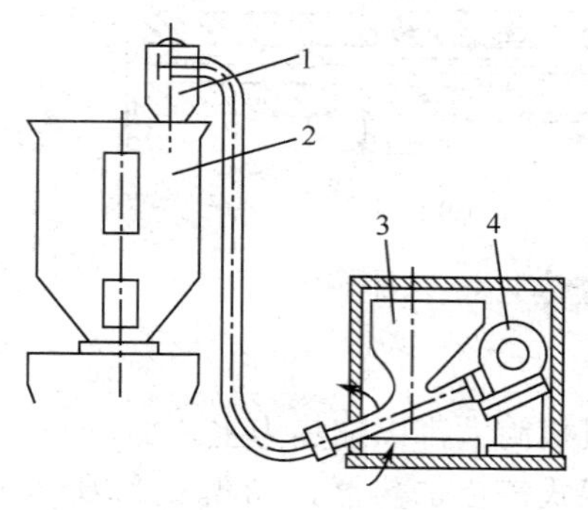

图 9-29　塑料挤出机的加料系统

1. 旋风分离器；2. 加料斗；3. 贮料斗；4. 鼓风机

3. 机头

1）机头的作用

机头是挤出机的成型部件，其主要作用如下：

（1）使熔融物料，由螺旋运动变为直线运动。

（2）产生必要的成型压力，以保证制品密实。

（3）使物料进一步塑化、均化。

（4）成型制品。

2）机头的分类

机头的种类繁多，分类的方法各异，通常有下列一些分类方法。

（1）按用途分，塑料挤出机机头有吹膜机头、挤管机头、挤板机头、挤异型材机头、吹塑中空制品机头、抽丝机头、电缆机头、螺旋耐压管机头等。

（2）按机头与螺杆相对位置分，有直向机头、横向机头和旁侧式机头。

（3）按机头结构分，有芯型机头和无芯型机头。

3）机头的结构

（1）管状挤出机头。管状挤出机头用于成型各种空心制品，如塑料管材等。塑料管材机头结构主要有直向式、横向式和旁侧式三种。

图 9-30 为直向式塑料管机头。这种机头最显著的特征是有分流器支架支撑着分流器。熔体从挤出机挤出后，经多孔板、过滤网、分流器支架分成若干股料流，然后再汇合，最后进入由芯棒和口模形成的环形通道，经一定长度的定径套连续地挤出管材。

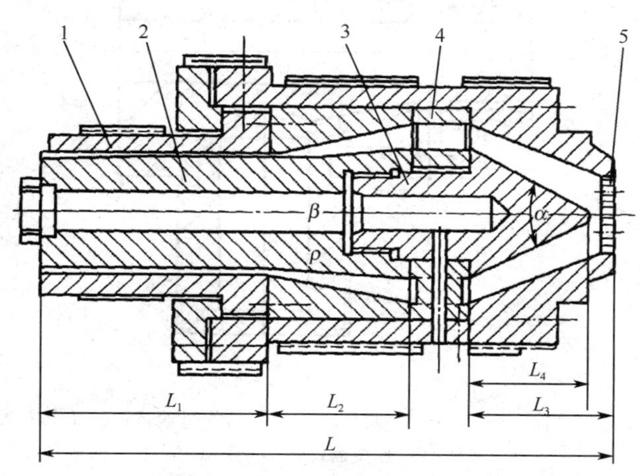

图 9-30　直向式塑料管机头

1. 口模；2. 芯棒；3. 分流器；4. 分流器支架；5. 多孔板

直向型机头结构简单，容易制造，成本低，物料流动阻力小，适用于生产小口径管材。但也存在物料经过分流器支架时形成的分流痕迹不易消除，只能生产外径定径管材，以及机头较长，结构笨重的缺点。这种机头适用于成型硬管和软管聚氯乙烯、聚乙烯、聚酰胺、聚碳酸酯等塑料管材。

图 9-31 为横向式塑料管机头。其结构特点是内部不设分流器支架，熔体在机头中包围芯棒流动成型，因此只产生一条分流痕迹。这种机头最突出的优点是：挤出机机筒容易接近芯棒上端，芯棒容易被加热；与它配合的冷却装置可以同时对管材的内外径进行冷却定型，所以定型精度较高；流动阻力较小，料流稳定，出料均匀，生产率高，产品质量好。但结构复杂，制造困难，生产占地面积较大。这种类型的机头一般用于成型聚乙烯、聚丙烯等管材。

图 9-32 为旁侧式塑料管机头。这种机头综合了直向式和横向式机头的优点。在这种机头中，物料经二次改变方向消除了横向机头一次变向所产生的不均匀现象；占地面积比横向式小。但这种机头结构较复杂，挤出成型时料流阻力较大。

(2) 片状机头。片材机头又称胎面机头和挤板机头，用于挤出塑料板材。

塑料板材机头结构类型较多，图 9-33 是其中一种比较常用的塑料板材挤出机头-鱼尾机头。这种机头型腔呈鱼尾状，熔体从机头中部进入后，呈鱼尾状散开挤出。由于进料处的压力、速度比两端大，且两端热量损失大，造成中部与两端的压差、温度差及熔体黏度差，导致出料时中间多、两端少，即制品厚度不均匀。为解决这一问题，通常在机头型腔内设置阻流器或阻力调节装置，以增大物料在型腔中部的阻力，使物料沿机头全宽方向流速均匀一致。鱼尾机头结构简单，制造容易，物料易流动，适用于加工高黏

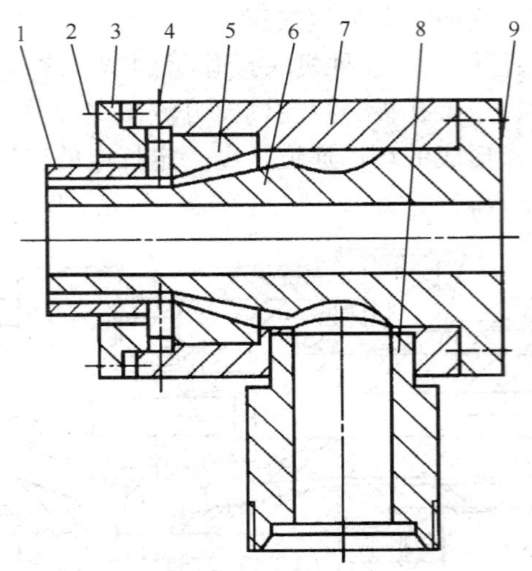

图 9-31 横向式塑料管机头

1. 口模；2. 连接螺栓；3. 压环；4. 调节螺钉；5. 口模过渡体；6. 芯棒；7. 机头过渡体；8. 连接器；9. 连接器螺栓

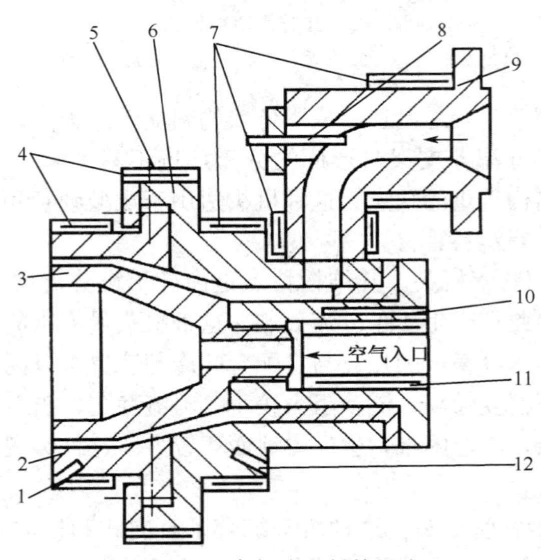

图 9-32 旁侧式塑料管机头

1，12. 温度计插孔；2. 口模；3. 芯棒；4，7. 电热器；5. 调节螺钉；6. 机头过渡体；8. 物料测温插孔；9. 连接器；10. 高温计插孔；11. 芯棒加热器

度、热稳定性差的塑料，如 PVC、POM，也适用于低黏度塑料，如聚烯烃等。但这种结构不适宜加工宽幅制品，一般用于加工宽 500mm、厚 1～3mm 的板材。

4. 冷却定径（型）装置

物料从机头中被挤出时还处于熔融状态，其温度接近塑料的塑化成型温度，这种管坯必须立即进行定径和冷却，使其定型，并把温度降到硬化温度以下。图 9-34 为硬管生产装置。物料从芯棒和口模间的环形缝隙挤出，进入定径套冷却定型，然后在冷却水

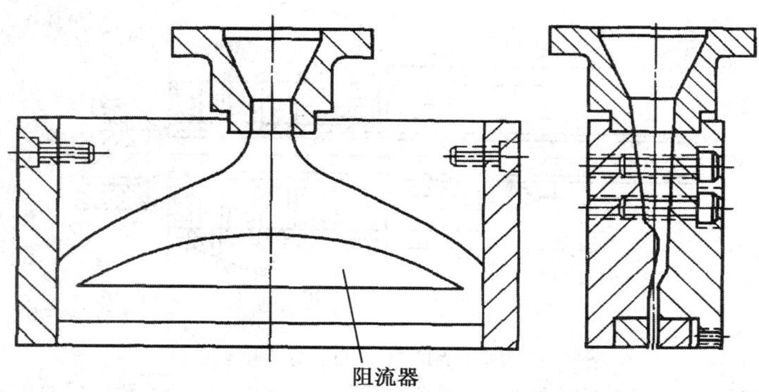

图 9-33　挤出塑料板材用的鱼尾机头

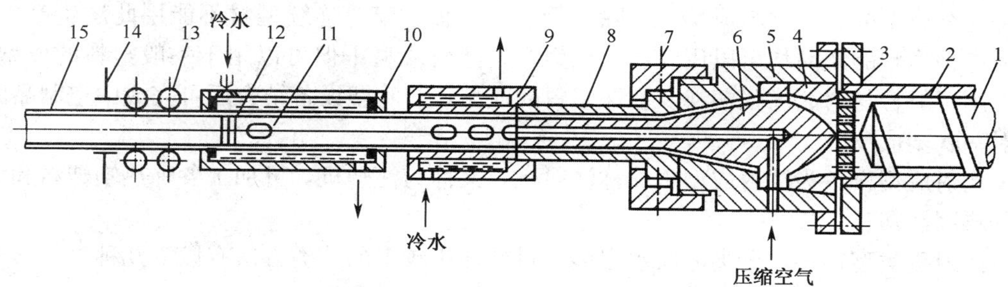

图 9-34　硬管生产装置

1. 螺杆；2. 机筒；3. 多空板；4. 接口套；5. 机头体；6. 芯棒；7. 调节螺钉；8. 口模；9. 定径套；10. 冷却水槽；11. 链条；12. 塞子；13. 牵引装置；14. 夹紧切割装置；15. 塑料管

槽中进一步冷却，充分冷却后的管子由牵引装置匀速拉出，最后由切割装置按规定的长度切断。

管子的定型可以分为两类：即定外径和定内径，我国塑料管材生产主要是定外径。外径定型法采用外定径套，有内压定径和真空定径两种。内压法的塞子用链条拉紧在机头芯模端面，压缩空气由分流梭支架径向通入，经芯模中心孔吹到待定径的管子内壁，将管子压紧到定径套的内壁上。定径套夹套中通水冷却。真空定径法是指管外抽真空，使管材外表面吸附在定型套内壁而后冷却定型的方法。其结构如图 9-35 所示，定径套分为三段或五段，有一个或两个区段在整个圆周上抽真空。内压法操作比较麻烦，真空法需要抽真空设备，真空设备较贵。

二、 注射成型机

注射成型是利用塑料的塑性，将高聚物熔体高速注入到已闭合的模具型腔内，经冷却定型或在给定的温度下硫化成型，得到与模腔相对应的制件的成型方法。其特点如下：①可一次成型外型复杂、尺寸精确、表面光洁的塑料制品；②能成型带有金属嵌件的制件，使之具有良好的装配性能和互换性；③成型模具可快速更换，加工适应性强；④自动化程度高，生产效率高。注射成型技术得到极为广泛的应用，在成型加工中，注

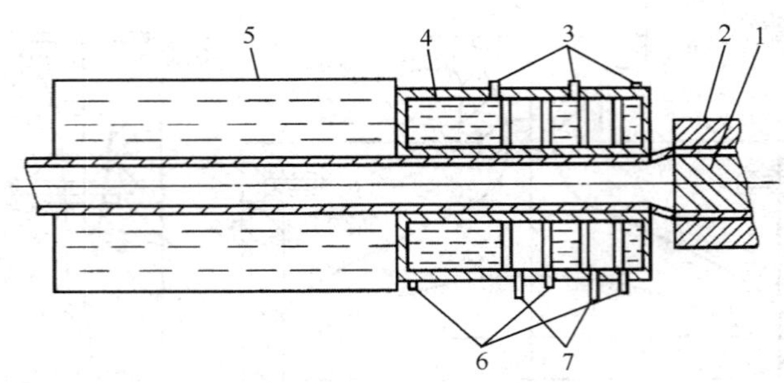

图 9-35　真空定型套结构图

1. 芯棒；2. 口模；3. 排水管；4. 真空定径套；5. 水槽；6. 进水孔；7. 抽真空孔

射成型占有重要地位，与挤出成型相比，注塑成型是周期性地生产单个制件，而挤出成型是连续成型的。在塑料成型中，除了管、棒、板、膜等连续型材不能用此法生产外，其他各种形状的制品均可以用注射成型生产。注射成型不但可以用于一般塑料的成型，也可用于复合材料、增强塑料及泡沫塑料的成型，与吹塑设备结合后可完成中空制品的注射—吹塑成型。

注射成型设备为注射成型机简称注射机，又称为注塑机，可加工各种热塑塑料和大部分热固性塑料。

注射机类型很多，分类方法也很多，目前使用较多的分类方法有以下几种：

（1）根据机器加工能力，可分为大、中、小型之分。

（2）根据机器外形特征，即根据注射和合模装置的排列的方式可以分类为：

①卧式注射机。卧式注射机的螺杆轴线和合模装置的运动轴线呈一线水平排列，如图 9-36（a）所示。

②立式注射机。立式注射机的螺杆轴线与合模装置的运动轴线呈一线并垂直排列，如图 9-36（b）所示，为了操作方便，通常是注射装置在上面，模具在下面。

③角式注射机（L 型）。角式注射机的螺杆轴线和合模装置运动轴线相互成垂直排列，如图 9-36（c）、（d）所示，其优点介于卧式、立式两种注射机之间，使用也比较普遍，在大、中、小型注射机中都有应用。

④多模注射机。多模注射机是一种多工位操作的特殊注射机。根据注射量和注射机的用途，多模注射机也可将注射装置与合模装置进行多种多样的排列，如图 9-36（e）所示。

（3）按塑化方式和注射方式分类，可分为柱塞式、螺杆式和螺杆塑化柱塞注射式注射机。柱塞式注射机通过柱塞依次将落入料筒的颗粒状物料推向料筒前端的塑化室，依靠料筒外加热器提供的热量使物料塑化，然后，呈黏流态的物料被柱塞注射到模腔中去。螺杆式注射机物料的熔融塑化以及注射是由螺杆完成的。它是目前产量最大、使用最广泛的注射机。螺杆塑化柱塞注射式注射机 物料的塑化靠螺杆进行，塑化好的物料通过一个止回阀进入第二个料筒，熔料在柱塞的作用下被注射到模具型腔中去。

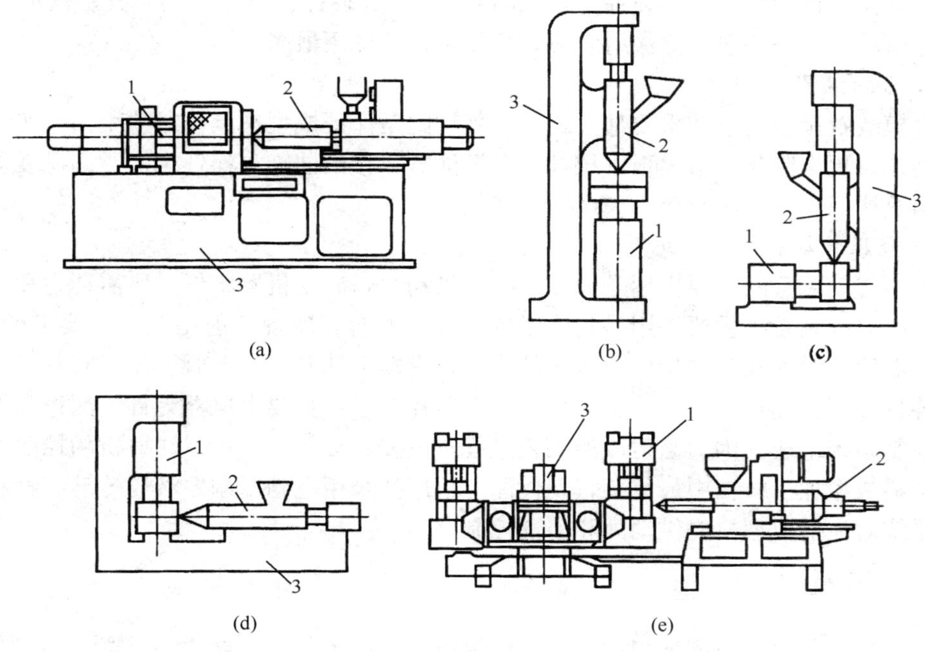

图 9-36　注射机的类型

1. 合模装置；2. 注射装置；3. 机架

（一）注射机的组成

通用注射机主要包括注射装置、合模装置、液压传动系统和电器控制系统组成，如图 9-37 所示。

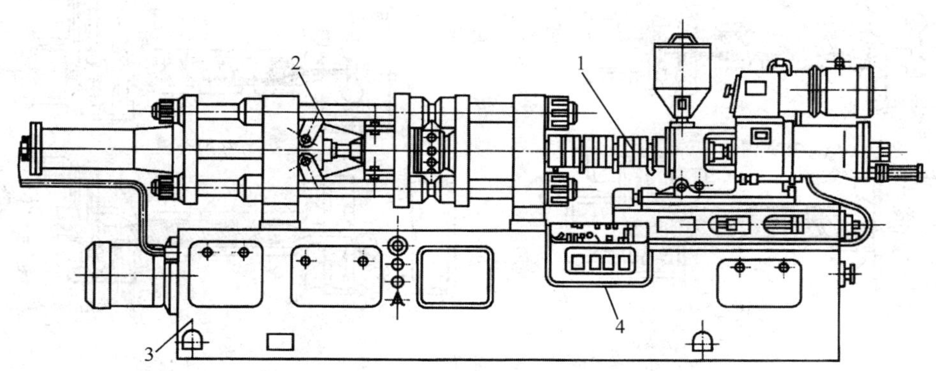

图 9-37　往复螺杆式注射机的组成

1. 注射装置；2. 合模装置；3. 液压传动系统；4. 电气控制系统

1. 注射装置

注射装置的作用是塑化、熔融塑料并将其定量地注入模具型腔内。它应具有塑化良好、计量精确的性能，并且在注射时对熔料能够提供足够的压力和速度。注射装置一般由塑化部件（机筒、螺杆、喷嘴等）、加料斗、计量装置、螺杆传动装置、注射和移动油缸等组成。目前注射机的注射装置以往复螺杆式使用最多。

2. 合模装置

合模装置是注射机的重要部件之一，其功能是保证成型模具可靠的闭紧，实现模具启闭动作及顶出制品。由模板、拉杆、合模油缸、移模油缸、连杆机构、调模装置及制品顶出机构等组成。

3. 液压传动和控制系统

液压传动装置的主要作用是为注射机提供动力，满足机器工作时所需动力和速度的要求。电器控制系统主要作用是与液压传动装置配合，实现注射工艺过程要求的压力、速度、温度、时间和动作程序。液压部分主要有动力油泵、方向阀、流量阀及压力控制阀、各种油管、油箱及附属装置等部分。电器控制系统主要由电器元件、测量和控制仪表、控制系统组成。因为注射成型工艺过程阶段多、动作多，所以注射机的控制系统在所有塑料成型加工机械中最复杂，现代注射机广泛采用电脑控制。液压传动装置和电器控制系统对注射成型机提供动力和实现控制。

（二）注射机工作原理

目前高分子材料成型加工中使用的注射机大部分为往复螺杆式注射机。物料在注射成型过程中的行为变化，一是物料熔体的形成、增压和流动；二是制品的成型。前者发生在料筒内，后者在模腔中进行。

每台注射机的动作程序可能不完全相同，但从所需要完成的工艺内容来看，基本工序大致如图 9-38 所示。

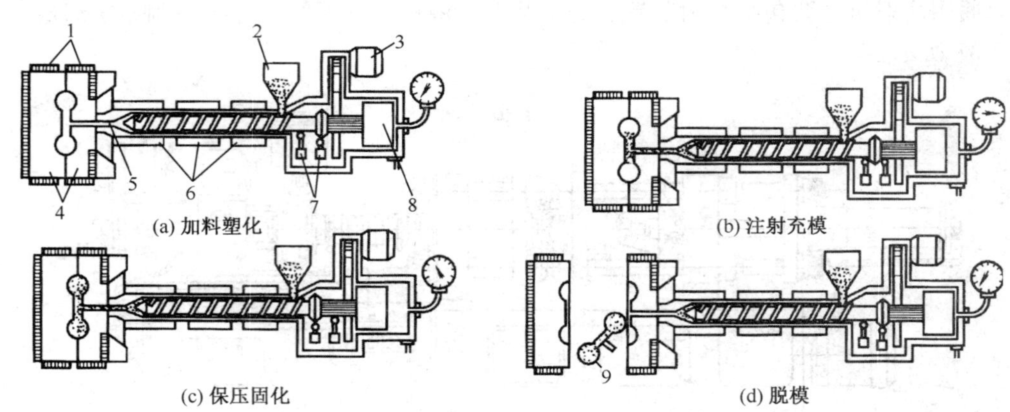

图 9-38　注射成型过程

1. 加热装置；2. 加料斗；3. 电机；4. 模具；5. 喷嘴；6. 加热冷却装置；7. 行程开关；8. 油缸；9. 制品

1. 加料预塑化

螺杆旋转将从加料斗落下的物料向前输送压实，在机筒外加热及螺杆剪切热的作用下，物料熔融，最后成黏流态，并形成一定的压力。当螺杆头部螺槽熔料体积达到所需要的注射量时（即螺杆退回到一定位置时），计量装置撞击限位开关。预塑计量完毕，准备注射。

2. 闭模和锁紧

模具首先以低压、快速进行闭合，当动模与定模快要接近时自动切换成低压、低速，在确认模内无异物时，再切换成高压而将模具锁紧。

3. 注射装置前移和注射

在确认模具达到所要求的合紧程度后，注射装置前移与注射口贴合。当喷嘴与模具完全贴合后，便可向注射油缸接入压力油。于是与油缸活塞杆相接的螺杆，则以高压、高速将头部的熔料注入模腔。此时螺杆头部作用于熔料上的压力为注射压力，又称一次压力。

4. 保压

注入模腔的熔料，当接触到冷模时将由于物料的热胀冷缩而产生收缩，因此在模腔第一次被熔料充满以后还需要保持一定的注射压力进行补缩。此时螺杆作用于熔料上的压力称为保压压力，又称二次压力。保压时，螺杆因补缩而有少量的前移。

5. 制品冷却定型

当模具浇口处的熔体冷却硬化后，即可卸压，制品在模腔内进行冷却定型。实际生产中为了缩短成型周期，一般在制品冷却定型的同时，塑化螺杆重新起动，开始下一个注射周期的加料预塑化过程。为了避免延长成型周期，一般要求预塑化时间少于制品冷却时间。

6. 注射装置后退和开模顶出制品

螺杆塑化计量完毕后，为了使喷嘴不致因长时间和冷模接触而形成冷料，经常需要将喷嘴撤离模具，即注射装置后退。此动作是否进行及其先后次序依不同的塑料工艺特性而异。模腔内的熔料经冷却定型后，合模装置即行开模，并自动顶出制品。一般把一个注射成型过程称为一个工作循环，可用图 9-39 所示。

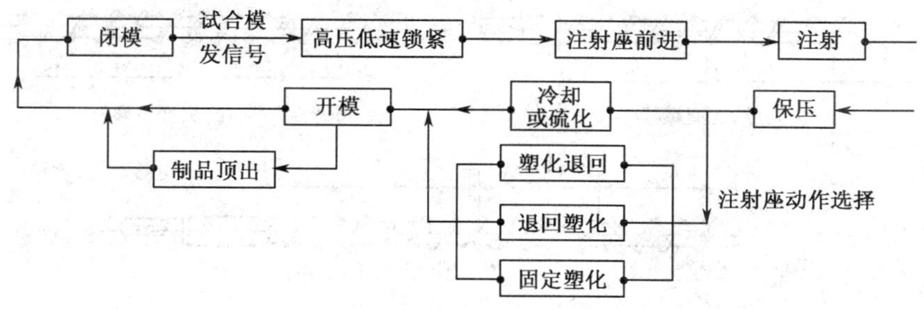

图 9-39 注射机工作循环图

(三) 主要零部件

1. 螺杆

螺杆是塑化的关键部件，螺杆和塑料直接接触，预塑时，螺杆旋转将从料斗落入螺槽中的物料连续地向前推进，加热装置通过料筒壁把热量传递给螺槽中的物料，固体物料在外热和螺杆旋转剪切双重作用下，达到塑化和熔融。在注射时，螺杆起注塞的作用，将储料室中的熔体通过喷嘴注入模具。如图 9-40 所示，与料筒、喷嘴构成塑化部件完成均匀塑化、定量注射的功能。

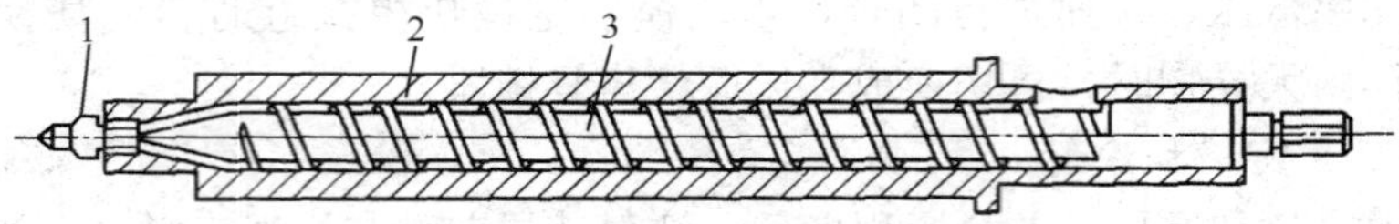

图 9-40　螺杆式塑化部件

1. 喷嘴；2. 机筒；3. 螺杆

1）螺杆分类和基本结构

注射螺杆有多种结构形式，按其对塑料的适应性，可分为通用螺杆和特殊螺杆，特殊螺杆有渐变型螺杆、突变型螺杆之分。通用螺杆是螺杆的基本形式，可加工大部分具有中、低黏度塑料。通用螺杆又称三段式螺杆，分成加料段（输送段）、压缩段（塑化段）和均化段（计量段），各段作用与挤出机螺杆相同。

(1) 渐变型螺杆［图 9-41（a）］即压缩段较长。其特征是塑化时能量转换较缓和，主要用于加工聚氯乙烯类具有宽的软化温度范围的高黏度非结晶型塑料。

(2) 突变型螺杆［图 9-41（b）］即压缩段较短。其特征是塑化时能量转换较剧烈，主要用于加工聚酰胺、聚烯烃类的结晶型塑料。实践证明，突变型螺杆的使用效果并非十分理想，采用不多。

(3) 通用型螺杆［图 9-41（c）］注射机在使用过程中，由于经常需要更换塑料品种，所以拆换螺杆也就比较频繁。停机调换螺杆不仅劳动强度大，同时又会影响注射机的生产。因此，注射机虽备有多种螺杆，但在一般情况下并不常调换，而用适应性比较强的通用型螺杆，通过调整工艺条件（温度、螺杆转速、背压等）的办法，来满足不同物料和制品的加工要求，避免频繁更换螺杆，并且降低注射机的成本。

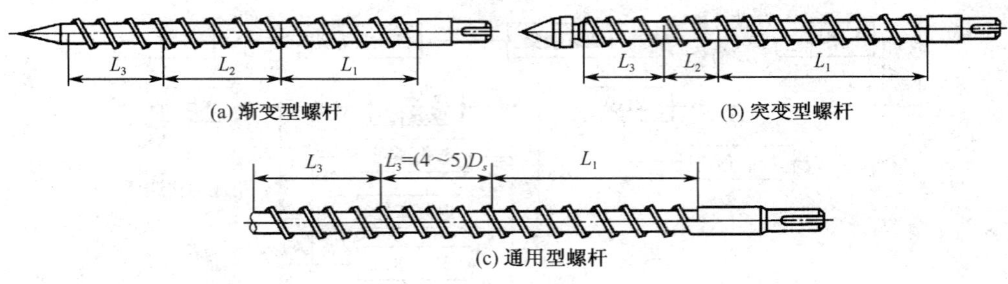

图 9-41　注射螺杆形式

通用型螺杆的结构特点是：压缩段的长度介于渐变型和突变型螺杆之间，约 4～5 个螺距。这样的分段，既考虑到一些非结晶型塑料经受不了突变型螺杆在压缩段高的剪切塑化作用；同时又注意到一些结晶型塑料未经足够的预热是不能软化熔融和难以压缩的特点。

2）螺杆基本形式和参数

(1) 螺杆直径（D_s）。螺杆直径大小直接影响影响塑化能力的大小，也就直接影响到理论注射量的大小。一次最大注射量是根据螺杆的直径与最大行程决定的。直径与行程之间有一定的比例关系，行程过长会使螺杆的有效长度缩短太多，影响塑化均匀性。行程过短也不好，为保持一定的注射量就得增大螺杆的直径，也要相应增大注射油缸的直径。一般螺杆的行程与直径之比 $R=2\sim4$。注射量小或长径比小的螺杆其 R 较小，即螺杆直径较大，以增加强度和刚度。

(2) 螺杆的长径比（L/D_s）。L 是螺杆螺纹部分的长度。螺杆长径比越大，说明螺纹长度越长，直接影响到物料在螺槽中的受热状况，决定物料的熔化效果和熔体质量。注射机螺杆的长径比（L/D_s）一般比挤出机螺杆短。这是因为注射机螺杆仅作预塑之用，塑化时出料的稳定性对制品质量的影响很小，而且喷嘴对物料还起到塑化作用，故长径比没有必要像挤出机那样大。一般在 18～22 之间，长的也很少超过 24（排气等特殊螺杆例外），就能满足使用要求。

(3) 加料段长度（L_1）。加料段又称为输送段或进料段，为提高输送能力，应保证足够的长度，一般 $L_1/D_s=9\sim10$。

(4) 压缩段长度（L_2）。在压缩段，物料完成从玻璃态经黏弹态向黏流态的转变，从固定床向熔体床的转变，L_2 大小会影响该转变过程，太小来不及转化，固体物料堵塞在 L_2 的末端，形成很高的压力和扭矩；太长也会增加螺杆的扭矩和不必要的功率，一般 $L_2/D_s=6\sim8$。

(5) 均化段长度（L_3）。熔体在均化段得到进一步的均化，温度均匀，黏度均匀，组分均匀，分子量分布均匀。L_3 有稳定压力的作用，使物料以均匀的流量从螺杆头部挤出，所以又称为计量段，一般 $L_3/D_s=4\sim5$。

(6) 螺槽深度（h_s）和螺杆压缩比（ε）。均化段的螺槽深度是螺杆性能的重要参数之一。其他条件不变的情况，螺杆塑化能力正比于螺槽深度。特别是注射螺杆在预塑时的熔料压力大约在 3.5～10MPa 之间，一般要比挤出螺杆低。因此，注射螺杆适当地加深螺槽深度，有利于提高塑化能力。

螺槽浅，h_s 小，提高熔体的塑化效果，有利于熔体的均化。但过小，剪切热大，从而螺杆消耗的功率也大。对注射螺杆而言，提供物料熔化的热量，由外加热系统供给的占有一定的比例。因此，对于一般注射螺杆，从物料在螺杆内实际受热过程和稳定温度条件的需要出发，是无需强剪切的作用。反之，h_s 过大，会降低塑化能力，同时回流作用也增加。所以合适的 h_s 应由压缩比（ε）确定。

$$\varepsilon=\frac{h_1}{h_3}$$

h_1、h_3——加料段和均化段螺槽深度。

压缩比大，会增强剪切效果，但会减弱塑化能力，相对于挤出螺杆，压缩比应取小些，以有利于提高塑化能力和增强对物料的适应性。对通用型螺杆可取 2.3～2.6。

3）螺杆头部形状

螺杆头通过反向螺纹与螺杆相连。注射螺杆头和挤出螺杆头有重要区别，注射螺杆装有各种特殊结构的螺杆头。注射螺杆头，在预塑时，能将塑化好的熔体放流到储料室，而在高压注射时，又能有效地封闭螺杆头前部的熔体，防止回流。挤出螺杆头多为圆头或锥头，而注射螺杆头多为尖头（图 9-42），有的设计成特殊结构（图 9-43、图 9-44）。

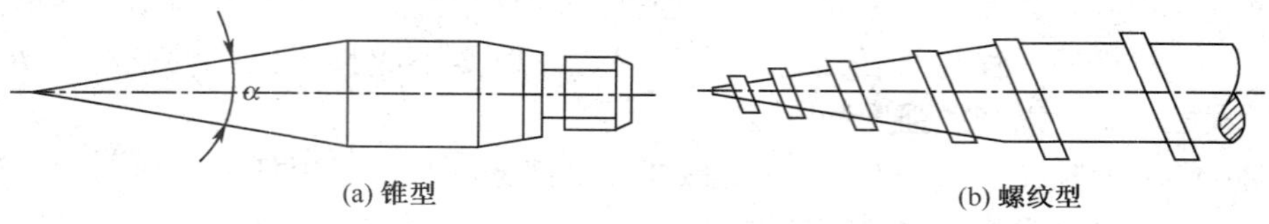

图 9-42 PVC 螺杆头

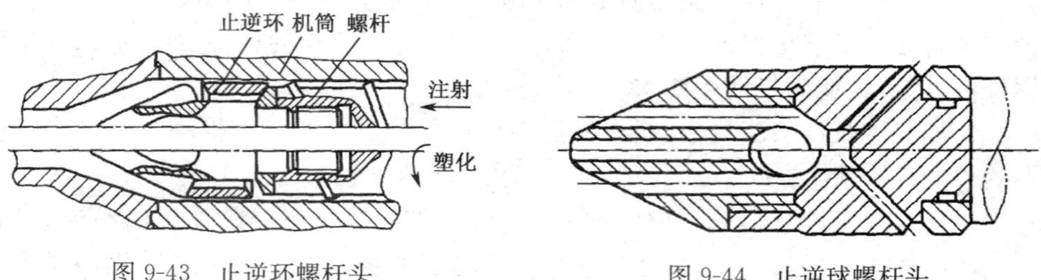

图 9-43 止逆环螺杆头

图 9-44 止逆球螺杆头

螺杆头分两大类：带止逆环和不带止逆环。带止逆环的螺杆头如图 9-43 所示，它是由止逆环、环座和螺杆头主体组成。它的工作原理和液压元件中的单向阀极为相似。当螺杆旋转塑化时，自螺槽出来的熔料，因具有一定的压力，则将止逆环顶开，形成如图 9-43 下侧所示状态。熔料经设计的通道进入螺杆前端的储料室。注射时，螺杆前移，当螺杆端部的锥台与止逆环右端锥面相遇时，便形成如图 9-43 上侧所示的对熔料回泄的密封。伴随储料室熔料压力的升高，密封愈加紧密，从而阻止熔料的回泄。对于中、低黏度的物料，为了阻止熔体的回流，通常采用止逆型螺杆头。

2. 机筒（料筒）

机筒是另一个重要塑化部件，内装螺杆外装加热圈，承受复合应力和热应力的作用，注射机筒大多用整体结构，如图 9-45 所示。要求机筒在高温下耐磨、抗腐蚀，大多采用 45 号钢表面镀铬、合金钢 38CrMoAl，内表面经氮化处理或用合金钢衬套以及内孔浇铸合金的双金属机筒。其表面硬度（洛氏）不应低于 65。机筒应满足塑料的加入与输送、加热与冷却、强度等要求。

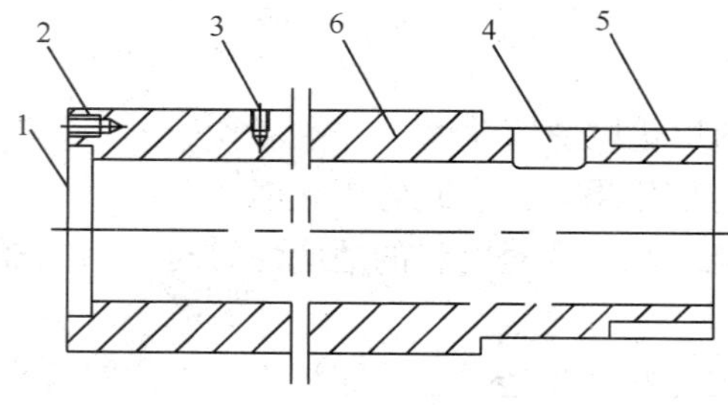

图 9-45 料筒结构

1. 定位子口；2. 螺孔；3. 螺孔；4. 加料口；5. 尾螺纹；6. 定位

1）加料口处的截面

注射机大多数使用的是自重加料，加料口结构形式直接影响进料效果和塑化部件吃料能力，加料口形状应该有利于增强输送能力。目前在螺杆式塑化部件上普遍应用的加料口形式，有对称和偏置设置的加料口两种（见图 9-46）。偏置加料口由于物料与螺杆的接触角大，接触面积大，有利于提高进料效率，从输送效果看，优于对称加料口。根据固体输送理论，为提高加料段的输送效率，在注射机筒的加料段也有开设沟槽的结构。

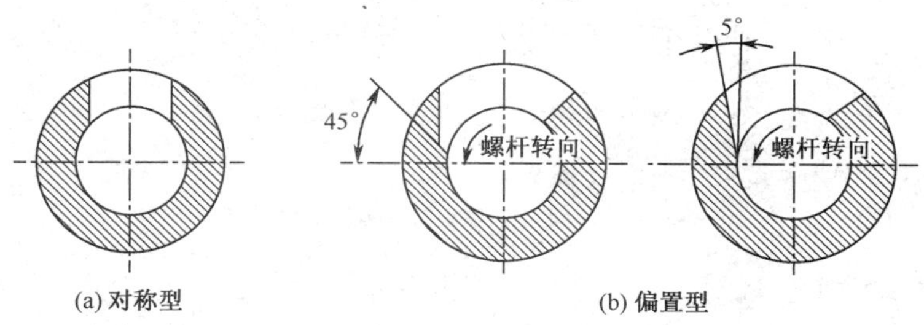

图 9-46　加料口截面形状

2）机筒的加热

在注射机上获得广泛应用的加热方式有电阻加热、铸铝加热、陶瓷加热，这是因为它具有体积小、制造与维修方便等优点。为使机筒达到符合工艺要求的温度分布，需要对机筒的加热进行分段控制。常用的是电阻加热和陶瓷加热，后者较前者功率大。

在注射物料的熔化热中，剪切热相对要比挤出螺杆要小。所以，机筒无需单独设置冷却温控系统，靠自然冷却就可以了。为了保持良好的加料和输送条件，以及防止机筒热量传递到传动部分，在加料口处设有冷却（槽）。机筒的加热功率，除了要满足塑料塑化时所需的热量外，还要保证有足够快的升温速度。机器加热升温时间，对小型机器不超过 0.5h，大、中型机器约为 1h 左右。否则，过长的升温时间，将会影响到机器的生产率。

注射机料筒内产生的剪切热比挤出机要小，一般料筒不专设冷却系统，靠自然冷却，但是为了保证螺杆加料段的输送效率和防止物料堵塞料口，在加料口处加设冷却水套。

3. 喷嘴

塑化后的熔融物料，在螺杆或柱塞的压力作用下，以相当高的剪切速率流经喷嘴而进入模腔。当熔料高速流经狭小口径的喷嘴时，将受到比较大的剪切作用，有部分压力经阻力损失而转变成热能，使熔料温度得到提高。同时，还有部分压力能将转变成速度能使熔料高速射入模腔。在压力保持阶段，还需有少量的熔料经喷嘴向模内补缩。可见喷嘴设计是否完善，会影响到注射熔料的压力损失、剪切热的多少、补缩作用的大小和射程的远近。

1）喷嘴结构形式

常用的喷嘴，基本上可将它分为开式喷嘴和锁闭式喷嘴以及特殊用途的喷嘴三种类型。

（1）开式喷嘴如图 9-47 所示。其特点是结构简单、制造方便、压力损失小、补缩作用大，不易产生滞料分解现象，因此用得很普遍，特别适用于加工高黏度的塑料，如聚碳酸酯、硬聚氯乙烯、有机玻璃、聚砜、聚苯醚等。因这种喷嘴易产生流涎现象（即预塑化时熔料自喷嘴口处流出），故不适用于低黏度塑料的加工。

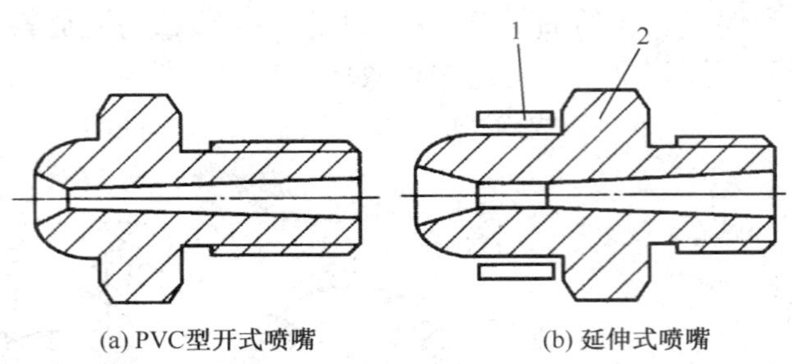

图 9-47　开式喷嘴

1. 加热器；2. 喷嘴

（2）锁闭式喷嘴。针对直通式喷嘴的流涎现象，设计了锁闭式喷嘴，主要有自锁式和液控式两种。

图 9-48 为弹簧针阀自锁式喷嘴，它是依靠弹簧力通过挡圈和导杆压合顶针（即阀芯）实现喷嘴锁闭的。注射前喷嘴内压较低，针形阀在弹簧力的作用下关闭喷嘴。注射时内压升高，当阀的左右两端总压力差足以克服弹簧力时，喷嘴便自动开启，使熔料注射到模腔中；当注射压力下降到一定值时，针形阀立即自动关闭，以免流涎。

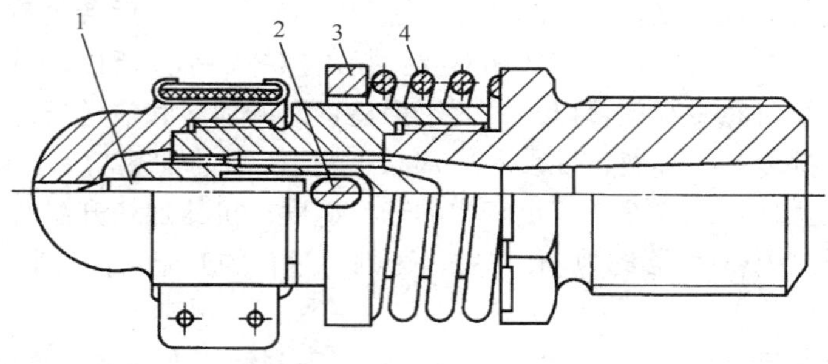

图 9-48　弹簧针阀自锁式喷嘴

1. 顶针；2. 导杆；3. 挡圈；4. 弹簧

目前广泛采用液控锁闭式喷嘴，液压系统通过控制操纵杆来控制喷嘴的开闭，如图 9-49 所示。这种喷嘴使用方便，锁闭可靠，压力损失小，计量准确。

2）喷嘴的口径

喷嘴口径关系到熔料的压力损失、剪切发热及其补缩作用等。一般经验认为喷嘴流道出口处口径为 2～6mm，其长度约为 3～12mm 为宜。

4. 合模装置

合模装置是注射机的重要部件之一，其功能是保证成型模具可靠的闭紧，实现模具启闭动作及顶出制品。由模板、拉杆、合模油缸、移模油缸、连杆机构、调模装置及制品顶出机构等组成。

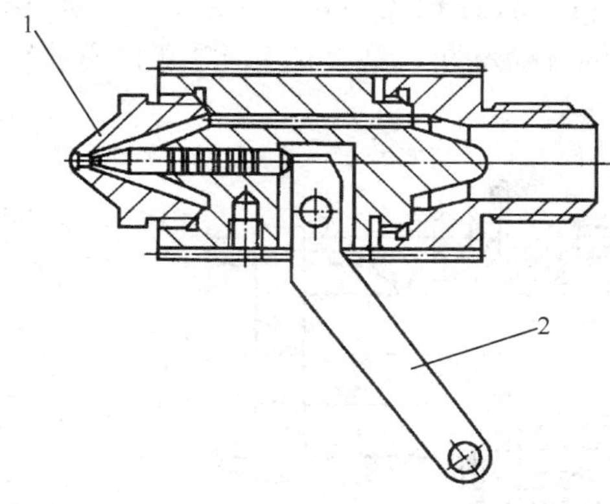

图 9-49　液控锁闭式喷嘴

1. 喷嘴；2. 操纵杆

根据提供合模力的方式，合模装置可分为全液压合模装置与液压机械式合模装置。两大类型在结构上的主要区别在移模油缸与动模板的连接上，液压式为直接连接，液压机械式是油缸肘杆机构与模板连接。因此其工作特性也各异。

1）全液压合模装置

全液压合模装置指动模板直接与液压执行元件（油缸、活塞或柱塞）相连，液压缸压力直接作用在模具上形成合模力，模具的启闭和锁紧动作全部由液压系统操纵。目前常见的全液压合模装置有单缸直压式、增压式、充液式及充液-增压混合式。

（1）单缸直压式合模装置。

图 9-50 为单缸直压式合模装置。这种装置是在一个油缸的作用下依靠液体压力经油缸活塞直接实现对模具的合紧，并以其简单的往复运动来完成模具的启闭动作。

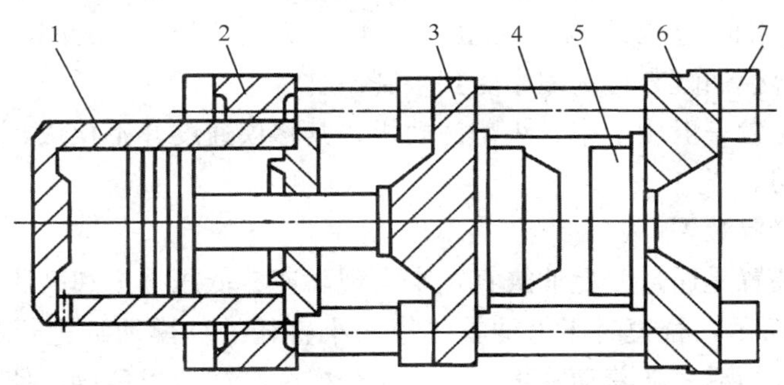

图 9-50　单缸直压式合模装置

1. 合模油缸；2. 后定模板；3. 拉杆；4. 动模板；5. 模具；6. 前定模板；7. 拉杆螺母

合模初期，模具尚未闭合，合模力仅是推动模板和半个模具，所需力很小；而为了缩短循环周期，要求高速移模。合模后期，从模具闭合到锁紧，为防止碰撞合模速度应该低，直至为零，合模力却要求很大。在油泵压力与流量已确定的情况下，仅使用一个油缸而要同时兼顾到速度与力这两方面的不同要求则很困难，因此单缸直压式在吨位不大、速度不高的液压机中还常见，但在注射机上已很少应用。正是这个原因，促使液压合模装置在单缸直压式的基础上发展成其他形式，目前常用的液压式合模装置有增压式、充液式、特殊液压式合模装置。

（2）增压式合模装置。

要满足力和速度的不同要求，在油泵压力与流量已确定的条件下，可用减小油缸直径的办法取得高速；而在合紧时，如油缸直径不变，可通过提高工作油压力的办法来满足合模力的要求。增压式合模装置就是以此为出发点设计的，如图 9-51 所示。在合模时，压力油先进入合模油缸，因油缸直径较小，可以获得较大的移模速度；模具闭合后，压力油换向进入增压油缸，利用增压活塞两端直径不同（$D_0>d_0$），提高合模油缸内的油压力（p），以此满足最终合模力的要求。

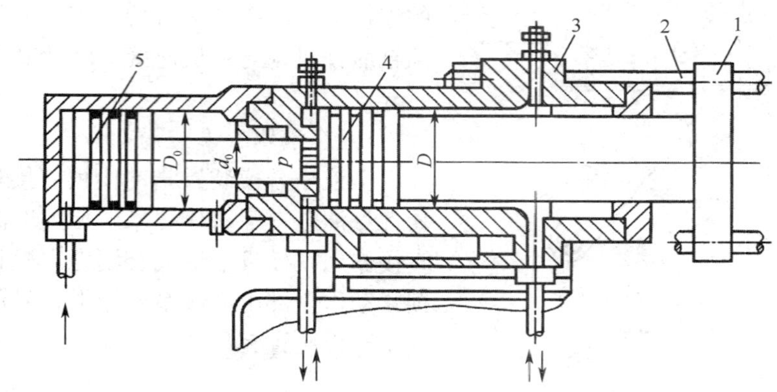

图 9-51　增压式合模装置

1. 动模板；2. 拉杆；3. 定模板；4. 合模油缸；5. 增压油缸

由于油压增加会对液压系统和密封性提出更高的要求，故提高油压有一定的限度。如目前工程上应用的增压结构，其压力一般在 20～30MPa 之间，最高可达 40～50MPa。因此，合模油缸直径的缩小受到限制。

增压式合模装置一般用于中、小型注射机，其移模速度并不很快，因为实际合模油缸直径是比较大的。

（3）充液式合模装置。

充液式合模装置是通过变更油缸直径来实现高速、低压移模和高压、低速合紧的要求的，如图 9-52 所示，合模时压力油首先进入小直径的移模油缸进行高速移模，在此过程中，合模油缸的活塞随着动模板前进，在合模油缸内造成负压，使充液油箱内的工作油经充液阀（液控单向阀）进入合模油缸内，当模具闭合后，合模油缸的左端通入高压油，充液阀关闭。由于合模油缸截面积大，保证了最终合模力的要求。

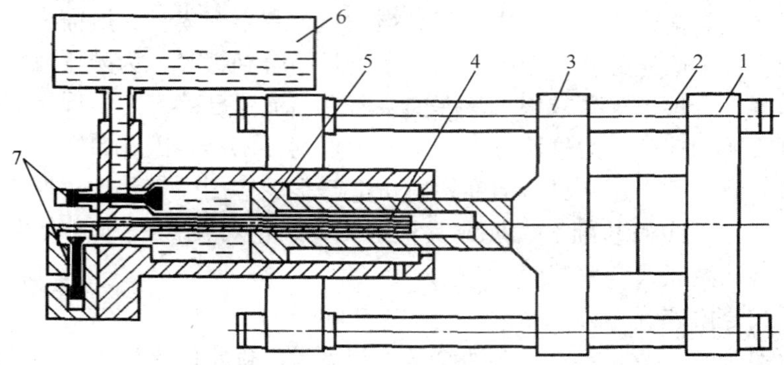

图 9-52　充液式合模装置

1，3. 定模板；2. 拉杆；4. 移模油缸；5. 合模油缸；6. 充液油缸；7. 充液阀

(4) 充液-增压混合式合模装置。

图 9-53 为充液-增压混合式合模装置。合模时压力油先进入移模油缸左腔，实现快速移模，合模油缸左腔则通过充液阀自动从油箱中吸油。模具闭合后，压力油进入增压油缸，使合模油缸内的油增压，由于合模油缸面积大及高压油的作用，保证了最终合模力的要求。

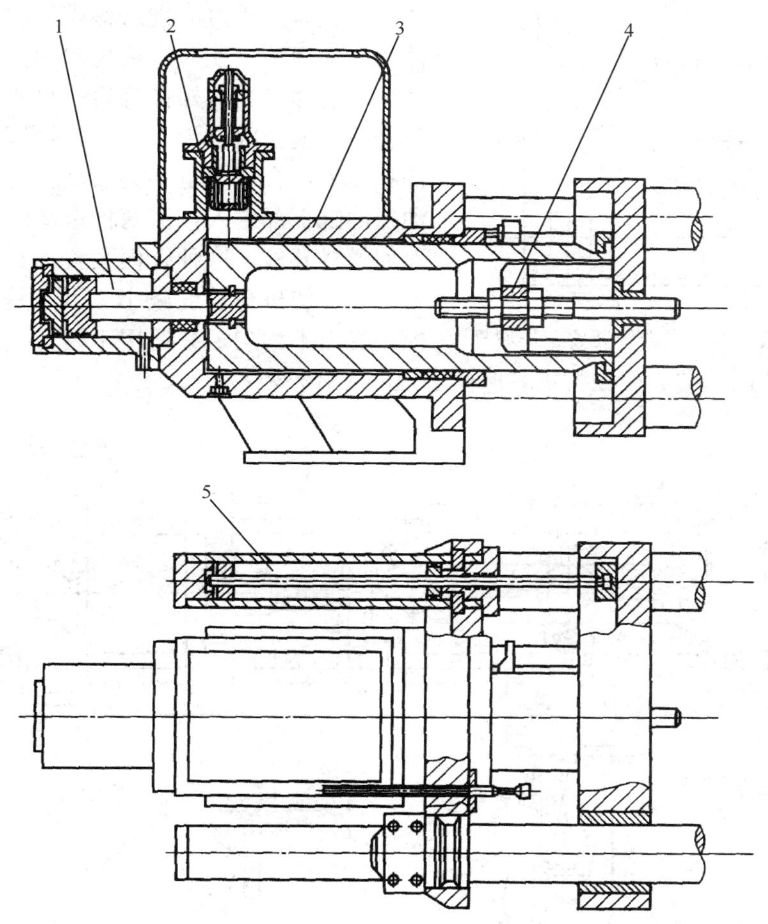

图 9-53　充液-增压混合式合模装置

1. 增压油缸；2. 充液阀；3. 合模油缸；4. 顶出装置；5. 移模油缸

2) 液压机械式合模装置

液压机械式合模装置也称肘杆式合模装置，是利用各种形式的肘杆机构，在合模时，使合模系统形成预应力，进而对模具实现锁紧的一种合模装置。如图 9-54 所示的单曲肘机构。当压力油进入油缸的活塞杆端，使活塞下移，从而带动肘杆机构并推动模板向前运动。当运动至如图 9-54 (a) 所示状态时，即模具的分型面刚接触，而肘杆机构尚未成一线排列时，动模板将受到变形阻力的作用，只有在合模油缸的工作油继续升压，并足以克服系统的变形阻力时，才能使肘杆成为如图 9-54 (b) 所示的一线排列。此时，合模系统因发生弹性变形 (ΔL_p) 而对模具实现预紧，此预紧力 p_{cm} 即为合模力。当肘杆

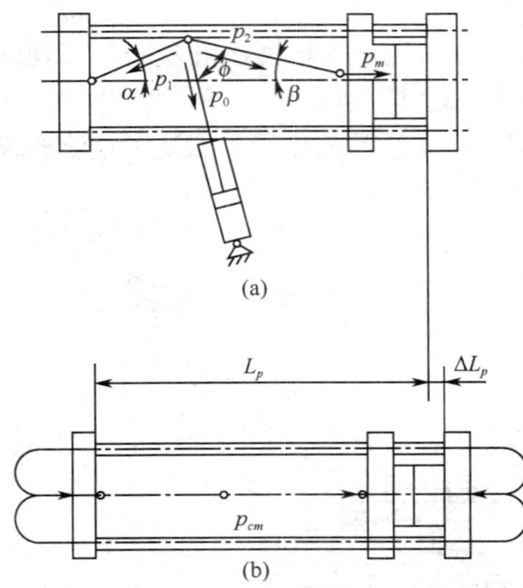

图 9-54　液压机械式合模装置工作原理

机构伸直并对模具实现预紧后，即使工作油的压力卸去，只要合模系统保持着原变形，其合模力是不会随之改变的。

（1）液压-单曲肘合模装置。

图 9-55 为液压-单曲肘合模装置的一种形式。合模时，压力油进入移模油缸上部，推动活塞向下运动，使肘杆机构向前伸直，从而推动模板前移。当肘杆伸直后，只要调模机构调整合适，就会因自锁而使模具锁紧，即使卸去油缸压力，合模力也不会改变。开模时，压力油经油缸下部进入，活塞杆带动曲肘机构回曲而使模具开模。这种合模装置油缸小，装在机身内部，使机身长度减小。由于是单臂，易使模板受力不均匀，只适用于模板面较小、合模力在 1000kN 以下的小型注射机，但模板距离的调整较易。

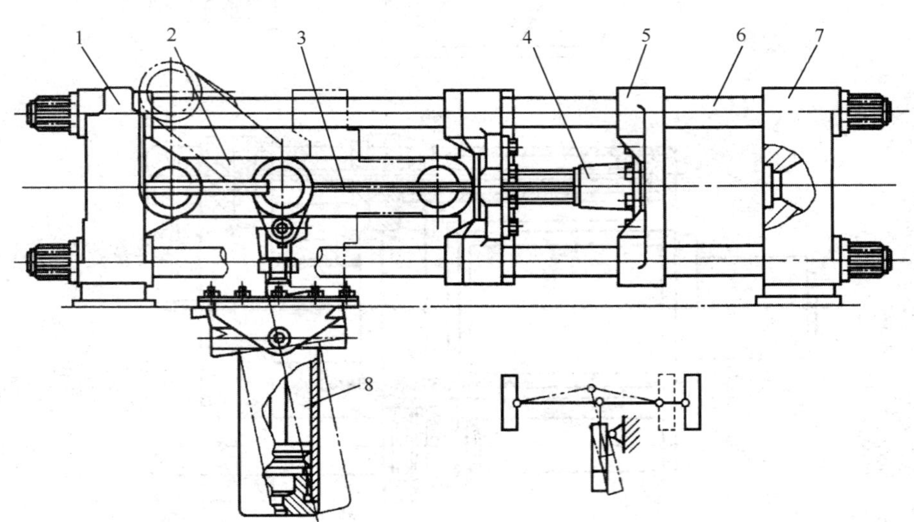

图 9-55　液压-单曲肘合模装置

1. 后模板；2. 单曲肘机构；3. 顶出装置；4. 调模装置；5. 动模板；6. 拉杆；7. 前模板；8. 移模油缸

（2）液压-双曲肘合模装置。

图 9-56 为液压-双曲肘合模装置的一种形式，其工作原理与单曲肘类似，但最大合模力达到 25000kN 以上。移模油缸 1 右腔进油时，移动活塞使肘杆伸直而使动模板前移，使模具锁紧。右腔进油时使肘杆回曲而开模。其基本特点与单肘类似，但由于是双臂，模板受力较均匀。但这种结构比较复杂，模板行程常受模板尺寸制约，故模板行程较短。在中、小型注射机上广泛采用这种结构。

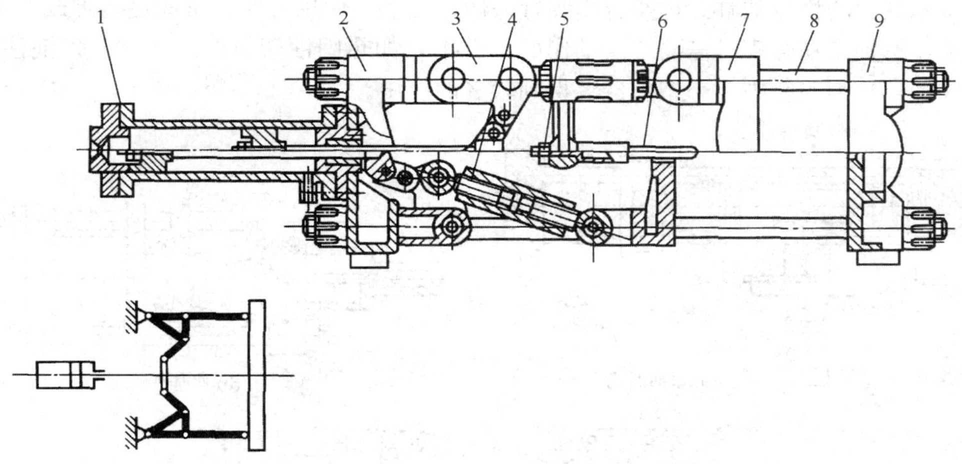

图 9-56　液压-双曲肘合模装置

1. 移模油缸；2. 后模板；3. 肘杆；4. 调模装置；5. 顶出装置；6. 顶出杆；7. 动模板；8. 拉杆；9. 前模板

3）复合型合模装置

为了改善肘杆式合模装置的某些使用性能，如合模力的调整与稳定等问题，近年来出现了许多新的复合型结构。这类结构因动作程序为两次，故又称为二步式。复合型合模装置是用肘杆机构移模定位，由稳压油缸锁紧模具，故也可看成是特殊液压式合模装置的一种派生型。

如图 9-57 所示为复合型合模装置。当移模油缸（即齿条油缸）左端进入压力油后，便达到很高的移模速度，最后由稳压油缸锁紧模具。因此，这种形式既具有肘杆机构在移模时的良好运动特性，同时又保留了液压式所具有的合模力指示、调整方便等优点。加之该形式的肘杆机构的销轴是在较小的负载下工作的，磨损情况大为改善，所以机器的使用寿命比较长。

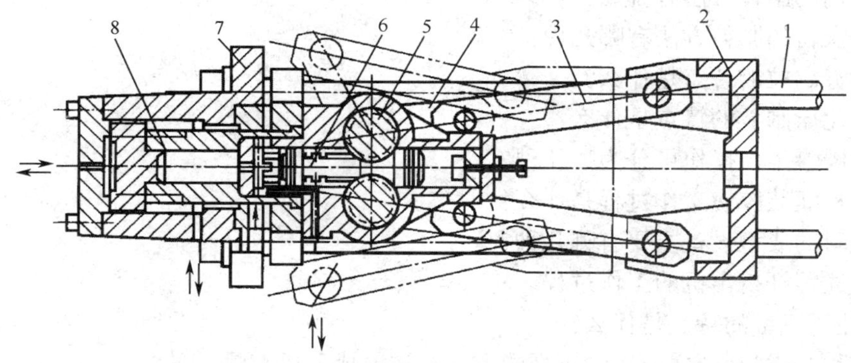

图 9-57　复合型合模装置

1. 拉杆；2. 动模板；3. 前连杆；4. 后连杆；5. 齿轴（销轴）；6. 移模油缸（齿条油缸）；7. 后模板；8. 油缸

如图 9-58 所示为目前使用的复合型合模装置几种典型结构。图 9-58（a）～（c）所示的组合型结构与一般的单曲肘和双曲肘及撑板机构极为相似，不同之处仅是多设置一个锁紧模具用的稳压油缸。这类合模装置一般速度快，使用方便，可满足多种成型工艺的要求，特别是在合模时需要二次动作的场合下，如热固性塑料注射成型、发泡注射、压制成型等，因此在中、小型机器上得到较多的应用。

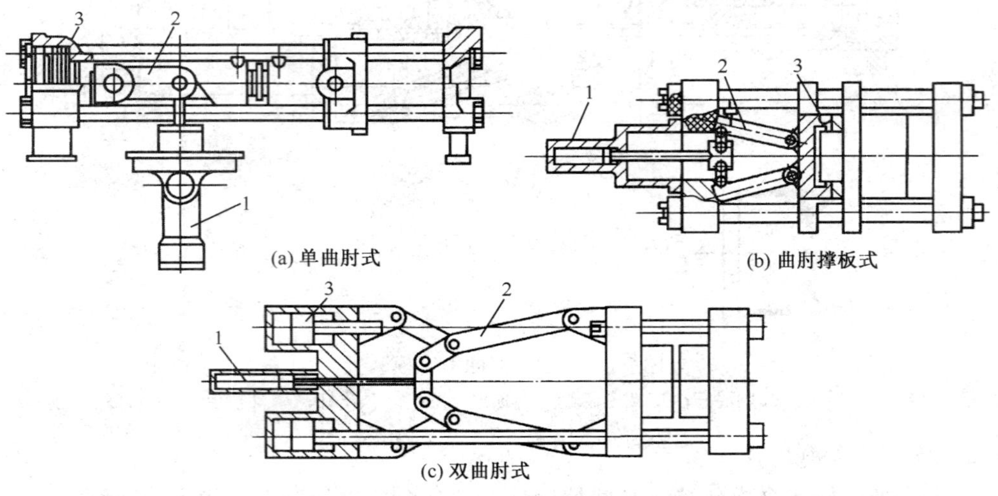

图 9-58　复合型合模装置其他形式

1. 移模油缸；2. 肘杆机构；3. 稳压油缸

对于用何种合模形式，目前基本上形成了一个比较一致的看法：在合模力 3000kN 以下的机器以肘杆式为主；在 6300kN 以上的大型合模装置，主要是液压式；其中在 10000kN 以上的又以特殊液压式为多数。

复习思考题

1. 精细化学品生产中制粒的目的有哪些？
2. 常用的制粒方法有哪几种？
3. 洗衣粉的制粒方法有哪几种？
4. 喷雾制粒的特点是什么？
5. 流化床制粒的特点是什么？
6. 硬胶囊生产操作可分为哪几种？
7. 机械灌装胶囊工作过程是什么？
8. 塑料的成型设备主要有哪几种？
9. 简述螺杆挤出机的工作过程。
10. 注射成型的特点是什么？
11. 根据注射和合模装置的排列的方式，注射成型机有哪几种？

第十章　装料和包装设备

第一节　液体灌装机

液体物料充填是将液体产品装入瓶、罐、桶等包装容器内的操作，习惯称为灌装。在现代生产中要灌装的液体物料种类很多，范围甚广，物理化学性质各不相同，有食品、饮料、调味品、化学洗涤用品、化工原料、医药、农药甚至液体危险品等，因此其灌装的方法也差别很大。其中主要影响因素是液体的黏度，其次是液体内是否溶有气体等。因此选用灌装设备时首先要考虑物料的黏度，一般将液体物料按黏度可分为三类：流体、半流体和黏滞流体。

（1）流体。靠自身重力可按一定速度在管道内自由流动的液体，这种液体流动性较好，如牛奶、矿泉水、果汁饮料、酒、酱油等。

（2）半流体。除靠自身重力外，还需加上外力才能在管道内流动的液体，这种液体流动性较差，如番茄酱、稀奶油、发乳等。

（3）黏滞流体。靠自身重力不能流动，必须借助外力作用才能流动的液体，如洗发膏、牙膏、果酱、糨糊等。

灌装机结构比较复杂，主要由包装容器供送装置、灌装液料供送装置、灌装液料的定量机构和灌装阀等组成。包装容器供送系统的任务是将待灌装容器按规定的速度、间距和状态进入到包装工位，其内容属机械装置。灌装液料供送装置的任务是将液体物料输送到贮液箱中。主要由贮液槽、泵、管道和液位控制器组成，其内容属流体输送装置。本节对灌装液料的定量机构和灌装阀等做简要介绍。

一、　灌装液料的定量方法

常用的灌装液料定量方法有液位控制定量法、定量杯定量法、定量泵定量法和电子式计量法。根据液料的性质不同，所选的定量法和定量机构也不相同。

1. 液位控制定量法

这种方法采用控制灌装容器内液位的高度来达到预定的灌装量，其工作原理如图10-1所示。开始灌装时，瓶子上升顶开橡皮垫，使滑套和灌装头之间出现间隙，液体流入瓶内，瓶内气体经排气管排至贮液箱中。当瓶内液面达到排气管口时，气体不再排出，液料继续流入瓶内，瓶内气体被压缩，根据连通器的原理，瓶内液料沿排气管一直上升到与贮液箱液面水平，则停止进液。当瓶子下降脱离橡皮垫时，弹簧使灌装头与滑套封闭，排气管内液料流入瓶内，完成一次灌装。只要调节排气管伸入瓶内的高度，就可以改变灌装量。该机构结构简单，但是定量精度稍差，因定量精度直接受瓶子容积精度和瓶口密封度的影响。

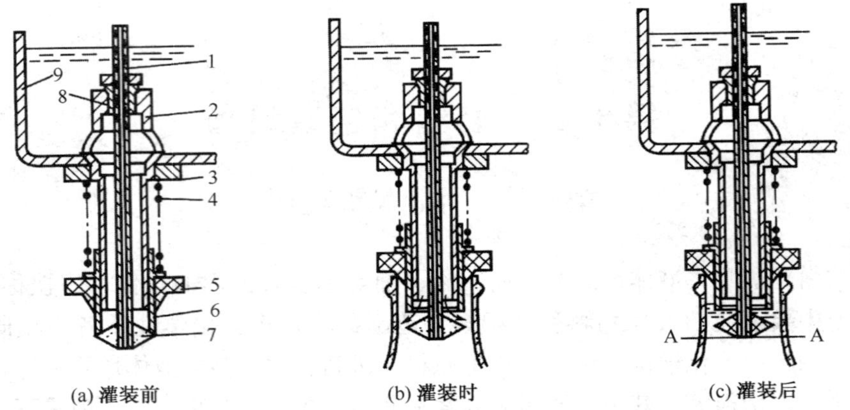

图 10-1 液位控制定量法工作原理

1. 排气管；2. 支架；3. 紧固螺母；4. 弹簧；5. 橡皮垫；6. 滑套；7. 灌装头；8. 调节螺母；9. 储液箱

2. 定量杯定量法

这种方法是先将液体物料注入定量杯内，然后再由定量杯将液体物料注入包装容器内。它的工作原理如图 10-2 所示。在待灌瓶进入灌装工位前，定量杯浸入贮液箱中，液料充满定量杯。随着待灌瓶上升，瓶嘴将灌装头、进液管和定量杯一起抬起，使定量杯上口超出贮液箱的液面。此时，进液管隔板两边的上孔和下孔均与阀体中的中间槽相通，使定量杯内的液料由定量调节管流入瓶内，瓶内气体由透气孔排出。当定量杯内液料下降至调节管的上口端面时，整个灌装过程结束。只要调节定量调节管在定量杯内的高度，或者更换定量杯，就可以改变灌装量。此法不适用于灌装含气液体，因为定量杯在贮液箱内上下运动，使气体产生气泡，从而影响灌装定量精度。

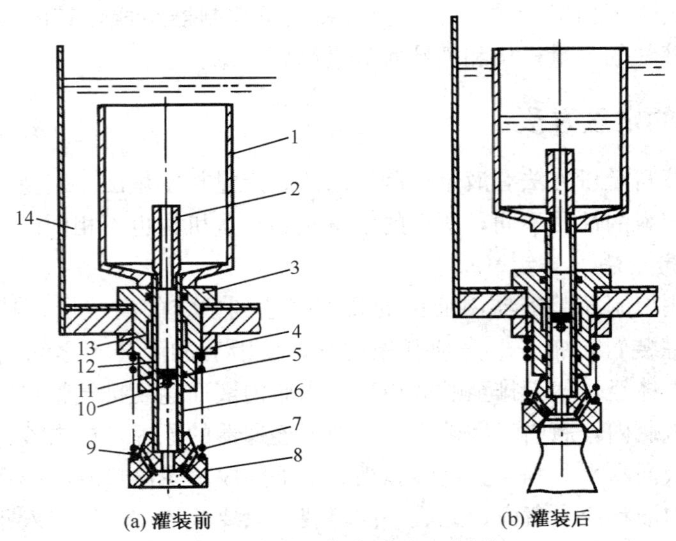

图 10-2 定量杯定量法工作原理

1. 定量杯；2. 定量调节管；3. 阀体；4. 紧固螺母；5. 密封圈；6. 进液管；7. 弹簧；8. 灌装头；9. 透气孔；10. 下孔；11. 隔板；12. 上孔；13. 中间槽；14. 贮液箱

3. 定量泵定量法

这种灌装方法是先将黏稠液料用机械压力注入活塞缸内定量，再注入到包装容器内的。每次灌装量等于活塞缸内液料的容积。定量泵定量法工作原理如图 10-3 所示。当托瓶台带瓶子上升，灌装管嘴进入瓶内，同时活塞杆下降，接通进液流路，液料进入活塞缸内完成液料的计量，如图 10-3（a）所示。然后三向阀回转换向，切断进液流路，同时打开充填流路，活塞杆上行，将活塞缸内液料推入瓶内，进行灌装工作，如图 10-3（b）所示。当活塞上升到活塞缸最上面时，灌装结束。在瓶托带动瓶子下降脱离灌装嘴时，进行下一个工作循环，如图 10-3（c）所示。

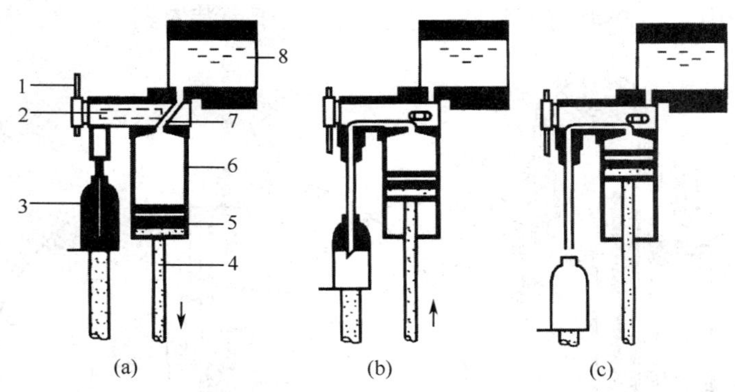

图 10-3　定量泵定量法工作原理

1. 三向阀；2. 液体充填流路；3. 灌装管嘴；4. 活塞杆；5. 活塞；6. 活塞缸；7. 进液流路；8. 贮液箱

4. 电子式计量法

电子计量法是现代计量方法，工作原理如图 10-4 所示。在灌装阀中有两个大小不同的液道，液体通过液道。由负载传感器随时地边灌装液体边测量液体质量，当充填的液体接近规定的充填量时，灌装阀则可转成小流量的回路，因而灌装量精度非常高。另外，在灌装液体前，显示器清零，容器质量有测定偏差，则重新定值，对灌装量毫无影响。这种装置的灌装阀结构简单，不会因滑动部位的摩擦而产生粉尘，无液体和气体滞留，易清洗；当灌装量改变时，只要变更数据开关的给定值，即可瞬时实现，较易实现生产的集中管理。

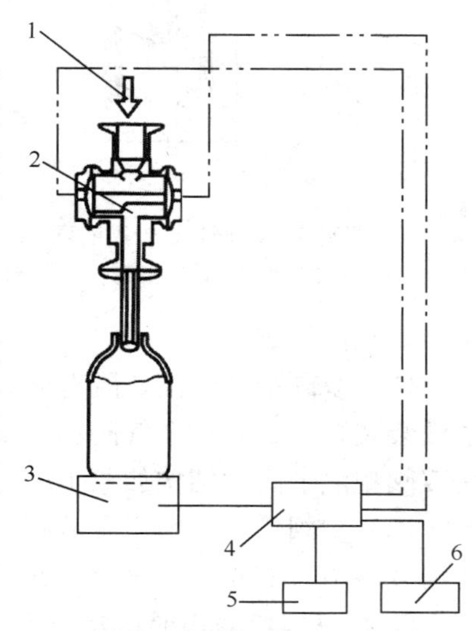

图 10-4　电子计量法工作原理

1. 进液管；2. 灌装阀；3. 负载传感器；4. 控制器；5. 定制器；6. 显示、鉴定器

二、 灌装阀

将贮液箱中的液料充填到包装容器内的机构称为灌装阀。它是贮液箱、气室、包装容器间液料的通道。主要由阀体、阀端、阀门、密封元件、开闭件等组成。

1. 根据阀门的数目区分

灌装阀的阀体结构有单阀型、双阀型和多阀型。

（1）单阀型灌装阀。只有一个气阀或液阀的灌装阀称为单阀型灌装阀。如常压灌装阀的气道始终处于开启状态，所以只需一个液阀；压差式负压灌装法，省去了一个液阀，只有气阀。单阀型灌装阀的结构如图 10-5 所示。工作时，当瓶子上升至瓶口与灌装阀 6 紧密贴合时，定量杯 5 在凸轮 2 的作用下上升，并将定量杯提出液面。这时，负压系统接通，抽出瓶内的空气。在定量杯液面常压和瓶内负压之间压差的作用下，定量杯内液料被吸入瓶内，然后瓶子和定量杯 5 分别下降复位。此时负压仍接通，灌装管口内余液被吸入管内，不产生滴漏现象。该装置适用于灌装农药。

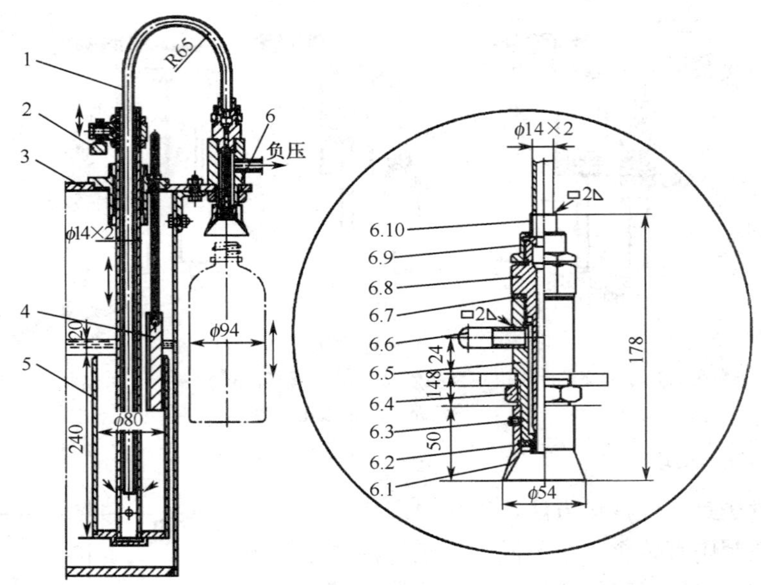

图 10-5 单阀型灌装阀结构简图

1. 吸料管；2. 凸轮；3. 贮液箱；4. 计量调整块；5. 定量杯；6. 灌装阀；6.1. 瓶套；6.2. 密封垫圈；6.3. 螺钉；6.4. 螺母；6.5. 套管；6.6. 真空引进管；6.7. 垫片；6.8. 灌装芯；6.9. 锁紧螺帽；6.10. 接管头

（2）双阀型灌装阀。既有液阀又有气阀的灌装阀称为双阀型灌装阀。如重力式负压法灌装装置中，有一个气阀和一个液阀；机械压力灌装法灌装装置中有两个液阀。负压法双阀型灌装阀的结构如图 10-6 所示。

（3）多阀型灌装阀。有液阀、气阀、回气阀的阀体结构称为多阀型灌装阀。如等压法灌装阀中有液阀、充气阀、回气阀、压力释放阀、清洗阀等。

2. 根据阀门启闭的运动形式区分

灌装阀可分为单移阀、旋转阀、多移阀、气动膜阀等。

（1）单移阀。阀体中只有一个可动部件，它相对于不动部件做往复一次的直线运动。根据可动部件开闭液道的方法又可进一步分为：柱面式单移阀，这种阀门是利用轴向移动的阀件切换在圆柱面上的孔道来切换液体通路的；端面式单移阀，这种阀门是利用阀件端面来启闭液体通路的。它的结构如图 10-7 所示。阀碟 1 在灌装过程中是固定不动的，当瓶子上升时，瓶口顶住橡胶垫圈 2 后再上升一段距离，使阀芯 4 和阀碟脱开，液料流入瓶内。灌装完后料瓶下降，弹簧 5、6 的力使阀芯复位，阀芯和阀碟锥面紧密结合，灌装就停止。这种阀适用于广口玻璃瓶和马口铁罐等容器的灌装。

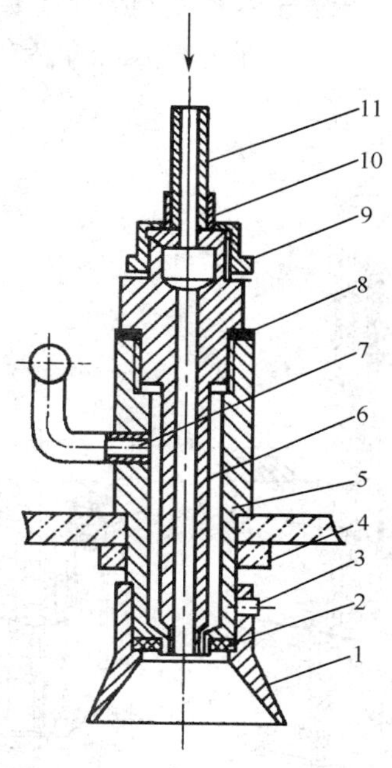

图 10-6　负压法双阀型灌装阀结构简图

1. 瓶套；2. 橡胶密封圈；3. 紧固螺钉；4. 螺母；5. 套筒；6. 阀头芯；7. 真空引进管；8. 垫片；9. 锁紧螺母；10. 接管头；11. 料管

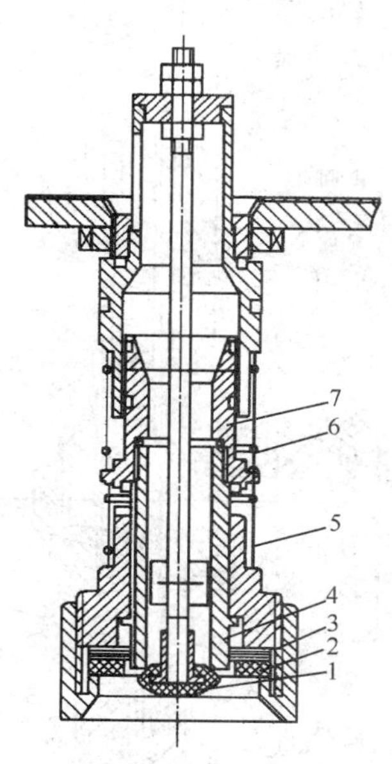

图 10-7　端面式单移阀结构简图

1. 阀碟；2. 橡胶垫圈；3. 垫片；4. 阀芯；5. 弹簧；6. 弹簧；7. 阀套

（2）旋转阀。阀体中可动部件相对不动部件在开闭阀门时做往复一次或多次的旋转或摆动，在摆动两极限位置，由可动部件上的孔眼是否对准不动部件上的孔眼来实现液体通道的开闭。

图 10-8 是锥式旋转阀的结构简图。该阀在旋塞 9 的不同方位上开有三个通孔，其左端装有凸轮转柄，控制灌装阀按灌装程序动作。其程序是：第一步，当瓶子上升到与密封圈 14 接触后，凸轮转柄 1 受到第一组碰块拨动，进气管 4 与瓶内接通，贮液箱上部带有压力的气体进入瓶内，使瓶内气压与贮液箱上部的气压相等。第二步，凸轮转柄受碰块作用又转过一个角度，旋塞关闭进气管 4，接通液体通道 6 和 10 及排气通道 11，贮液箱中液料在等压作用下依靠自重流入瓶内，瓶内气体通过排气管 11 被压回贮液箱液面上部。第三步，当瓶内液料上升到规定高度时，凸轮转柄受第三组碰块拨动，旋塞切断液体通道和排气通道，这时阀体下部的排气道和进气道通过旋塞锥体表面纵向孔道与大气接通，降低瓶内残留气体的压力。第四步，凸轮转柄受第四组碰块拨动，旋塞关闭所有通道，并切断与大气的通路。

这种阀结构简单，但灌装质量差，无瓶时也装料。

(3) 多移阀。阀体中有几个可动部件相对于不动部件在开闭时做多次往复直线移动或摆动，其结构如图 10-9 所示，其工作原理如下：

充气等压。瓶托汽缸将瓶子提起，使灌装阀下面的对中罩 22 与瓶口对中，空瓶继续上升，瓶口胶垫 21 与阀座胶垫 18 密封，这时由于对中罩顶起下推杆 17，通过跳珠 16 和上推杆 l4 将气阀打开，使贮液箱内气室的无菌压缩气体经气阀周围上的三个凹槽通人，经灌装阀中心孔道和回气管相通，进入空瓶内，使贮液箱气压与瓶内气压达到平衡，完成充气等压过程。

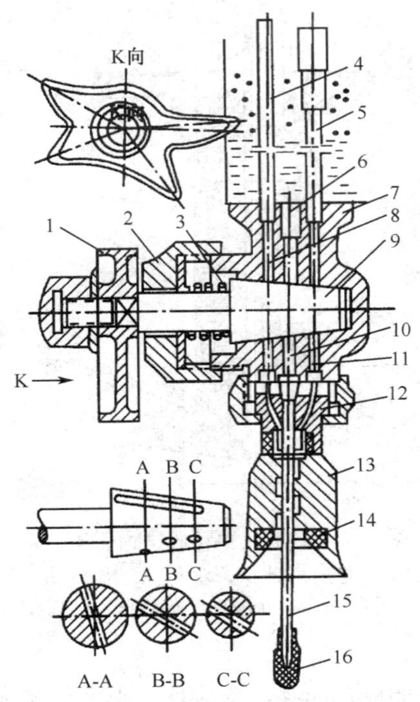

图 10-8 锥式螺旋阀结构简图

1. 凸轮转柄；2. 螺母；3. 弹簧；4. 进气管；5. 排气管；6. 液道；7. 阀体；8. 进气管；9. 旋塞；10. 液道；11. 排气管；12. 接套；13. 定位罩；14. 密封圈；15. 液管；16. 灌装头

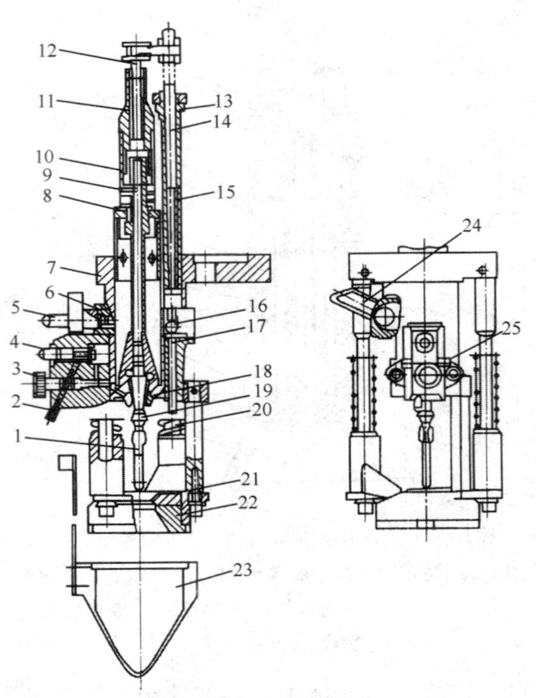

图 10-9 气动式多移阀结构简图

1. 气管；2. 排气嘴；3. 针阀；4. 排气阀；5. 关阀按钮；6. 弹簧；7. 阀座；8. 液阀套；9. 液阀；10. 液阀弹簧；11. 气阀套；12. 气阀；13. 推杆套；14. 上推杆；15. 气阀弹簧；16. 跳珠；17. 下推杆；18. 阀座胶垫；l9. 分流圈；20. 升瓶导杆；21. 瓶口胶垫；22. 对中罩；23. 清洗护罩；24. 拨爪；25. 凸销

进液回气、完成灌装。贮液箱和空瓶气压达到平衡后，气阀 12 上升，即解除气阀套 11 向下的压力，同时瓶内的气压增加了液阀 9 下端向上的压力，压缩液阀弹簧 10 克服液阀自重和上面液体的压力，将液阀自动打开，贮液箱内液体从气管 1 外部的环形道及分流圈 19 沿着瓶子内壁流下；同时瓶内气体从气管中心孔道及上部气门返回贮液箱气室，完成进液回气过程。当瓶内液面超过气管管口一定高度时，便停止进液。这时固定在贮液箱外圈支架上的控制凸轮（图中未画）碰撞关阀按钮 5，使装在按钮末端上的跳珠 16 向左移动，上推杆 14 下降，同时关闭气阀和液阀完成灌装。

排气卸压。灌装结束后，在瓶子送至压盖机前，须将瓶内气压缓慢减低，以免卸压时产生大量气泡，损失液体而使定量不足。固定在贮液箱外围支架上的控制凸轮打开排气阀 4，使瓶颈部分残留的压缩气体从排气嘴 2 排出，完成排气卸压过程。

排除余液。当瓶子随降瓶机构下降时，气管 1 中心孔道残留的余液全部流入瓶内。当下推杆降至下限位置时，由于关阀按钮 5 脱离固定凸轮的作用，使跳珠 16 在弹簧的作用下向左移位，使灌装阀恢复到初始位置，整个灌装过程结束。

该灌装阀工作时，必须在瓶内气压与贮液箱气压相等时才能打开阀门进行灌装。当灌装过程中出现缺瓶时，灌装阀门自动关闭不漏液，因此实现了无瓶不灌装，节省液料。更换气管 1 的长度可以调整瓶内液面的高度，达到不同灌装量的要求。

三、 液体灌装方法和设备

1. 常压灌装机

常压灌装又称重力灌装。即在大气压力下，依靠液体自身的重力将其灌入包装容器内，其整个灌装系统处于敞开状态下。该灌装方法是最古老的灌装方法，但至今仍是自由流动的液体物料最简单、实用、精确的灌装方法。主要适用于不含气又不怕接触大气的低黏度的液体物料，如白酒、果酒、酱油、醋等。

常压灌装将贮液箱置于灌装容器的上方，液料泵送至贮液箱，通过管路流向灌装阀，再靠自重流入包装容器。灌装过程如图 10-10 所示，当托瓶盘将空瓶向上托起时，空瓶口部与灌装阀下部的密封装置接触并压紧，将空瓶密封。空瓶继续上升即开启灌装阀，使贮液箱中的液体物料靠自重流入瓶内；同时，瓶内的空气沿着排气管排到贮液箱上部；当瓶内的液面上升到排气管后，排气管被液体阻塞，瓶内的空气不能再排出，而被继续注入的液体略微压缩，达到压力平衡时，瓶内的液面保持在规定的液面高度，液料沿排气管上升到与贮液箱的液面相等时，不再上升，然后托瓶盘托着灌装瓶降下，灌

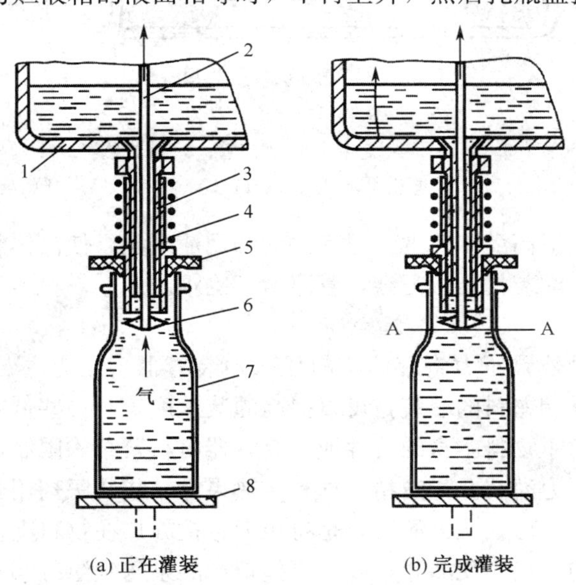

图 10-10　常压灌装

1. 贮液箱；2. 排气管；3. 灌装阀；4. 弹簧；5. 密封装置；6. 灌装头；7. 灌装瓶；8. 托瓶盘

装阀失去压力，靠弹簧自动关闭，排气管内的液料也随之滴入瓶内，灌装结束。

2. *真空灌装机*

真空灌装通常是先将包装容器抽真空后，再将液体物料灌入包装容器内。这种灌装方法灌装速度快，包装容器内残存空气少，防止物料氧化变质，延长产品的保存期。适用于不含气体，且怕接触空气而氧化变质的黏度稍大的液体物料，以及有毒的液体物料。如糖浆、油类、果汁、果酱、农药、化学药水等。

如图 10-11 所示，供液管上装有供液阀，贮液箱内液位由浮子控制；真空室由真空泵保持真空，灌装阀内有吸液管和真空管，真空管与真空室相连；托瓶盘托着灌装瓶上升或灌装阀下降，使灌装瓶口与灌装阀上的密封装置紧密接触，并建立气密密封，然后打开阀门，对瓶内抽真空，液体依靠真空压差，通过吸液管流入瓶内；当液面上升到真空管口时，液体开始沿真空管上升，使瓶内的液位保持不变。过量的物料经真空管流入真空室，形成溢流和回流，由供液泵送回到贮液箱；灌装结束时，灌装瓶脱离灌装阀，在弹簧的作用下，灌装阀自动关闭。

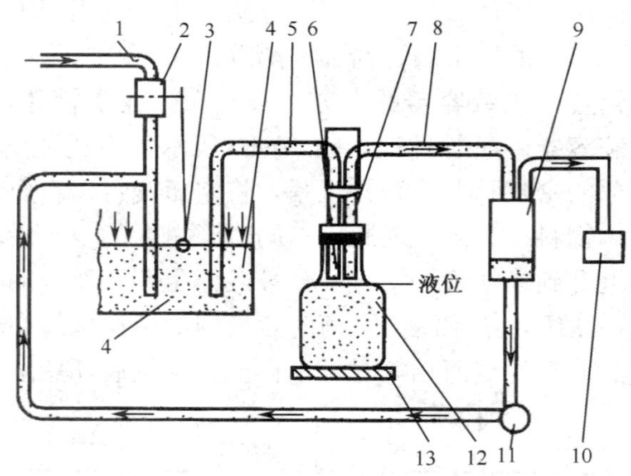

图 10-11 真空灌装

1. 供液管；2. 供液阀；3. 浮子；4. 贮液箱；5. 吸液管；6. 密封装置；7. 灌装阀；8. 真空管；9. 真空室；10. 真空泵；11. 供液管；12. 灌装瓶；13. 托瓶盘

纯真空灌装可以提高灌装速度，但有溢流和回流现象，使液体物料在灌装系统中往复循环，能耗较多，灌装机结构复杂，管路清理困难。

3. *压力灌装法*

压力灌装是借助外界压力将液体物料压入包装容器。压力灌装主要适用于黏度较大、流动性较差的黏稠物料的灌装，可以提高灌装速度。对一些低黏度的液体物料，虽然流动性很好，但由于物料本身的特性或包装容器材料及结构限制，不能采用其他灌装方法的，也可采用压力灌装。如酒精、饮料、热果汁、袋装医药用葡萄糖等液体。

纯压力灌装为定液位式压力灌装，是将压力直接施加在物料上。可以通过在贮液箱上部空间施加压力的方法实现灌装，或者直接把产品泵送到灌装阀实现灌装。对于那些不能抽真空的物料，该方法是比较理想的。

灌装过程如图 10-12 所示，贮液箱中的液体物料由物料泵抽出，经灌装阀进入灌装瓶；当灌装瓶与灌装阀接触并密封时，灌装阀开启进行灌装；同时，瓶内的空气由溢流管排到贮液箱，瓶内灌装的液位高度，由溢流管管口在瓶颈部的位置决定；当液面上升到溢流管管口时，瓶内液面不再上升，保持规定的高度，灌装结束。过量的液体物料经溢流管送回到贮液箱，只要灌装阀下的灌装瓶是密封的，物料就会连续不断地通过溢流管流出，直到灌装瓶脱离密封装置，灌装阀关闭，物料停止流动。

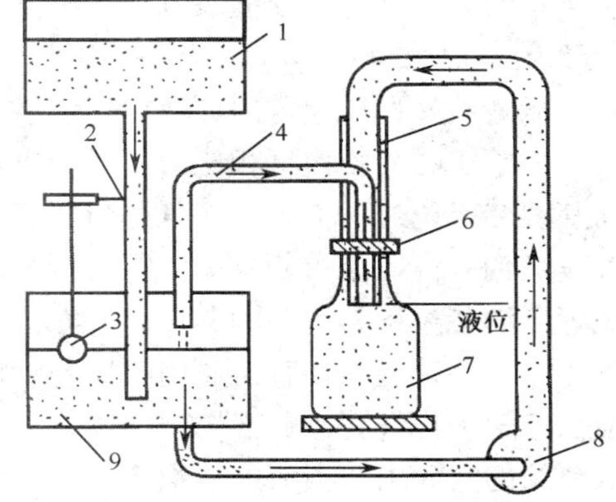

图 10-12　纯压力灌装

1. 供液箱；2. 供液阀；3. 浮子；4. 溢流管；5. 灌装阀；6. 密封装置；7. 灌装瓶；8. 物料泵；9. 贮液箱

4. 机械压力灌装

机械压力灌装为容积式压力灌装。由定量泵进行灌装计量，灌装压力由泵施加，以提高灌装速度。主要适用于黏度较大、流动性较差的黏稠状液体物料，如果酱、牙膏、鞋油、糨糊、美术颜料等。

容积式压力灌装如图 10-13 所示，旋转阀进料孔与料斗料口相通，活塞左移（物料吸入计量室）旋转阀转动使其出料孔与下料管相通，活塞右移一进行灌装。旋转阀上开有一定夹角的两个孔，一个是进料孔，另一个是出料孔，旋转阀做往复摆动。当旋转阀的进料孔与料斗的料口相通时，出料孔与下料管隔断，如图 10-13（c）所示，这时活塞向左移动，将物料吸入活塞筒的计量室；当旋转阀转动使其出料孔与下料管相通时，进料孔也与料斗隔断，如图 10-13（b）所示，这时活塞向右移动，物料在活塞的推动下，经下料管流入灌装瓶。灌装容量即为计量室的体积，容量大小由活塞的行程决定，通过调节活塞的行程可调节灌装容量。该灌装系统还具有“无容器不灌装”装置，只有当灌装瓶顶起下料管上的释放环时，活塞才能向右移动，进行灌装。如果下料管下面无容器，释放环不动，则活塞不运动，物料不会外流。这种活塞容积式灌装方法计量准确，

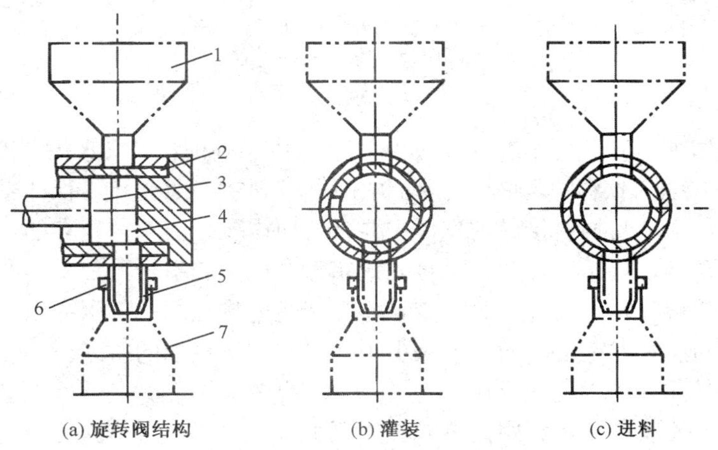

图 10-13　活塞容积式灌装

1. 料斗；2. 旋转阀；3. 活塞；4. 计量室；5. 下料管；6. 释放环；7. 灌装瓶

灌装容量调节方便，适于灌装各种高黏度的物料，可以灌装瓶、罐、软管等容器。

5. 等压灌装法

等压灌装又称压力重力灌装、气体压力灌装。这种灌装方法首先向灌装瓶中充气，使其压力等于贮液箱内气相压力，然后再打开进液口，在液料的自重作用下流入灌装瓶内。其灌装工艺过程为：空瓶口部与灌装阀接触—开启灌装阀—灌装瓶充气等压—进液回气—达到液位停止灌装—关闭灌装阀—排气卸压—排除余液，完成灌装。

等压灌装过程如图 10-14 所示。图 10-14（a）为充气等压。接通进气管，贮液箱内的气体充入灌装瓶内，直至瓶内气压与贮液箱内气压相等。图 10-14（b）为进液回气。接通供液管和排气管，贮液箱内液体依靠自重经供液管流向瓶内，瓶内气体由排气管排入贮液箱的空间内。当瓶内液面上升至 h_1 时，淹没了排气管的孔口，瓶内液面上的气体无法排出，液面停止上升，液体沿排气管上升到与贮液箱的液面相同为止，停止灌液。图 10-14（c）为排气卸压。瓶子上部借助进气管和排气管同贮液箱气室相通，排气管内的液体流入瓶内，瓶内液面升至 h_2 处，而瓶内相对应的气体沿进气管排回贮液箱内。图 10-14（d）为排除余液。旋塞转至供液管、进气管和排气管都与贮液箱隔开，当瓶子下降时，旋塞下部供液管内的液体流入瓶内，使瓶内液位升至 h_3，完成全部灌装过程。

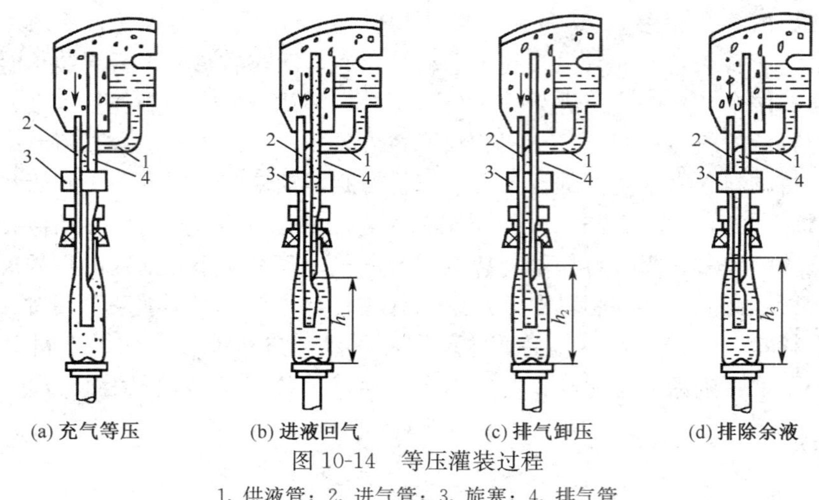

图 10-14　等压灌装过程

1. 供液管；2. 进气管；3. 旋塞；4. 排气管

等压灌装方法只适用于含气饮料，如啤酒、汽水、香槟、矿泉水等。该方法可以减少 CO_2 的损失，保持含气饮料的风味和质量，并能防止灌装中过量泛泡，保证灌装计量准确。

在灌装过程中，与物料接触的气体主要来自瓶内及贮液箱内留存的空气，为了减少物料中氧气的含量，延长保存期，可将贮液箱做成三个腔室：贮液室、背压气室、回气室。贮液室内充满物料，与空气脱离接触，灌装瓶内排出的空气引入回气室。这样不但可以提高排气和灌装的速度，而且，减少了物料与空气接触的时间。

6. 液位传感式灌装法

液位传感式灌装方法是利用传感方法如极低的空气流传感装置、电子传感装置等，检测容器是否到位以及灌装液面的高度，并发出适当的信号启闭灌装阀。该灌装方法液料定量方法为液位控制定量法。采用这种方法，包装容器在灌装过程中不需要密封，灌装速度比常压灌装和真空灌装快，灌装液位非常精确。适用于那些由于压力或真空作用，会出现鼓胀或凹陷的塑料容器，特别适用于狭颈塑料瓶和玻璃瓶的高速灌装，也可以用于难于清洗的液体物料的灌装，如油漆等。

液位传感式灌装过程如图 10-15 所示。液体物料由供料管进入封闭的贮液箱，贮液箱内的液面高度由浮子控制。液面保持一定的压力（0～103kPa），液料经进液管和灌装阀流入灌装瓶中，由于灌装瓶未密封，液料灌入时瓶内的空气从瓶口缝隙排出。

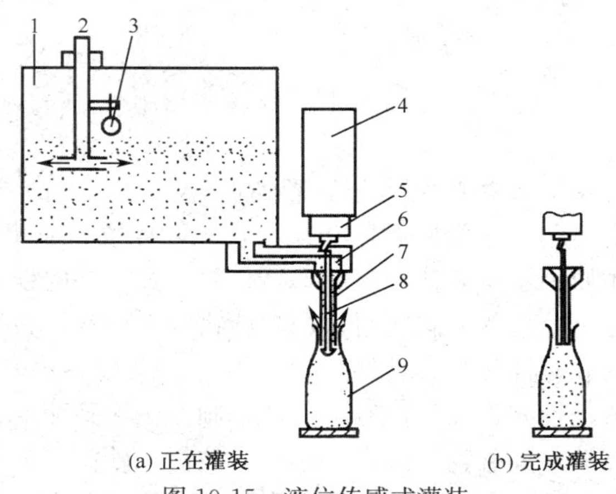

图 10-15 液位传感式灌装

1. 贮液箱；2. 供料管；3. 浮子；4. 控制器；5. 界面阀；6. 进液管；7. 灌装阀；8. 空气传感管；9. 灌装瓶

液料的流动是用差压或低压的射流装置构成的气动控制器来操纵。控制器检测容器的液面是否到位，然后通过界面阀的信号开启或关闭灌装阀。当灌装瓶到位后，控制器启动，开始灌装；在进液管中有一个空气传感管，在灌装过程中，2.5kPa 的低压空气通过空气传感管吹入灌装瓶；当液位上升到与传感管口平齐时，传感气流停止，则由射流装置的作用，使控制器通过界面阀关闭灌装阀，灌装停止。

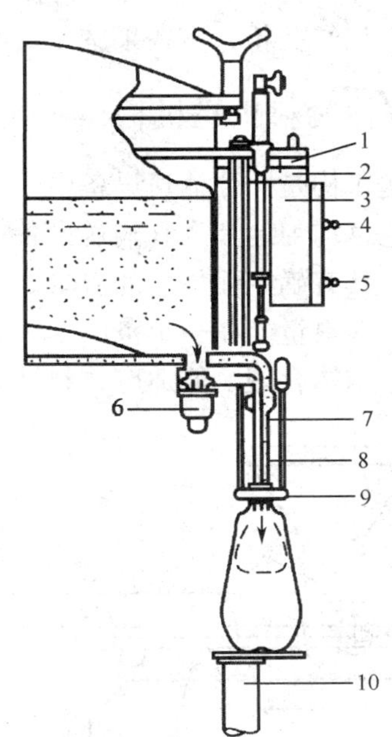

图 10-16 液位传感式灌装系统

1. 高压空气支管；2. 低压空气支管；3. 流体控制器；4. 灌装启动阀；5. 传感管清洗阀；6. 进液管；7. 注液管；8. 传感管；9. 瓶颈导向；10. 托瓶台

这种灌装方法比重力法和真空法的灌装速度高，而且液面精确度非常高，可以实现无容器时不灌装，是高速灌装塑料容器的良好工艺。

在此装置中进液管要根据不同的物料和容器进行设计，要求能准确地控制流入容器的液体流量，并且能使液体沿容器内壁流动，以保证非紊流状态，尽量减少液体与空气的接触，若在进液管内装上筛网，则可以灌装高泡沫的液体物料。

图 10-16 为一种液位传感式灌装系统简图。该系统用一低压空气流（从产品进料管末端向上流动）来传感液面的位置。灌装时液料在瓶中上升，直至到达注液管末端口，传感气流被切断。依靠流体控制器，产品即被非常精确地停流。用高压气体吹入来清除传感料管内的余液，为下一循环作准备。控制器含有三个涡流放大计和两个凸轮触动式气阀（其中一个负责给灌装阀发信号，另一个负责给清除管中余液的传感管发信号）。

第二节　固体装料机

固体物料充填是指将固体物料装入包装容器的操作过程。由于固体物料的范围很广，种类繁多，形态和物理、化学性质也有很大差异，导致其充填方法也是多种多样，其中决定充填方法的主要因素是固体物料的形态、黏性及密度的稳定性等。

固体物料按其形态可分为粉末状物料、颗粒状物料、块状物料；按其黏度可分为非黏性物料、半黏性物料和黏性物料，其特点如下：

（1）非黏性物料流动性好，几乎没有黏附性，倾倒在水平面上，可以自然堆成圆锥形，这类物料最容易充填，如谷物、种子、咖啡、粒盐、砂糖、茶叶、干果等。

（2）半黏性物料流动性较差，有一定的黏附性，充填时易搭桥或起拱，充填比较困难。如面粉、粉末味精、奶粉、绵白糖、洗衣粉、药粉、颜料粉末等。

（3）黏性物料流动性差，黏附性大，易黏结成团，并且易黏附在充填设备上，充填极困难。如红糖粉、蜜饯果脯及一些化工原料等。

一、　固体物料供送机构

供送机构是固体输送设备中不可缺少的组成部分。它装设于料仓卸料口，将料仓内的物料连续均匀地喂入到输送设备中去，一般对供送机构具备如下要求：

（1）具有确定而均匀的流量。

（2）喂料量能在一定范围内进行调节，最好能采用自动化控制系统。

（3）结构合理，能适应物料性质和工艺要求，能满足整个装置相互间尺寸的要求。

（4）喂料磨损小、不易黏料、不漏料、扬尘少等。

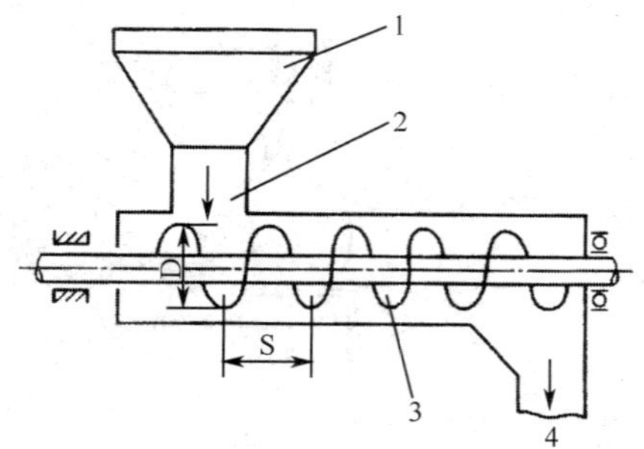

图 10-17　螺旋供送机原理图

1. 料仓；2. 进料口；3. 输送螺旋；4. 出料口

常用的供送机有：螺旋供送机、带式供送机、滚轮供送机、叶轮供送机、柱塞式供送机等。

1. 螺旋式供送机

螺旋式供送机是一种连续式的供送装置，图 10-17 所示为螺旋供送机原理简图。它由一根带有螺旋的转轴，安装在套筒形或槽形的外壳内，外壳上设有进料口和出料口。物料入进料口后随螺旋转动推送至出料口流出。螺旋供送机适于供送细粒的物料，物料的黏性和湿度将影响供送效果。对黏性大、湿度高的粉质物料，供送过程中容易被压紧造成堵塞，从而引起供送机工作中断。而对于易碎的块状物料及磨削性大或易固结的物料，不适宜用螺旋供送机送料。

螺旋供送机大多沿水平方向安装进行供料。若需向上送料则应做倾斜安装（与水平面的倾斜角大于 25°），亦可作垂直安装定量供送物料。

2. 带式供送机。

带式供送机是一种结构简单的连续式供送机。可作水平供送和倾斜供送包装原料及成品。其主要部分有输送带、承托滚柱、张紧装置、机架及装卸料辅助装置。输送带由电动机经减速装置驱动。输送带可用橡胶布带、化纤织物带、金属网带、钢带等制作。其工作原理如图 10-18 所示。在包装车间用于从物料存储仓将物料送往供料器，此外带式供送机还可完成包装产品的输送。

3. 叶轮式供送机

鼓轮式供送机原理如图 10-19 所示。物料自料仓下落，经调节门到转动着的鼓轮 2，由于物料和鼓轮间的摩擦力、吸附力等作用，物料随鼓轮转动输送到出料口 3。鼓轮由电机经传动系统驱动，调节闸门 1 用来调节供料量。

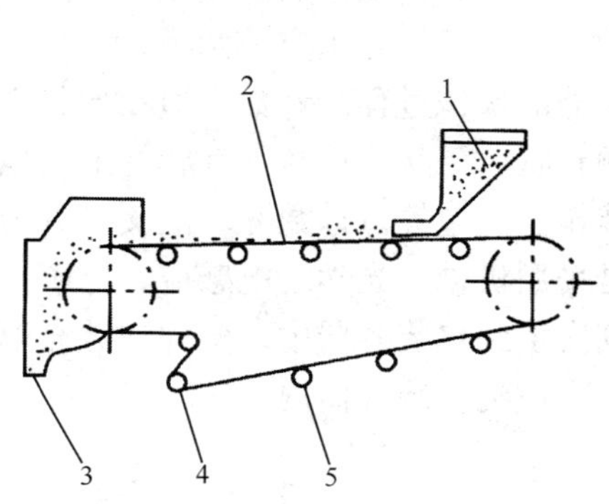

图 10-18　带式供送机的工作示意图

1. 料仓；2. 输送带；3. 出料口；4. 张紧轮；5. 托滚

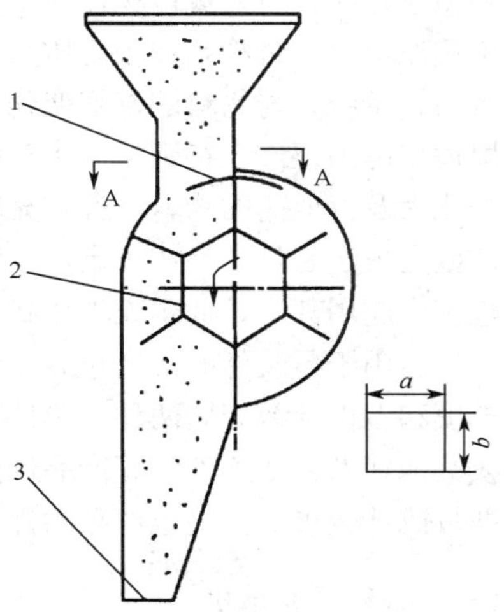

图 10-19　叶轮式供送机原理简图

1. 物料调节闸门；2. 鼓轮；3. 出料口

鼓轮的形式有圆柱形鼓轮和菱柱形鼓轮两类。鼓轮表面可制成槽或安装叶片，成为槽形鼓轮和轮叶形鼓轮。圆柱形浅槽鼓轮适用于粉状和细粒度物料的供送，菱柱形和轮叶形鼓轮适用于输送中、小粒度的物料。鼓轮的工作表面线速度常用 0.05～1m/s，不宜太大。

4. 柱塞式给料机

柱塞式给料机原理如图 10-20 所示。在物料存储仓 1 的排料口下方，柱塞 3 靠曲柄连杆机构 4 的驱动沿着底部 2 上的导轨做往复运动。柱塞每向前移动一次便推送出一定的物料，并由前端流出，实现物料的供送。

若以滑板代替柱塞 3 则成为滑板式给料机，如图 10-21 所示。它更宜于供送块状物料。

二、 充填设备

固体物料的充填方法主要有容积充填法、称重充填法和计数充填法三种类型。

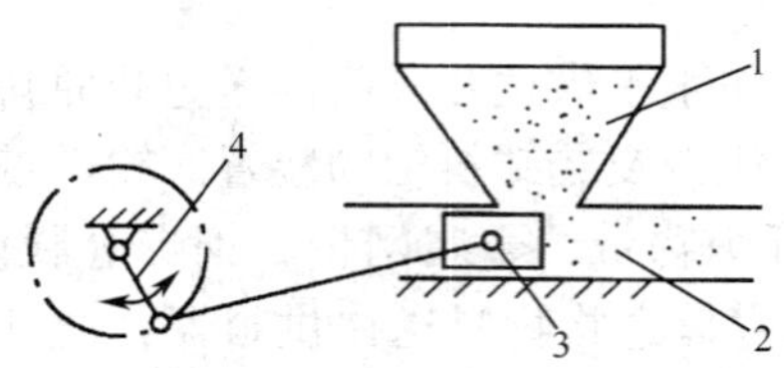

图 10-20 柱塞式给料机原理简图

1. 物料存储仓；2. 物料；3. 柱塞；4. 曲柄

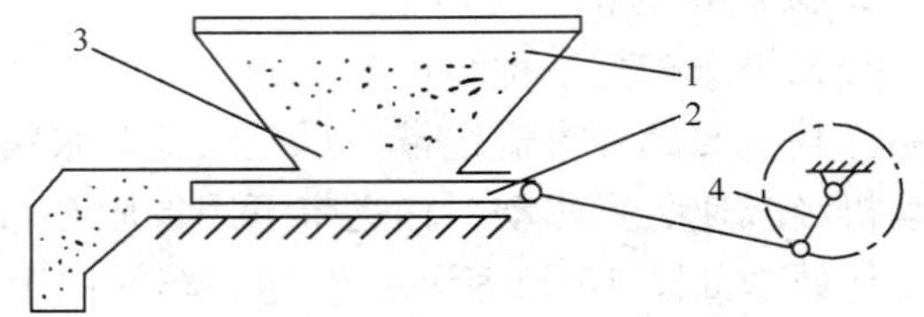

图 10-21 滑板式给料机原理简图

1. 物料存储仓；2. 物料；3. 滑板；4. 曲柄

容积充填法是将物料按预定容量充填到包装容器内的操作过程。容积充填设备结构简单、速度快、生产率高、成本低，但计量精度较低。适用于充填视密度比较稳定的粉末状和小颗粒状物料，或体积比质量更重要的物料。

称重充填法是将物料按预定质量充填到包装容器的操作过程。其充填精度主要取决于称重装置系统，与物料的密度变化无关，故充填精度高，但生产率低于容积充填。称重充填适用范围很广，特别适用于充填易吸潮、易结块、粒度不均匀、流动性能差、视密度变化大及价值高的物料。称重充填又可分为净重充填和毛重充填两类。

计数充填法是将产品按预定数目装入包装容器的操作过程。计数充填在形状规则物品的包装中应用甚广，适于充填块状、片状、颗粒状、条状、棒状、针状等形状规则的物品，也适用于包装件的二次包装，如装盒、装箱、裹包等。计数充填法又可分为单件计数充填和多件计数充填两种。单件计数充填是采用机械、光学、电感应、电子扫描等方法或其他辅助方法逐件计算产品件数，并将其充填到包装容器中。多件计数充填是利用辅助量或计数板等，确定产品的件数，并将其充填到包装容器内。

（一）容积式充填机

1. 量杯充填机

量杯充填属于容积充填法，其基本原理是采用定量的量杯量取物料，并将其充填到包装容器内。充填时，物料靠自重自由地落入量杯，刮板将量杯上多余的物料刮去，然后再将量杯中的物料在自重作用下充填到包装容器中。适用于充填流动性能良好的粉末状、颗粒状、碎片状物料。对于视密度稳定的物料，可采用固定式量杯，对于视密度不稳定的物料，可采用可调式量杯。该充填方法充填精度较低，通常用于价格低廉的产品，但可进行高速充填提高生产效率。量杯的结构有转盘式、转鼓式、插管式三种。

1）转盘式量杯充填

转盘式量杯充填装置采用一种可调式量杯如图 10-22 所示。量杯由上量杯和下量杯组成。旋转的料盘上均布若干个量杯，料盘在转动过程中，料斗内的物料靠自重落入量杯内，并由刮板刮去量杯上面多余的物料；当量杯转到卸料工位时，由凸轮打开量杯底部的底门，物料靠自重经卸料槽充填到包装容器内。旋转手轮可通过凸轮使下量杯的连接支架升降，调节上下量杯的相对位置，从而实现容积调节。新型量杯充填系统带有信息反馈系统或称重检验系统，对充填量进行抽样检测，并转变成信号传递给调节系统，调节系统自动调节量杯的容量，以纠正因物料密度的变化而引起的质量误差。这种充填系统特别适合于流动性好的颗粒状物料如汤料、茶叶、冲剂、干燥剂、去污粉等的充填，并可实现高速充填。

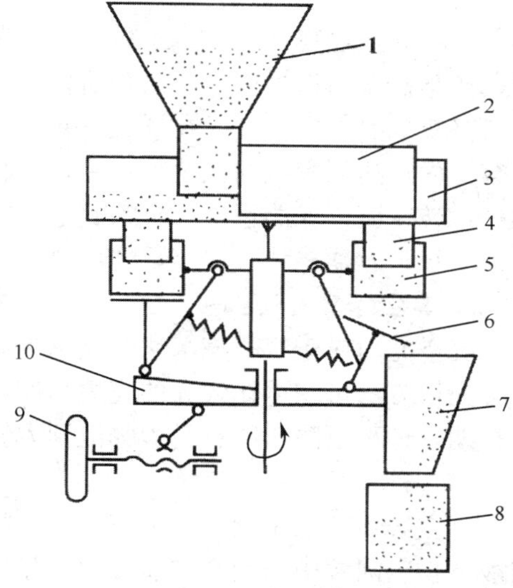

图 10-22　转盘式量杯充填装置

1. 料斗；2. 刮板；3. 料盘；4. 上量杯；5. 下量杯；6. 底门；7. 卸料槽；8. 包装容器；9. 旋转手轮；10. 凸轮

2）鼓轮式定容充填

又称定量泵式定容充填。如图 10-19 所示，鼓轮的外缘有数个计量腔，鼓轮以一定转速回转，当转到上位时，计量腔与进料斗相通，物料靠自重流入计量腔；当转到下位时，计量腔与出料口相通，物料靠自重流入包装容器。计量腔容积有定容积型和可调容积型两种，适用于视密度比较稳定的粉末状物料的充填。

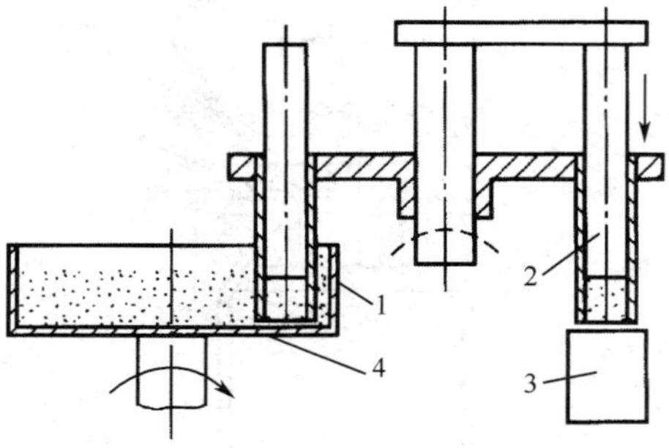

图 10-23　插管式容积充填

1. 插管；2. 顶杆；3. 包装容器；4. 贮料斗

3）插管式容积充填

是将内径较小插管插入贮料斗中，利用粉末物料之间的附着力上料，进行量取产品，然后将其充填到包装容器中。如图 10-23 所示，充填时，先将插管插入贮料斗中，插管内径较小，可以利用粉末之间及粉末与壁之间的附着力上料，然后提起插管，转到卸料工位，再由顶杆将插管内的物料充填到包装容器中，适用于充填小容量带有黏附性的粉末状物料，如充填药粉胶囊。计量范围为 100～400mg，误差约 7%，充填速度为 30 次/min。

2. 螺杆充填机

螺杆充填属于容积充填法，它是通过控制螺杆旋转的圈数或时间量取物料，并将其充填到包装容器中。充填时，物料先在搅拌器作用下进入导管，通过变螺距螺旋的推进使物料密实并达到比较稳定的密度，再在螺杆旋转的作用下充填到包装容器内。螺杆可由定时器或计数器控制旋转圈数，从而控制充填容量。

螺杆充填具有充填速度快、飞扬小、充填精度较高的特点，适用于流动性较好的粉末状细颗粒状物料，特别是在出料口容易起桥而不易落下的物料，如咖啡粉、面粉、药粉等，也可用于黏稠状液体物料，但不适用于易碎的片状、块状物料和视密度变化较大的物料。

螺杆充填过程如图 10-24 所示，贮料斗中装有旋转的螺杆和搅拌器。当容器到位后，传感器发出信号使电磁离合器合上，带动螺杆转动，搅拌器将物料拌匀，螺旋面将物料挤实到要求的密度，在螺旋的推动下沿导管向下移动，直到出料 H 排出，装入包装容器内；达到规定的充填容量后，离合器脱开，制动器使螺杆停止转动，充填结束。螺杆每转一圈，就能输出一个螺旋空间容积的物料，精确地控制螺杆旋转的圈数，就能保证向每个容器充填规定容量的物料。

3. 真空容器充填机

真空充填属于容积充填法，其基本原理是将包装容器或量杯抽真空，再充填物料。这种充填方法可获得比较高的充填精度，并能减少包装容器内氧气的含量，延长物料的保存期，还可以防止物料粉尘弥散到大气中。真空充填有两种类型：一种是真空容器充填，另一种是真空量杯充填。

真空容器充填是把容器抽成真空，物料通过一个小孔流入容器。其充填容量的确定与液体物料灌装中的定液位灌装原理相似。

真空容器充填装置如图 10-25 所示。升降机构将包装容器升起，使密封垫紧紧压在容器顶部，并建立密封状态，通过抽气座下部的滤网给容器抽真空，然后将料斗中的物料充填到包装容器上，为了使容器内的物料充填得更紧密，多采用脉动式抽真空。最终充填容量由真空度和脉冲次数决定；基本容量由伸入容器的真空滤网深度决定，这个深度可通过改变密封垫的厚度来调节。

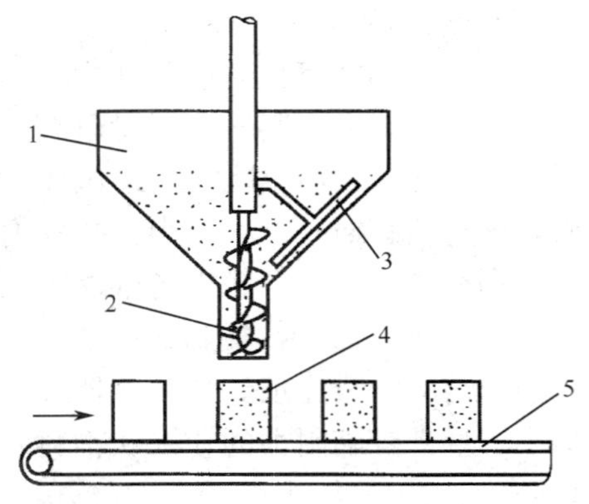

图 10-24　螺杆充填图

1. 贮料斗；2. 螺杆；3. 搅拌器；4. 包装容器；5. 传送带

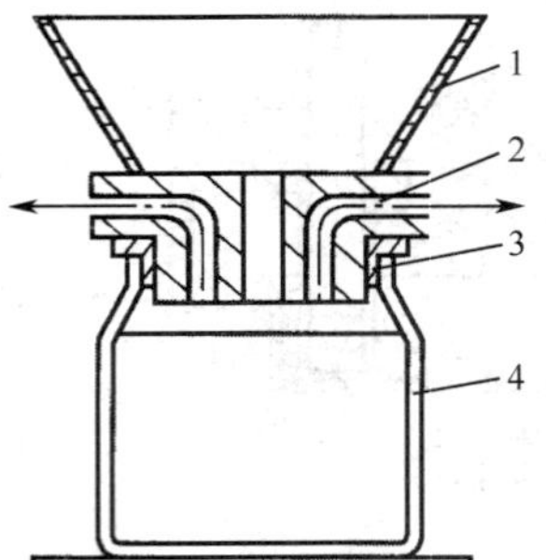

图 10-25　真空容器充填

1. 料斗；2. 抽气座；3. 密封垫；4. 包装容器

由于容器处于真空状态，故物料充填到容器内相当均匀、紧密，因而充填精度也比较高。

这种充填方法的缺点是充填精度要受容器容积的影响，如果容器的壁厚不等或不均匀，就会引起充填容积的变化。因此，要获得较高的充填精度，则要求每个容器都有相对恒定的容积，并有足够的硬度，使其抽真空时不内凹。如果使用非刚性容器，则应在容器外套上一个刚性密封套或放入真空箱内充填，以保证充填过程中包装容器不塌陷、不变形，以达到符合要求的充填精度。容器抽真空度的程度还应根据物料的特征决定，对于不同形式的物料，其最佳的真空压力是不一样的。真空度过高，某些物料会被压成粉末；真空度太低，可能达不到所需夯实作用。

4. 气流式充填机

气流式充填机又称为真空量杯充填机。其基本原理是利用真空吸附原理量取定量容积的物料，并用净化压缩空气将产品充填到包装容器内。充填容量由量杯确定，可通过改变套筒式量杯深度的方法来调节充填容量。

气流式充填过程如图 10-26 所示，料斗在充填轮的上方，充填轮的轮辐内装有数个量杯，量杯沿充填轮的径向均匀分布，并通过管子与充填轮中心连接，充填轮中心装有一个圆环形配气阀，用于抽真空和进空气。充填时，充填轮作匀速间歇转动，当轮中量杯与料斗接合时，恰好配气阀也接通真空管，物料被吸入量杯；当量杯转位到包装容器上方时，配气阀接通空气管，量杯中的物料被净化压缩空气吹入包装容器中，完成充填。

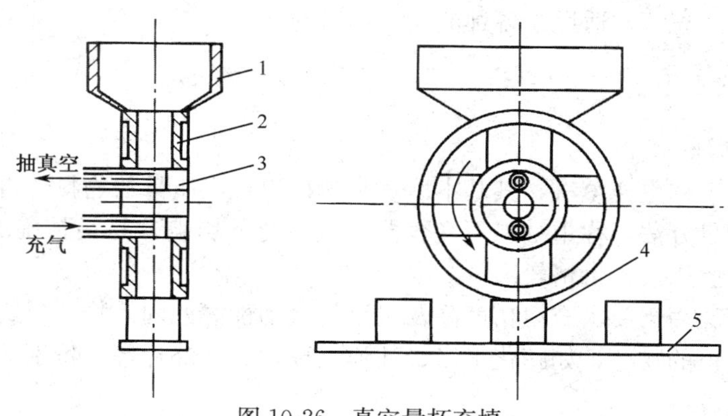

图 10-26　真空量杯充填

1. 料斗；2. 充填轮；3. 配气阀；4. 包装容器；5. 输送带

这种充填方法克服了真空容器充填方法充填精度受包装容器容积变化影响的缺点；充填精度高，可达到±1%的精确度；充填范围大，可从 5mg 到 5kg；适用于粉末状物料的充填，适用于安瓿瓶、瓶、罐、袋等包装容器。

5. 等流量充填

等流量充填也属于容积充填法中的定时充填。其充填装置如图 10-27 所示。物料以均匀恒定的流速落下，通过料斗落入进料管，再经过出料斗进入包装容器。充填容量由物料流动时间控制。由于物料是等流量流动，在相同时间内，各容器的充填容量基本可以保持一致。

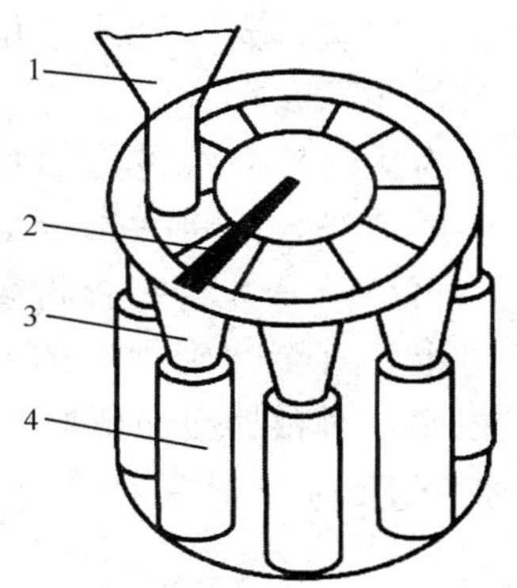

图 10-27　等流量充填

1. 进料管；2. 刮板；3. 出料斗；4. 包装容器

在充填过程中，容器移动速度及物料流速的变化都会影响充填容量，容器移动太慢，会产生充填过量，容器移动太快，又会产生充填不足。

为了保持物料在料斗中的料位，使物料稳定地流入容器，可采用振动或螺杆送料机构；防止物料结团或结块，可添加搅拌装置。

6. 倾注式充填

倾注式充填属于容积充填法，有的称为级联充填法。其工作过程如图 10-28 所示，物料以瀑布式流入敞口容器中。容器在下落的物料流中随输送带移动，并得到充填。在位置Ⅰ处，物料在振动中逐渐充填到包装容器中，这样可以使物料充填紧密；在位置Ⅱ处，停止充填，落入容器内的物料有一定倾角，这样可以控制充填容量；在位置Ⅲ处，容器进入倾斜的输送带上，使容器内物料恢复到平整状态，外溢的物料又回到充填的物料流中，充填结束。各容器中的物料的密度、充填容量基本上能保证均匀一致。

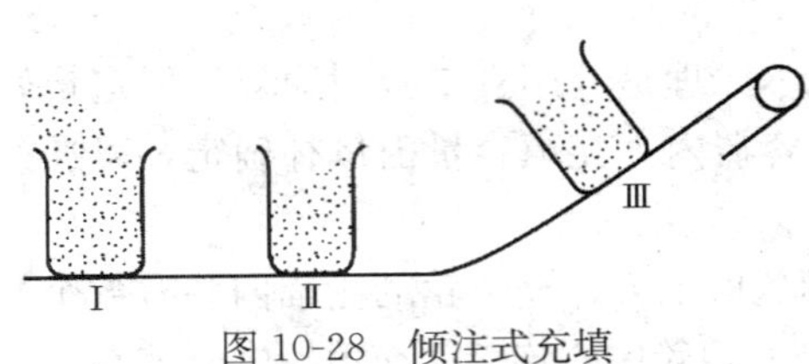

图 10-28 倾注式充填

在充填过程中，充填容量由容器移动速度、倾斜角度、振动频率及振幅决定。倾注式充填可实现高速充填，适用于各种流动性物料的充填。

(二) 称重式充填机

1. 净重充填机

净重充填属于称重充填法，其基本原理是先称出规定质量的物料，再将其填到包装容器内。这种称量方法，称重结果不受容器皮重变化的影响，是最精确的称重充填法。但充填速度低，所用设备价格较高。

净重充填广泛用于要求充填精度高及贵重的流动性好的固体物料，或者用于不适于用容积充填法充填的物料，如膨化玉米、油炸土豆片、炸虾片等。特别适用于质量大且变化较大的包装容器。

净重充填装置如图 10-29 所示。物料从贮料斗经进料器连续不断地送到秤盘上称重；当达到规定的质量时，就发出停止送料信号，称准的物料从秤盘上经落料斗落入包装容器。净重充填的计量装置一般采用机械秤或电子秤，用机械装置、光电管或限位开关来控制规定质量。

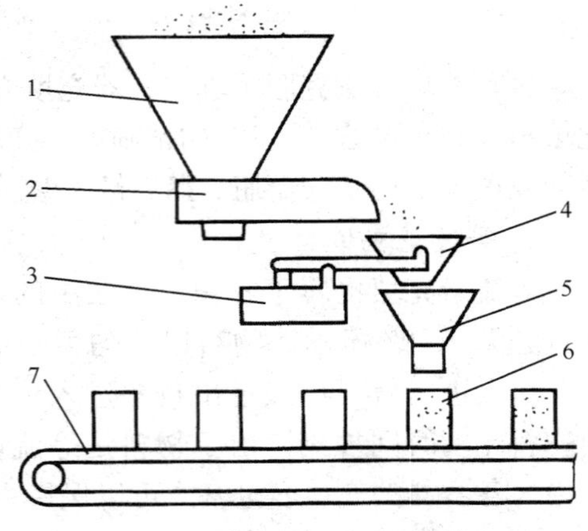

图 10-29 净重充填

1. 贮料斗；2. 进料器；3. 秤；4. 秤盘；5. 落料斗；6. 包装容器；7. 传送带

为达到较高级的充填精度，可采用分级进料的方法，先将大部分物料快速落入秤盘上，再用微量进料装置将余下物料慢慢倒入秤盘上，直至达到规定的质量。也可以用电脑控制，对粗加料和精加料分别称重、记录、控制，做到差多少补多少，精确控制称重质量。

计算机系统在称重充填系统中的应用，使产品称重计量方法发生了巨大变化，计量精度也有了很大的提高，现代的计算机组合净重称重系统，采用多个称量斗，每个称量斗充填整个净重的一部分。微处理机分析每个斗的质量，同时选择出最接近目标质量的称量斗组合。由于选择时产品全部被称量，消除了由于产品进给或产品特性变化而引起的波动，因此，计量非常准确。特别适用于包装尺寸和质量差异较大的物料，如快餐、蔬菜、贝类食品等的充填包装。

2. 毛重充填机

毛重充填属于称重充填法，其基本原理是在充填过程中，物料先充填进包装容器，再将物料连同包装容器一起被称量。在计量物料净重时，规定了容器质量的允许误差，取容器质量的平均值。毛重充填装置结构简单、价格较低、充填速度比净重充填速度快，但充填精度低于净重充填。毛重充填中的包装容器质量的变化会影响充填物料的规定质量，因此不适于包装容器质量变化较大或物料质量占包装件质量比例很小的包装。而适用于价格一般的流动性好的固体物料、流动性差的黏性物料，如红糖、糕点粉等的充填，特别适用于充填易碎的物料。

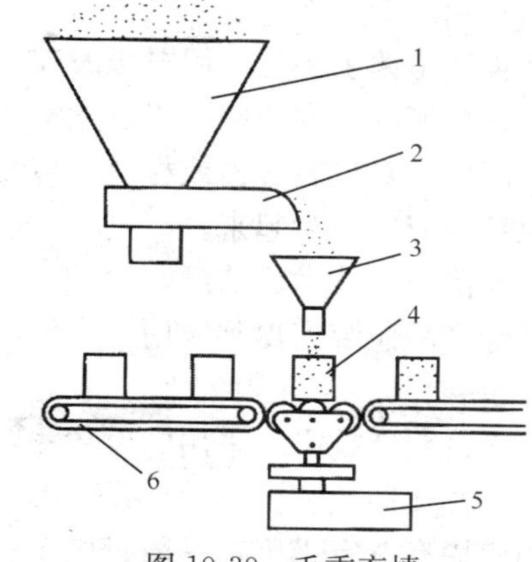

图 10-30　毛重充填

1. 贮料斗；2. 进料器；3. 落料斗；4. 包装容器；5. 计量秤；6. 传送带

毛重充填装置如图 10-30 所示。贮料斗中的物料经进料器与落料斗充填进包装容器内；同时计量秤开始称重，当达到规定质量时停止进料，称得的质量是毛重，完成称重的包装由传送带送出。

为提高毛重充填的速度和精度，可采用容积充填和称重充填混合使用的方式，在粗进料时，采用容积式充填以提高充填速度，细进料时，采用称重充填以提高充填精度。

第三节　其他包装机

一、无菌包装技术

无菌包装技术是在被包装物、包装容器或材料、包装辅助器材无菌的情况下，在无菌的环境中进行充填和封合，将已杀菌的物品与外界环境隔离开的一种包装技术。在无菌包装系统中，杀菌装置常作为多功能包装机的一个组成部件来完成杀菌操作的任务。

杀菌机械的种类很多，按杀菌使用能源可分为加热杀菌、冷杀菌；按杀菌剂性质分为物理杀菌、辐射杀菌和化学药物杀菌三大类。

（1）加热杀菌。热杀菌是指将物质加热到一定温度，保持一定时间，以杀灭其中细菌的方法。此法具有很高的可靠性、简便性和投资小的优点。至今仍是工业杀菌技术的主流。

按杀菌温度分类，有低温杀菌和高温杀菌，低温杀菌温度大多低于 100℃，高温杀菌温度高于 100℃，其中又可分为高温短时杀菌和超高温瞬时杀菌，超高温瞬时杀菌温度在 135～150℃，杀菌时间仅为几秒钟。

按热源性质分类，可以分为湿热杀菌、干热杀菌和电磁波加热杀菌。湿热杀菌是以蒸汽、热水为介质的杀菌方法。干热杀菌是以过热蒸汽、干热空气和火焰为介质的杀菌方法。电磁波加热杀菌主要是指微波加热杀菌和远红外加热杀菌。

（2）冷杀菌。冷杀菌法也称为非加热杀菌法，可以消除由加热杀菌而使产品品质变化的不利影响。冷杀菌包括辐射杀菌和化学杀菌等方法。

辐射杀菌主要是利用电磁波或放射线（γ射线、β射线）辐射进行杀菌的方法，这是一种新型的物理杀菌方式。化学杀菌主要是指使用过氧化氢、环氧乙烷、次氯酸钠等为杀菌剂，对包装容器或材料、包装辅助器材进行杀菌。近年来臭氧杀菌技术在食品药品包装中应用也多起来。

无菌包装技术目前已在食品、饮料、乳制品和食用油以及酿酒、调味品、医药、化妆品等产品包装上得到应用。今天，发达国家的绝大多数牛奶和半数以上的果汁采用了无菌包装。

无菌包装技术所采用的设备一般都比较复杂、规格也比较大、造价高，尤其是食品杀菌机和无菌包装机，设备投资大，成本较高；无菌包装技术在高黏度食品及固体食品上的应用有一定难度，一般只用于流动性较好的食品；操作管理要求方面十分严格，一旦发生污染，整个成批产品全部发生报废，损失很大；一般的设备专一性强，并都是高度自动化、系统化，不适应小规模的生产，广泛应用性差。

虽然无菌包装技术仍存在不足，但优势是十分明显的，因此近年来受到越来越多的消费者的欢迎，发展前景喜人。

（一）无菌包装过程

1. 无菌包装的操作原理

无菌包装过程包括：包装机械及操作环境的杀菌，包装物的杀菌，包装容器的预制成型及杀菌处理，定量灌装、封合、装箱打包运出等，各工序环节都要保证在无菌条件下。

2. 无菌包装要点

进入无菌灌装系统的物料、包装容器、操作设备及环境都应是无菌的，任一环节未能彻底杀菌都将影响产品的无菌效果，因而进行无菌包装应注意各个环节的灭菌操作。

3. 无菌包装的过程

目前，无菌包装采用的一般过程如图 10-31 所示。

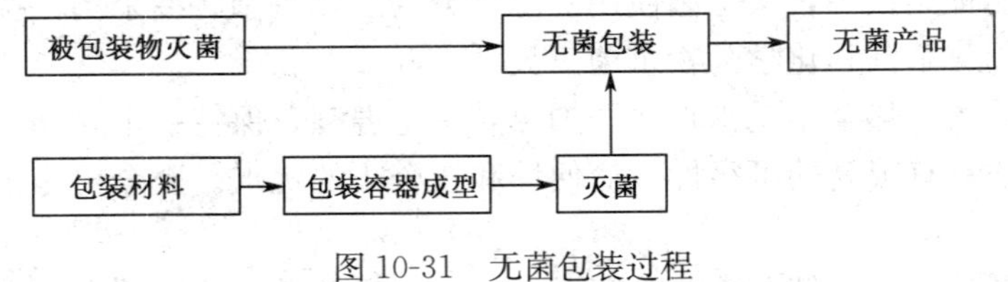

图 10-31　无菌包装过程

（二）无菌包装的杀菌方法

无菌包装包括包装材料（或容器）的杀菌、内容物的灭菌、包装环境的杀菌和包装后完整封合四个要素。

1. 包装材料的杀菌

由于无菌包装材料种类多、性质差异大、杀菌时形状不同及采用的杀菌介质不同等原因，杀菌方式很多。

（1）预先杀菌。预先杀菌是指在生产包装材料或生产包装容器时进行杀菌，然后使之内部保持无菌状态，直到完成包装操作。无菌包装系统（包括在无菌条件下将无菌产品充填在无菌容器中并加以密封的所有设备）较简单，但对包装材料的包装和保存要求较高，一旦包装材料遭到污染，则必然导致无菌包装失败。这种杀菌方式采用成型热进行杀菌，在包装过程中，会产生一些废弃物，如切掉的部分瓶口及复合材料表面的盖膜。

（2）现场杀菌。现场杀菌是指在进行无菌包装时进行的杀菌。无菌包装系统比较复杂，其中包括包装材料的杀菌装置。但包装材料的包装、保存较简单，生产状况较稳定，只要保证无菌包装系统工作正常，即可生产出合格的无菌包装产品，不会因包装材料的问题导致无菌包装的失败。生产中不会产生包装材料废弃物，可采用除成型热之外的各种杀菌介质进行杀菌。

2. 包装环境的杀菌

作为环境的杀菌，一般采用洗涤、加热、药物和紫外线照射等措施，对与食品相接触的装置和整个容器表面进行杀菌处理；空间环境则多采用药物杀菌，整个包装系统无菌状态的维持则靠进入无菌空气并使整个系统保持一定的正压，以阻止外部空气中微生物侵入。

3. 无菌包装系统

无菌包装是一系列的连续灭菌的过程，从物品的输入、包装容器或材料的输入（或直接成型）、物品的充填以及最后的封合、分切等都必须在无菌的环境中进行。因此，近几年来，出现了越来越多的无菌包装系统。

无菌包装系统主要包括包装容器输入部位、包装容器的灭菌部位、无菌充填部位、无菌封口部位、包装件的输出部位。但为了适用不同的包装容器及包装材料，无菌包装系统的结构也不相同。下面举几例加以说明。

1）无菌罐装系统

图 10-32 所示为无菌罐装系统，在此系统中产品与包装罐分别进行消毒灭菌。包装罐由传送带送入机器，然后通过消毒灭菌部位，在此部位包装罐被过热蒸汽消毒灭菌，蒸汽的温度约为 200℃，但此蒸汽不是饱和蒸汽，因此这种蒸汽的杀菌效果与热空气相类似。包装罐经过消毒灭菌后，到冷却部位，在此部位用过压无菌空气降低包装罐的温度。当包装罐通过充填部位时，预先消毒灭菌的产品在充满过压无菌空气的无菌环境下，充填入罐。然后加上已经过消毒灭菌的罐盖，接口处用特殊设备焊合起来。最后将已封入产品的包装罐由输送带输出。

2）玻璃瓶和塑料瓶无菌包装系统

图 10-33 所示为塑料瓶无菌罐装系统，这个系统采用过氧化氢对包装材料进行化学灭菌。两个塑料材料卷筒（一个作容器体，一个作容器盖）分别送入系统。材料卷筒 1 提供底部材料，铝箔卷筒 13 提供上盖材料。材料经过过氧化氢液洗涤，然后通过 3、4

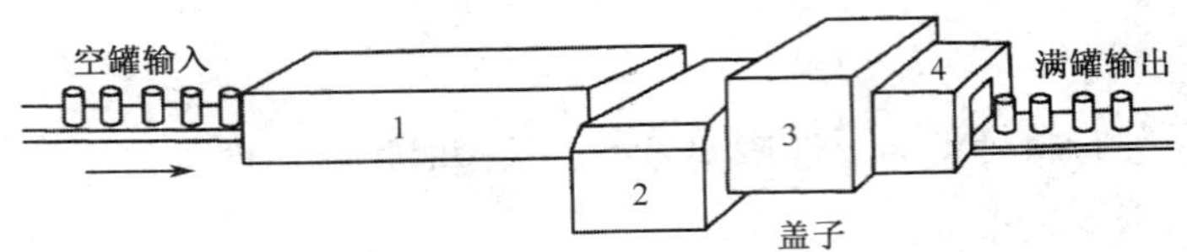

图 10-32 无菌罐装系统

1. 包装罐灭菌部位；2. 充填部位；3. 包装罐盖灭菌部位；4. 封罐部位

两段，在那里过氧化氢或其中一部分因负压而分解，而后由 4、11 两个干燥器作用而使残留的过氧化氢分解。干燥部分同时用于软化塑料。热塑材料成型器 6 使容器成型，成型后的容器通过充填区域 8。充填区域保持在过压无菌空气下充填，充填后容器离开充填部位进入真空封口 12。同时上盖的材料通过过氧化氢槽 9，再经负压干燥 10 除去过氧化合物。然后将封口密封后的包装件输出。

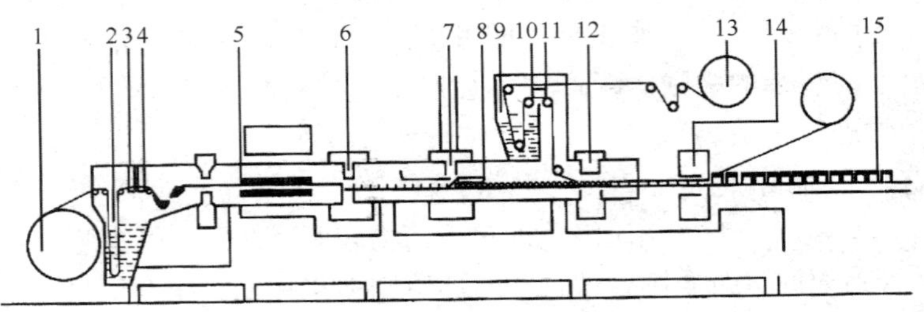

图 10-33 塑料瓶无菌包装系统

1. 材料卷筒；2，9. 过氧化氢槽；3. 吸气吸液工位；4，11. 干燥器；5. 加热元件；6. 热塑材料成型器（用无菌空气）；7. 无菌充填部位；8. 充填区域（无菌通道）；10. 负压干燥；12. 真空封口；13. 铝箱材料卷筒（上盖）；14. 冲剪模；15. 输出

3）塑料袋无菌包装系统

图 10-34 所示为塑料袋无菌包装系统。在系统中两个卷筒塑料薄膜上下合在一起，然后制成各自独立的小袋子。根据塑料的种类，可对这些包装袋采用不同的方式灭菌。已经过灭菌的产品由无菌针将产品灌进这些预先杀菌的包装袋内，满袋装后，在灌装点以下封口，完成无菌包装，输出无菌包装件。

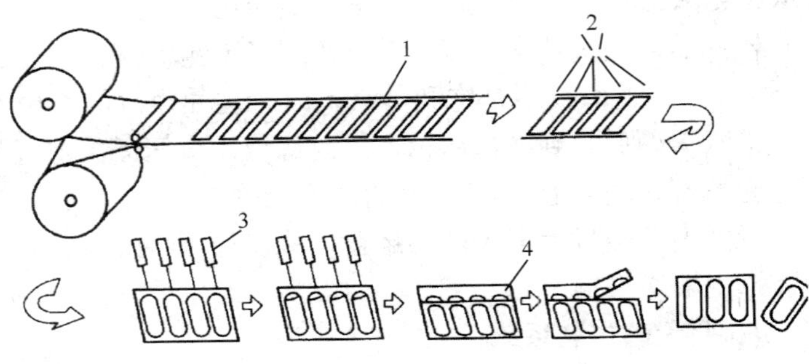

图 10-34 塑料袋无菌包装系统

1. 制袋；2. 灭菌；3. 无菌充填；4. 封口

二、 真空与充气包装技术

真空包装是将被包装物装入气密性包装容器，在密封之前抽真空，使容器内基本没有空气的一种包装技术。真空包装可以防止产品长霉、锈蚀或氧化老化。充气包装是将被包装物装入气密性包装容器，然后抽真空或不抽真空，再充入二氧化碳、氮气、氧气等气体或其混合气体，然后包装密封的一种包装方法。真空与充气包装技术在食品、药品包装中应用最为广泛。

与普通包装相比，真空与充气包装的材料与设备较简单，操作方便，但是包装速度较慢，效率不高。

（一）真空与充气的方法

1. 机械挤压法

如图 10-35 所示，在软包装经充填后，从包装袋两边用柔软有弹性的物质（如海绵）将包装内的空气挤出，然后进行密封。此方法原理简单，操作方便，但是脱气除氧的效果差，操作中不易控制机械压力大小，所以只适合除氧要求低、又不怕挤压的产品。对于蒸煮食品来说，当食品的温度在 60℃以上时，采用此方法，袋内充满水蒸气，因此可以得到接近完全真空的真空包装。此法不能进行充气包装。

2. 吸管法

如图 10-36 所示，从包装袋的开口部插入吸管，开启阀门 2，由真空泵进行抽真空，然后用热封器热封。如果要进行充气包装，可在抽真空后关闭阀门 2，开启阀门 1，进行充气后热封。此外还有一种类似的方法，称为呼吸式包装，其原理是将商品充填到带有特殊呼吸口的袋里，然后封袋，通过呼吸管来除去包装袋内的空气或再充气，最后将呼吸管密封。

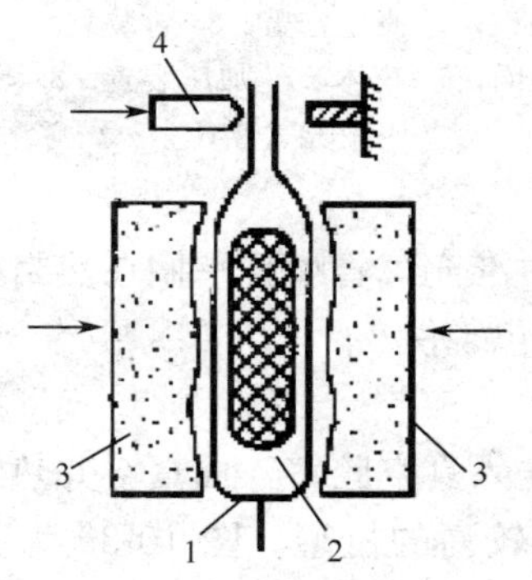

图 10-35　机械挤压法

1. 包装袋；2. 被包装产品；3. 海绵垫；4. 热封器

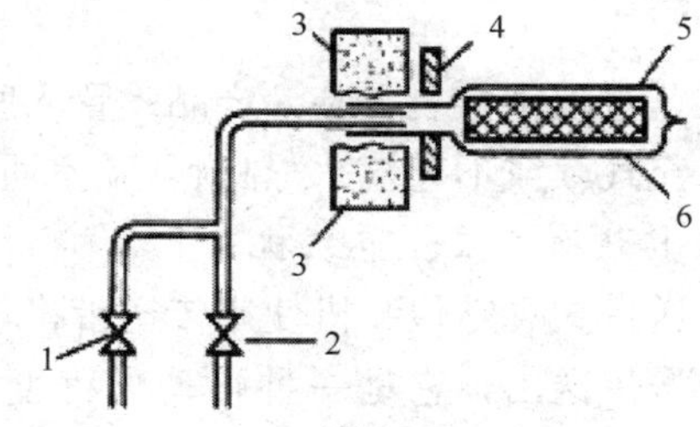

图 10-36　吸管法

1. 阀门 1；2. 阀门 2；3. 海绵垫；4. 热封器；5. 包装袋；6. 被包装物

3. 腔室法

如图 10-37 所示，真空与充气均在真空腔室中。首先将充填好的包装袋放人腔室内，然后关闭腔室，开始用真空泵对腔室抽真空，抽气完毕后热封。如果进行充气包装则在抽真空后，通过位于包装袋口部的充气管充气，再热封。为了便于开启腔室，取出产品，热封后需向腔室内充空气，最后开启腔室取出包装件。为了提高生产效率，可采用双真空腔室轮流操作，或采用多工位腔室的自由连续真空包装机。腔室法可得到较高的真空度，适合包装质量要求较高的产品。

4. 气体冲洗法

此法的充气原理是利用充填用的气体或混合气体的气流驱除包装内的空气，然后热封的方法。此法由于不用抽真空，也不需要插管充气，多与热成型包装机联合使用，包装速度较快，适合大批量连续生产。但是气体冲洗法的气体消耗量较大，包装内的气体排除不完全，所以只能用于除氧要求不高的产品。目前，国外多用此法进行鲜肉的气调包装。

（二）真空与充气包装机械

1. 腔室式真空包装机

此种机型目前在我国应用较多，其原理示意图如图 10-38 所示。

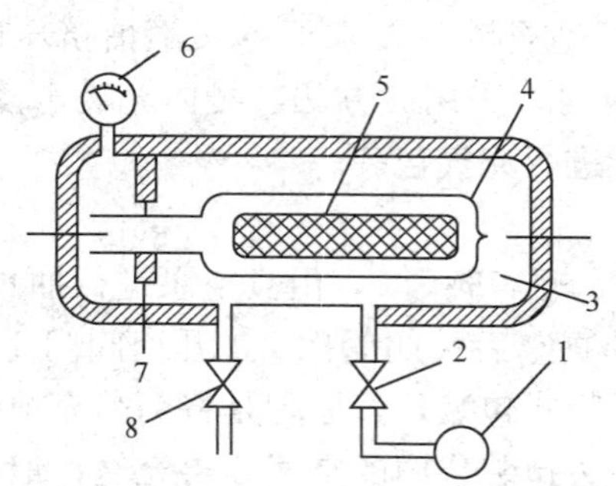

图 10-37　腔室法

1. 真空泵；2. 阀门 1；3. 真空腔室；4. 包装袋；5. 被包装物；6. 真空表；7. 热封器；8. 阀门 2

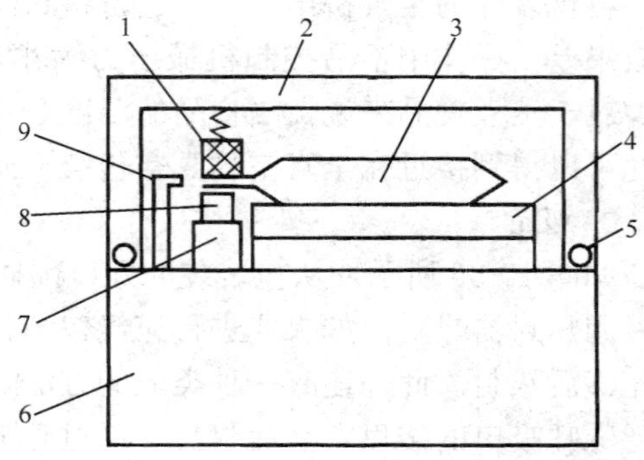

图 10-38　腔室式真空包装机结构

1. 橡胶垫板；2. 真空室盖；3. 包装袋；4. 垫板；5. 密封垫圈；6. 箱体；7. 加压装置；8. 热封杆；9. 充气管嘴

工艺过程：供袋、装入产品—置入腔室—袋口对准充气管嘴且平搁在热封杆上—抽真空—充气（或不充气）—热封—腔室通大气，取出包装件。

2. 传送带式真空包装机

传送带式真空包装机使用传送带将包装袋逐步送入真空腔室，抽真空并热封，然后再随传送带送出，它是一种自动化程度和生产效率较高的机型。图 10-39 为其工作示意图。

工艺过程：供袋、装入产品—放在传送带上—自动真空、热封—输出包装件。

3. 回转式真空包装机

图 10-40 为回转式真空包装机工作示意图。该机型有充填和抽真空两个转台组成，两个转台之间由机械手自动将已充填好了的包装袋送入抽真空转台的真空室抽真空，然后送出。

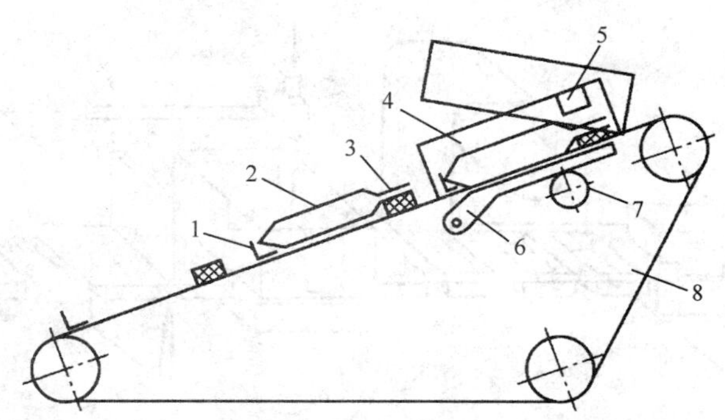

图 10-39　传送带式真空包装机结构

1. 托架；2. 包装袋；3. 耐热橡胶垫；4. 真空室盖；5. 热封杆；6. 活动平台；7. 凸轮；8. 传送带

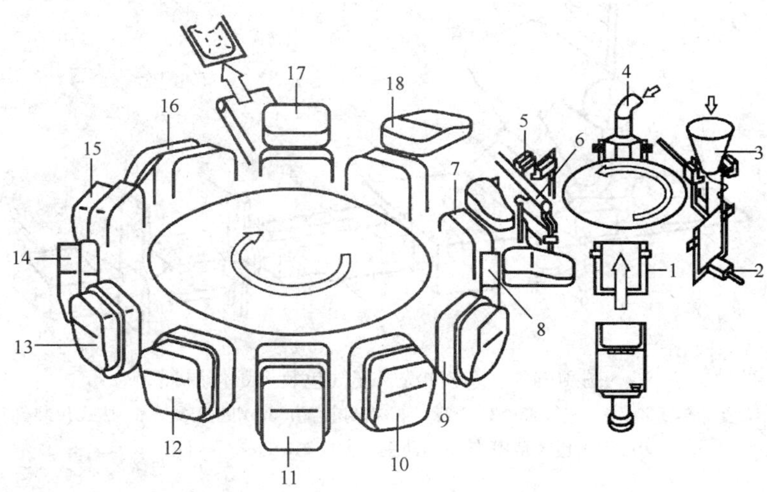

图 10-40　回转式真空包装机工作

1. 吸袋夹持；2. 打印生产日期；3. 定量充填；4. 自动灌汤汁；5. 空工序；6. 机械手传送包装；7. 打开真空盒装袋；8. 关闭真空盒盖；9. 预备抽真空；10. 第一次抽真空（93.3kPa 左右）；11. 保持真空，袋内空气充分逸出；12. 二次抽真空（100kPa）；13. 脉冲加热热封袋口；14，15. 袋口冷却；16. 进气释放真空，打开盒盖；17. 卸袋；18. 准备工位

4. 热成型自动真空充气包装机

热成型自动真空充气包装机也称真空补偿式真空充气包装机，其工作原理示意图如图 10-41 所示。

工艺过程为：浅盘热吸塑成型—置入食品—覆盖膜—抽真空、充气、热封—切断—盒式包装件。

5. 气流冲洗式充气包装机

其工作原理示意图如图 10-42 所示。

工艺过程为：置入产品—覆膜、纵封（筒膜免）—气流冲洗—横封—切断—枕式包装件。

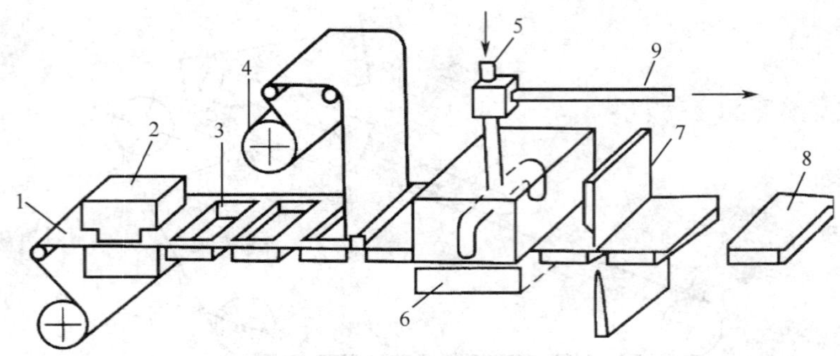

图 10-41　真空补偿式气调包装原理

1. 底膜；2. 热成型模；3. 塑料盒；4. 盖膜；5. 充气管；6. 抽真空、充气、热封室；7. 分割刀具；8. 包装件；9. 抽气管

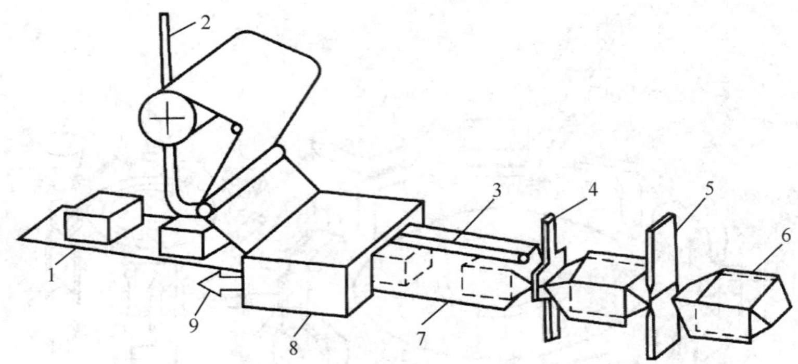

图 10-42　气体冲洗式充气包装机工作原理

1. 食品传送带；2. 充气管；3. 喷嘴；4. 横封装置；5. 切断刀具；6. 枕式包装件；7. 包装薄膜袋；8. 薄膜成型模箱；9. 空气排出

（三）真空充气包装工艺要点

1. 抽真空

为使包装内氧气含量降至最低，应有较大的真空度，一般要求腔室内真空度为10～30mmHg（1mmHg＝133.322Pa）。真空包装机抽真空后，包装内仍难以达到绝对无氧，经测定，通常真空包装内还有1.6％～2.2％的氧气。如果包装内含有2％～5％的氧气，则霉菌、酵母菌的生长繁育基本与在空气中相同。另外，在真空包装生鲜肉类和不定型食品时，要特别注意不能够留气穴，防止残存空气导致微生物在保质期内繁殖而使食品腐败变质。

2. 充气

引入充气包装的混合气体要有一定的压力。对于腔室式机气体压力一般以0.15～0.3MPa为宜，压力过小，则充气慢，充气量不足；压力过大，则包装袋可能胀破，一般充气后包装袋内的气体压力以不小于0.12MPa为宜。充气时间以袋容积而定，以袋满为原则。

3. 热封合

热封时要注意包装袋封口处的里面不要黏有油脂、蛋白质等残留物，以免影响封口质量。一般要求热封宽度稍大，以增加热封强度。热封温度和热封时间可根据包装材料确定，通常用热封温度较高的复合材料。随着生产的连续进行，热封条温度会升高，所以热封时间要及时调整。

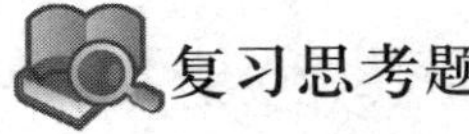

复习思考题

1. 常用的灌装液料定量方法有哪些？
2. 根据阀门的数目区分，灌装阀分哪几种？
3. 根据阀门启闭的运动形式区分，灌装阀有哪些？
4. 常见的液体灌装方法主要有哪几种？
5. 简述真空灌装机的特点及其使用范围。
6. 简述等压灌装法的特点及其使用范围。
7. 固体物料供送机构有哪些？
8. 固体物料的充填方法主要有哪几种？
9. 简述计数充填法的特点及使用范围。
10. 与传统包装相比无菌包装具有的优势有哪些？
11. 无菌包装的杀菌方法有哪些？
12. 简述真空与充气包装技术的特点。
13. 常用的真空包装机有哪些？

第十一章　管道与阀门

第一节　化 工 管 道

管道是化工装置的重要组成部分，没有管道化工生产就无法进行。组成管道的元件很多，除管子之外，还包括三通、弯头、异径管、丝堵等管件以及法兰、阀门、阻火器、过滤器等管道附件。

一、　管子及管件

1. 管子

管子的品种、型号、规格繁多。按用途，可分为流体输送用、传热用、结构用和其他用等。按材质可分为金属管和非金属管。按形状可分为套管、翅片管、各种衬里管等。

我国配管用的钢管标准有国家标准（GB）、冶金部标准（YB、YB/T）和石油天然气行业标准（SY、SY/T）。化工装置常用钢管见表 11-1。

表 11-1　化工装置常用钢管

类型	钢号	标准号	使用状态	厚度/mm	常温强度指标		使用温度下限/℃
					σ_b/MPa	σ_s/MPa	
低合金钢钢管（无缝管）	10	GB9948—2006	热轧、正火	≤16	330	205	−29
	10	GB6479—2000 GB/T8163—1999	热轧、正火	≤15	335	205	
				16～40	335	195	
	10	GB3087—1999	热轧、正火	≤26	333	196	
	20	GB/T8163—1999	热轧、正火	≤15	390	245	−20
				16～40	390	235	
	20	GB3087—1999	热轧、正火	≤15	392	245	
				16～26	392	226	
	20	GB9948—2006	热轧、正火	≤16	410	245	
	20G	GB6479—2000 GB5310—1995	正火	≤16	410	245	
				17～40	410	235	
	16Mn	GB6479—2000 GB/T8163—1999	正火	≤15	490	320	−40
				16～40	490	310	
	15MnV	GB6479—2000	正火	≤16	510	350	−20
				17～40	510	340	
	12CrMo	GB9948—2006	正火加回火	≤16	410	205	−20
	15CrMo	GB9948—2006	正火加回火	≤16	440	235	
	15CrMo 15CrMoG	GB6479—2000 GB5310—1995	正火加回火	≤16	440	235	
				17～40	440	225	
	12CrMoVG	GB5310—1995	正火加回火	≤16	470	255	
高合金钢钢管	0Cr19Ni9 0Cr18Ni9	GB/T12771—1991 GB/T14976—2002	固溶	≤14 ≤18	—	—	−196
	0Cr18Ni11Ti 0Cr18Ni10Ti		固溶或稳定化	≤14 ≤18	—	—	

化工装置中常用的非金属管主要有聚氯乙烯管（PVC 管）、聚乙烯管（PE）、聚丙烯管（PP）、玻璃钢管（FPR）、聚氯乙烯/玻璃钢复合管（PVC/FRP）、聚丙烯/玻璃钢复合管（PP/FRP）、不透性石墨管以及钢塑复合管等。选择时主要应根据所输送介质的特性（腐蚀、磨蚀等）以及电绝缘、阻力降等要求。由于非金属管的标准化程度不如钢管高，选用时要注意各制造厂在制造工艺、尺寸规格、各种性能等方面的差异。

2. 管件

在管路中改变走向、标高或管径以及由主管上引出支管等均需用管件，如三通、四通、异径管、弯头、活接头、丝堵等。管件与管子的连接方法有很多，一般有对焊连接、螺纹连接、承插焊接及法兰连接四种。管件的用途见表 11-2。

表 11-2　管件用途

管件名称	用途
活接头、管箍	直管与直管连接
弯头、弯管	改变走向
三通、四通、承插焊管接头、螺纹管管接头	分支
异径管（大小头）、异径短节、异径管箍、内外对丝	改变管径
管帽、丝堵	封闭管端

一般 $DN50$ 及以上的管道多采用对接焊连接管件。$DN50$ 以下的管道多采用煨弯、螺纹连接管件或承插焊管件。

二、法兰连接

法兰连接是化工装置中最常用的可拆式连接结构。因此，保证法兰连接密封口的严密性，已成为化工装置能否正常运行的重要条件之一。

1. 法兰连接结构与密封原理

法兰介质结构是一个组合件，一般由法兰、密封垫、螺栓与螺母组成，如图 11-1 所示。

在生产实际中，法兰密封失效很少是由于法兰的强度破坏所引起的，多数是因为密封不好而泄漏所致。故法兰连接主要解决的问题是防止介质泄漏。

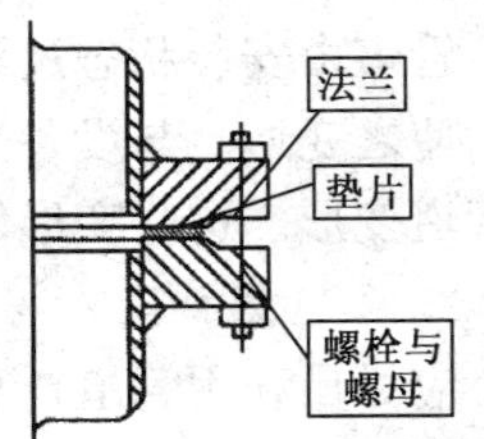

图 11-1　法兰连接结构

一般来说，密封口的泄漏有两个途径：一是垫片渗漏，二是压紧面泄漏。前者是垫片材质决定的。对渗透性材料（如石棉等）制作的垫片，由于它自身存在着大量的毛细管，渗透是难免的。后者是压紧面失效的主要形式，它与压紧面的结构形式、材料的力学性能以及密封面的表面质量有关。

2. 管法兰的常用标准及类型

管法兰是容器、设备与管道连接的标准件及通用件。它涉及领域很广，主要有压力容器、锅炉、管道、机械设备等。因此，管法兰标准的选用必须考虑各相关行业的协调。

管法兰标准涉及的内容相当广泛，除了管法兰本身以外，还与钢管系列（外径、厚度）、公称压力等级、垫片材料及尺寸、紧固件、螺纹等密切相关。

我国现行管法兰标准及压力等级见表 11-3。

表 11-3　管法兰标准

欧洲体系		美洲体系	
标准	压力等级	标准	压力等级
HG20592～20614—1997《钢制管法兰、垫片、紧固件》	0.25，0.6，1.0，1.6，2.5，4.0，6.3，10.0，16.0，25.0	HG20615～20635—1997《钢制管法兰、垫片、紧固件》	2.0，5.0，11.0，15.0，26.0，42.0
GB9112～9123—2000《钢制管法兰》	0.25，0.6，1.0，1.6，2.5，4.0	GB9112～9123—2000《钢制管法兰》	2.0，5.0，10.0，15.0，26.0，42.0

管法兰和管子的公称直径（通径）以及管子外径系列见表 11-4。

表 11-4　管法兰和钢管公称直径和外径　　单位：mm

公称直径	10	15	20	25	32	40	50	65	80
钢管外径	14	18	25	32	38	45	57	76	89
公称直径	100	125	150	200	250	300	350	400	450
钢管外径	108	133	159	219	273	325	377	426	480
公称直径	500	600	700	800	900	1000	1200	1400	1600
钢管外径	530	630	720	820	920	1020	1220	1420	1620

三、 管道热膨胀与热补偿

1. 管道热膨胀

管道由安装状态过渡到运行状态，由于管内介质的温度变化，管道产生热胀或冷缩，使之变形。与设备连接的管道，由于设备的温度变化而出现端点位移，端点位移也使管道变形。这些变形使管道承受了弯曲、扭转、拉伸、压缩及剪切载荷。

2. 管道热补偿

应尽量利用管道自身的弯曲或扭转产生的变位来实现热胀或冷缩时的自补偿。工程中常采用措施是调整支吊架的形式与位置，或改变管道走向。但当条件受到限制，不能采用上述方法措施时，就要考虑选用补偿装置，常用补偿器可分成两类。

一是自然补偿器，是工艺需要在布置管道时自然形成的弯曲管段。自然补偿器在布置管道时自然形成，不必多费管材，也不增加介质流动阻力，设计中应尽量采用自然补偿器。

常见的有 L 型补偿器和 Z 型补偿器。采用 L 型补偿器需考虑较短管是否有足够的吸收热膨胀能力，如长度不够，则应加长或重新布管。采用Z型自然补偿器，不能在Z型管道中间处固定，只需在两端加以固定。

二是专门设置用于吸收管道热膨胀的弯曲管段或伸缩装置，称人工补偿器。如Ⅱ型补偿器［图11-2（a)］、波纹式补偿器［图11-2（b)］或填料函式补偿器［图11-2（c)］等。

(a) Ⅱ型补偿器　(b) 波纹式补偿器　(c) 填料函式补偿器

图11-2　人工补偿器

Ⅱ型补偿器是用与管道材料、规格相同的无缝管弯制成，较其他形式的易制造，且补偿能力大，能用在温度、压力较高的管道上。Ⅱ型补偿器应布置在补偿段中间位置，以使两臂伸缩均衡，充分发挥补偿器的补偿能力。如果受地形条件限制，不能将Ⅱ型补偿器布置在补偿段的中间位置上时，就应在补偿器两端对称布置两个导向支座。导向支座与Ⅱ型补偿器管端的距离，一般取管径的30～40倍。

波纹式补偿器是用2～4mm厚的金属薄板制成的，利用金属的弹性伸缩来吸收管线的热膨胀，每个波纹可吸收5～15mm的膨胀量。优点是体积小、结构紧密。为防止补偿器本身产生纵向弯曲，补偿器不能做得太长，波纹总数一般不超过6个，故补偿能力受到限制，仅用在$p<0.7$MPa的管道上。

填料函式补偿器［图11-2（c)］由芯管、外套筒和前后挡环组成，里面充满成型盘根填料或石墨柔性填料。由铸铁或钢制成，铸铁制成的用于$p<1$MPa的管道上，钢制成的用于$p<1.6$MPa的管道上。优点是体积小，补偿能力大。主要用于因受地形限制不宜采用Ⅱ型补偿器的管道上。使用时在两端管道的适当位置设立导向支架，以保障补偿器的自由伸缩通道，防止管线发生偏弯时使填料函套筒卡住不起作用。

四、 管路绝热

绝热是保温和保冷的统称。其目的是为了防止在生产过程中设备或管道等向环境散热或吸热，以节约能源，降低消耗，改善操作条件，保护环境，保障设备和管道的安全运行。其中保温是指温度高于环境气温时，其高出部分的绝热；保冷则是指低于环境气温部分的绝热，概括起来叫做保温和保冷。保温和保冷所用的材料又分别被称做保温材料或保冷材料。也有的将保温材料和保冷材料统称作保温材料或绝热材料。

一般来说，下列情况应该采取绝热措施：

(1) 当设备、管道及其附件外表面温度达到50℃时，或者外表面温度低于等于50℃，且生产工艺要求保温时，须采取保温措施。例如，在阳光照射下的输送液化气的泵的入口管、精馏塔塔顶的馏出管线、回流管线等工艺生产中需要减小介质的温度降或延迟介质凝结时，都需要保温。

(2) 当介质温度低于环境大气露点温度时，设备或管道外壁就会结露，容易造成锈蚀。

(3) 有些设备、管道及其附件不需要绝热处理，但是其外表面温度超过 60℃时，对检修人员和操作人员容易烫伤，这些设备、管道及其附件也要做防烫伤处理。

(4) 有些设备需要通过绝热提高耐火等级，则需要进行绝热处理。

(5) 制冷系统中的一些设备和管道，如若不进行绝热处理，将会造成升温或气化，造成冷量损失，影响系统制冷效率。因此，这些设备、管道必须进行绝热处理。

不需要进行绝热处理的设备、管道及其附件主要有：

(1) 生产过程中或工艺要求必须裸露的设备和管道。

(2) 生产过程中要求及时发现泄漏的设备、管道法兰及附件。

(3) 工艺上无特殊要求的放空、排凝液的管道；要求经常监测，防止发生损坏的部位等。

绝热处理是否得当，直接影响着基本建设投资、生产运行费用和装置使用寿命。绝热设计包括绝热材料选择、绝热结构设计等。

1. 绝热结构形式

为了达到绝热目的，需要针对传热的三种基本形式，即热传导、对流、热辐射，采取有效措施，限制热量的传递，减缓传热速度。在绝热设计中，通常采用一些具有特殊性能的材料（绝热材料），组成一定的结构形式，以满足绝热要求。

一般的保冷结构是由防锈层、绝热层、防潮层和保护层组成。露天保温结构是由绝热层和保护层组成。埋地设备及管道的保温结构除绝热层和保护层外，还应设防潮层。所以，一个完整的绝热结构，由里到外一般有五层组成：防锈层、绝热层、防潮层、保护层和修饰层。

工程上常用的绝热结构，通常有如下形式：

1) 胶泥结构

胶泥结构所用保温材料是石棉、石棉硅藻土或碳酸钙石棉粉等。将保温材料用水拌成胶泥状，按照规定的设计厚度覆盖在设备、管道及其附件的外壁，再用镀锌铁丝网包覆，并抹面或设置其他保护层。此法应用较广，方法简单，效果较好，适用于各种表面形状。

2) 填充结构

填充结构用钢筋或扁钢做成支撑环套在管道或设备外壁上，在支撑环外面敷设镀锌铁丝网或镀锌铁皮，在中间填充散状绝热材料，使之达到规定的密度。这种结构适用于表面不规则的设备、管道、阀门的绝热。由于施工时较难做到充填均匀，因此容易影响绝热效果。同时，由于使用的是松散绝热材料，粉尘易飞扬，影响环境和施工操作。因此，目前除了局部异形部件保温及保冷装置外，其余用场很少。结构中填充的绝热材料主要有岩棉、矿渣棉及玻璃棉，也可采用膨胀珍珠岩或膨胀蛭石。充填结构如图 11-3 所示。

3) 捆扎绝热结构

捆扎绝热结构是把保温材料制成厚度均匀的毡状，在工程安装现场将其裁成所需要的尺寸，然后包覆在设备或管道外面，必要时可采用多层，使之达到设计厚度要求。再用镀锌铁丝或钢带缠绕扎紧，捆扎结构所用的绝热材料主要有矿渣棉毡、玻璃棉毡、岩棉毡和石棉布。

4）复合结构

绝热层分为耐高温层和耐温度较低层，将耐高温层作里层，耐温度较低层作外层，组成双层或多层复合结构。这种复合结构是一种耐高温的高效绝热结构，适用于较高温度的设备及管道的保温，既满足保温要求，又可以减轻保温层的重量，如图 11-4 所示。

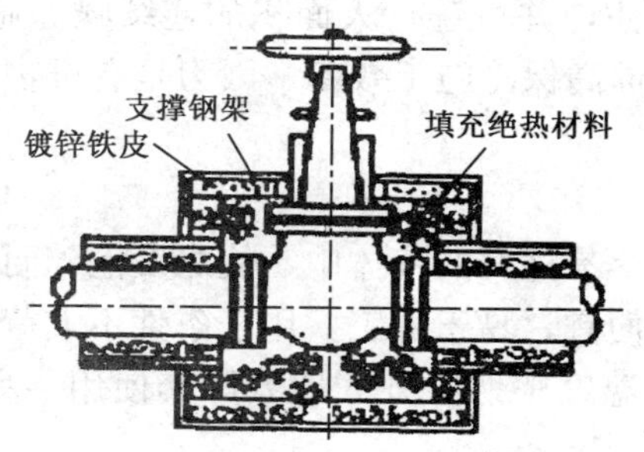

图 11-3　阀门保温充填结构

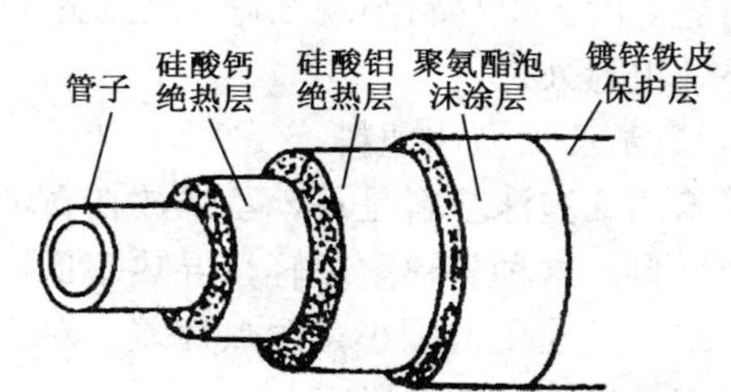

图 11-4　复合结构

5）喷涂结构

把混有发泡剂的绝热材料用喷涂设施喷涂在设备、管道及其附件上，使之瞬时发泡，形成绝热层。这种方法可在施工现场实施，施工方便，但要注意安全。喷涂结构使用的绝热材料主要是聚氨酯塑料。

6）缠绕式结构

这种结构是将带状或绳状的保温制品直接缠绕在设备或管道上，实现保温效果。常用的绝热材料有石棉绳、岩棉绳、硅酸铝纤维编织绳等。

2. 绝热材料

1）硅酸钙保温材料

硅酸钙保温材料是目前应用最多的一种保温材料。这种材料使用硅藻土、硅砂等硅酸类原料与石灰以及石棉纤维或者玻璃丝混合，经高压釜处理而制成。耐温可达 650℃，抗压强度可达 0.4～0.5 MPa，绝热性能较好。

2）石棉保温材料

石棉保温材料是以安山岩、玄武岩等岩石为原料，在炉内加热熔融，制成的纤维状材料。这种材料既具有一定耐热性，价格又很便宜，作为保温材料用途极广。石棉比玻璃纤维的耐热性能高，导热率也比较低。极限使用温度可达 500℃，绝热性能较好。

3）玻璃棉保温材料

玻璃棉保温材料的制作方法与石棉大致相同。玻璃棉有长纤维和短纤维之分，用做保温材料的均为短纤维玻璃棉。最高使用温度可达 300℃，绝热性能较好。

4）硅酸铝纤维保温材料

在硅酸铝保温材料中，氧化铝、二氧化铝的含量各占 45%～50%，另外还含有少量的硼、钠、钛。该材料的使用温度可达850℃，无论是制成疏松状或毛毡状，都可用在高温且部分需要有弹性的地方，绝热性能很好。

5）硬质聚氨酯泡沫塑料

硬质聚氨酯泡沫塑料是将异氰酸盐与多元醇进行反应，在使其树脂化的同时，还要使其产生氟代烃或二氧化碳气。将这些气体封闭在树脂中，就可制得多泡体。如此制得的聚氨酯泡沫塑料是单气泡体。把氟代烃封闭在树脂中制得的泡沫塑料是热导率极低的优质绝热材料。使用温度为－65～80℃，极限使用温度可达－180℃，绝热性能好。

由于在现场发泡，所以可在施工工地现场浇注，并可进行大面积的连续喷涂施工。将预制加工的保冷材料与现场施工配合进行，可提高保冷施工效率。因为是有机物，使用中要做阻燃处理。

6）聚苯乙烯泡沫塑料

聚苯乙烯泡沫塑料是将苯乙烯放在石油乙醚等易挥发的液体中，使之发泡，而制得的保冷材料。这种材料重量轻，导热率低，价格便宜，易于加工，用于条件不太苛刻的地方。缺点是使用范围小，耐热性差。对于瞬间温度骤然上升的地方严禁使用。另外，该材料容易受到溶剂的影响。

第二节 阀门及其使用

阀门是化工厂管道系统的重要组成部分，在化工厂生产过程中起着重要作用。其主要功能是：接通和截断流通介质；防止介质倒流；调解介质压力、流量；分离、混合或分配介质；防止介质压力超过规定数值，以保证管道或设备安全运行等。阀门投资约占装置配管费用的30％～50％。选用阀门主要从装置无故障操作和经济两方面考虑。

通常使用的阀门种类很多，即使同一结构的阀门，可按场所不同，分为高温阀、低温阀、高压阀和低压阀；也可按材质的不同而称做铸钢阀、铸铁阀等。

一、 阀门的基本参数

1. 公称通径

公称通径是指阀门与管道连接处通道的名义内径，用 DN 表示。它表示阀门的规格大小。阀门的公称通径见表11-5。

表 11-5 阀门的公称尺寸系列（GB/T 1047—2005）

DN6	DN32	DN125	DN400	DN900	DN1600	DN2800	DN4000
DN8	DN40	DN150	DN450	DN1000	DN1800	DN3000	—
DN10	DN50	DN200	DN500	DN1100	DN2000	DN3200	—
DN15	DN65	DN250	DN600	DN1200	DN2200	DN3400	—
DN20	DN80	DN300	DN700	DN1400	DN2400	DN3600	—
DN25	DN100	DN350	DN800	DN1500	DN2600	DN3800	—

注：① 除在相关标准中另有规定，字母 DN 后面的数字不代表测量值，也不能用于计算。

② 采用 DN 标识系统的那些标准，应给出 DN 与管道元件的尺寸关系，例如 DN/OD 或 DN/ID（OD 为外径，ID 为内径）。

2. 阀门的公称压力

阀门的公称压力是指与阀门的机械强度有关的设计给定压力，用 PN 表示。公称压力见表 11-6。

表 11-6　阀门的公称压力（GB1048—1990）　　单位：MPa

0.05	0.80	4.0	16.0	42.0	125.0
0.10	1.00	5.0	20.0	50.0	160.0
0.25	1.6	6.3	25.0	63.0	200.0
0.40	2.0	10.0	28.0	80.0	250.0
0.60	2.5	15.0	32.0	100.0	335.0

3. 适用介质

按照阀门材质和结构形式的要求，阀门适用的介质有：

（1）气体：如空气、氨、石油气、煤气等。

（2）液体：如油品、水、液氨等。

（3）含固体介质。

（4）腐蚀性介质和剧毒介质。

4. 试验压力

（1）强度试验压力：按规定的试验介质，对阀门受压零件的强度进行试验时规定的压力。

（2）密封试验压力：按规定的试验介质，对阀门进行密封试验时规定的压力。

二、 常用阀门结构

1. 闸阀

闸阀适用于蒸气、高温油品及油气等介质，以及开关频繁的部位，不宜用于易结焦的介质。典型的闸阀结构如图 11-5 所示。闸阀中闸板分为单闸板和双闸板两种，其闸板结构如图 11-6、图 11-7 所示。前者可以用于易结焦的高温介质，后者密封性能较好，适用于蒸气、油品和对密封面磨损较大的介质或开关频繁部位，不宜用于易结焦的介质。

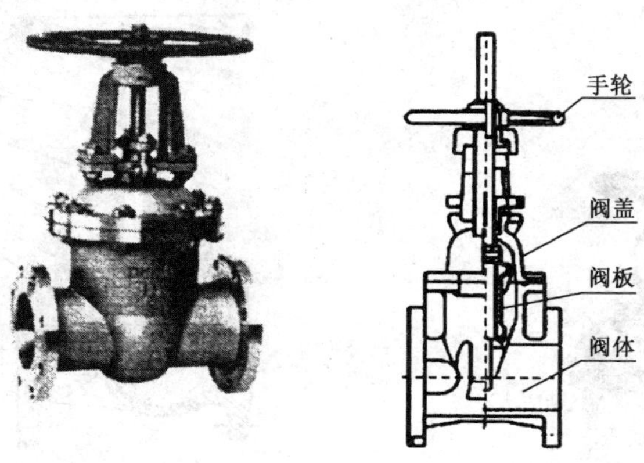

图 11-5　闸阀结构

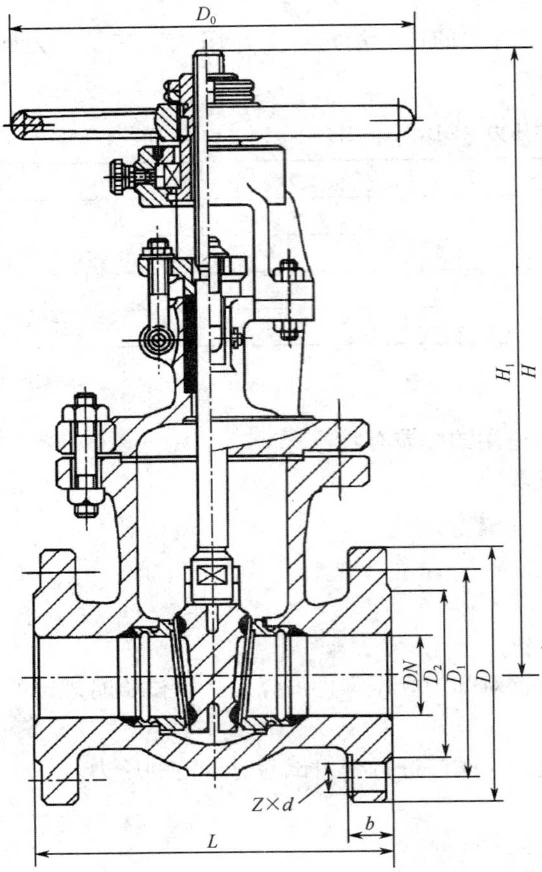

图 11-6 单闸板图

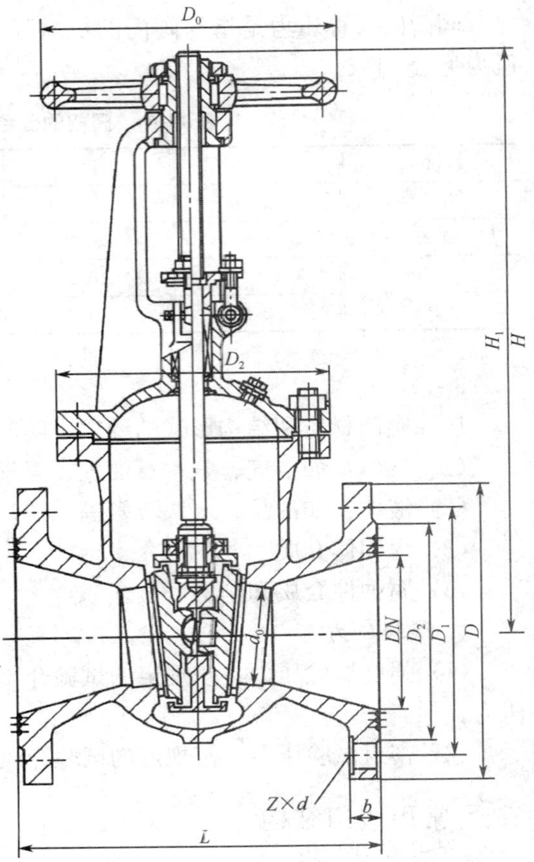

图 11-7 双闸板图

2. 截止阀

截止阀的启闭件（阀瓣）由阀杆带动沿阀座（密封面）轴线方向做来回运动。截止阀的阀瓣为盘形。其结构如图 11-8 所示。

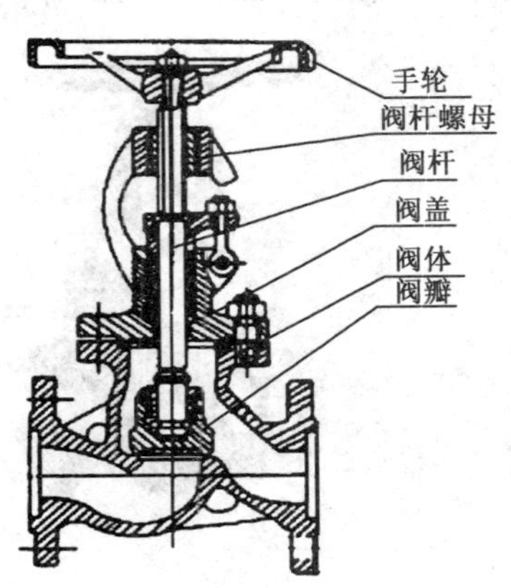

图 11-8 截止阀结构

截止阀适用于蒸气等介质，不宜用于黏度高、含有颗粒、易结焦、易沉淀的介质，也不宜作放空阀及低真空系统的阀门。

3. 节流阀

节流阀与截止阀的结构基本相同，只是阀瓣的形状不同。节流阀的阀瓣多为圆锥流线型。相对截止阀，相同的轴杆轴向变化量，阀瓣与阀座间距的相应变化量较小。如图 11-9 所示。

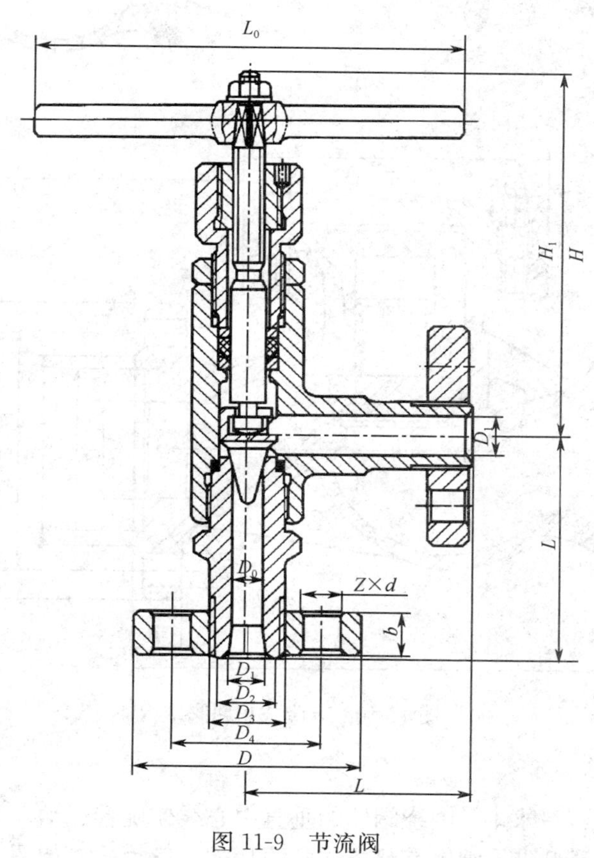

图 11-9　节流阀

节流阀适用于温度较低、压力较高的介质，以及系统中需要节流流量和压力的部位。不适用于黏度高和含固体颗粒的介质。不宜作隔断阀。

4. 止回阀

常用的止回阀有升降式和旋启式两种。

升降式止回阀的结构与截止阀相似，阀体和阀瓣与截止阀相同。阀瓣上部和阀盖下部加工有导向套筒，阀瓣导向筒可在阀盖导向筒内自由升降。在阀瓣导向筒下部或阀盖导向筒上部加工有泄压孔，当阀瓣上升时，排除套筒内的介质，降低阀瓣开启时的阻力，升降式止回阀结构如图 11-10 所示。旋启式止回阀的阀瓣呈圆盘状，绕通道内一转轴做旋转运动，如图 11-11 所示。止回阀适用于较洁净的介质，不宜用于含固体颗粒和黏度较高的介质。

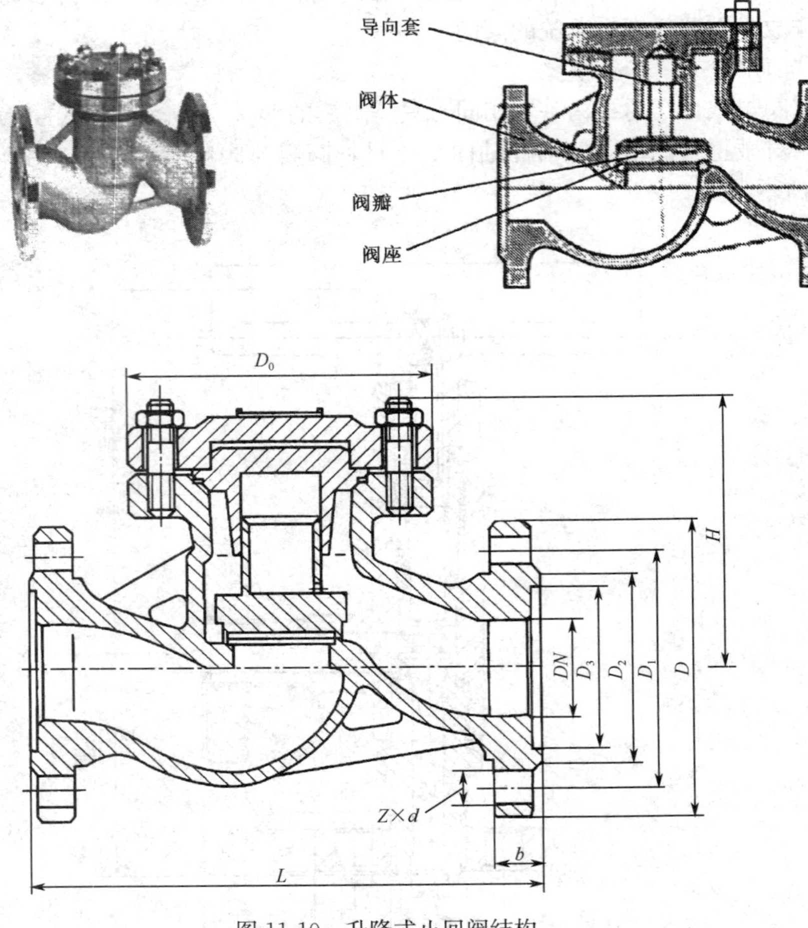

图 11-10　升降式止回阀结构

5. 球阀

球阀的启闭件是一球体，围绕阀体的垂直中心线作旋转运动。球阀主要由阀体、球体、密封圈、阀杆等组成。阀体有整体式及两片式、三片式，如图 11-12 所示。

球体是球阀的启闭件，要求有较高的精度和光洁度。球体分为浮动球和固定球两种。分别如图 11-13、图 11-14 所示。

前者在阀体内是可以浮动的，在介质压力作用下球体被压紧到出口侧的密封圈上，从而保证密封。浮动球阀的结构简单，单侧密封，密封性能较好。但是其启闭力矩较大。

球阀适用于低温、高压和黏度高的介质，不能做调解流量用。

6. 柱塞阀

柱塞阀是国际上近年发展的结构新颖的阀门，具有结构紧凑、启闭灵活、寿命长、维修方便等特点。其结构如图 11-15 所示。

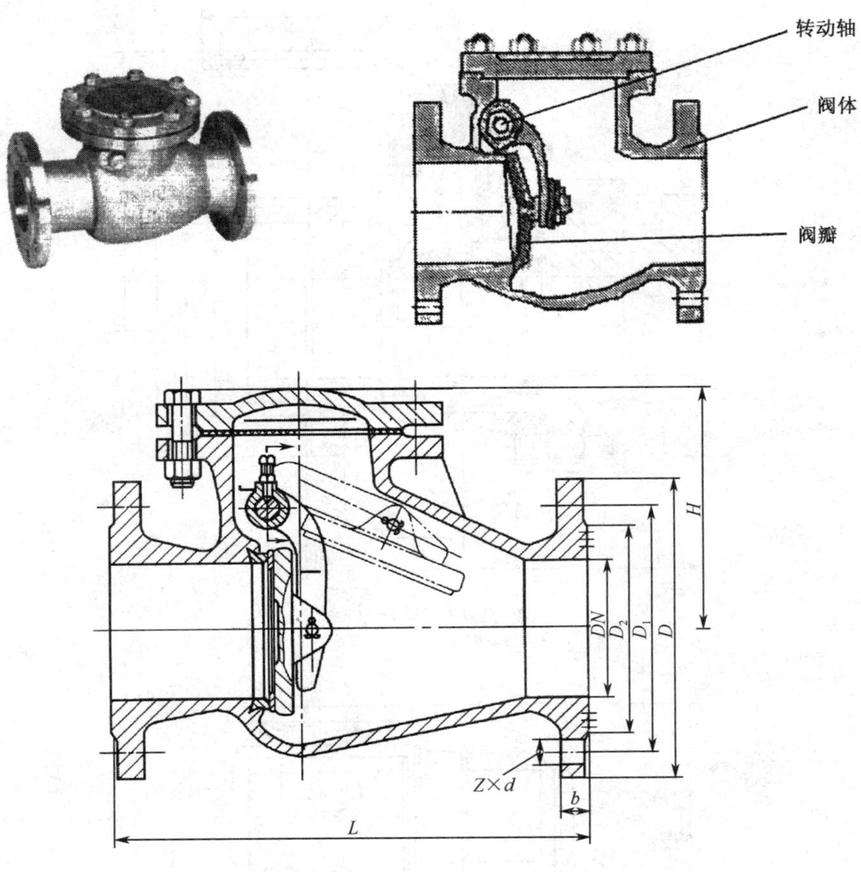

图 11-11　旋启式止回阀结构

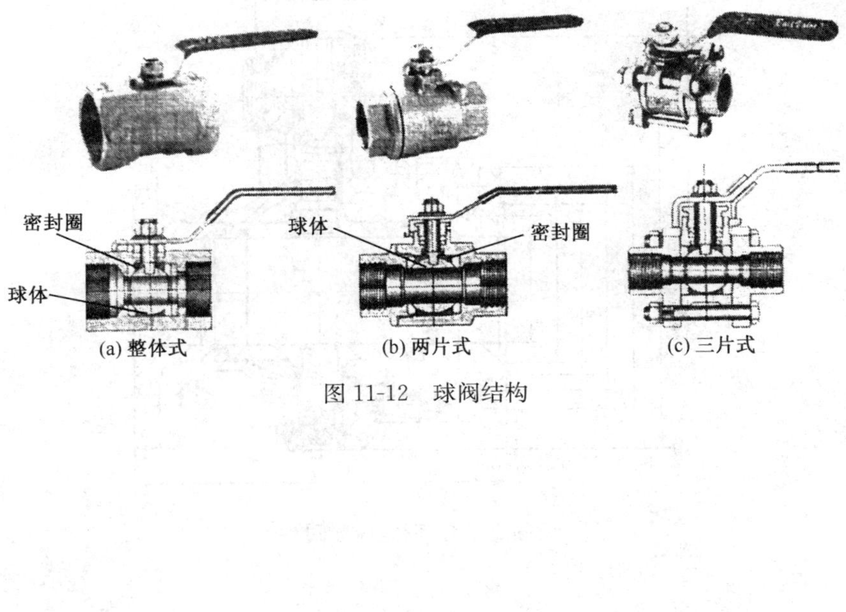

密封圈
球体
(a) 整体式
球体
密封圈
(b) 两片式
(c) 三片式

图 11-12　球阀结构

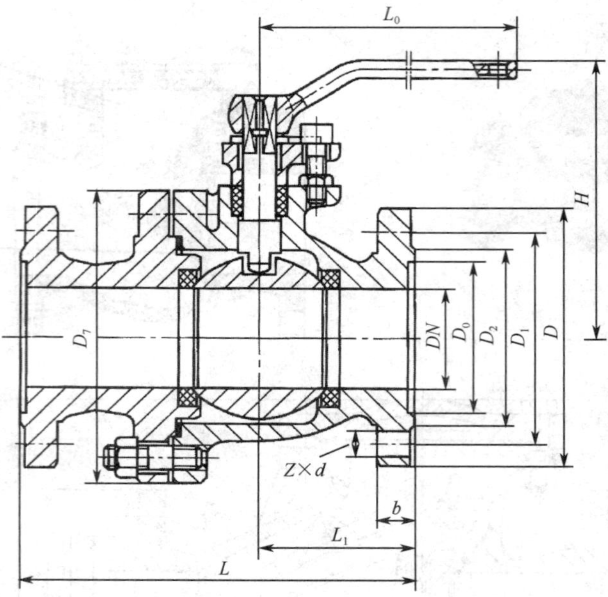

图 11-13　浮动球球阀

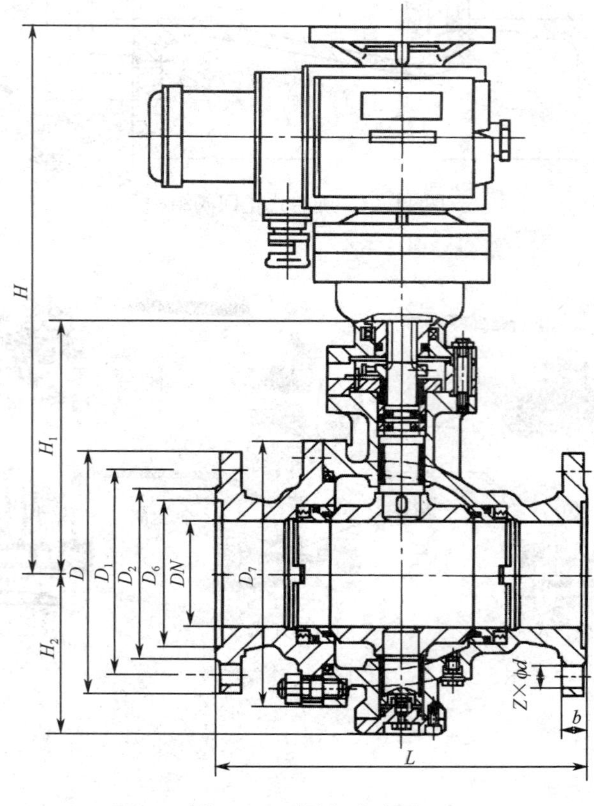

图 11-14　固定球球阀

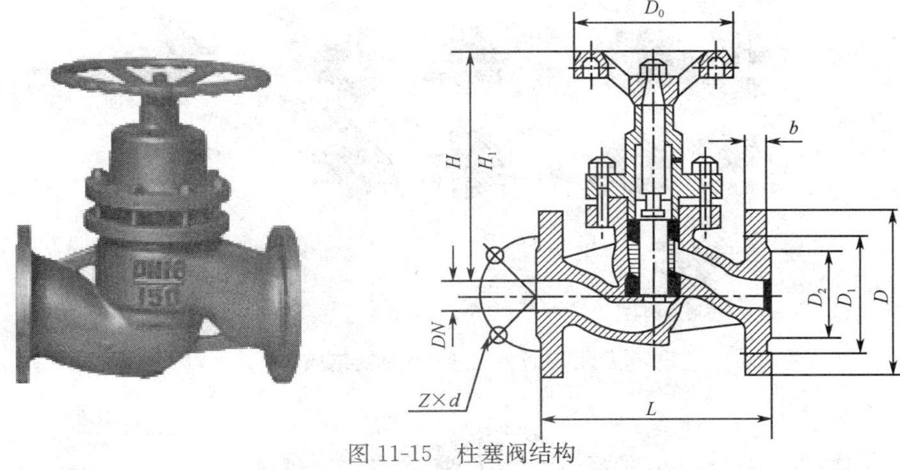

图 11-15　柱塞阀结构

柱塞与密封圈间采用过盈配合，通过调节阀盖上连接螺栓的压紧力，使密封圈上所产生的径向分力远大于流体的压力，从而保证了密封性，杜绝了外泄漏。

7. 旋塞阀

旋塞阀是一种结构比较简单的阀门，流体直流流过，阻力降小、启闭方便、迅速。

旋塞阀有填料式、润滑式旋塞阀。旋塞阀的启闭件成柱塞状，通过旋转 90°，使阀塞的接口与阀体接口相合或分开。旋塞阀主要由阀体、旋塞、填料及填料压盖等组成，其结构如图 11-16 所示。

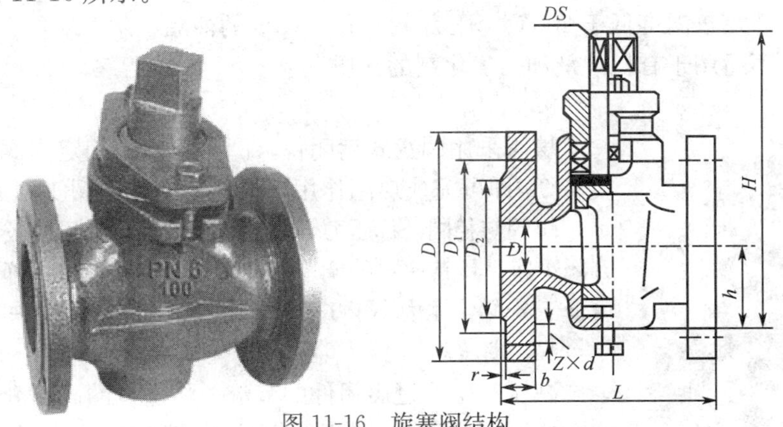

图 11-16　旋塞阀结构

旋塞阀阀体有直通式、三通式和四通式。直通式旋塞阀用于截断介质；三通和四通旋塞阀用于改变介质流通方向或进行介质分配，如图 11-17 所示。

旋塞呈圆锥台状，旋塞内有介质通道，通道横截面呈长方形，通道与旋塞的轴向相垂直。旋塞与阀杆是一体的，没有单独阀杆。

8. 隔膜阀

隔膜阀的启闭是由一块夹于阀体与阀盖之间的橡胶隔膜起作用。隔膜中间突出部分固定在阀杆上，阀杆内衬有橡胶。由于介质不进入阀盖内腔，因此无需填料密封装置，如图 11-18 所示。隔膜阀结构简单，密封性能好，便于维修，流体阻力小。

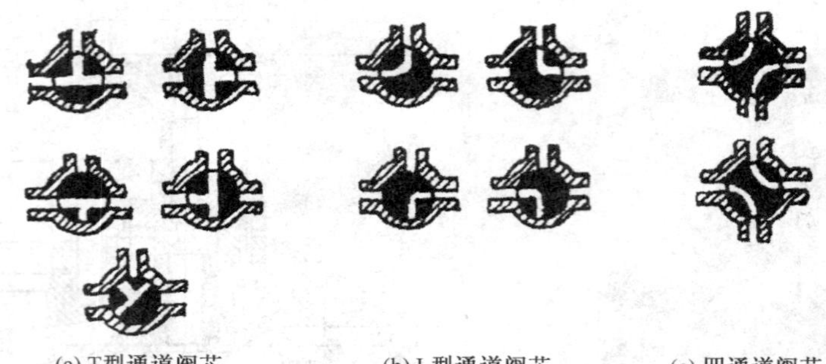

(a) T型通道阀芯　　(b) L型通道阀芯　　(c) 四通道阀芯

图 11-17　三通和四通旋塞阀

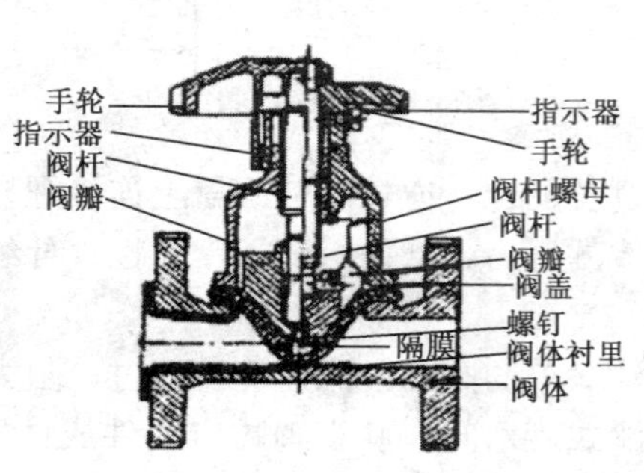

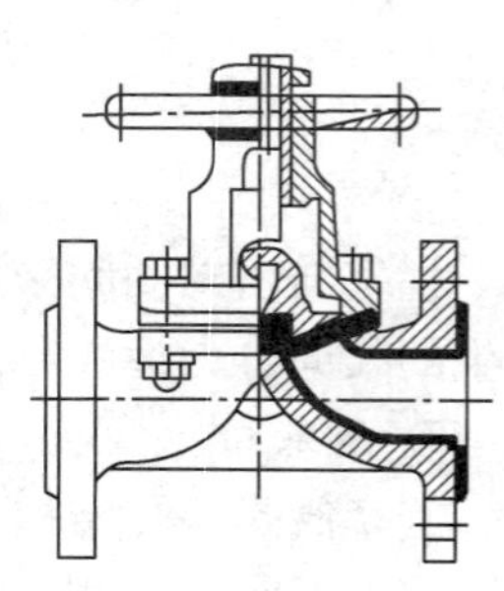

图 11-18　隔膜阀结构

隔膜阀适用于温度低于 200℃、压力小于 1.0 MPa 的油品、水、酸性介质和含悬浮物的介质，不适用于有机溶剂和强氧化剂的介质。

图 11-19　蝶阀结构

9. 蝶阀

蝶阀采用圆盘式启闭件，圆盘状阀瓣固定在阀杆上，阀杆旋转 90°即可完成启闭作用，操作简便，如图 11-19 所示。

蝶阀与相同公称压力等级的闸阀比较，其尺寸较小、重量轻、开闭迅速、具有一定的调节性能，适合制成大口径阀门。用于温度低于 80℃、压力小于 1.0 MPa 的原油、油品、水等介质。

10. 减压阀

减压阀是通过启闭件的节流，将进口的高压介质降低至某个需要的出口压力，在进口压力及流量变动时，能自动保持出口压力基本不变的自动阀门。减压阀的结构主要有薄膜式减压阀、弹簧薄膜式减压阀、活塞式减压阀、波纹管式减压阀及杠杆式减压阀。其中活塞式减压阀应用最为广泛，是一种带有副阀的复合式减压阀。主要由阀盖、阀杆、主阀瓣、副阀瓣、活塞、膜片和调节弹簧组成，如图 11-20 所示。

活塞式减压阀的动作原理是：使用前，主阀和副阀在介质压力和下面的弹簧作用下均处于关闭状态。使用时，顺时针方向拧动调节螺钉，压缩调节弹簧顶开副阀瓣。于是阀前介质经过小孔和开启着的阀瓣进入活塞上部，使介质压力作用在活塞上。由于活塞面积大于主阀瓣面积，因而介质作用在活塞上方的压力大于作用在主阀瓣下方的介质压力和弹簧力，于是活塞向下移动，使主阀瓣开启，介质流到阀后，并通过小孔进入膜片下方。由于主阀瓣与阀座间隙的节流作用，使阀后压力低于前方压力。当阀后压力达到规定值时，膜片下方的作用力便与上方调节弹簧力相平衡，阀后压力便保持在一定数值。当阀后压力上升超过规定值时，膜片下方压力上升，压缩调节弹簧，副阀瓣在下方弹簧作用下向上移动，进入缸内的介质压力减小，从而活塞上的压力下降，于是主阀瓣在介质压力和下面弹簧的作用下，向关闭方向运动，阀后压力也随之下降，逐渐达到平衡；反之，当阀后压力下降低于规定值时，调节弹簧则推动膜片向下移动，使副阀瓣向开启方向运动，汽缸上方压力上升，活塞推动主阀瓣开启，阀后压力又重新上升到所规定数值。这样便使阀后压力能够保持在一定范围内。通过拧动调节螺钉来压紧或放松调节弹簧，可以调节阀后压力。活塞式减压阀的特点是体积小，活塞行程大。但是活塞和气缸间的摩擦力大，因此灵敏度较低，加工制造困难。活塞式减压阀应用广泛，特别是介质压力较高的场合，多选用活塞式减压阀。

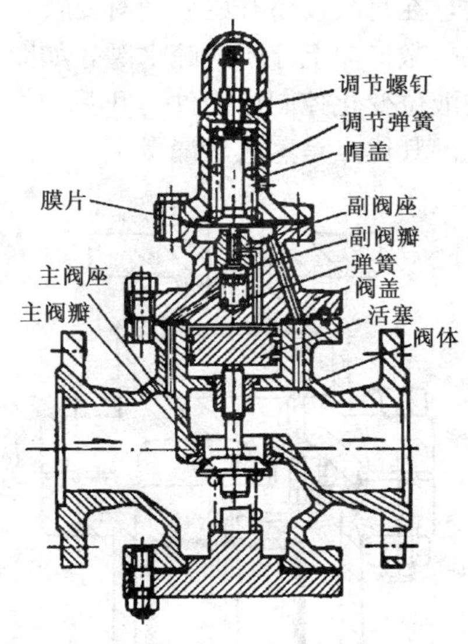

图 11-20　活塞式减压阀

11. 疏水阀

疏水阀也称阻气排水阀或疏水器。其作用是自动排泄蒸汽管道和设备中不断产生的凝结水、空气及其他不可凝性气体，同时又阻止蒸汽的逸出。它是保证各种加热工艺设备所需要温度和热量并能正常工作的一种节能产品。疏水阀有热动力型、热静力型和机械型等。

(1) 机械型疏水阀是利用蒸汽和凝结水的密度工作的。由于气体和液体存在密度差，其浮力也大不一样。利用这一特性，使用浮子发挥作用，从而启闭阀门。

自由浮球式疏水阀如图 11-21 所示。将球形浮子无约束地放置在疏水阀的阀体内，浮球本身作为完成开关的阀瓣。球形浮子可以自由开关而起到阀瓣作用；利用它的上升和下降动作实现启闭阀的作用。这种结构简单、体积小、不会产生气阻，而且不受背压影响。

图 11-21　浮球式疏水阀

敞口向下浮子式疏水阀，如图 11-22 所示。浮子的开口向下，由浮子内凝结水的液位变化控制启闭件的开关动作。浮子上部设排气口。其优点是不像敞口向上浮子式那样，在每次设备开始启动时要特别打开手动空气排放阀。

敞口向上浮子式疏水阀，如图 11-23 所示。又称为浮桶式疏水阀，由浮子内凝结水的液位变化控制启闭件的开关动作。其缺点是在每次设备启动时要特别打开手动排放空气。其优点是蒸汽泄漏量小。

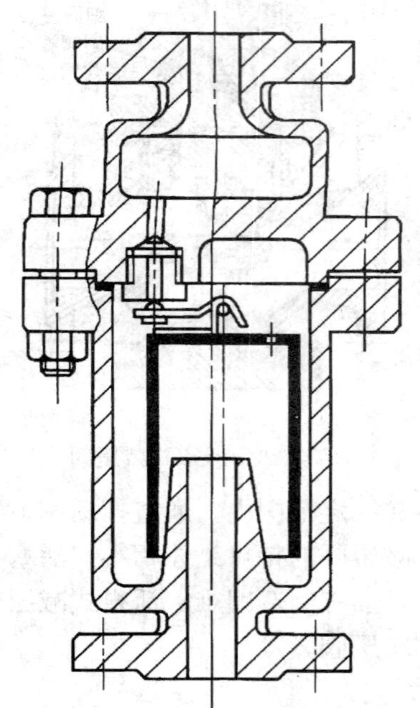

图 11-22　敞口向下浮子式蒸汽疏水阀

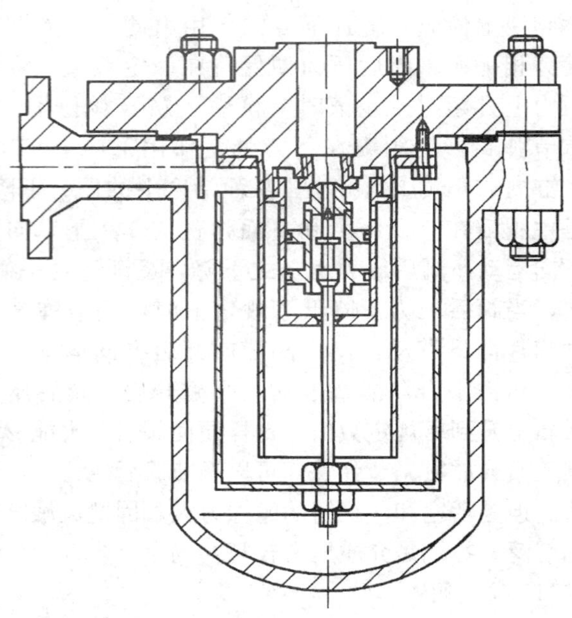

图 11-23　敞口向上浮子式蒸汽疏水阀

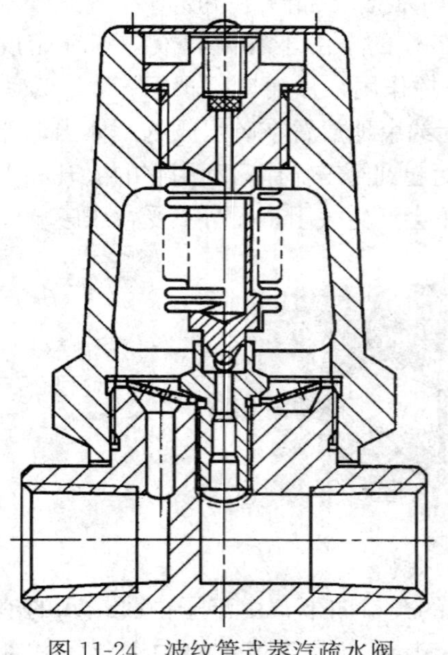

图 11-24　波纹管式蒸汽疏水阀

(2) 热静力型疏水阀是由凝结水温度变化驱动启闭件，使其完成阻汽排水动作。

波纹管式蒸汽疏水阀是在蛇形管容器内，即在波纹管内封入沸点低、易挥发的液体作为感温元件。在波纹管上固定着阀瓣，随着温度变化，波纹管产生伸缩而启闭疏水阀。如图 11-24 所示。在设备启动时，蒸汽疏水阀为最大开启状态，空气和低温凝结水能迅速排出。可见其最大优点是排气性好，不会冻裂，预热启动时间短。

膜盒式蒸汽疏水阀是由凝结水的压力与可变形元件内挥发性液体的蒸汽压力之间的不平衡来驱动启闭件的开关动作，如图 11-25 所示。在设备启动时，蒸汽疏水阀为最大开启状态，空气和低温凝结水能迅速排出。可见其最大优点是排气性好，不会气堵，预热启动时间短。结构紧凑，体积小，阻气排水性能优异。

双金属片式蒸汽疏水阀是由凝结水的温度变化，引起双金属片变形驱动启闭件的开关动作，如图 11-26 所示。其工作原理与其他蒸汽疏水阀相反，闭阀时，把阀瓣拉向高压区，阀开启。故能保障出现事故时，不会出现阀门闭塞现象。

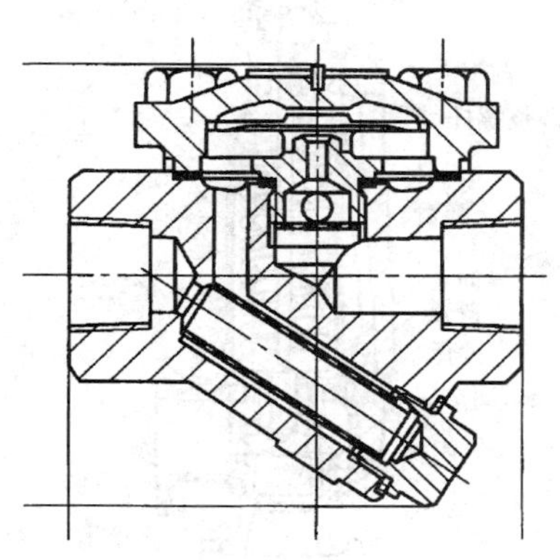

图 11-25 膜盒式蒸汽疏水阀

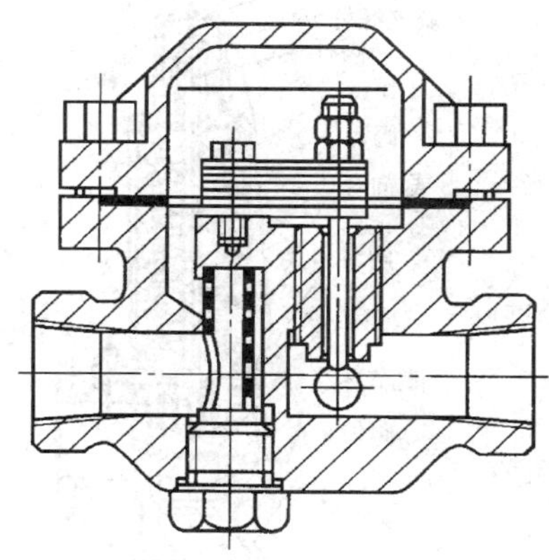

图 11-26 双金属片式蒸汽疏水阀

(3) 热动力型疏水阀的工作原理是：在入口和出口中间设置了中间变压室，当变压室内流入了蒸汽或高温凝结水时，会由于该蒸汽压力或凝结水产生再蒸发的蒸汽的压力作用而关闭疏水阀。若变压室的温度因凝结水而下降，或自然冷却至某一温度以下时，变压室的压力下降，从而开启疏水阀。各种疏水阀都具有一定的技术性能和最适宜的工作范围。要根据使用条件进行选择，不能单纯地从最大排水量的观点去选用，更不应该只根据凝结水管径的大小选择疏水器。一般在选用时，首先要根据使用条件、安装位置，参照各种疏水阀的技术性能选用最为适宜的疏水阀形式。再根据疏水阀前后的工作压差和凝结水量，从制造厂产品样本中选定疏水阀的规格型号。

12. 安全阀

安全阀用在受压设备、容器或管路上，作为超压保护装置。当设备压力升高超过允许值时，阀门自动开启全量排放，以防止设备压力继续升高；当压力降低到规定值时，阀门及时关闭，保护设备或管道的安全运行。安全阀的种类有：

1）封闭式弹簧安全阀

封闭式弹簧安全阀阀盖和罩帽是封闭的。它有两种不同作用，一是能防止灰尘等外界杂物侵入阀内，保护内部零件，此时不要求阀盖和罩帽具有气密性；二是防止有毒、易燃易爆等介质溢出，此时阀盖和罩帽要求做气密试验检查。封闭式安全阀出口侧若要求气密性试验时，应该在订货时加以说明，气密性试验压力一般为 0.6MPa。封闭式弹簧安全阀如图 11-27 所示。

2）非封闭式弹簧安全阀

非封闭式弹簧安全阀的阀盖是敞开的，有利于降低弹簧室内的温度，主要用于蒸汽等介质的场合。

3）带扳手的弹簧式安全阀

对安全阀要做定期试验者应选用带提升扳手的安全阀。当介质压力达到开启压力的

75%以上时，可以利用提升扳手将阀瓣从阀座上略微提起，以检查阀门开启的灵活性。带扳手的弹簧式安全阀如图 11-28 所示。

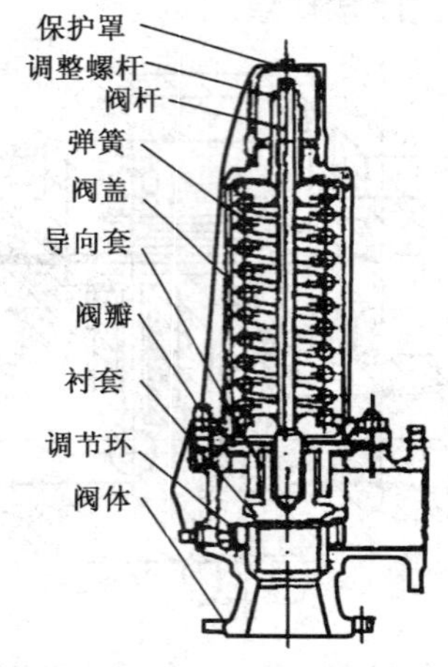

图 11-27　封闭式弹簧安全阀

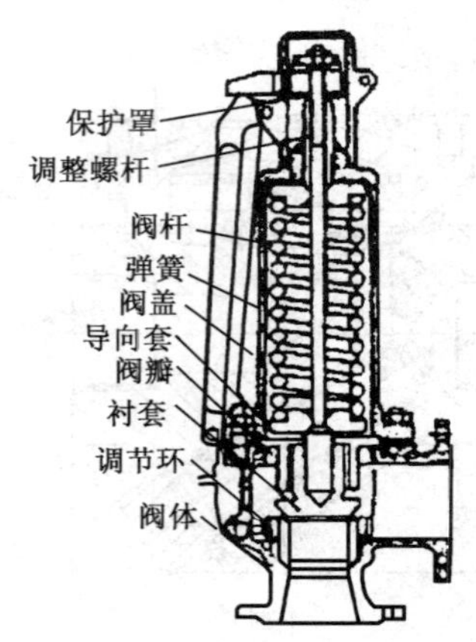

图 11-28　带扳手的弹簧式安全阀

13. 气动薄膜调节阀

气动薄膜调节阀是以压缩空气为动力源的一种自动执行器，它接收调解器送来的控制信号，去改变管道中被调介质的流量。其外形如图 11-29 所示。

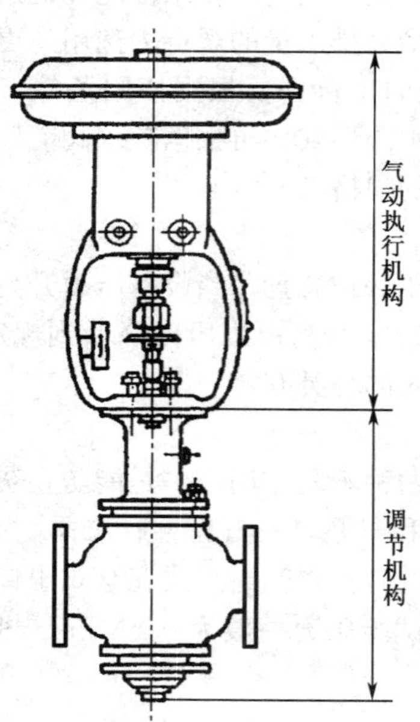

图 11-29　气动薄膜调节阀外形图

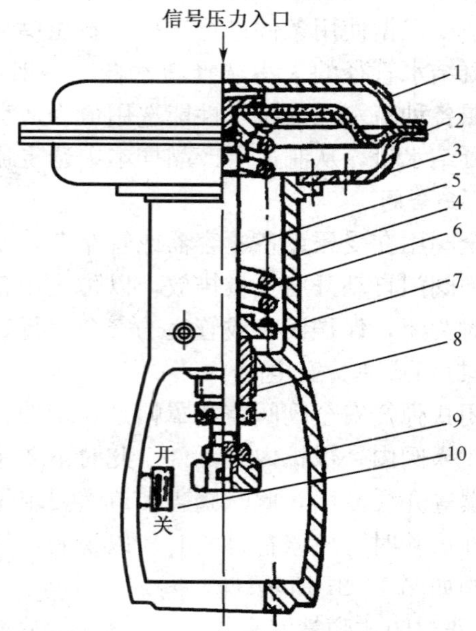

图 11-30　正作用式气动薄膜执行机构

1. 上膜盖；2. 波纹膜片；3. 下膜盖；4. 支架；5. 推杆；6. 弹簧；7. 弹簧座；8. 调节件；9. 连接阀杆螺母；10. 行程标尺

1）气动薄膜调节阀的结构

气动薄膜调节阀由气动执行机构与调节机构两部分组成。执行机构采用气动薄膜（有弹簧）执行机构，按动作方式有正作用式和反作用式两种，其结构见图 11-30、图 11-31所示。

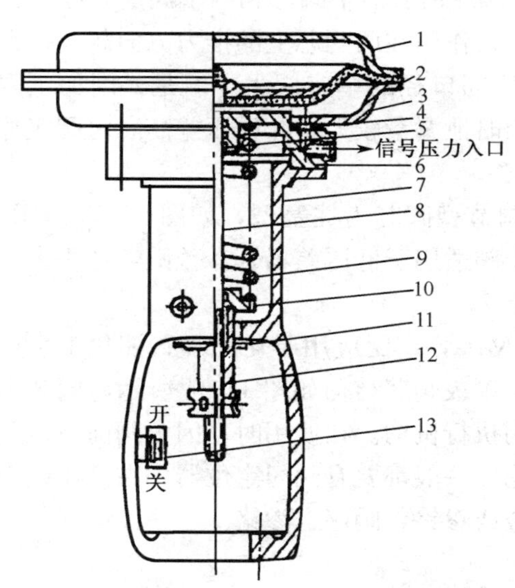

图 11-31　反作用式气动薄膜执行机构

1. 上膜盖；2. 波纹膜片；3. 下膜盖；4. 密封垫片；5. 密封环；6. 填块；7. 支架；8. 推杆；9. 弹簧；10. 弹簧座；11. 衬套；12. 调节件；13. 行程标尺

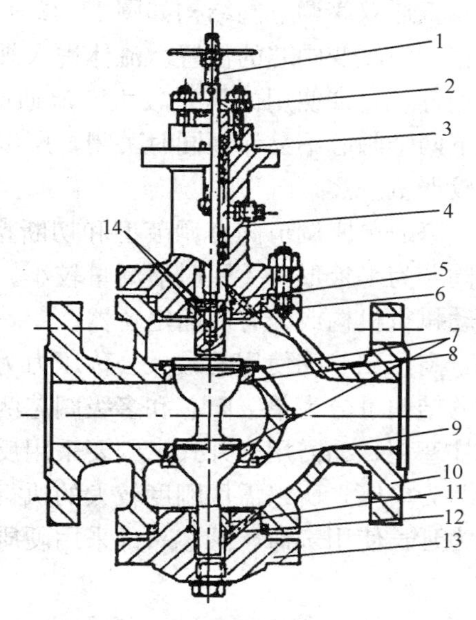

图 11-32　直通双座调节阀结构图

1. 阀杆；2. 压板；3. 填料；4. 上阀盖；5，12. 斜孔；6，11. 衬套；7. 阀芯；8，9. 阀座；10. 阀体；13. 下阀盖；14. 销钉

（1）执行机构。

当来自调解器或阀门定位器的信号压力自上膜盖进入并增大时，推杆向下动作，称之为正作用执行机构，如图 11-30 所示。当信号压力自下膜盖进入并增大时，推杆向上动作，称之为反作用执行机构，如图 11-31 所示。正作用机构的信号压力通人波纹膜片上方的薄膜气室，而反作用机构的信号压力通入波纹膜片下方的薄膜气室。通过更换个别零件，两者便能互相改装。信号压力通常为 0.02～0.1 MPa 或 0.04～0.2 MPa。当信号压力通入薄膜气室时，在薄膜上产生的作用力使推杆部件移动，并压缩弹簧，直至弹簧的反作用力与薄膜上的作用力相平衡。弹簧的压缩量即推杆的位移量与输入薄膜气室的信号压力成比例。推杆的位移即为执行机构的直线位移，其输出位移的范围为执行机构的行程。行程规格有 10、16、25、40、60、100 mm 等。

（2）调节机构-调节阀。

图 11-32 为直通双座调节阀结构图。调节阀阀杆的上端与执行机构的推杆通过螺母相连接，推杆带动阀杆及阀杆下端的阀芯上下移动。流体从左侧进入调节阀，流过上、下阀芯与阀座的间隙，从右侧流出。

2）调节阀的种类

根据不同的使用要求，调节阀有很多种类，例如：直通双座、直通单座、角形、高压阀、隔膜阀、阀体分离阀、蝶阀、球阀、凸轮挠曲阀、笼式阀、三通阀、小流量阀和超高压阀等。

（1）直通双座调节阀结构如图 11-32 所示。阀体内有两个阀芯和两个阀座，随阀杆的上下移动而改变阀芯的位置。流体进入阀体后，作用在两阀芯上的推力方向相反，大小近于相等，允许使用的压差较大，流通能力比同口径的单座阀大。但是，因加工限制，上下两个阀芯不易保证同时关闭，所以关闭时泄漏量较大，介质压差高时对阀座冲蚀损伤较严重。

（2）直通单座调节阀有调节型和切断型。调节型阀芯为柱塞型，如图 11-33 所示。切断型阀芯为平板形，关闭时泄漏量较小。单座阀适用于低压差场合，否则需选用大推力的气动执行机构或配有阀门定位器。

（3）高压调节阀使用的最大公称压力为 32 MPa，广泛应用于化肥和石油化工生产中。它的结构可分为单级阀芯和多级阀芯两种。单级阀芯结构如图 11-34 所示，阀芯为上导向柱塞型，如需用气开式，则要采用反作用执行机构。在使用时，因为阀前后压差大，阀芯为单座，所以需用刚度较大的执行机构，一般都要有阀门定位器。在高压差情况下，为延长使用寿命，阀芯头部采用硬质合金或渗铬，阀座也渗铬。

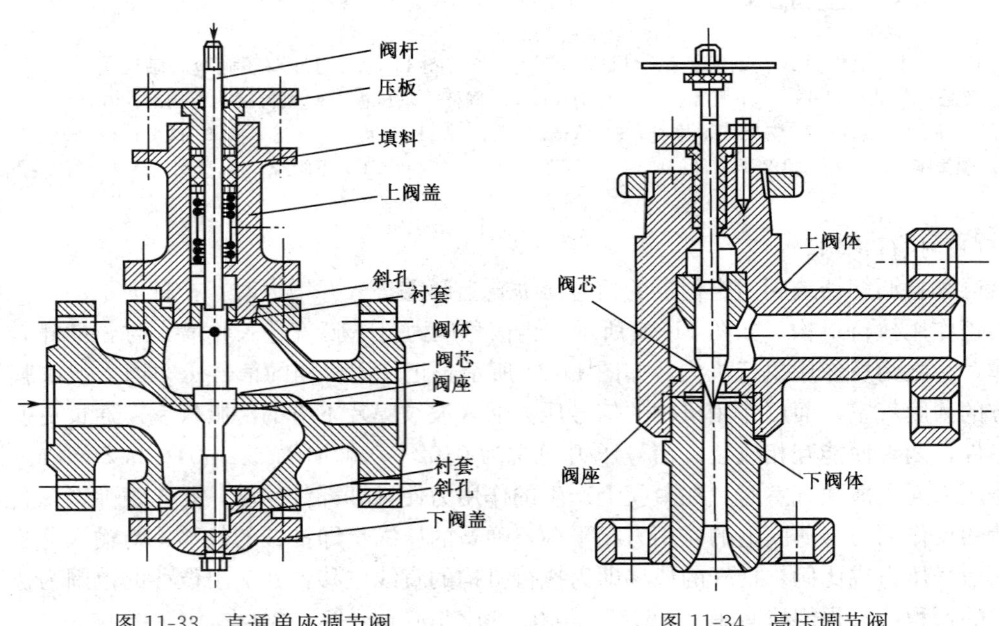

图 11-33　直通单座调节阀　　图 11-34　高压调节阀

（4）隔膜调节阀结构，如图 11-35 所示。隔膜用销钉和阀芯连接，并被阀体、阀盖用螺杆、螺母夹紧。阀杆的位移通过阀芯使隔膜做上下动作，改变它与阀体堰面间的流通截面，从而调节流体流量。隔膜阀结构简单，流路阻力小，适宜高黏度、含悬浮颗粒物的流体。阀体材料用铸铁、铸钢、不锈钢等。由于阀体可衬橡胶、陶瓷、聚四氟乙烯等，因此适用于强碱、强酸等强腐蚀性介质。隔膜材料有氯丁橡胶及聚四氟乙烯。隔膜使流体与外界隔离，无填料，流体不会外漏。也可用于有毒、可燃型、爆炸型和贵重的流体，以及真空场合。较软的隔膜，关闭时泄漏量极小，也可作为切断阀用。隔膜阀的使用温度、压力及寿命受隔膜、衬里材料的限制，温度不宜高于 150℃，压力不高于 1 MPa。

（5）蝶阀结构简单，价格便宜，流阻小，适用于低压差和大流量气体，也可用于含少量悬浮物或黏度不大的液体的调节，但泄漏量大。主要结构如图 11-36 所示。

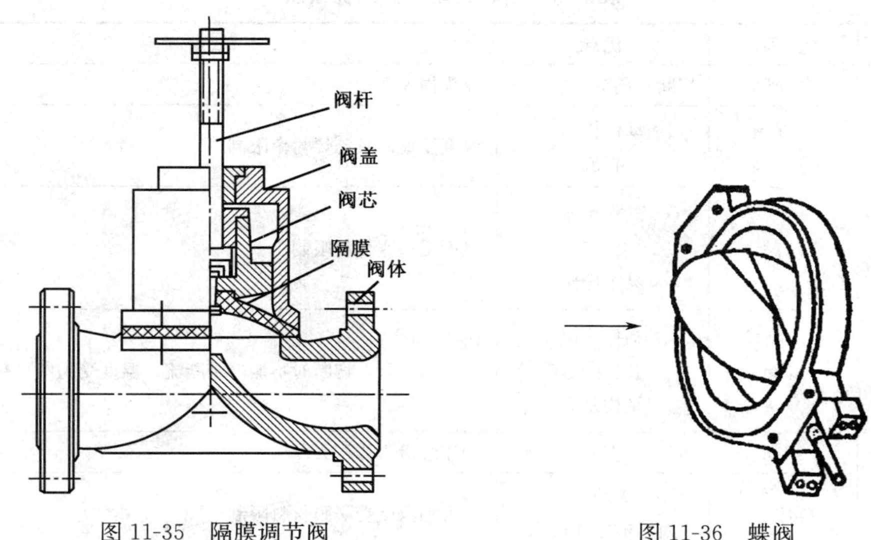

图 11-35　隔膜调节阀　　图 11-36　蝶阀

（6）球阀按结构分为两种：V 形球阀和球阀。V 形球阀的节流元件是 V 形缺口球形体，转动球心使 V 形缺口起到节流和切断的作用，其结构如图 11-37 所示。它适用于纤维、纸浆、含有颗粒等介质的调节。球阀的节流元件是带圆孔的球形体，转动球体可起调节和切断的作用，常用于双位式控制，其结构如图 11-38 所示。

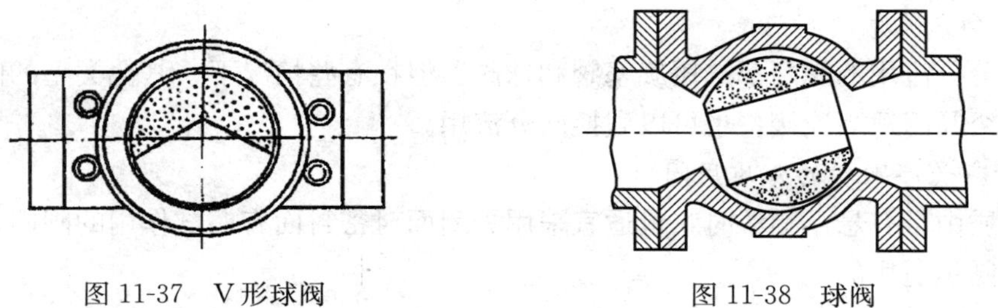

图 11-37　V 形球阀　　图 11-38　球阀

三、 阀门的选用

正确选择阀门是保证装置和管道输送系统正常安全运行的先决条件，不能因计划外维修、更换阀门而影响生产。正确选择阀门首先要了解每一类阀门的结构和独特的性能。

阀门启闭件有四种运动方式，即闭塞、旋转、滑动和夹紧。每种运动都有其优、缺点，见表 11-7。

1. 截止和开放介质用的阀门

流道为直通式的阀门如球阀、旋塞阀、蝶阀及闸阀等，其流阻较小，通常用作为截止和开放介质的阀门。向下闭合式阀门，流阻较高，故较少选用。在允许有较高流阻的场合，也可以选用闭合式阀门，如截止阀、柱塞阀等。

表 11-7　各种运动方式的优缺点

运动方式	类别	优点	缺点
闭塞	截止阀	切断和调节性能最佳	压头损失大
旋转	旋塞阀 锥形阀	动作快速 直流	温度受聚四氟乙烯衬套限制
	球阀	动作快速 直流 易于操作	温度受阀座材料限制
	蝶阀	动作快速 切断性能好 结构紧凑	金属密封阀，切断时不能严密断流。温度受阀座材料限制
滑动	闸阀	直流	动作缓慢、体积大
夹紧	隔膜阀	无填料 对污液断流可靠	压力和温度受隔膜材料限制

2. 控制流量用的阀门

通常选择易于调节流量的阀门作为调节流量用。向下闭合式阀门适合，如截止阀。旋转式阀门和夹紧阀也可以用于节流控制，但通常只能在有限的阀门口径范围内调节。闸阀只有在接近关闭状态位置时才能较好地控制流量，故通常不能用于流量控制。

3. 换向分流用的阀门

大部分分流用的阀门都选用旋塞阀和球阀。但在有些情况下，其他类型的阀门通过两个或多个阀门适当连接，也可以做换向分流用。

4. 带有悬浮颗粒的介质用阀门

当介质中带有悬浮颗粒时，最适宜采用关闭面对密封面有擦拭作用的阀门，因此球阀和旋塞阀是适用的。

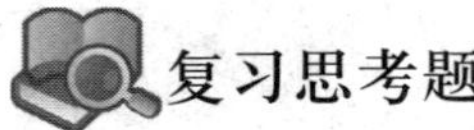

复习思考题

1. 化工装置中常用的非金属管主要有哪些?
2. 简述化工设备中常用的管件及其用途。
3. 影响法兰密封的因素有哪些?
4. 管道的热补偿装置主要有哪几种?

5. 管道常用的绝热结构主要有哪几种形式?
6. 化工设备中常用阀门有哪些?
7. 简述球阀的特点及其使用范围。
8. 简述阀门启闭件的四种运动方式的优缺点。

主要参考文献

蔡功禄. 2002. 食品生物工程机械与设备. 北京：高等教育出版社

崔继哲. 2000. 化工机器与设备维修技术. 北京：化学工业出版社

戴少生. 1994. 粉碎工程及设备. 北京：中国建材工业出版社

董大秦. 2003. 化工设备机械基础. 北京：化学工业出版社

傅玉华，周汉平，周吐清等. 1997. 石油化工设备腐蚀与防治. 北京：机械工业出版社

耿孝正. 1992. 塑料混合及设备. 北京：中国轻工业出版社

何志成. 2006. 制剂单元操作与制剂工程设计. 北京：中国医药科技出版社

胡继强. 1999. 食品机械与设备. 北京：中国轻工业出版社

李春燕. 1996. 精细化工装备. 北京：化学工业出版社

廖传华. 2004. 超临界 CO_2 流体萃取技术——工艺开发及其应用. 北京：化学工业出版社

刘德峥，田铁牛. 2004. 精细化工生产技术. 北京：化学工业出版社

刘佩茹. 1994. 化工过程与设备. 北京：中国轻工业出版社

刘书志. 2008. 制药工程设备. 北京：化学工业出版社

刘书志. 2008. 制药工程设备. 北京：化学工业出版社

罗权焜. 2007. 高分子材料成型加工设备. 北京：化学工业出版社

马秉骞. 2007. 化工设备使用与维护. 北京：高等教育出版社

马海乐. 2004. 食品机械与设备. 北京：中国农业出版社

濮存恬. 1996. 精细化工过程及设备. 北京：化学工业出版社

渠川瑾. 1992. 反应釜. 北京：高等教育出版社

任德树. 1984. 粉碎筛分原理与设备. 北京：冶金工业出版社

宋人楷. 2000. 食品机械设备的修理、维护与使用. 长春：吉林摄影出版社

孙智慧. 2005. 药品包装实用技术. 北京：化学工业出版社

孙智慧，徐克非. 2007. 包装机械概论. 北京：印刷工业出版社

谭天恩. 2006. 化工原理. 北京：化学工业出版社

汤金石，赵锦全. 1996. 化工过程及设备. 北京：化学工业出版社

王凯. 2003. 搅拌设备. 北京：化学工业出版社

王荣祥. 2002. 流体输送设备. 北京：冶金工业出版社

王绍良. 2002. 化工设备基础. 北京：化学工业出版社

王喜忠. 2003. 喷雾干燥. 北京：化学工业出版社

王兴天. 2005. 注塑技术与注塑机. 北京：化学工业出版社

吴英桦. 1993. 黏性流体混合及设备. 北京：中国轻工业出版社

肖旭霖. 2000. 食品加工机械与设备. 北京：中国轻工业出版社

徐伟. 1992. 化工非金属防腐蚀设备. 北京：化学工业出版社

杨春晖. 2000. 精细化工过程与设备. 哈尔滨：哈尔滨工业大学出版社

杨瑞虹. 2005. 药物制剂技术与设备. 北京：化学工业出版社

姚寿山，李戈扬，胡文彬. 2006. 表面科学与技术. 北京：机械工业出版社

叶蕊. 2000. 实用塑料加工技术. 北京：金盾出版社

俞子行. 2002. 制药化工过程及设备. 北京：中国医药科技出版社

张国旺. 2005. 超细粉碎设备及其应用. 北京：冶金工业出版社

张劲. 2005. 药物制剂技术. 北京：化学工业出版社

张晓娟. 2008. 精细化工反应过程与设备. 北京：中国石化出版社
赵克勤. 1990. 石油化工容器及设备. 武汉：华中理工大学出版社
郑水林. 1993. 超细粉碎原理、工艺设备及应用. 北京：中国建材工业出版社
郑水林. 1999. 超细粉碎. 北京：中国建材工业出版社
邹安丽. 1991. 化工机器与设备. 北京：化学工业出版社